工信学术出版基金
Industry and Information Technology Academic Publishing Fund

新知识体系人工智能系列教材

人工智能算法分析

徐立芳　莫宏伟　编著

電子工業出版社
Publishing House of Electronics Industry
北京 · BEIJING

内 容 简 介

本书全面讲述人工智能算法的理论基础和案例编程实现。第 1 章简要介绍机器学习的发展及其应用。第 2 章和第 3 章主要介绍机器学习经典分类算法、聚类算法、集成算法和随机森林算法，以及这些算法的具体内容、算法原理和案例编程实现。第 4 章介绍深度学习的概念、原理、研究现状，以及典型的神经网络及其相关网络的案例编程实现。第 5 章介绍强化学习的发展及其相关算法，包括 Q-学习算法、蒙特卡洛算法和动态规划算法，以及这些算法的原理和案例编程实现。第 6 章介绍迁移学习的发展及其相关算法，主要包括 TrAdaBoost 算法和层次贝叶斯算法，以及这些算法的原理和案例编程实现。第 7 章主要介绍联邦学习的研究现状和相关算法，涉及联邦平均算法和纵向联邦学习算法，以及算法的原理和案例编程实现。第 8 章介绍因果学习的研究现状和典型模型算法，包括结果因果模型和多变量结构识别算法，还有这些模型和算法的原理和案例编程实现。第 9 章和第 10 章分别介绍文本挖掘和图像处理的研究现状，以及应用于文本和图像的一些算法，涉及算法的原理和案例编程实现。第 11 章介绍人工智能大模型的发展及研究现状，包括 Transformer 和 GPT，以及相关的改进模型，并对其中典型的模型应用案例进行了分析。

本书可作为计算机科学与技术、智能科学与技术、人工智能等专业高年级本科生和研究生的教材，也可供从事或有志于人工智能行业的研究人员和从业者参考。

图书在版编目（CIP）数据

人工智能算法分析 / 徐立芳，莫宏伟编著. —北京：电子工业出版社，2023.6

ISBN 978-7-121-45681-7

Ⅰ. ①人… Ⅱ. ①徐… ②莫… Ⅲ. ①人工智能－算法分析－高等学校－教材 Ⅳ. ①TP183

中国国家版本馆 CIP 数据核字（2023）第 092994 号

责任编辑：路　越　　　特约编辑：田学清
印　　刷：北京七彩京通数码快印有限公司
装　　订：北京七彩京通数码快印有限公司
出版发行：电子工业出版社
　　　　　北京市海淀区万寿路 173 信箱　　　邮编：100036
开　　本：787×1 092　1/16　印张：21.5　字数：564 千字
版　　次：2023 年 6 月第 1 版
印　　次：2024 年 7 月第 3 次印刷
定　　价：79.90 元

凡所购买电子工业出版社图书有缺损问题，请向购买书店调换。若书店售缺，请与本社发行部联系，联系及邮购电话：（010）88254888，88258888。

质量投诉请发邮件至 zlts@phei.com.cn，盗版侵权举报请发邮件至 dbqq@phei.com.cn。

本书咨询联系方式：mengyu@phei.com.cn。

前言

人类社会发展历经了农业时代、工业时代，再到如今的信息时代，在这漫长的文明进步过程中，人类不断创造新的知识体系，并为推动人类进步打下了坚实的基础。不断学习和进步是人类不同于其他灵长类动物的一个重要特征，也是人工智能从弱人工智能迈向强人工智能的一个必经阶段。从 20 世纪 90 年代信息技术大面积普及以来，互联网迅速在人类社会中掀起了一股热潮。在人类社会迈入 21 世纪以后，随着深度学习的出现，人工智能开始焕发出强大的生命力，并逐步渗透到人类生活的各个领域，人类社会逐步开始由信息时代迈向智能时代。当前，人工智能的研究应用已经成为全国甚至全世界的焦点，发展人工智能学科、落实人工智能相关研究应用已经成为各个国家的战略重点。在新时代背景下，人工智能技术已经从传统的机器学习衍生出深度学习、强化学习、迁移学习、联邦学习和因果学习等新的学习技术。一些著名的人工智能领域学者认为，如果说 20 世纪是工业信息时代，那么 21 世纪就是人工智能时代，谁掌握了更先进的人工智能技术，谁就掌握了最先进的思想。可以说当前人类社会的众多突破都和人工智能息息相关。早期，机器学习作为典型的人工智能技术，是计算机迈向智能的第一个阶段。机器学习的理论和实践涉及概率论、统计学、最优化理论、凸优化理论和计算机网络结构等多个领域的交叉学科。而到了今天，机器学习已经衍生成与教育学、心理学、医学、计算机科学、自动化等相关的交叉学科，它为解决多学科交叉协同问题提供了新的思路。因此，世界上的大多数高校都将机器学习列为重要的学习方向。随着人工智能技术的发展，人工神经网络的提出使得深度学习逐步迈向历史舞台。深度学习是从机器学习中的人工神经网络发展出来的新领域，是一种基于多层人工神经网络的学习方法。深度学习也是人工智能技术中一种基于多数据进行表征学习的方法，至今已有多种深度学习框架，如卷积神经网络、深度置信网络、递归神经网络和生成对抗网络等被广泛应用在计算机视觉、语音识别、自然语言处理、语音识别和生物信息学等领域，并在这些领域取得了良好的效果。近年来，深度学习获得了空前的成功，推动了人工智能技术的应用落地，典型的应用包括目标跟踪、目标识别、机器翻译、图像生成和智能机器人等。此外，一种基于试错和反馈的学习方式——强化学习也被提出来，虽然深度学习有着较强的感知能力，但是缺乏一定的决策能力，而强化学习具有决策能力，可以通过对未知环境的不断学习来指定更加优秀的策略。此外，为了方便利用已有的经验来指导或协助其他活动，研究人员又提出了迁移学习和联邦学习，迁移学习和联邦学习利用或协同已有的知识和经验，并从这些知识和经验中学习，以扩充整个知识理论体系。哲学家认为事物是联系和发展的，在人工智能方面也是如此，因果学习是一种典型的联系和发展过程。当某个变量改变的时候，在保持其他量不变的情况下，它是如何导致另一个变量改变的？这就是因果学习研究的问题，因果学习注重研究事物之间的内在联系。

作为人类社会发展的重要手段，人工智能的应用涵盖文本、图像、语音和视频等数据媒体形式。人工智能算法是处理这些数据载体的核心技术，通过人工智能算法，我们可以轻松地处理难以估量的多种类型的数据，可以说人工智能算法是人工智能的核心，而人工智能是人类社会发展的重要动力。因此，本书将从人工智能技术的整个发展史出发，首先介绍机器学习、深度学习、强化学习、迁移学习、联邦学习和因果学习等的概念、发展现状及相关算法，并针对这些算法进行实际案例分析和编程实践。此外，本书介绍了一些典型的文本挖掘和图像处理算法。作为迈向人工智能通用化的基础，本书还介绍了一些著名的人工智能大模型的基本原理和研究现状。本书的第 1 章对机器学习的概念、发展及相关算法进行了概括性介绍。第 2 章和第 3 章介绍了机器学习经典分类算法、聚类算法、集成算法和随机森林算法。第 4～8 章分别介绍了深度学习、强化学习、迁移学习、联邦学习和因果学习，以及这些学习方法的典型算法和模型，并结合实际案例对这些算法和模型进行了编程实现和分析。第 9 章和第 10 章介绍了文本挖掘和图像处理领域的研究现状和相关算法，以及这些算法的具体应用形式和编程案例分析。第 11 章针对当前人工智能大模型的研究现状进行了介绍，并分析和讨论了当前典型的大模型，包括 Transformer 和 GPT 模型。除第 1 章外，各章内容相互独立，读者可以根据自己的兴趣进行选择性阅读。根据课程安排，一个学期 36 课时可以讲授完本书的全部内容。

本书的内容和组织安排力求从大的发展观出发，从概念到原理再到算法编程实现，力争通过理论和实践相结合的方式使读者对人工智能的相关算法的理解和应用更上一层楼。读者通过对本书的学习，应该能从整个人工智能技术发展史出发，掌握人工智能衍生出的各种学习方法，以及这些方法的原理和发展现状，并通过编程案例分析，对理论进行融会贯通。希望读者从学习的过程中体会计算机科学和人工智能技术带来的快乐和力量。书中各章结尾安排有选择题、判断题和简答题三种形式的习题，力求帮助读者巩固所学的内容，提升读者对知识的掌握程度，通过习题的联系，读者可以加深对人工智能算法的理解和对具体算法的应用能力。

作者热忱欢迎同行专家和读者对本书提出宝贵意见，使本书内容在使用过程中不断改进，日趋完善。

编著者

2023 年 2 月

目录

第1章　绪论

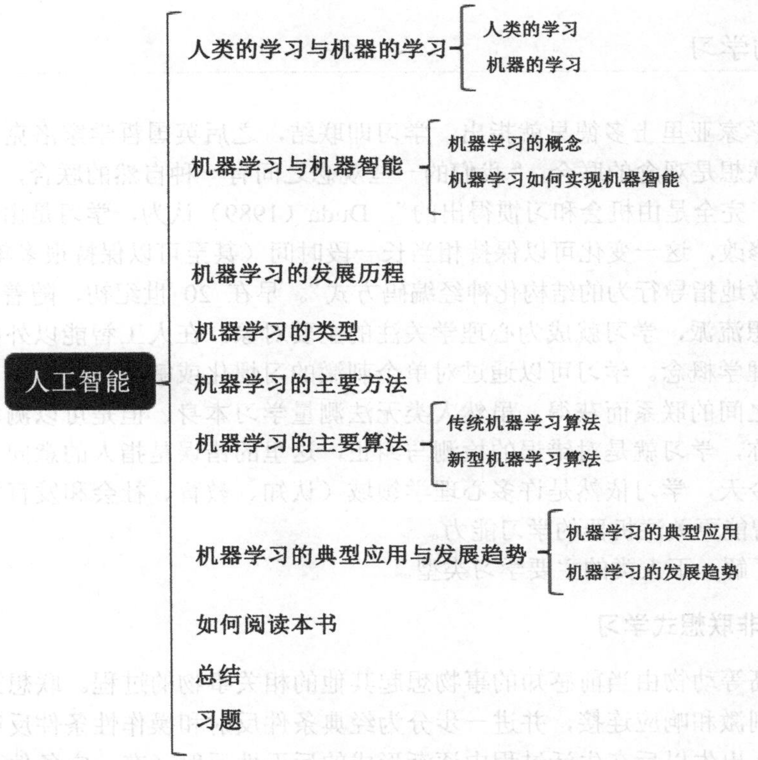

本章导读

本章主要介绍机器学习的发展历程，讲解了机器学习的主要方法、主要算法、典型应用与发展趋势。

本章要点

- 机器学习的概念。
- 机器学习的发展历程。
- 机器学习的主要方法。
- 机器学习的主要算法。
- 机器学习的典型应用与发展趋势。

人类智能的重要而显著的能力是学习能力。无论是幼小的孩子还是成人，都具备学习能力。人类的学习能力是随着年龄增长而不断增强的。如果机器也能像人一样通过学习掌握知识，那么这种机器产生类人智能的可能性显然更大。机器能像人一样具备学习能力吗？如果能的话，那么机器如何做到呢？机器具备了学习能力，是否就具有了智能或类人的智能？或者达到人类的智能水平？或者产生完全不同于人类的智能？这些问题都取决于机器具有何种学习能力。

1.1 人类的学习与机器的学习

1.1.1 人类的学习

古希腊哲学家亚里士多德早就指出，学习即联结，之后英国哲学家洛克提出了“联想”的概念，认为联想是观念的联合，“我们的一些观念之间有一种自然的联合，除了这些联合，还有其他联合，完全是由机会和习惯得出的”。Duda（1989）认为，学习是由经历引起的内部表达的创新或修改，这一变化可以保持相当长一段时间（甚至可以保持很多年），而内部表达是指“能够有效地指导行为的结构化神经编码方式”。早在 20 世纪初，随着行为主义上升为一种主要的思想流派，学习就成为心理学关注的主要对象。在人工智能以外的领域，学习更多的是作为心理学概念。学习可以通过对单个刺激的习惯化或敏感化而实现，也可以通过两个或更多刺激之间的联系而获得。虽然人类无法测量学习本身，但是可以测度学习的结果，有心理学家宣称，学习就是对错误的检测与纠正，这里的错误是指人的意向与现实事件之间的任何错配。今天，学习依然是许多心理学领域（认知、教育、社会和发育等）关注的重点问题，而人工智能更关注机器的学习能力。

下面我们了解一下人类的主要学习类型。

1. 联想与非联想式学习

联想是指高等动物由当前感知的事物想起其他的相关事物的过程。联想式学习涉及两种或两种以上的刺激和响应连接，并进一步分为经典条件反射和操作性条件反射两类。所谓条件反射，是指人出生以后在生活过程中逐渐形成的后天性反射（在一定条件下，外界刺激与有机体反应之间建立起来的暂时神经联系）；与此相对应，非条件反射是指人生来就有的先天性反射。

非联想式学习是指由单一刺激重复呈现引起的较为持久的行为变化，分为习惯化和敏感化两类，习惯化是指当某种刺激重复呈现时，若对个体并不重要，则随着刺激新异性的消失，个体原先的应答反应逐渐消退的现象；敏感化是指由反复的刺激导致响应逐渐放大的现象。

2. 主动性学习

所谓主动性学习，是指学习者可以控制自己的学习行为，知道自己懂得什么、不懂得什么，这样可以自己掌握学习进展和内容。

3. 情景学习

由一个事件导致行为发生变化，这称为情景学习。例如，有句谚语叫“一朝被蛇咬，十年怕井绳”，这是由于这样的事件被情景记忆记住的缘故，经过一次或若干次学习获得经验教训，通过相似情景再现可以避免再次产生不好的结果。当然，若是对人有利的事物情景再现，则可能获得更多收益。

4．机械式学习

机械式学习是指不加理解、重复记忆的学习，只对学习材料进行机械识记。这种学习方式也得到了广泛应用，如数学学习、音乐学习，乃至宗教学习。有时，机械式学习是理解式学习的必要前提。

5．理解式学习

对人类而言，学习材料对学习者而言具有重要的潜在意义，如果学习者头脑中吸收了新学习材料的知识，学习者具有学习的意向，那么这种情况下的学习过程称为理解式学习，这种类型的学习往往涉及一些复杂而综合的知识。

6．玩耍式学习

玩耍式学习，通常是指自身没有特别结果的行为，却能改善未来相似环境中的行为（如捕食或逃避敌害），这在哺乳动物和鸟类中十分常见。一般人类小孩和幼小的动物都是通过玩耍获得一些运动或行为技能的，这显示了玩耍与学习的密切关系。

7．濡化与涵化

濡化是指人的价值观和社会准则被该社会成员传承或习得的过程，而涵化是指不同民族接触而引起原有文化变迁的过程，这种变化既可在群体水平上发生，也可在个体水平上发生，如可引起文化、习俗、社会制度、饮食、服装、语言及日常行为等方面的变化。

除了上述几种主要的学习类型，美国心理学家加涅还将学习分为八个层次和五种类别。八个层次是信号学习、刺激-反应学习、连锁学习、言语联结学习、辨别学习、概念学习、原理（规则）学习和解决问题学习。五种学习类别是言语信息、智慧技能、认知策略、动作技能和态度。

美国心理学家和计算机学家安德森认为，心智技能的形成需要经过 3 个阶段：①认知阶段——了解问题的结构（起始状态、目标状态及所需要的步骤和算子）；②联结阶段——用具体方法将某一领域的陈述性知识转化为程序性知识（程序化）；③自动化阶段——将复杂的技能学习分解为对一些个别成分的法则的学习。它们又可复合成大的技能学习过程。

无论怎样划分，上述关于人类的学习类型都是根据人类对自身学习的长期观察而总结出来的。人的学习能力与大脑、身体、环境、社会等都有紧密联系，而不仅仅是大脑自己的功能。显而易见，1～6 项学习类型都是与个体大脑智能有关的学习，而濡化与涵化是基于个体与群体、社会的关系形成的学习类型，说明人类的学习能力是十分复杂的问题。理解人类的学习类型有助于理解机器学习的本质。

1.1.2　机器的学习

下面考虑这样一个问题，怎样用算法来判断一个水果是橘子还是梨？在回答这个问题之前，我们先看人类是怎样做的。人类在识别这两种水果时使用了有区分度的特征；第一个典型特征是质量，梨比橘子的质量大；第二个典型特征就是颜色，橘子一般呈橘黄色，梨呈黄色。

计算机算法采用类似的手段来解决此问题。首先，需要采集一些橘子和梨的样本，测量这些样本的质量和颜色等特征数据，将这些特征数据作为训练样本，然后，将水果画在二维平面上，得到用于区分橘子与梨的特征，如图 1.1 所示。

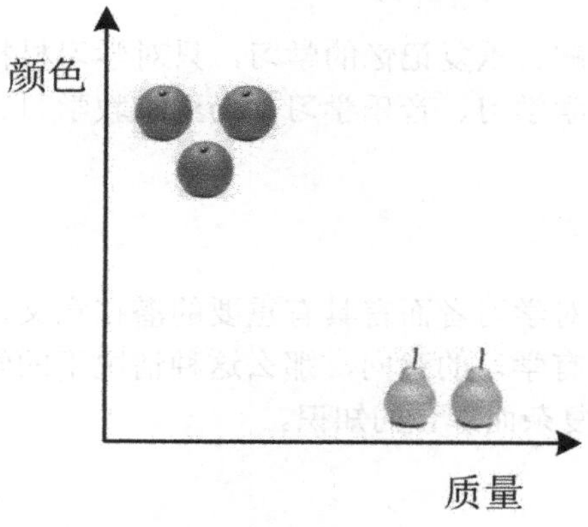

图 1.1　用于区分橘子与梨的特征

质量和颜色是区分这两类水果的有用信息，将它们组合在一起可形成二维特征向量。这些特征向量是二维空间的点，横坐标 x 代表质量，纵坐标 y 代表颜色。每测量一个水果，就可以得到一个点。

将这些点描绘在二维平面上可以发现：梨在第一象限的右下方，橘子在第一象限的左上方。利用这一规律，可以在平面上找到一条直线，把该平面分成两部分，将落在第一部分的点判定为橘子，将落在第二部分的点判定为梨，如图 1.2 所示。

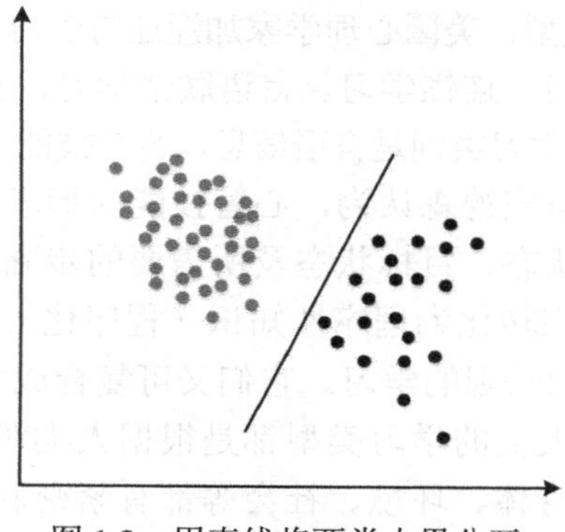

图 1.2　用直线将两类水果分开

假设找到一条直线，它的方程为

$$ax + by + c = 0 \tag{1-1}$$

将位于直线左上方的所有点判定为橘子，将落在直线右下方的所有点判定为梨。直线左上方的点满足

$$ax + by + c \leqslant 0 \tag{1-2}$$

直线下方的点满足

$$ax + by + c > 0 \tag{1-3}$$

给两类水果进行编号，称为类别标签，在这里，橘子的类别标签为-1，梨的类别标签为+1。上面的判定规则可以写成决策函数

$$f(x,y)=\begin{cases}+1, & ax+by+c>0\\ -1, & ax+by+c\leqslant 0\end{cases} \tag{1-4}$$

现在的问题是怎样找到这条直线，即确定参数 a、b 和 c 的值。采集大量的水果样本，测量它们的质量和颜色，形成平面上的一系列点。如果能够通过某种方法找到一条直线，保证这些点能够被正确分类，那么就可以用这条直线对新加入的水果进行判定。通过这些样本寻找分类直线的过程就是机器学习的训练过程。由于要判断一个物体所属的类别，所以前面的问题被称为分类问题，根据之前的表述，可以得到预测水果类别的函数为

$$\operatorname{sgn}(ax+by+c) \tag{1-5}$$

sgn 是符号函数，其定义为

$$\operatorname{sgn}(x)=\begin{cases}+1, & x>0\\ -1, & x\leqslant 0\end{cases} \tag{1-6}$$

在后面的各种机器学习算法中会经常用到此函数。前面的例子有一个特点：需要用样本数据进行学习，得到一个函数（或称为模型），然后用这个模型对新加入的样本进行预测。机器学习任务的一般流程如图 1.3 所示。

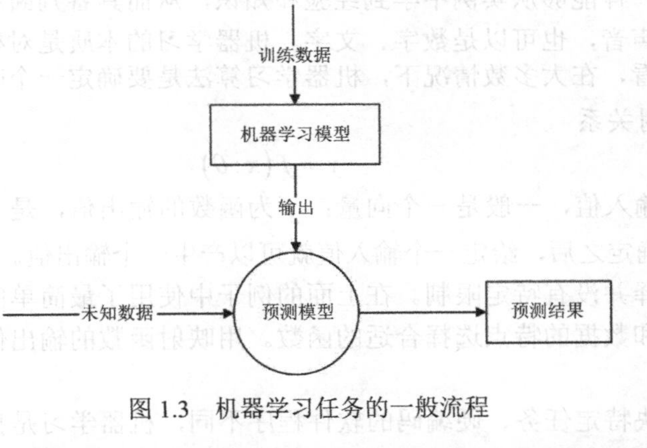

图 1.3　机器学习任务的一般流程

图 1.3 是监督学习的一般流程，还有一些机器学习算法没有此训练过程，如聚类和数据降维，将在本章其他部分介绍。机器学习算法和其他算法的一个显著区别是需要样本数据，它是一种数据驱动的方法。

机器学习与人类思考的对比如图 1.4 所示。

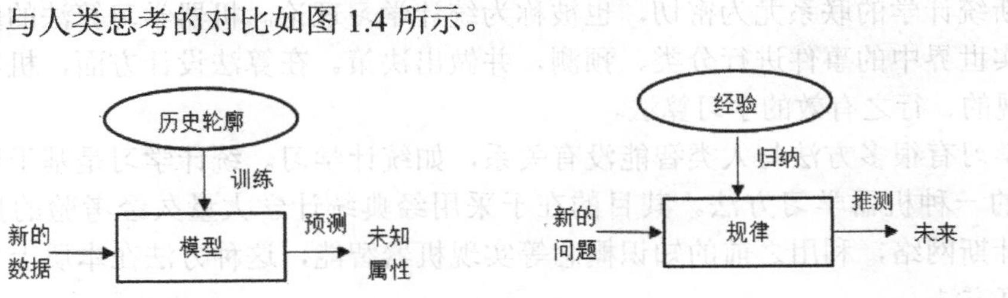

图 1.4　机器学习与人类思考的对比

人类在成长、生活过程中积累了很多的历史与经验。人类定期地对这些经验进行“归纳”，获得生活的“规律”。当人类遇到新的问题或需要对未来进行“推测”的时候，人类使用这些“规律”，对未知问题与未来进行“推测”，从而指导自己的生活和工作。机器学习中

的“训练”与“预测”过程可以对应人类的“归纳”和“推测”过程。通过这样的对应可以发现，机器学习仅仅是对人类在生活中学习成长的模拟。由于机器学习不是基于编程形成的结果，因此它的处理过程不是因果的逻辑，而是通过归纳思想得出的相关性结论。因此，要通过现阶段的机器学习技术使机器具备类人智能，还有很大差距，但已经发展出的机器学习技术通过计算机进行各种数据分析和处理的能力是人类智能所无法比拟的。

1.2 机器学习与机器智能

1.2.1 机器学习的概念

一般来说，机器学习就是指计算机算法能够像人一样，从数据中找到信息，从而学习一些规律，其经典定义是“利用经验来改善系统自身的性能”。因为在计算机系统中，“经验”通常是以数据的形式存在的，因此机器学习要利用经验，就必须对数据进行分析。

在前面的例子中，预测就是对水果的类型做出判断。机器学习让计算机算法具有类似人的学习能力，像人一样能够从实例中学到经验和知识，从而具备判断和预测的能力。这里的实例可以是图像、声音，也可以是数字、文字。机器学习的本质是对模型的选择及对模型参数的确定。抽象来看，在大多数情况下，机器学习算法是要确定一个映射函数 f 及函数的参数 θ，建立如下映射关系

$$y = f\left(x:\theta\right) \tag{1-7}$$

其中，x 为函数的输入值，一般是一个向量；y 为函数的输出值，是一个向量或标量。当映射函数和它的参数确定之后，给定一个输入值就可以产生一个输出值。

映射函数的选择并没有特定限制。在上面的例子中使用了最简单的线性函数，一般情况下，需要根据问题和数据的特点选择合适的函数。用映射函数的输出值可以实现人们需要的推理或决策。

与传统的为解决特定任务、硬编码的软件程序不同，机器学习是指用数据来训练，通过各种算法从数据中学习如何完成任务。因此，机器学习理论主要是设计和分析一些让计算机可以自动“学习”的算法。机器学习算法的主要作用是从数据中自动分析，获得规律，并利用规律对未知数据进行分类和预测。因为机器学习算法中涉及大量的统计学理论，所以机器学习与推断统计学的联系尤为密切，也被称为统计学习理论。机器学习算法的基本作用就是通过对真实世界中的事件进行分类、预测，并做出决策。在算法设计方面，机器学习理论关注可以实现的、行之有效的学习算法。

机器学习有很多方法与人类智能没有关系，如统计学习。统计学习是基于数学、统计学发展而来的一种机器学习方法。其目的在于采用经典统计学大量久经考验的技术和操作方法，如贝叶斯网络，利用之前的知识概念等实现机器智能，这种方法在本质上是一种基于统计学的计算方法。

在大数据时代，大数据相当于“矿山”，想得到数据中蕴涵的“矿藏”，还需要有效的数据分析技术，机器学习就是这样的技术。

机器学习现已广泛应用于数据挖掘、计算机视觉、自然语言处理、生物特征识别、搜索引擎、医学诊断、检测信用卡欺诈、证券市场分析、DNA 序列测序、语音和手写识别、战略

游戏和机器人等领域。机器学习最成功的应用领域是计算机视觉，但是在此领域仍然需要大量的手工编码来完成工作。

1.2.2 机器学习如何实现机器智能

人类的学习能力是与生俱来的，随着年龄增长和受教育程度的提高而不断增长。那么机器如何获得学习能力呢？机器能像人一样具备学习能力吗？如果能的话，那么机器如何做到呢？机器具备了学习能力，是否就具有了智能或类人的智能？或者达到人类的智能水平？或者产生完全不同于人类的智能？这些问题都取决于机器具有何种学习能力。

从实现机器智能的角度看，机器学习是一种试图使机器具备像人一样的学习能力，从而实现机器智能的方式。

机器要实现智能，必须能主动获取和处理知识。主动获取知识是机器智能的瓶颈问题。机器学习的任务就是弄清人类的学习机理，进而将有关原理用于建立机器学习方法。理想目标是让机器能够通过学习书本、与人谈话、观察环境等自然方式获取知识。如果这一目标得以实现，机器就可以拥有真正的类人智能甚至超级智能。

人类的学习能力远非其他动物所及。人具备学习识别事物和对对象进行分类的能力，还会抽象、概括、归纳、举一反三，能通过学习发现关系、规律、模式等。机器要具备类人的智能，也必须有类似的学习能力。

因此，机器学习的目的就是专门研究机器（主要是计算机）怎样模拟或实现人类的学习行为，以获取新的知识或技能，重新组织已有的知识结构，使之可以不断改善自身的性能，从而实现机器智能。机器学习是使计算机等机器具有智能的重要途径之一。

1.3 机器学习的发展历程

我们知道，在人工智能的历史中 20 世纪 70 年代（在图 1.5 中表示为 1970s 的形式，余同），人工智能研究进入了“知识时期”。在此时期，大量“专家系统”问世，在很多应用领域取得了大量成果。但后来人们逐渐发现，把知识总结出来再教给计算机相当困难，于是一些学者希望机器从数据中自动学习知识，人工智能进入“机器学习时期”。“机器学习时期”也分为三个阶段，20 世纪 80 年代，连接主义较为流行，其代表方法有感知机（Perceptron）和神经网络（Neural Network）。人工智能的发展历程如图 1.5 所示。

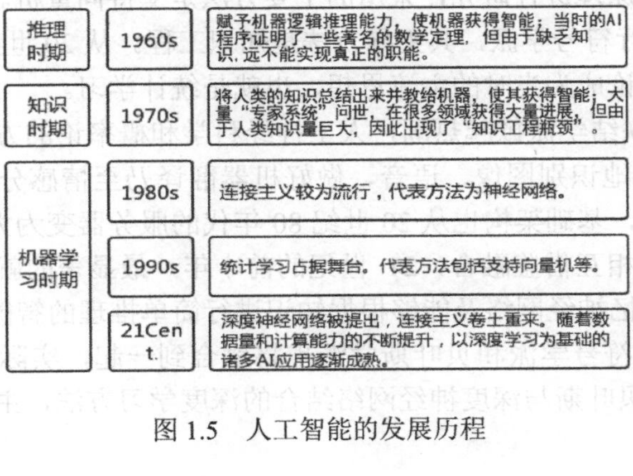

图 1.5 人工智能的发展历程

20 世纪 90 年代，以支持向量机为代表的统计学习方法及集成学习、稀疏学习统计学习方法等开始占据主流地位。进入 21 世纪，2006 年，多伦多大学教授辛顿在前向神经网络的基础上提出了基于深度神经网络的深度学习。

机器学习是经历史上各学派既相互竞争又相互融合发展而得到的结果。与人工智能的各学派类似，机器学习也发展出很多学派。

符号学派：人工智能主要的符号学派也开发了许多人工智能技术，符号学派使用基于规则的符号系统进行推理，其本质是一种基于推理的学习方法。符号学派大部分都围绕着这种方法。20 世纪 80 年代开发的一种符号推理系统试图用逻辑规则将人类对这个世界的理解编码。这种方法主要的缺陷在于其脆弱性，因为面对复杂多变的情况，僵化的知识库一般不适用，但现实是模糊和不确定的。符号学派发展出了基于案例的学习和决策树分类器等机器学习方法。

贝叶斯学派：使用概率规则及其依赖关系进行推理的一派。概率图模型是这一派通用的方法，其主要计算机制是一种用于抽样分布（称为蒙特卡洛）的方法。这种方法与符号学派的方法的相似之处在于，可以以某种方式得到对结果的解释。这种方法的另一个优点是存在可以在结果中表示的对不确定性的度量。该学派采用的主要方法包括朴素贝叶斯和马尔科夫链等。

联结学派：从使机器能够学习的角度看，联结主义所发展出的人工神经网络一直是一种重要的机器学习方法，只不过，在机器学习诞生之前，人工神经网络并没有在这方面发挥出应有的价值。在机器学习诞生之后，人工神经网络在机器学习中的作用越来越大，从早期的感知器到现在的深度学习，基于人工神经网络的机器学习方法事实上已成为该领域的核心方法。

进化学派：该法是受到达尔文进化论启发的机器学习方法。该学派的主要思想是将进化过程看作一种学习过程。通过计算机模拟生物的进化过程，使机器通过逐步进化形成学习能力，进而产生智能。20 世纪 60 年代至 20 世纪 70 年代，进化学派从基于细胞自动机的生命游戏发展到复杂自适应系统。进化学派发展出的遗传算法起源于模拟生物繁衍的变异和达尔文的自然选择，把概念的各种变体当作物种的个体，根据客观功能测试概念的诱发变化和重组合并，决定哪种情况应在基因组合中予以保留。自然计算领域的遗传算法早期是作为一种机器学习方法使用的，后来演变为只用于求解优化问题的算法。

类推学派：这一学派更多地关注心理学和数学最优化，通过外推来进行相似性判断。类推学派遵循“最近邻”原理进行研究，采用的主要方法是支持向量机。

20 世纪 80 年代流行符号学派，其主导方法是知识工程。从 20 世纪 90 年代开始，贝叶斯学派发展了起来，概率论成为当时的主流思想，也就是统计学习。

20 世纪末至今，联结学派掀起热潮，人工神经科学和概率论的方法得到了广泛应用。人工神经网络可以更精准地识别图像、语音，做好机器翻译乃至情感分析等任务。同时，由于神经网络需要大量计算，基础架构也从 20 世纪 80 年代的服务器变为大规模数据中心或云。

如今，各学派开始相互借鉴融合，21 世纪的前十年，最显著的就是联结学派和符号学派的结合，由此产生了记忆神经网络及能够根据知识进行简单推理的智能体。

今后，联结学派、符号学派和贝叶斯学派也将融合到一起，实际上已经出现了这样的趋势，DeepMind 开发了贝叶斯与深度神经网络结合的深度学习方法，主要的局限是感知任务由神经网络完成，但涉及推理和动作时还是需要人为编写规则。

深度学习在AlphaGo、无人驾驶汽车、人工智能助理、语音识别、自然语言理解等方面取得了很大的进展，对工业界产生了巨大影响。现在，随着数据量和计算能力的不断提升，以深度学习为基础的诸多人工智能应用逐渐成熟。在过去的20年里，人类收集、存储、传输、处理数据的能力取得了飞速提升，亟须能有效地对数据进行分析和利用的计算机算法，而机器学习恰恰顺应了大时代的这个迫切需求。

人工智能的发展从早期的逻辑推理到中期的专家系统，这些科研进步确实使机器越来越智能，但距离人类智能还有一大段距离。机器学习诞生以后，人工智能界终于找对了方向。基于机器学习的图像识别和语音识别在某些垂直领域达到了可以跟人相媲美的程度，机器学习使人类第一次如此接近强人工智能的梦想。

1.4 机器学习的类型

机器学习是一个庞大的家族体系，涉及众多算法、任务和学习理论。

1. 按方法划分

从方法的角度分，机器学习可以分为线性模型和非线性模型，线性模型较为简单，但其作用不可忽视，线性模型是非线性模型的基础，很多非线性模型都是在线性模型的基础上变换而来的。非线性模型又可以分为传统机器学习模型和现代机器学习模型。

2. 按学习理论划分

按照不同的学习理论划分，机器学习模型可以分为监督学习、半监督学习、无监督学习、迁移学习和强化学习。

监督或无监督的区别在于是否需要对训练学习模型所需要的样本进行人工标注或打标签，就是是否需要人工事先将数据分成不同的类别。因为机器不会像人一样自动对输入的数据进行分类或对不同的模式进行识别，而人类大脑对模式的识别能力一部分是与生俱来的，一部分也是通过后天学习训练而获得的。机器不具备这样的能力，因此必须对传输给它的数据进行标注，将这种打好标签的数据输入机器学习算法或系统，才能使系统具备一定的学习能力，完成分类、预测等任务，使其表现出一定的决策能力。因此，对机器学习来说，当训练样本带有标签时，是监督学习；当训练样本部分有标签、部分无标签时，是半监督学习；当训练样本全部无标签时，是无监督学习。

监督学习也称为有教师学习，即将机器学习过程比作人类教师教育学生的过程。人类事先对数据进行标注，再交给计算机处理，就相当于教师教授学生。对于机器来说，标注好的数据就是训练数据集，机器学习就是从给定的训练数据集中学习得到一个函数，当新的数据，也就是类别未知的数据被输入机器时，机器就可以根据这个函数预测结果，这个对新数据处理分析的过程也是一个测试过程。要求监督学习的训练数据集包括输入和输出，也可以说是特征和目标。如图1.6所示，这是一个监督学习或有教师学习系统。

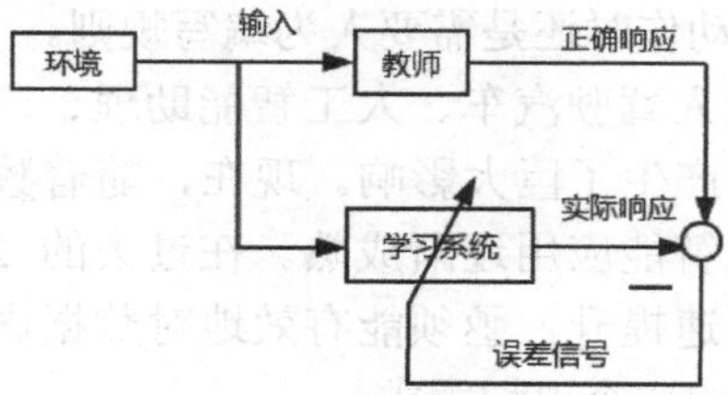

图 1.6　监督学习

监督学习的一般形式是，给定一个输入向量 $\boldsymbol{x}$，学习预测一个输出 $\boldsymbol{y}$，实际输出为 $\boldsymbol{t}$。根据输出的形式，监督学习又可以细分为两个子类别。

进行监督学习的典型过程通常是，首先选择一类模型 $\boldsymbol{y}=f(\boldsymbol{x};m)$，它接受输入向量 $\boldsymbol{x}$，使用相关参数 $\boldsymbol{W}$，得到最后的输出 $\boldsymbol{y}$。这里也可以将模型看作一种映射，是输入到输出经 $\boldsymbol{W}$ 作用的映射。因此，学习的核心就是调整这些参数 $\boldsymbol{W}$，使得模型输出 $\boldsymbol{y}$ 与期望输出 $\boldsymbol{t}$ 之间的差距尽可能小。

无监督学习与监督学习相比，最大的区别就是训练数据集没有人为标注。常见的无监督学习算法称为聚类。

半监督学习介于监督学习与无监督学习之间，是结合（少量的）标注数据和（大量的）未标注数据来进行学习的。

3．按任务划分

以任务为基础的机器学习类型及方法如图 1.7 所示，其中包括监督学习、无监督学习、迁移学习、强化学习等。

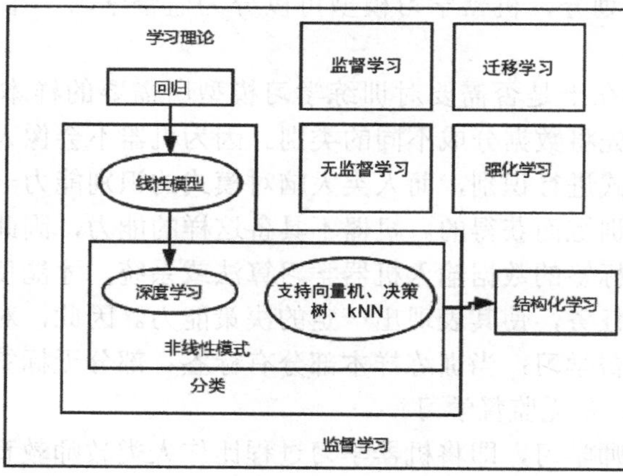

图 1.7　以任务为基础的机器学习类型及方法

1.5 机器学习的主要方法

人类的学习过程与推理过程是紧密相连的，与人类的学习类似，机器学习主要有机械学习、示例学习、演绎学习、类比学习、解释学习、归纳学习、联结学习、统计学习、集成学习、强化学习、分析学习、发现学习、遗传学习等方式，其中，多数学习方法属于监督学习。

1. **机械学习**

机械学习是最简单的基本学习过程。机械学习是指机器学习过程无须任何推理或其他的知识转换，直接吸取环境所提供的信息。早期的跳棋程序等机械学习系统主要考虑的是如何索引存储的知识并加以利用。系统的学习方法是指直接通过事先编好、构造好的程序来学习，机器或计算机不做任何工作，或者通过直接接收既定的事实和数据进行学习，对输入信息不进行任何推理。

可把学习系统的执行部分抽象成某个函数，该函数得到自变量输入值$(X_1,X_2,\cdots,X_n)$之后，计算并输出函数值$(Y_1,Y_2,\cdots,Y_n)$。机械学习在存储器中简单地记忆存储对$\left[(X_1,X_2,\cdots,X_n),(Y_1,Y_2,\cdots,Y_n)\right]$，当需要$f(X_1,X_2,\cdots,X_n)$时，执行部分就从存储器中把$(Y_1,Y_2,\cdots,Y_n)$简单地检索出来而不是重新计算它。这种简单的学习模型如下

$$(X_1,X_2,\cdots,X_n)\xrightarrow{f}(Y_1,Y_2,\cdots,Y_n)$$

$$\xrightarrow{\text{存储}}\left((X_1,X_2,\cdots,X_n),(Y_1,Y_2,\cdots,Y_n)\right)$$

2. **示例学习**

示例学习的一般模型如图1.8所示。

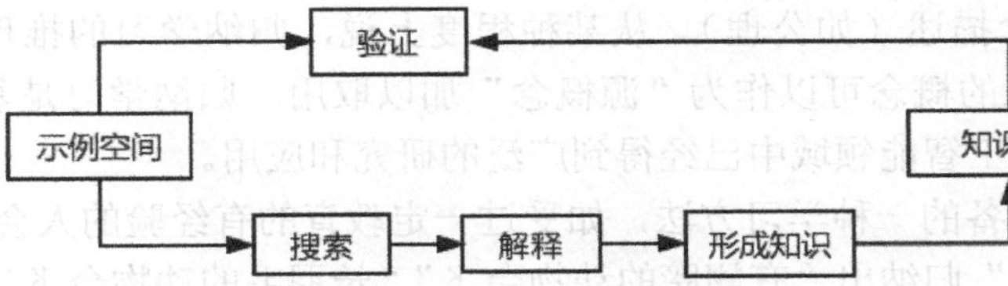

图1.8 示例学习的一般模型

示例学习就是机器从环境（信息源，如教科书等）中获取信息，把知识转换成内部可使用的表示形式，并将新知识和原有知识有机地结合为一体。一般要求机器学习方法有一定程度的推理能力，但环境仍要做大量的工作。人类以某种形式提出和组织知识，以使机器拥有的知识可以不断增加。这种学习方法和人类社会的学校教学方式相似，学习的任务就是建立一个系统，使它能接受教导和建议，并有效地存储和应用学到的知识。不少早期的专家系统在建立知识库时使用这种方法实现知识获取。

3. **演绎学习**

演绎学习主要采用演绎推理形式。推理是从公理出发，经过逻辑变换推导出结论的过程。这种学习方法包含宏操作学习、知识编辑和组块技术。演绎推理的逆过程是归纳推理。

4. **类比学习**

类比学习是通过目标对象与源对象的相似性，运用源对象的求解方法来解决目标对象的问题。利用两个不同领域（源域、目标域）的知识相似性，可以通过类比，从源域的知识（包括相似的特征和其他性质）推导出目标域的相应知识，从而实现学习。类比学习系统可以使一个已有的计算机应用系统转变为可以适应新的领域的计算机应用系统，来完成原来没有

设计的类似的功能。

类比学习比上述三种学习方式需要更多的推理。它一般要求先从知识源（源域）中检索出可用的知识，再将其转换成新的形式，应用到新的状况（目标域）中。类比学习在人类科学技术发展史上起着重要作用，许多科学发现就是通过类比方法得到的。例如，著名的卢瑟福类比就是通过将原子结构（目标域）与太阳系（源域）进行类比，揭示了原子结构的奥秘。

5. 解释学习

这种机器学习方式是机器根据人类提供的目标概念或该概念的一个例子、领域理论及可操作准则，首先构造一个解释来说明为什么该例子满足目标概念，然后将解释推广为目标概念的一个满足可操作准则的充分条件。该方式已被广泛应用于知识库精练和改善系统的性能。解释学习一般是从问题求解的一个具体过程中抽取出一般的原理，并使其在类似情况下也可利用。它将学到的知识放进一个统一的知识库中，简化了中间的解释步骤，因此可以提高后续解题效率。

6. 归纳学习

归纳学习是根据人类或环境提供的某概念的一些实例或反例，让机器学习系统通过归纳推理得出该概念的一般描述。这种学习的推理工作量远远多于示例学习和演绎学习，因为环境并不提供一般性概念描述（如公理）。从某种程度上说，归纳学习的推理量也比类比学习大，因为没有一个类似的概念可以作为“源概念”加以取用。归纳学习是基本的、发展较为成熟的学习方法，在人工智能领域中已经得到广泛的研究和应用。

归纳学习是人类具备的一种学习方法，如受过一定教育的有经验的人会根据“麻雀会飞”“鸽子会飞”“燕子会飞”归纳出“有翅膀的动物会飞”“长羽毛的动物会飞”等结论。

如果机器也能像人这样利用一般化的归纳推理模式进行归纳学习，那么机器的智能水平会达到很高程度。事实上，虽然可以利用这种归纳学习方法训练机器，但是由于机器不具备人类的举一反三及联想等能力，更重要的是，机器不具备人类所具有的常识能力，也就是说，人类的归纳能力实际上在很大程度上来自从小到大长期的知识积累，其中，大量的知识是常识，而机器并不具备知识积累或主动获取常识的能力，必须依赖人类对数据进行前期的归纳整理，而对于现实世界的知识及各种事物之间错综复杂的关系，即使是人类也无法总结出所有的知识和经验，再灌输给机器。另一方面，即使给机器输入大量的知识和规则，由于计算能力和学习算法的局限性，机器也无法高效地完成学习任务。因此，机器也就无法像人一样进行归纳推理，而只能在有限的领域内进行一定程度的模仿。

7. 联结学习

联结学习就是通过对人工神经网络进行典型实例训练的学习方式，使其能够识别输入模式的不同类别。由人工神经网络发展出的深度神经网络形成了所谓的深度学习技术。

8. 统计学习

统计学习是研究利用经验数据通过统计分析进行机器学习的方法，是机器学习比较重要的方法。统计学习的目的在于使期望风险最小化。由于可利用的信息只有样本，期望风险往往无法计算。因此统计学习主要遵循所谓的经验风险最小化归纳原则，其核心思想是用样本定义经验风险。

统计学习的出发点是，在利用标准的数据对机器进行训练时，所使用的训练数据规模都是有限的，一般称为小样本数据，因此有很多数据是覆盖不到的。利用这种小样本数据对机器学习系统进行训练，实际上是指先利用有限训练数据量训练好机器学习模型，再推断大量未知数据内隐含的关系，而这些未知的数据关系可能是无限的，因此常常导致测试结果不理想。

9. 集成学习

集成学习是结合多个分类方法组成的输出（对一些不同的输入有不同的分类结果），形成一个比任意单一分类方法的泛化能力都好的综合分类器。

机器学习方法在生产、科研和生活中有着广泛应用，而集成学习是机器学习的热门方向。集成学习是使用一系列学习器进行学习，并使用某种规则将各个学习结果整合，从而获得比单个学习器更好的学习效果的一种机器学习方法。

集成学习的思路是在对新的实例进行分类的时候，把若干个单个分类器集成起来，通过对多个分类器的分类结果进行某种组合来决定最终的分类，以取得比单个分类器更好的性能。如果把单个分类器比作一个决策者，那么集成学习的方法就相当于多个决策者共同进行一项决策。

10. 强化学习

强化学习通过观察来学习做成怎样的动作。每个动作都会对环境有所影响，学习对象根据观察到的周围环境的反馈来做出判断。强化学习和监督学习最大的不同是，每次的决定没有对与错，而是希望获得最多的累计奖励。强化学习过程如图 1.9 所示。

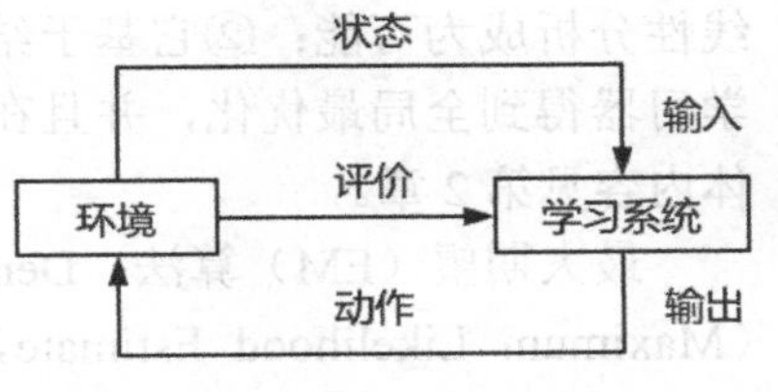

图 1.9　强化学习过程

强化学习的输出是一个动作或一串动作序列。这里也存在监督性的信号，不过这只是不定时出现的一些奖励（或惩罚）。因此，强化学习的目标是选择最合适的动作来最大化将来可能获得的奖励的期望和。通常情况下，对每个奖励会设置一个跟时间相关的衰减因子，这样，越后面的奖励，加权后的重要性越小，从而使得模型不用考虑太远的将来。

上述各种具体的机器学习方式都是模仿人的学习方式或受到人类学习方式的启发而得到的，有的是受到大脑神经联结结构的启发，如联结主义学习；有的是受到大脑内部神经细胞层面的学习机制的启发，如强化学习。

1.6　机器学习的主要算法

在机器学习方法的基础上，目前已经有各种机器学习算法被设计出来，应用于不同的领域。从人工智能的发展方向出发，可以将机器学习算法粗略划分为传统机器学习算法和新型机器学习算法两大类。传统机器学习算法包括决策树、kNN 算法、支持向量机等。新型机器学习算法包括深度学习算法、强化学习算法、迁移学习算法、联邦学习算法和因果学习算法等，下面简要介绍其中的主要算法。

1.6.1 传统机器学习算法

决策树：一般都是自上而下生成的。每个决策或事件（自然状态）都可能引出两个或多个事件，导致不同的结果，把这种决策分支画成图形就像一棵树的枝干，因此称为决策树。决策树算法很擅长处理非数值型数据，这与神经网络只能处理数值型数据相比，免去了很多数据预处理工作。

高斯过程：一种良好的贝叶斯分类方法和回归过程，也可应用于半监督聚类方面。

线性判别分析：即判别分析，是统计学上的一种分析方法，用于在已知的分类下遇到新的样本时，选定一个判别标准，以判定将新样本放置于哪个类别之中。

kNN 算法：如果一个样本在特征空间的 k 个最相似（在特征空间中最邻近）的样本中的大多数属于某一个类别，那么该样本也属于这个类别。在 kNN 算法中，所选择的邻近样本都是已经正确分类的对象。该方法在定类决策上只依据一个或几个样本的类别来决定待分类样本所属的类别。kNN 算法虽然从原理上依赖极限定理，但在进行类别决策时，只与极少量的邻近样本有关。

支持向量机的思想可以概括为两点：①它是针对线性可分的情况进行分析的，对于线性不可分的情况，通过使用非线性映射算法将低维输入空间线性不可分的样本转化为高维特征空间的样本，使其线性可分，从而使得高维特征空间采用线性算法对样本的非线性特征进行线性分析成为可能；②它基于结构风险最小化理论，在特征空间中建构最优分割超平面，使学习器得到全局最优化，并且在整个样本空间的期望风险以一定的概率满足一定的上界。具体内容见第 2 章。

最大期望（EM）算法：Dempster、Laind 和 Rubin 于 1977 年提出的求参数极大似然估计（Maximum Likelihood Estimate，MLE）的一种方法，它可以从非完整数据集中对参数进行 MLE，可以广泛地应用于处理缺损数据、截尾数据、带有噪声的所谓的不完全数据。

贝叶斯网络：统计学分类方法，它是一类利用概率统计知识进行分类的算法。

马尔可夫随机域：马尔可夫性质是指一个随机变量序列按时间先后关系依次排开时，第 $N+1$ 时刻的分布特性与 N 时刻以前的随机变量的取值无关。当给每个位置按照某种分布方法随机赋予相空间的一个值之后，其全体就叫作随机域。

流形学习：假设数据是均匀采样于一个高维欧氏空间中的低维流形，流形学习就是从高维采样数据中恢复低维流形结构，即找到高维空间中的低维流形，并求出相应的嵌入映射，以实现维数约简或数据可视化。它从观测到的现象中寻找事物的本质，找到产生数据的内在规律。

多实例学习：半监督学习（如药物设计方面的应用）。

主成分分析（PCA）：一种掌握事物主要矛盾的统计分析方法，它可以从多元事物中解析出主要影响因素，揭示事物的本质，简化复杂的问题。计算主成分的目的是将高维数据映射到较低维空间。

独立成分分析（ICA）：一种利用统计原理进行分析的方法，它是一种线性变换。这种变换把数据或信号分离成统计独立的非高斯信号源的线性组合。独立成分分析是盲信号分离

（Blind Source Separation，BSS）的一种特例。

聚类分析：将物理或抽象对象的集合分组成为由类似的对象组成的多个类的分析过程，它是一种重要的人类行为。聚类分析的目标就是在相似的基础上收集数据来分类。

集成学习（Ensemble Learning）：当前机器学习的热点研究方向之一。它的根本思路是对同一问题使用一系列学习器进行学习，并使用一定的策略将各个不同的学习结果整合，从而获得比单个学习器更好的学习效果。和传统的单个学习器的构造目的不同，集成学习并非力求得到单一的最优分类器，而是通过一组由多个假设组合而成的集成得到更优的假设。

1.6.2 新型机器学习算法

1. 深度学习算法

人工神经网络：一种应用类似大脑神经突触连接的结构进行信息处理的数学模型。神经网络是一种运算模型，由大量的神经元及其之间的相互连接构成。每个神经元代表一种特定的输出函数，一般称之为激励函数。每两个神经元之间的连接都代表一个对于通过该连接的信号的加权值，称之为权重，这相当于人工神经网络的记忆。网络的输出则因网络的连接方式、权重值和激励函数的不同而异。

覆盖算法：在 FP 算法的基础上发展起来的构造性算法。1995 年，张铃教授提出的多层反馈神经网络的 FP 算法和综合算法就是最初的构造性学习方法，主要针对 BP 等算法中网络性能差的缺陷，构造吸引中心具有最大吸引域的神经网络构造性算法，包括全连接网络的 FP 算法和多层反馈网络的 FP 算法。

生成对抗网络：生成对抗网络是一种深度学习模型，是近年来复杂分布上无监督学习最具前景的方法之一。模型通过框架中的生成模型和判别模型的相互博弈来学习并产生近似真实情况的输出。在原始生成对抗网络理论中，并不要求生成器和判别器都是神经网络，只要是能拟合相应生成和判别的函数即可。但在使用中，一般使用深度神经网络作为生成器和判别器。一个优秀的生成对抗网络应用需要有良好的训练方法，否则可能由神经网络模型的自由性导致输出不理想。

循环神经网络：循环神经网络是一类以序列数据为输入，在序列的演进方向进行递归且所有节点（循环单元）按链式连接的递归神经网络。循环神经网络是深度学习算法之一，其中，双向循环神经网络和长短期记忆网络是常见的循环神经网络。

2. 强化学习算法

强化学习算法主要依赖一个回报函数（Reward Function），若智能 Agent 在确定一步后，获得了较好的结果，则给 Agent 一些回报（如回报函数的结果为正）；若得到较差的结果，则回报函数的结果为负。例如，若四足机器人向前走了一步（接近目标），则回报函数的结果为正；若四足机器人后退，则回报函数的结果为负。如果能够对每一步进行评价，得到相应的回报函数，那么只需要找到一条回报值最大的路径（每步的回报函数的结果之和最大），就可认为此路径是最佳路径。

Q-学习算法：Q-学习算法是强化学习算法中基于值的策略算法，是一种典型的与模型无关的算法。Q 表的更新不同于选取动作时所遵循的策略。换句话说，在更新 Q 表的时候，计算了下一个状态的最大价值，但是在取那个最大价值的时候所对应的动作不依赖当前策略。

蒙特卡洛算法：以概率统计理论为基础的一种方法。由于蒙特卡洛算法能够比较逼真地描述事物的特点及物理实验过程，可以解决一些数值方法难以解决的问题。当所求问题的解是某个事物的概率，或是某个随机变量的数学期望，或是与概率、数学期望有关的量时，可以通过某种实验的方法得出该事件发生的频率，或该随机变量若干个具体观察值的算术平均值，通过它得到问题的解。

动态规划算法：动态规划算法是强化学习算法中的五种常见算法之一，通常用于求解具有某种最优性质的问题。动态规划算法与分治法类似，其基本思想也是将待求解问题分解成若干个子问题。动态规划算法与其他算法相比，大大减少了计算量，丰富了计算结果，不仅求出了当前状态到目标状态的最优值，还求出了中间状态的最优值。这对于很多实际问题来说是很有用的。

3. 迁移学习算法

迁移学习算法（TrAdaBoost 算法）：一种从旧数据中提取实例的方法，即将一部分能用的旧数据和标签，结合新数据和标签（可能是少量的），构建出比单纯使用新数据和标签训练更精确的模型。

层次贝叶斯算法：一种具有结构化层次的统计模型，它可以用来为复杂的统计问题建立层次模型，从而避免因参数过多而导致的过拟合问题。在实际情况中，简单的非层次模型可能并不适合层次数据：在参数很少的情况下，它们并不能准确适配大规模数据集，然而，过多的参数可能会导致过拟合的问题，相反，层次模型有足够的参数来拟合数据，同时使用总体分布将参数的依赖结构化，从而避免过拟合问题。

4. 联邦学习算法

联邦平均算法：联邦平均算法是一种分布式算法，允许多个用户同时训练一个机器学习模型。在训练过程中并不需要上传任何私有数据到服务器。本地用户负责训练本地数据，得到本地模型，中心服务器负责加权聚合本地模型，从而得到全局模型，经过多轮迭代后，最终得到一个趋近于集中式机器学习结果的模型，有效地减少了传统机器学习由源数据聚合带来的隐私风险。

安全联邦线性回归算法：安全联邦线性回归算法利用同态加密的方法，在联邦回归模型的训练过程中保护每一个参与方的本地数据，并通过回归算法对各方的本地数据进行分析和共享。

安全联邦提升树算法：安全联邦提升树算法是一种基于决策树算法的联邦学习算法，它以决策树为基础架构，中心服务器通过连接多方本地数据，对本地数据进行共享分发，而本地用户只需要上传数据即可。

5. 因果学习算法

结构因果模型：结构因果模型是联系原因与结果的一种模型，它结合了结构方程、虚拟事实模型、概率图模型（主要是贝叶斯网络），并将其应用于因果分析。通常，各种常用类型的因果模型都可以看作结构因果模型的子类。

多变量结构识别算法：多变量结构识别算法是一种对多变量结构进行识别推理的算法。

它包括基于独立的方法和基于分数的方法，通过对多变量的关系识别来达到推理其因果关系的目的。

1.7 机器学习的典型应用与发展趋势

1.7.1 机器学习的典型应用

机器学习现已广泛应用于数据挖掘、计算机视觉、自然语言处理、生物特征识别、搜索引擎、医学诊断、检测信用卡欺诈、证券市场分析、DNA 基因序列测序、语音识别、战略游戏和机器人等领域。机器学习最成功的应用领域是计算机视觉、模式识别、数据挖掘等。

各类型机器学习与人工智能的几个重要分支或研究领域都有着紧密联系，如图 1.10 所示。

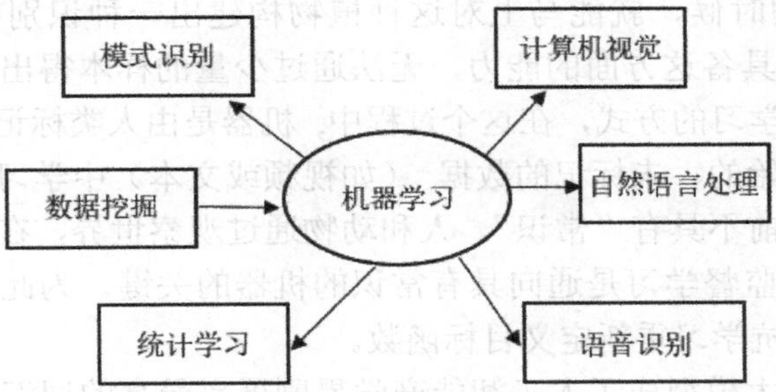

图 1.10 机器学习与人工智能其他分支的关系

1）模式识别

模式识别是从工业界发展起来的，而机器学习来自计算机学科，两者都可以视为人工智能的重要分支，模式识别的主要方法也是机器学习的主要方法。

2）数据挖掘

数据挖掘是指利用机器学习等方法在数据中寻找规律和知识的一种技术，因此可以认为数据挖掘=机器学习+数据库。

3）统计学习

统计学习是与机器学习高度重叠的学科。因为机器学习中的大多数方法都来自统计学，甚至可以说，统计学的发展促进了机器学习的兴盛。两者的分别在于统计学重点关注的是统计模型的发展与优化，侧重于数学；机器学习更关注解决问题，侧重于实践。

4）计算机视觉

图像处理技术用于将图像处理为适合进入机器学习模型的输入，机器学习则负责从图像中识别出相关模式。对手写字符、车牌、人脸等的识别都是计算机视觉和模式识别的应用。因此，计算机视觉的主要基础是图像处理和机器学习。

5）自然语言处理

自然语言处理技术主要是让机器理解人类的语言的一门技术。在自然语言处理技术中，大量使用了与编译原理相关的技术，如词法分析、语法分析等。除此之外，在理解这个层面，则使用了语义理解、机器学习等技术，因此自然语言处理的基础是文本处理和机器学习。

6）语音识别

语音识别是利用自然语言处理、机器学习等相关技术对人类语音进行识别的技术，语音识别的主要基础是自然语言处理和机器学习。

虽然，目前人工智能在文本挖掘、图像处理、语音识别和视频处理能力上已经得到了较大提升，但是仍具有很大的发展和提升空间。在未来的发展中，这四个主要领域的研究工作会持续进行，并取得更加重大的研究成果。

1.7.2 机器学习的发展趋势

人工智能的另一个发展方向是从少量标记数据中理解世界。目前，人工智能，特别是深度学习，需要大量的标记数据才能训练，而且数据越多，效果越好。但是，人类并不需要大量的示教就能理解世界，我们在没有大量标记数据的情况下便能形成良好的认识。例如，当人们新见到一种植物的时候，就能马上对这种植物构建出一种识别模式，而不需要反复观察。目前的学习系统不具备这方面的能力，无法通过少量的样本得出一种简单的模式。这些系统目前都在使用监督学习的方式，在这个过程中，机器是由人类标记的输入训练的。未来几年的挑战是让机器从原始的、未标记的数据（如视频或文本）中学习。这就是所谓的无监督学习。人工智能系统目前不具有"常识"。人和动物通过观察世界，在其中动作，了解其物理机制。部分专家认为无监督学习是通向具有常识的机器的关键。为此，必须重新定义无监督学习的方法，如通过对抗学习重新定义目标函数。

此外，近几年来，大模型成了人工智能产学界刷屏率最高的词汇。需要更大算力、更大数据集的大模型成了当前人工智能发展的一个重要方向。

深度学习技术兴起的近十几年间，人工智能模型基本上是针对特定应用场景需求进行训练的小模型。小模型用特定领域有标注的数据训练，通用性差，换到另外一个应用场景中往往不适用，需要重新训练。另外，小模型的训练方式基本是"手工作坊式"，调参、调优的手动工作太多，需要大量的人工智能工程专业人员来完成。同时，传统模型训练需要大规模标注数据，如果某些应用场景的数据量少，训练出的模型精度就会不理想。

小模型的这些问题导致当前人工智能研发的整体成本较高，效率偏低。由于人工智能人才短缺且成本昂贵，对于中小行业用户来说，小模型的这些问题阻碍了行业用户采用人工智能技术的脚步，成为人工智能普惠的障碍。

而大模型可以解决上述问题，其泛化能力强，可以做到"举一反三"，同一模型利用少量数据进行微调或不进行微调就能完成多个场景的任务，中小企业可以直接调用，不需要招聘很多人工智能算法的专业人员就能进行应用开发，可以显著降低中小企业的研发门槛，促进人工智能技术落地。

2018 年，OpenAI 以 Transformer 为底层架构提出了大规模预训练模型 GPT-1，使人工智能大模型逐渐走进产学界的世界。同年，谷歌发布了大规模预训练模型 BERT，由于在许多自然语言处理任务中表现出极强的能力，BERT 迎来了众多人工智能从业者的追捧。紧接着，OpenAI 发布了 GPT-2。GPT-2 针对 GPT-1 的一些问题进行了改进，使得数据量足够大，模型足够复杂，从而超越了 BERT。接着，2020 年，OpenAI 发布了 GPT-3。这导致人工智能大模型的模型复杂度和模型处理任务的能力越来越强，也使得人们逐渐看到了迈向通用人工智能的曙光。

以 GPT-3 为代表的超大规模预训练模型不仅以绝对的数据和算力优势取代了一些小模型算法，更重要的是，它展示了一条通向通用人工智能的可能的路径。在此背景下，建设国内的超大规模预训练模型和生态势在必行。

在国外进行人工智能大模型研究的同时，我国也逐渐将目光投向了人工智能大模型。2020 年 3 月，北京智源人工智能研究院发布了首个以中文为核心的超大规模预训练模型——悟道 1.0。

悟道 1.0 通过研发超大规模信息智能模型和生命模型，推动了电子信息、生物医药等基础科学科研范式变革，加速了科学研究进程。2020 年 6 月，在第三届北京智源大会中，北京智源人工智能研究院在会上发布了全球最大的超大规模智能模型悟道 2.0。相较于悟道 1.0，悟道 2.0 更加强大，并且向通用性更强的方向发展，可以根据文字生成高精度的图片，根据图像检索文字，实现图像和文字的互相检索。目前，悟道 2.0 在问答、作诗、配文案、视频、绘画、菜谱等多项任务中正逼近图灵测试。悟道 2.0 模型的参数规模达到 1.75 万亿，是 GPT-3 的 10 倍，打破了之前由 Google Switch Transformer 预训练模型创造的 1.6 万亿的参数纪录，是我国首个、全球最大的万亿级模型。

人工智能是新一代产业变革的核心驱动力，它的发展已经从“大炼模型”逐步迈向了“炼大模型”的阶段。通过设计先进的算法，整合尽可能多的数据，汇聚大量算力，集约化地训练大模型，供大量企业使用，是必然趋势。围绕这样的模型，会孵化出很多新创企业，也会有很多以前的人工智能企业直接从模型的发展中获益。此外，大模型的发展会不断推动人工智能迈向通用人工智能。

基于目前全球对于人工智能制高点的重视，国务院印发的《新一代人工智能发展规划》中明确指出了未来我国人工智能的发展重点，包括大数据驱动知识学习、跨媒体协同处理、人机协同增强智能、群体集成智能、自主智能系统等。此外，对基于云计算、芯片等“边缘化”的人工智能的相关研究及关于类脑智能的研究也蓄势待发。芯片化、硬件化、平台化是必然趋势。

人工智能从某种程度上正在超越人类本身，正如我们最初的期许那样。然而人工智能的发展必须遵循人类社会的基本道德规范和行为准则，以防给人类社会带来巨大的灾难。人工智能是一项伟大的技术，它本身是中性的，可能用于好的地方，也可能用于坏的地方，所以我们必须确保它的使用者是负责任的。这样的担忧并非空穴来风，在人工智能飞速发展的同时，也需要建立与发展相匹配的规范，并随之完善。同时，我们要重视保证人工智能发展过程中的公平性、可控性、替代性和道德性，让人工智能技术更好地为人类服务，助力社会发展进步，促使人类社会进入全面智能时代。

1.8 如何阅读本书

本书主要介绍以下内容：机器学习的主要算法；不同学习任务的可行性和特定算法能力的理论结果；机器学习应用于解决现实问题的例子。本书尽可能使对各章的阅读与顺序无关。然而各章之间存在相互依赖性是不可避免的。如果本书被用作教科书，建议读者首先完成第 1 章的学习，余下各章基本可以以任意顺序阅读。长度为一个学期的机器学习课程可以包括前 8 章及额外的几个读者感兴趣的章节内容。

□第 1 章详细地介绍了机器学习的概念、发展历程等。此外，对后续章节的内容进行了简单概括。

□第 2 章为机器学习经典分类算法，涉及回归算法、决策树算法、支持向量机、kNN 算法和贝叶斯算法的概念、原理与案例实现。

□第 3 章为机器学习经典聚类算法及集成与随机森林算法，涉及 k-means 算法、AdaBoost 算法、马尔可夫算法和随机森林算法的概念、原理与案例实现。

□第 4 章为深度学习，涉及深度学习及其研究现状，以及人工神经网络、生成对抗网络和循环神经网络的概念、原理与案例实现。

□第 5 章为强化学习，涉及强化学习及其研究现状，以及 Q-学习算法、蒙特卡洛算法和动态规划算法的概念、原理与案例实现。

□第 6 章为迁移学习，涉及迁移学习及其研究现状，以及 TrAdaBoost 算法和层次贝叶斯算法的概念、原理与案例实现。

□第 7 章为联邦学习，涉及联邦学习及其研究现状，以及联邦平均算法和纵向联邦学习算法的概念、原理和案例实现。

□第 8 章为因果学习，涉及因果学习及其研究现状，以及结构因果模型和多变量结构识别算法的概念、原理与案例实现。

□第 9 章为文本挖掘，涉及文本挖掘的概念与现状，以及 Word2vec-词嵌入和递归神经网络的概念、原理与案例实现。

□第 10 章为图像处理，涉及图像处理的概念与现状，以及条件图像到图像翻译和解纠缠图像到图像翻译的概念、原理与案例实现。

□第 11 章为人工智能大模型，涉及人工智能大模型的概念与现状，以及 Transformer 和 GPT 模型的概念、原理与案例实现。

总结

本章通过对人工智能的相关概念和发展历程进行介绍，使得读者对人工智能有了一定的认识。在此基础上，又分析了当前人工智能的研究方法，包括传统的机器学习、深度学习、强化学习、迁移学习、联邦学习和因果学习的一些主要算法，概括性介绍了人工智能的应用和研究现状，使得读者不仅对人工智能的概念和历史有了一定的认识，还加深了读者对人工智能研究和应用的印象。

习题

一、选择题

1．人工智能是一门涉及（　　）的交叉学科。

A．计算科学　　B．哲学

C．心理学　　D．信息论

2．以下哪些是人类的学习类型？（　　）

A．联想与非联想式学习　　B．主动式学习

C．情景学习　　D．机械式学习

3．以下哪些是机器学习学派？（　　）

A．符号学派　　B．贝叶斯学派

C．联结学派　　D．进化学派

4．机器学习被广泛应用于（　　）。

A．文本挖掘　　B．图像处理

C．语音识别　　D．视频处理

5．人工智能的发展可以分为哪四个阶段？（　　）

A．热烈时期　　B．冷静时期

C．复兴时期　　D．繁荣时期

6．人工智能是一个涵盖（　　）的学科领域。

A．机器学习　　B．深度学习

C．强化学习　　D．迁移学习

7．以下哪些是传统机器学习方法？（　　）

A．决策树　　B．逻辑回归

C．支持向量机　　D．kNN 算法

8．人工智能算法类型可以分为（　　）。

A．监督学习　　B．无监督学习

C．半监督学习　　D．自监督学习

9．以下哪些是人工智能算法类型？（　　）

A．机器学习算法　　B．深度学习算法

C．强化学习算法　　D．迁移学习算法

10．以下哪些是深度学习模型或算法？（　　）

A．人工神经网络　　B．覆盖算法

C．生成对抗网络　　D．循环神经网络

二、判断题

1．人工智能最成功的应用包括模式识别、数据挖掘、统计学习和计算机视觉等。（　　）

2．人工智能旨在研究、开发用于模拟、延伸和扩展人的智能的理论、方法和应用。（　　）

3．决策树、逻辑回归是传统机器学习算法。（　　）

4．人工智能和机器学习都有各自的派别。（　　）

5．机器学习是现阶段实现人工智能应用的主要方法。（　　）

6．人工智能的发展可以分为三个阶段。（　　）

7．决策树、随机森林和生成对抗网络是传统机器学习算法。（　　）

8．循环神经网络是深度学习模型。（　　）

9．强化学习算法包括 Q-学习算法和蒙特卡洛算法。（　　）

10．人工智能的应用在日常生活中随处可见。（　　）

三、简答题

1．什么是人工智能？
2．什么是机器学习？
3．请简要介绍人工智能的发展历程。
4．请简要介绍监督学习。
5．人工智能的算法类型包括什么？
6．人工智能的具体方法是什么？
7．传统机器学习算法包括哪些？
8．人工智能的应用涉及哪些方面？
9．什么是文本挖掘？
10．请简要介绍人工智能大模型的发展历程。

第 2 章　机器学习经典分类算法

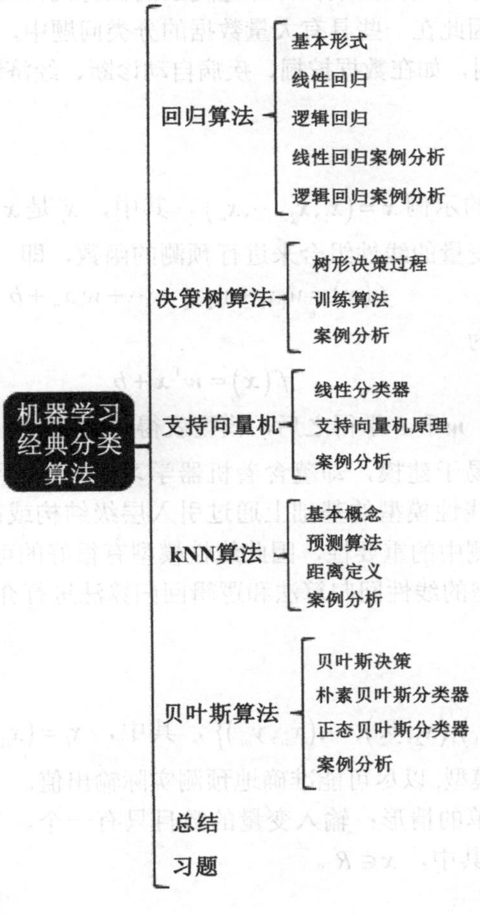

本章导读

本章主要介绍机器学习经典分类算法的理论与案例分析，分别详细地介绍了回归算法、决策树算法、支持向量机、kNN 算法和贝叶斯算法，并对各种算法的应用进行了编程实现。

本章要点

- 回归算法。
- 决策树算法。
- 支持向量机。
- kNN 算法。
- 贝叶斯算法。

2.1 回归算法

本节介绍回归算法，包括线性回归算法与逻辑回归算法两类，它们的预测函数是线性函数。虽然线性函数的建模能力有限，且仅针对一些符合线性描述的问题而设立，但当特征向量维数很高、训练样本很大时，线性函数在计算速度上的优势就体现出来了。由于在大数据量的向量化计算中极具优势，因此在一些具有大量数据的分类问题中，回归算法已经成了一种主流的算法，且得到了成功应用，如在数据挖掘、疾病自动诊断、经济预测等领域。

2.1.1 基本形式

给定由 n 个变量描述的示例 $\boldsymbol{x}=(x_1,x_2,\cdots,x_n)$，其中，$x_i$ 是 $\boldsymbol{x}$ 在第 i 个属性上的取值，线性模型试图学得一个通过变量的线性组合来进行预测的函数，即

$$f(\boldsymbol{x})=w_1x_1+w_2x_2+\cdots+w_nx_n+b \tag{2-1}$$

将上式写成向量形式为

$$f(\boldsymbol{x})=\boldsymbol{w}^{\mathrm{T}}\boldsymbol{x}+b \tag{2-2}$$

其中，$\boldsymbol{w}=(w_1,w_2,\cdots,w_n)$，$\boldsymbol{w}$ 和 b 学得之后，模型就得以确定。

线性模型形式简单、易于建模，却蕴含着机器学习中一些重要的基本思想，许多功能更为强大的非线性模型可在线性模型的基础上通过引入层级结构或高维映射而得。此外，由于 $\boldsymbol{w}$ 直观表达了各属性在预测中的重要性，因此线性模型有很好的可解释性。

本节将对用于线性模型的线性回归算法和逻辑回归算法进行介绍，下面介绍线性回归。

2.1.2 线性回归

给定数据集 $D=\{(x_1,y_1),(x_2,y_2),\cdots,(x_m,y_m)\}$，其中，$x_i=(x_{i1},x_{i2},\cdots,x_{id})$，$y_i\in R$。“线性回归”试图学得一个线性模型, 以尽可能准确地预测实际输出值。

我们先考虑一种最简单的情形：输入变量的数目只有一个。为方便讨论，我们忽略此变量的下标，即 $D=\{\boldsymbol{x},\boldsymbol{y}\}$，其中，$\boldsymbol{x}\in R$。

线性回归试图学得

$$f(\boldsymbol{x})=\boldsymbol{wx}+b\text{，使得 } f(\boldsymbol{x})\cong \boldsymbol{y} \tag{2-3}$$

显然，对于输入变量为多个的更一般的情况，线性回归试图学得

$$f(x_i)=\boldsymbol{w}x_i+b\text{，使得 } f(x_i)\cong \boldsymbol{y} \tag{2-4}$$

那么，如何确定上述公式的参数 $\boldsymbol{w}$ 和 b 呢？显然，关键在于如何衡量 $f(x_i)$ 与 $\boldsymbol{y}$ 之间的差别。我们知道，在统计学习中，均方误差是回归任务中最常用的性能度量参数，因此可以试图让均方误差最小化，即

$$e_{\mathrm{ss}}=\arg\min\left(f(\boldsymbol{x})-\boldsymbol{y}\right)^2 \tag{2-5}$$

$$e_{\mathrm{ss}}=\arg\min\left(\boldsymbol{y}-\boldsymbol{wx}-b\right)^2 \tag{2-6}$$

对于多变量，均方误差如下

$$e_{ss} = \arg\min \sum_{i=1}^{m} \left(f\left(x_i \right) - y_i \right)^2 \tag{2-7}$$

$$e_{ss} = \arg\min \sum_{i=1}^{m} \left(y_i - wx_i - b \right)^2 \tag{2-8}$$

均方误差有非常好的几何意义，它对应了常用的欧几里得几何距离，或可简称为“欧氏距离”。基于均方误差最小化来进行模型求解的方法称为“最小二乘法”。在线性回归中，最小二乘法就是试图找到一条直线，使所有样本到直线上的欧氏距离之和最小。

为了方便理解与计算，我们引入了代价函数，也称损失函数，即

$$\text{loss} = \frac{1}{2m} \sum_{i=1}^{m} \left(f\left(x_i \right) - y_i \right)^2 \tag{2-9}$$

为了求解当 $\boldsymbol{w}$ 和 b 取得何值时，损失函数最小，我们需要引入梯度下降算法。值得注意的是，对于回归问题，我们也可以利用常规线性回归算法来解决，但是当针对多数据时，显然梯度下降算法更胜一筹。

梯度下降算法是一种用来求函数最小值的算法，我们将使用梯度下降算法来求出损失函数的最小值。

梯度下降算法的背后思想：首先，令 $b = w_0$，开始时，随机选择一个参数的组合（$w_0, w_1, \cdots, w_m$），计算代价函数，然后，寻找下一个能让代价函数值下降最多的参数组合。持续这么做，直到得到一个局部最小值为止，因为我们并没有尝试完所有的参数组合，所以不能确定我们得到的局部最小值就是全局最小值，选择不同的初始参数组合，可能会找到不同的局部最小值。

因此，我们通过不断地寻找当前梯度下降最快的方向，可以尽快找到全局最小值。

批量梯度下降算法的公式为

$$w_j = w_j - \alpha \frac{\partial}{\partial w_j} \text{loss}\left(w_0, w_1 \right),\ j = 0,\ 1 \tag{2-10}$$

其中，α 是学习率，它决定了我们沿着能让损失函数下降程度最大的方向向下迈出的步子有多大，在批量梯度下降算法中，每一次都同时让所有的参数减去学习率和损失函数的导数的积。

梯度下降算法形式图如图 2.1 所示，表现为二次函数图像。

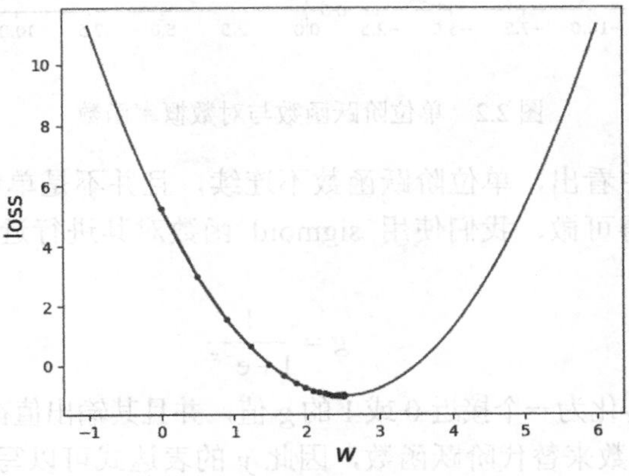

图 2.1　梯度下降算法形式图

通过以上步骤，我们就能求出 $\boldsymbol{w}$ 和 b，并获得一个比较不错的线性模型，通过该线性模型，我们就可以较为准确地根据输入预测输出。

2.1.3 逻辑回归

逻辑回归也称为对数概率回归，虽然它的名字叫“回归”，但是它是一种用于二分类问题乃至多分类问题的分类算法，它用 sigmoid 函数估计出样本属于正/负样本的概率。

在分类问题中，我们尝试预测结果是否属于某一个类（如正确或错误）。分类问题的例子如下：判断一封电子邮件是否是垃圾邮件；判断一次金融交易是否是欺诈；判断肿瘤是良性的还是恶性的等。

考虑二分类问题，我们将因变量可能属于的两个类别分别称为负向类和正向类，则因变量 $y \in \{0,1\}$，其中，0 表示负向类，1 表示正向类。而线性回归模型产生的预测值 $h = \boldsymbol{w}^{\mathrm{T}}\boldsymbol{x} + b$ 是一个实值，于是，我们需要将实值 h 转换为 0/1，最理想的方法是采用“单位阶跃函数”。

$$y = \begin{cases} 0, & h < 0 \\ 0.5, & h = 0 \\ 1, & h > 0 \end{cases} \tag{2-11}$$

若预测值 h 大于 0，则判定其为正向类；若预测值小于 0，则判定其为负向类；若预测值为临界值，则可任意判定，如图 2.2 所示。

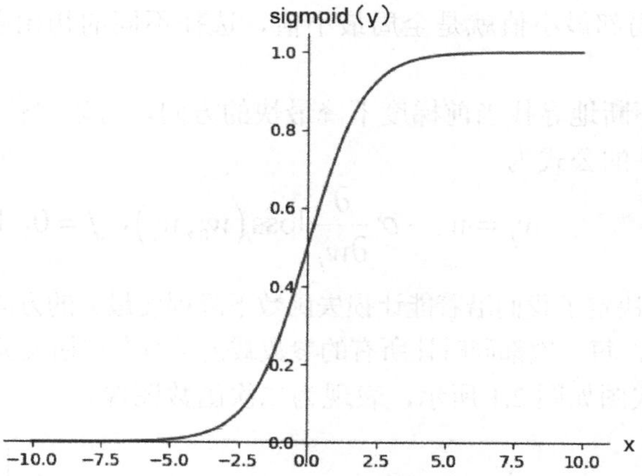

图 2.2 单位阶跃函数与对数概率函数

我们可以从图 2.2 中看出，单位阶跃函数不连续，且并不是单调可微的，因此不能用于求导计算。为了使它变得可微，我们使用 sigmoid 函数对其进行近似替代，sigmoid 函数如下所示

$$g = \frac{1}{1 + \mathrm{e}^{-x}} \tag{2-12}$$

sigmoid 函数将 $\boldsymbol{x}$ 值转化为一个接近 0 或 1 的 g 值，并且其输出值在 $\boldsymbol{x}$=0 附近的变化很大。

我们使用 sigmoid 函数来替代阶跃函数，因此 y 的表达式可以写成 $y = g(h)$，其中，g 为 sigmoid 函数。

现在我们已经得到了一个基本的含参数的逻辑回归模型。只需要确定 $\boldsymbol{w}$ 和 b，即确定一条分类边界，我们就可以确定该逻辑回归模型。

因此，现在我们的任务就变为求取参数 $\boldsymbol{w}$ 和 b。具体来说，对于训练集为 $\{(x_1,y_1),(x_2,y_2),\cdots,(x_m,y_m)\}$ 的数据，我们在线性回归中定义的损失函数是所有模型误差的平方和。理论上，逻辑回归任务也可以沿用这个定义，但是问题在于，当我们将 sigmoid 函数代入这样定义的损失函数时，我们得到的损失函数会是一个非凸函数。

这意味着我们的损失函数会有许多的局部最小值点，这不利于使用梯度下降算法来寻找全局最小值。因此，我们在逻辑回归任务中重新定义了损失函数，即

$$\text{loss} = \frac{1}{m}\sum_{i=1}^{m}\text{cost}\left[h(x_i),y_i\right] \tag{2-13}$$

其中，$\text{cost}\left[h(\boldsymbol{x}),y\right]=\begin{cases}-\log\left[h(\boldsymbol{x})\right], & y=1\\ -\log\left[1-h(\boldsymbol{x})\right], & y=0\end{cases}$。

这样构建的 cost()函数的特点：当实际的 y=1 且 h=1 时，误差为 0，当 y=1 但 $h\neq1$ 时，误差随着 h 变小而变大；当实际的 y=0 且 h=0 时，代价为 0，当 y=0 但 $h\neq0$ 时，误差随着 h 变大而变大。

我们将构建的 $\text{cost}\left[h(\boldsymbol{x}),y\right]$ 进行如下简化

$$\text{cost}\left[h(\boldsymbol{x}),y\right] = -y\times\log\left[h(\boldsymbol{x})\right]-(1-y)\times\log\left[1-h(\boldsymbol{x})\right] \tag{2-14}$$

带入损失函数得到

$$\text{loss} = -\frac{1}{m}\sum_{i=1}^{m}\left\{y_i\log\left[h(x_i)\right]+(1-y_i)\log\left[1-h(x_i)\right]\right\} \tag{2-15}$$

在得到损失函数后，我们就可以使用梯度下降算法来求取使损失函数最小时的参数值。根据

$$w_j = w_j - \alpha\frac{\partial}{\partial w_j}\text{loss} \tag{2-16}$$

来不断更新参数，以使损失函数达到最小值。

2.1.4　线性回归案例分析

1．开发环境和编程语言

在本书的算法实战中，我们统一使用 PyCharm 编译器，将 Python 语言作为我们的开发环境和开发语言。

PyCharm 是一种 Python 集成开发环境，带有一整套可以帮助用户在使用 Python 语言开发时提高其效率的工具，如调试、语法高亮、项目管理、代码跳转、智能提示、自动完成、单元测试和版本控制。此外，PyCharm 还提供了一些高级功能，用于支持 Django 框架下的专业 Web 开发。

Python 由荷兰数学和计算科学研究学会的 Guido van Rossum 于 20 世纪 90 年代初设计，作为一门叫作 ABC 的语言的替代品，Python 提供了高效的高级数据结构，还能简单有效地面向对象编程。Python 的语法和动态类型及解释型语言的本质，使它成为多数平台上写脚本和

快速开发应用的编程语言。随着版本的不断更新和新语言功能的添加，Python 逐渐被用于独立大型项目的开发中。

Python 解释器易于扩展，可以使用 C 或 C++（或者其他可以通过 C 调用的语言）扩展新的功能和数据类型。Python 也可用于可定制化软件中的扩展程序语言。Python 丰富的标准库提供了适用于各个主要系统平台的源码或机器码。

2021 年 10 月，语言流行指数的编译器 Tiobe 将 Python 加冕为最受欢迎的编程语言，这是 20 年来首次将其置于 Java、C 和 JavaScript 之上。

由于 Python 语言的简洁性、易读性及可扩展性，在国外用 Python 进行科学计算的研究机构日益增多，一些知名大学已经采用 Python 来教授程序设计课程。此外，众多开源的科学计算软件包都提供了 Python 的调用接口，如著名的计算机视觉库 OpenCV、三维可视化库 VTK、医学图像处理库 ITK。而 Python 专用的科学计算扩展库就更多了，如以下三个十分经典的科学计算扩展库：Numpy、Scipy 和 Matplotlib，它们分别为 Python 提供了快速数组处理、数值运算及绘图功能。因此，Python 语言及其众多的扩展库所构成的开发环境十分适合工程技术、科研人员处理实验数据、制作图片等。

2．工资关系分析与实战

根据前面对线性回归算法的讲解，我们已经对线性回归算法的理论有了一定的认识与理解，下面将通过具体问题来应用线性回归算法。

我们知道，当前，程序员和算法工程师的工资还是非常不错的，但是在不同的城市，工资是不一样的，因此，我们收集了几个计算机行业发达城市的程序员和算法工程师的工资数据，以找出程序员和算法工程师之间的工资关系。这里，我们收集了北京、上海、杭州、深圳和广州的程序员和算法工程师的工资，如表 2.1 所示。

表 2.1　各地区工资表

城市	*x*——程序员工资（万元）	*y*——算法工程师工资（万元）
北京	1.3854	2.1332
上海	1.2213	2.0162
杭州	1.1009	1.9138
深圳	1.0655	1.8621
广州	0.9503	1.8016

我们先在 PyCharm 中绘制出关于 x–y 的散点图，具体程序如下：

```
import numpy as np
import matplotlib.pyplot as plt
x=[13854, 12213, 11009, 10655, 9503]
x=np.reshape(x, newshape=(5, 1))/10000.0
y=[21332, 20162, 19138, 18621, 18016]
y=np.reshape(y, newshape=(5, 1))/10000.0
plt.scatter(x,y)
plt.show()
```

通过运行上述程序，我们可以得到关于 x 和 y 的散点图，如图 2.3 所示。

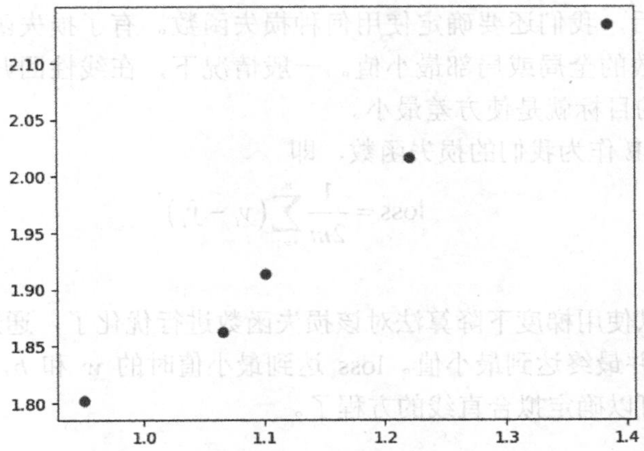

图 2.3 工资散点图

由图 2.3 可以看出，程序员工资与算法工程师工资，即 x 与 y 之间大致呈线性关系，这时候，我们就可以尝试使用一元线性回归算法拟合它们之间的关系。

接下来我们就可以建立数学模型对该问题进行求解。

首先确定一元线性回归方程，也就是

$$y = wx + b + \varepsilon \tag{2-17}$$

其中，x 为自变量，y 为因变量，w 为斜率，b 为截距，ε 为误差。

线性回归的目标就是找到一组 w 和 b，使得 ε 最小。

我们引入 $\hat{y}$，作为 y 的期望值，也就是落在拟合直线上的估计值，即

$$\hat{y} = ax + b \tag{2-18}$$

那么就有目标函数

$$\varepsilon = y - \hat{y} \tag{2-19}$$

图 2.4 可以帮助我们更好地了解 y 与 $\hat{y}$ 的关系。

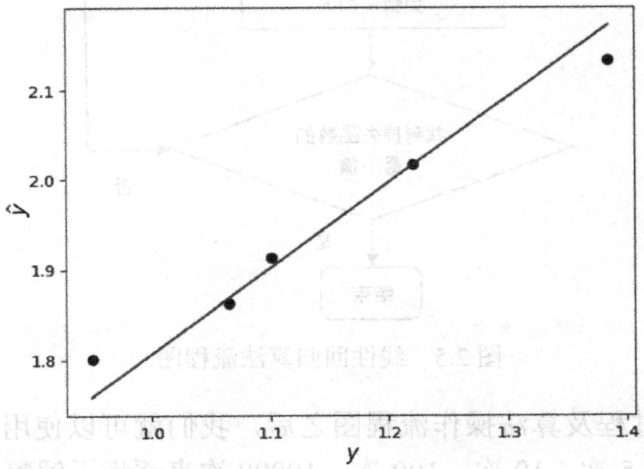

图 2.4 y 与 $\hat{y}$ 的关系图

在图 2.4 中，点为观测样本，即 $y = ax + b + \varepsilon$。线为线性回归拟合直线，即 $\hat{y} = ax + b$，则误差 $\varepsilon = y - \hat{y}$。

有了目标函数之后，我们还要确定使用何种损失函数。有了损失函数，我们就可以通过不断迭代找到损失函数的全局或局部最小值。一般情况下，在线性回归算法中，我们用方差作为损失函数，我们的目标就是使方差最小。

我们选择以下 MSE 作为我们的损失函数，即

$$\text{loss}=\frac{1}{2m}\sum_{i=1}^{m}\left(y_i-\hat{y}_i\right)^2 \tag{2-20}$$

其中，m=5。

然后，我们就可以使用梯度下降算法对该损失函数进行优化了，通过不断迭代 w 和 b，使得 loss 不断减小，并最终达到最小值。loss 达到最小值时的 w 和 b，就是我们要求取的参数值。这样，我们就可以确定拟合直线的方程了。

算法步骤如下。

（1）将 w 和 b 的起始值设置为 0。

（2）通过模型 $\hat{y} = ax + b$ ，我们可以计算出 $\hat{y}$。

（3）有了 $\hat{y}$，就可以用优化方法（梯度下降算法）更新参数。

（4）重复（2）和（3），直到找到 loss 的最小值为止。

线性回归算法流程图如图 2.5 所示。

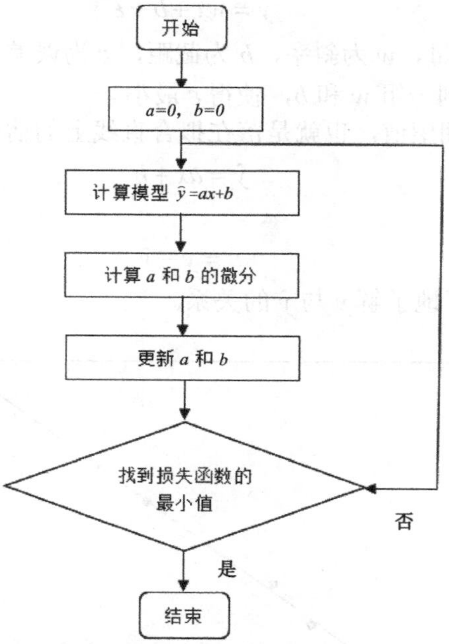

图 2.5　线性回归算法流程图

在了解了整个算法过程及算法操作流程图之后，我们就可以使用代码对算法进行实现。下面分别通过迭代 1 次、5 次、10 次、100 次、10000 次来逐步了解整个拟合过程。

首先，我们迭代 1 次，看看结果，迭代 1 次的代码如下：

```
import numpy as np
import matplotlib.pyplot as plt
x=[13854, 12213, 11009, 10655, 9503]
x=np.reshape(x, newshape=(5, 1))/10000.0
```

```
y=[21332, 20162, 19138, 18621, 18016]
y=np.reshape(y, newshape=(5, 1))/10000.0
def model(w, b, x):
    return w*x+b
def loss(w, b, x, y):
    n = 5
    return 0.5/n * (np.square(y-w*x-b)).sum()
def optimize(w, b, x, y):
    n = 5
    alpha = 1e-1
    y_hat = model(w, b, x)
    dw = (1.0/n) * ((y_hat-y)*x).sum()
    db = (1.0/n) * ((y_hat-y).sum())
    w = w - alpha*dw
    b = b - alpha*db
    return w, b
w = 0
b = 0
def iterate(w, b, x, y, times):
    for i in range(times):
        w, b = optimize(w, b, x, y)
    y_hat = model(w, b, x)
    loss = loss(w, b, x, y)
    print(w, b, loss)
    plt.scatter(x, y)
    plt.plot(x, y_hat)
    plt.show()
    return w, b
w, b = iterate(w, b, x, y, 1)
```

运行程序，我们会得到如图 2.6 所示的 1 次迭代结果。

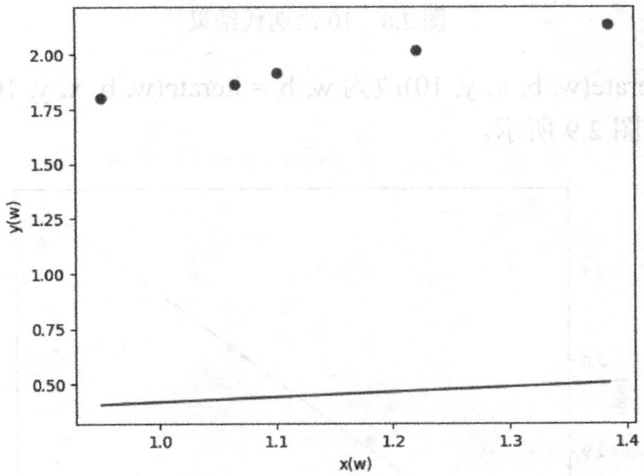

图 2.6　1 次迭代结果

我们只用修改代码 w, b = iterate(w, b, x, y, 1)为 w, b = iterate(w, b, x, y, 5)，其余不变，再次运行程序，即可得到 5 次迭代结果，如图 2.7 所示。

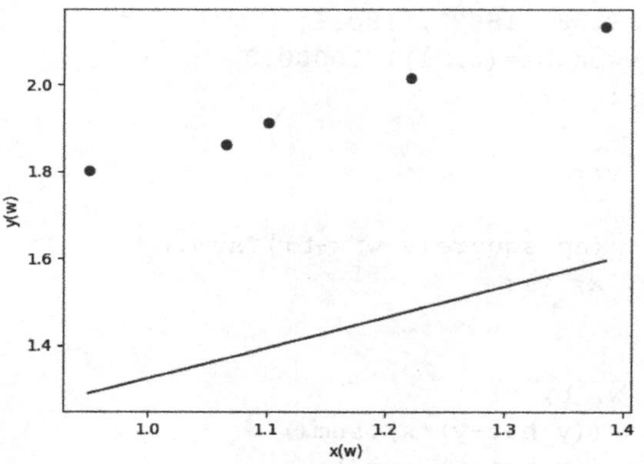

图 2.7　5 次迭代结果

我们再将代码 w, b = iterate(w, b, x, y, 5)改为 w, b = iterate(w, b, x, y, 10)，运行程序，即可得到 10 次迭代结果，如图 2.8 所示。

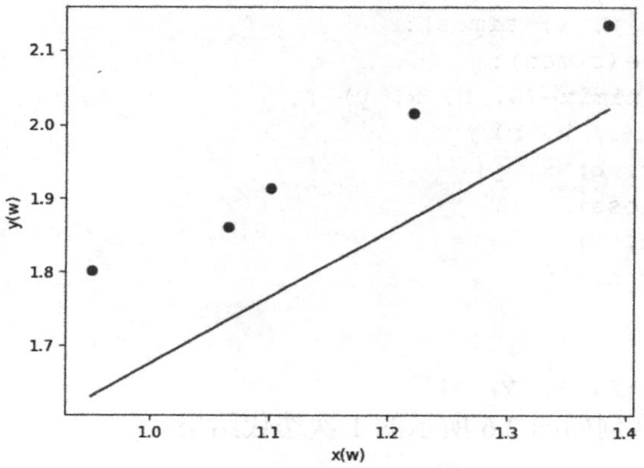

图 2.8　10 次迭代结果

我们再将 w, b = iterate(w, b, x, y, 10)改为 w, b = iterate(w, b, x, y, 100)，运行程序，即可得到 100 次迭代结果，如图 2.9 所示。

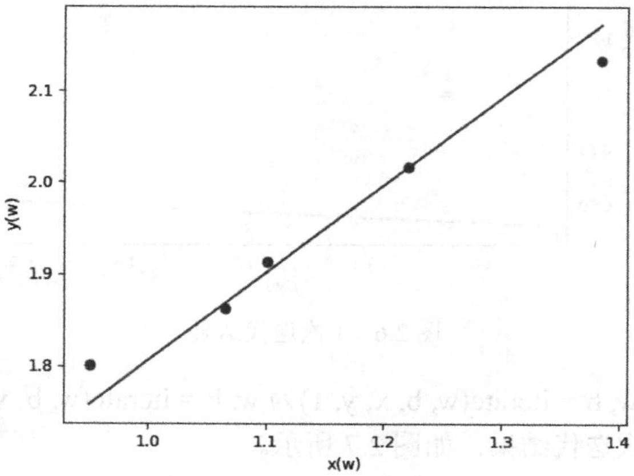

图 2.9　100 次迭代结果

我们再将 w, b = iterate(w, b, x, y, 100)改为 w, b = iterate(w, b, x, y, 10000)，运行程序，即可得到 10000 次迭代结果，如图 2.10 所示。

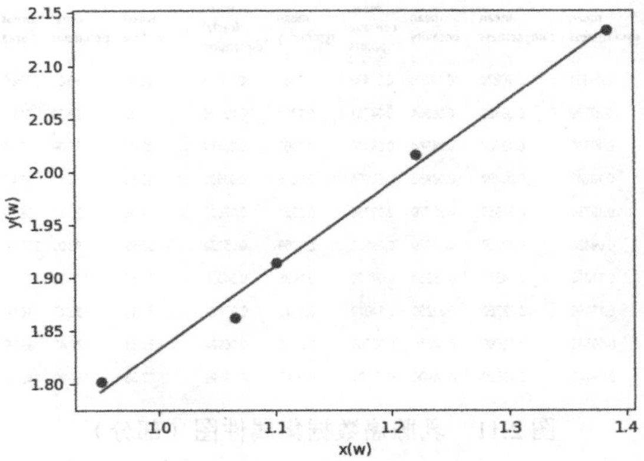

图 2.10　10000 次迭代结果

从上述结果中我们可以看到，随着训练次数增加，回归线越来越接近样本。这说明通过线性回归算法确实学得了 x 与 y 之间的关系。

最终，我们得到了 y=0.788x+1.043 的关系式。通过此关系，我们就可以评估程序员与算法工程师的工资关系了。知道某地的程序员或算法工程师的平均工资，我们就可以准确地估计出相对应的程序员或算法工程师的工资了。

至此，我们完成了该线性回归案例，相信读者对于线性回归的理解和掌握又提升了一个层次。

2.1.5　逻辑回归案例分析

上一小节我们运用线性回归算法解决了工资关系问题，这一小节我们将利用逻辑回归算法对肿瘤的良恶性进行分类。

目前癌症在世界各处肆虐，人类目前并没有很好的手段来对癌症进行诊治，一方面是没有研发出很好的药物用于抗击癌症，另一方面是因为对癌症的检测效率不高，或者说是检测准确率有待提高。因此，使用一种智能算法来加强和降低癌症的检测成本是很有必要的。

而之前讲述的逻辑回归算法就具有对样本进行分类的能力，这里我们使用逻辑回归算法来对乳腺癌数据进行诊断。

首先，我们选择 sklearn 自带的乳腺癌数据集，我们将数据读入 pandas，代码如下：

```
import numpy as np
import pandas as pd
import matplotlib.pyplot as plt
from sklearn.datasets import load_breast_cancer
from sklearn.model_selection import train_test_split
dataset = load_breast_cancer()
data = pd.DataFrame(data = dataset.data, columns = dataset.feature_names)
data['cancer'] = [dataset.target_names[t] for t in dataset.target]
print(dataset.target_names)
```

运行程序，会输出两个分类：

```
['malignant''benign']
```

将其翻译成中文就是[“恶性”“良性”]。

接着输入 print(data[18:28])，会看到如图 2.11 所示的乳腺癌数据集属性图（部分）。

	mean radius	mean texture	mean perimeter	mean area	mean smoothness	mean compactness	mean concavity	mean concave points	mean symmetry	mean fractal dimension	...	worst texture	worst perimeter	worst area	worst smoothness	worst compactness	worst concavity
18	19.810	22.15	130.00	1260.0	0.09831	0.10270	0.14790	0.09498	0.1582	0.05395	...	30.88	186.80	2398.0	0.1512	0.3150	0.53720
19	13.540	14.36	87.46	566.3	0.09779	0.08129	0.06664	0.04781	0.1885	0.05766	...	19.26	99.70	711.2	0.1440	0.1773	0.23900
20	13.080	15.71	85.63	520.0	0.10750	0.12700	0.04568	0.03110	0.1967	0.06811	...	20.49	96.09	630.5	0.1312	0.2776	0.18900
21	9.504	12.44	60.34	273.9	0.10240	0.06492	0.02956	0.02076	0.1815	0.06905	...	15.66	65.13	314.9	0.1324	0.1148	0.08867
22	15.340	14.26	102.50	704.4	0.10730	0.21350	0.20770	0.09756	0.2521	0.07032	...	19.08	125.10	980.9	0.1390	0.5954	0.63050
23	21.160	23.04	137.20	1404.0	0.09428	0.10220	0.10970	0.08632	0.1769	0.05278	...	35.59	188.00	2615.0	0.1401	0.2600	0.31550
24	16.650	21.38	110.00	904.6	0.11210	0.14570	0.15250	0.09170	0.1995	0.06330	...	31.56	177.00	2215.0	0.1805	0.3578	0.46950
25	17.140	16.40	116.00	912.7	0.11860	0.22760	0.22290	0.14010	0.3040	0.07413	...	21.40	152.40	1461.0	0.1545	0.3949	0.38530
26	14.580	21.53	97.41	644.8	0.10540	0.18680	0.14250	0.08783	0.2252	0.06924	...	33.21	122.40	896.9	0.1525	0.6643	0.55390
27	18.610	20.25	122.10	1094.0	0.09440	0.10660	0.14900	0.07731	0.1697	0.05699	...	27.26	139.90	1403.0	0.1338	0.2117	0.34460

图 2.11　乳腺癌数据集属性图（部分）

我们对问题进行解决的思路和步骤与线性回归算法是一样的，具体如下。

（1）构建函数模型。

（2）构建损失函数。

（3）选择优化算法。

首先构建函数模型。如前面所讲，我们用程序定义一个 sigmoid 函数：

```
def sigmoid(z):
    s = 1/(1+np.exp(-z))
    s = s.reshape(s.shape[0], 1)
    return s
```

接着，我们把 sigmoid 函数画出来，如图 2.12 所示，程序如下：

```
def draw_sigmoid():
    x = np.arange(-6, 6, 0)
    y = sigmoid(x)
    plt.plot(x, y, color='red', lw=2)
    plt.show()
draw_sigmoid()
```

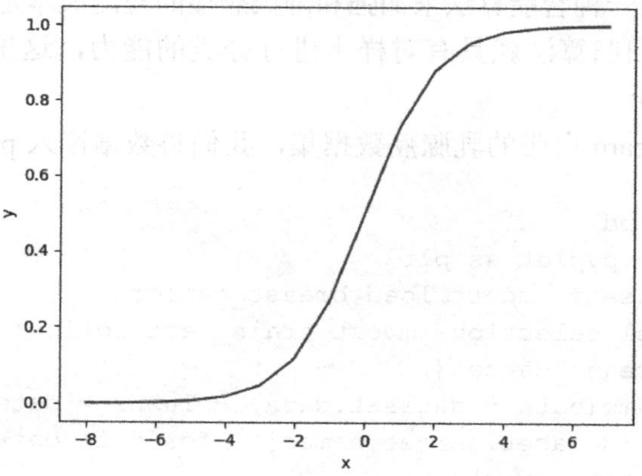

图 2.12　sigmoid 函数图

接着，用程序定义我们的逻辑回归模型函数：

```
def model(w, x):
    z = np.sum(w.T * x, axis = 1)
    return sigmoid(z)
```

然后，构建损失函数，我们选择交叉熵函数，具体代码如下：

```
def cross_entropy(y, y_hat):
    n_samples = y.shape[0]
    return sum(-y * np.log(y_hat)-(1-y) * np.log(1-y_hat))/n_samples
def cost_function(w, x, y):
    y_hat = model(w, x)
    return cross_entropy(y, y_hat)
```

接着，选择优化算法。和线性回归一样，我们选择梯度下降算法作为优化算法，这里不再对具体算法进行推导，程序如下：

```
def optimize(w, x, y):
    n = X.shape[0]
    alpha = 1e -1
    y_hat = model(w, x)
    dw = (1.0/n) * ((y_hat - y) * x)
    dw = np.sum(dw, axis = 0)
    dw = dw.reshape((31, 1))
    w = w - alpha * dw
    return w
```

为了评估逻辑回归模型的准确率，我们引入了评估函数，具体如下：

```
def predict_probe(w, x):
    y_hat = model(w, x)
    return y_hat
def predict(x, w):
    y_hat = predict_probe(w, x)
    y_hard = (y_hat > 0.5) * 1
    return y_hard
def accuracy(w, x, y):
    y_hard = predict(x, w)
    count_right = sum(y_hard == y)
    return count_right * 1.0 / len(y)
```

在确定好各部分的函数之后，我们需要调用优化函数来更新参数，程序如下：

```
def iterate(w, x, y, times):
    costs = []
    accs = []
    for i in range(times):
        w = optimize(w, x, y)
        costs.append(cost_function(w, x, y))
        accs.append(accuracy(w, x, y))
    return w, costs, accs
```

定义好算法之后，我们就可以开始使用算法对数据进行处理了。首先加载乳腺癌数据，程序如下：

```
x = dataset.data
y = dataset.target
n_features = x.shape[1]
```

为了更好地处理数据，保证数据之间存在的差异不会影响模型的能力，我们需要对数据进行归一化处理，程序如下：

```
std = x.std(axis = 0)
mean = x.mean(axis = 0)
x_norm = (x - mean) / std
```

我们在“x”矩阵的前面加上一列，这样大大方便了计算，因为不需要单独处理截距，而是把截距和斜率联合到一起，具体程序如下：

```
    def add_ones(x):
        ones = np.ones((x.shape[0] , 1))
        x_with_ones = np.hstack((ones, x))
    Return x_with_ones
x_with_ones = add_ones(x_norm)
```

接着，就是循环求取参数的过程了，程序如下：

```
w = np.ones((n_features +1, 1))
w, costs, accs = iterate(theta, x_train, y_train, 1500)
print(costs[-1], accs[-1])
```

随着不断迭代，损失值变化图和准确率变化图分别如图 2.13 和图 2.14 所示。得到的损失值为 0.049，准确率为 0.993。

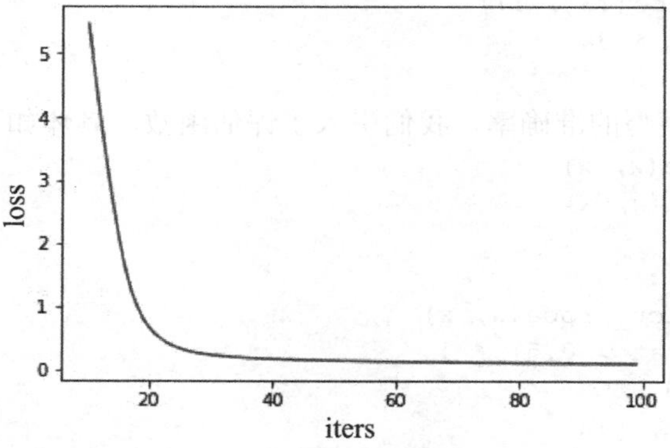

图 2.13　损失值变化图

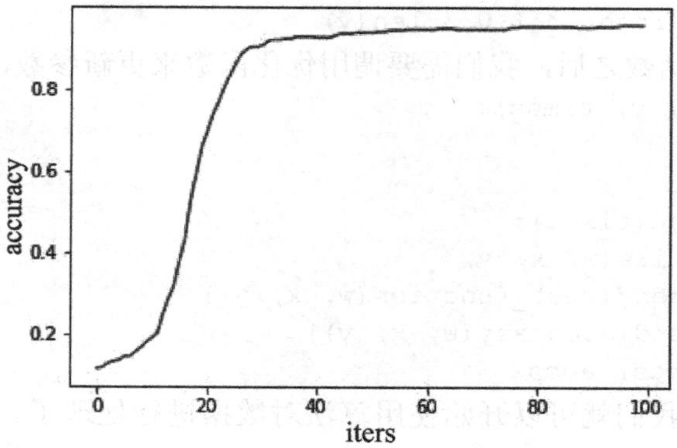

图 2.14　准确率变化图

从得到的损失值和准确率，以及损失值变化图和准确率变化图我们可以得知，逻辑回归模型很好地完成了肿瘤良恶性分类任务。

与线性回归模型不同的是，逻辑回归模型在训练集上训练，在测试集上测试，以保证模型真正学得分类能力。测试程序如下：

```
accuracy(w, X_test, y_test)
```

测试精度为 0.9766，这说明该模型在测试集上也达到了非常高的性能。至此，完成了关于肿瘤良恶性诊断的逻辑回归案例分析。

通过本节对回归算法的详细介绍和完善的案例分析，相信读者对回归算法已经更加熟悉了，那么对于回归算法的讲解就到此为止了，下面我们将介绍决策树算法。

2.2　决策树算法

本节介绍决策树算法，决策树算法是一种逼近离散函数值的算法，它是一种典型的分类方法，首先对数据进行处理，利用归纳算法生成可读的规则和决策树，然后使用决策对新数据进行分析。本质上，决策树算法通过一系列既定的规则对数据进行分类。

2.2.1　树形决策过程

下面看一个简单的例子。银行要确定是否给客户发放贷款，为此需要考虑客户的年收入与房产情况。在进行决策之前，银行先获取客户的这两项数据，如果把这个决策看作分类问题，这两个指标就是特征向量的分量，类别标签是可以贷款和不能贷款。银行按照以下过程进行决策。

（1）判断客户的年收入指标。若年收入大于 20 万元，则可以贷款；否则继续判断。

（2）判断客户是否有房产。若有房产，则可以贷款；否则不能贷款。

用图形表示上述过程就能得到一棵决策树。决策过程从树的根节点开始，在内部节点处需要进行判断，直到到达一个叶子节点处，得到决策结果。决策树是由一系列分层嵌套的判定规则组成的，是一个递归结构。决策树如图 2.15 所示。

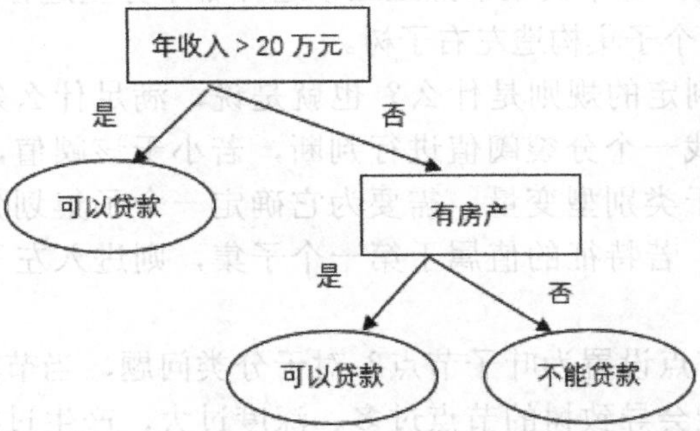

图 2.15　决策树

收入为数值型特征，可以比较大小，这种特征为整数或实数。房产情况为类别型特征，取值为有房产或没有房产，这种特征不能比较大小。在图 2.15 中，决策树所有的内部节点为矩形，叶子节点（决策结果）为椭圆形。

为便于用程序实现，一般将决策树设计成二叉树的结构。与树的叶子节点、非叶子节点相对应，决策树的节点分为两种类型。

（1）决策节点。在这些节点处需要进行判断，以决定进入哪个分支，如对一个特征和设定的阈值进行比较。决策节点一定有两个子节点，它是非叶子节点。

（2）叶子节点。表示最终的决策结果，它们没有子节点。在上面的例子中，叶子节点的值有两种，即可以贷款和不能贷款。对于分类问题，叶子节点中存储的是类别标签。

决策树是一个分层结构，可以为每个节点赋予一个层次数。根节点的层次数为 0，子节点的层次数为父节点的层次数加 1。树的深度的定义为所有节点的最大层次数。图 2.15 中的决策树的深度为 2，要得到一个决策结果，最多要经过两次判定。

典型的决策树有 ID3、C4.5、CART（Classification And Regression Tree，分类树与回归树）等，它们的区别在于树的结构与构造算法不同。分类树与回归树既支持分类问题，也可以用于回归问题。决策树是一种判别模型，天然支持多种分类问题。限于篇幅，本章只介绍分类树与回归树。

分类树的映射函数是多维空间的分段线性划分，即用平行于各坐标轴的超平面对空间进行切分；回归树的映射函数是分段常数函数。决策树是分段线性函数，而不是线性函数，它具有非线性建模的能力。只要划分得足够细，分段线性函数可以逼近闭区间上的任意函数到任意指定精度。因此，决策树在理论上可以对任意复杂度的数据进行拟合。对于分类问题，如果决策树的深度够大，那么它可以将训练样本集的所有样本正确分类。但若特征向量的维数过高，则可能会面临维数灾难的问题，导致准确率下降。

2.2.2 训练算法

现在要解决的关键问题是如何用训练样本建立决策树。无论是分类问题还是回归问题，决策树都要尽可能地对训练样本进行正确预测。直观的想法是从根节点开始构造，递归地用训练集建立起决策树，这棵决策树能够将训练集正确分类，或者将训练集的回归误差最小化。为此要解决以下问题。

特征向量有多个分量，每个决策节点上应该选择哪个分量进行判定？这个判定会将训练集一分为二，然后用这两个子集构造左右子树。

选定一个特征后，判定的规则是什么？也就是说，满足什么条件时进入左子树分支。对于数值型变量，要寻找一个分裂阈值进行判断，若小于该阈值，则进入左子树分支；否则进入右子树分支。对于类别型变量，需要为它确定一个子集划分，将特征的取值集合划分成两个不相交的子集，若特征的值属于第一个子集，则进入左子树分支；否则进入右子树分支。

何时停止分裂，把节点设置为叶子节点？对于分类问题，当节点的样本都属于同一类型时停止分裂，但这样可能会导致树的节点过多、深度过大，产生过拟合问题。另一种方法是当节点中的样本数小于一个阈值时停止分裂。

如何为每个叶子节点赋予类别标签或回归值？也就是说，到达叶子节点时，样本被分为哪一类或被赋予一个实数值。

下面给出以上几个问题的答案。特征变量有数值型变量和类别型变量两种类型，决策树有分类树和回归树两种类型，将它们组合起来，一共有 4 种情况。限于篇幅，这里只对数值型变量进行介绍。

1. 递归分裂过程

训练算法是一个递归的过程。首先创建根节点，然后递归建立左子树和右子树。如果训练样本集为 D，那么训练算法的整体流程如下。

（1）用样本集 D 建立根节点，找到一个判定规则，将样本集分裂成 D_1 和 D_2 两部分，同时为根节点设置判定规则。

（2）用样本集 D_1 递归建立左子树。

（3）用样本集 D_2 递归建立右子树。

（4）若不能再进行分裂，则把节点标记为叶子节点，同时为它赋值。

确定递归流程之后，接下来要解决的核心问题是怎样对训练样本集进行分裂。

2. 寻找最佳分裂规则

训练时需要找到一个分裂规则把训练样本集分裂成两个子集，因此，要确定分裂的评价标准，根据它寻找最佳分裂规则。对于分类问题，要保证分裂之后，左子树、右子树的样本尽可能纯，即它们的样本尽可能属于不相交的某一类或几类。为此需要定义不纯度的指标：当样本都属于某一类时，不纯度为 0；当样本均匀地属于所有类时，不纯度最大。满足这个条件的有熵不纯度、Gini 不纯度及误分类不纯度等，下面分别进行介绍。

不纯度指标用样本集中每类样本出现的概率值构造。因此，首先要计算每一类出现的概率，这通过训练样本集中的每类样本数除以样本总数得到

$$p_i = \frac{N_i}{N} \tag{2-21}$$

其中，N_i 是第 i 类样本数，N 为总样本数。根据这个概率值可以定义各种不纯度指标，下面分别介绍。

样本集 D 的熵不纯度的定义为

$$E(D) = -\sum_i p_i \log_2 p_i \tag{2-22}$$

熵是信息论中的一个重要概念，用来度量一组数据包含的信息量大小。当样本只属于某一类时，熵最小，当样本均匀地属于所有类时，熵最大。因此，如果能找到一个分裂规则，使熵最小，那么这就是我们想要的最佳分裂规则。

样本集的 Gini 不纯度的定义为

$$G(D) = 1 - \sum_i p_i^2 \tag{2-23}$$

当样本全属于某一类时，Gini 不纯度的值最小，此时最小值为 0；当样本均匀地属于所有类时，Gini 不纯度的值最大。这来自以下数学结论，在以下约束条件下

$$\sum_i p_i = 1 \tag{2-24}$$

$$p_i \geqslant 0 \tag{2-25}$$

对于如下目标函数

$$\sum_i p_i^2 \tag{2-26}$$

通过拉格朗日乘数法可以证明，当所有变量相等时，它有极小值，当只有一个变量为 1、其他变量为 0 时，该函数有极大值，这对应于 Gini 不纯度的极小值，即当所有样本都来自同一类

时，Gini 不纯度的值最小；当样本均匀地属于每一类时，Gini 不纯度的值最大。将类概率的计算公式代入 Gini 不纯度的定义，可以得到简化的计算公式

$$G(D)=1-\sum_{I}p_i^{2}=1-\sum_{i}\left(\frac{N_i}{N}\right)^2=1-\frac{\sum_i N_i^2}{N^2} \tag{2-27}$$

样本集的误分类不纯度的定义为

$$E(D)=1-\max(p_i) \tag{2-28}$$

之所以这样定义，是因为会把样本判定为频率最高的那一类，其他样本都会被错分，因此错误分类率为上面的值。和上面的两个指标一样，当样本只属于某一类时，误分类不纯度有最小值，当样本均匀地属于每一类时，误分类不纯度的值最大。

上面定义的是样本集的不纯度，我们需要评价的是分裂的好坏，因此，需要根据样本集的不纯度构造出分裂的不纯度。分裂规则将节点的训练样本集分裂成左、右两个子集，分裂的目标是把数据分成两部分之后，这两个子集都尽可能纯。因此，我们计算左子集、右子集的不纯度之和，作为分裂的不纯度，显然，求和需要加上权重，以反映左子集、右子集两个子集的训练样本数。由此得到分裂的不纯度，计算公式为

$$G=\frac{N_{\mathrm{L}}}{N}G(D_{\mathrm{L}})+\frac{N_{\mathrm{R}}}{N}G(D_{\mathrm{R}}) \tag{2-29}$$

其中，$G(D_{\mathrm{L}})$是左子集的不纯度，$G(D_{\mathrm{R}})$是右子集的不纯度，N是总样本数，N_{L}是左子集的样本数，N_{R}是右子集的样本数。

如果采用 Gini 不纯度指标，将 Gini 不纯度的计算公式代入上式可以得到

$$G=\frac{N_{\mathrm{L}}}{N}\left[1-\frac{\sum_i N_{\mathrm{L},i}^2}{N_{\mathrm{L}}^2}\right]+\frac{N_{\mathrm{R}}}{N}\left[1-\frac{\sum_i N_{\mathrm{R},i}^2}{N_{\mathrm{R}}^2}\right] \tag{2-30}$$

$$=\frac{1}{N}\left[N_{\mathrm{L}}-\frac{\sum_i N_{\mathrm{L},i}^2}{N_{\mathrm{L}}}+N_{\mathrm{R}}-\frac{\sum_i N_{\mathrm{R},i}^2}{N_{\mathrm{R}}}\right] \tag{2-31}$$

$$=1-\frac{1}{N}\left[\frac{\sum_i N_{\mathrm{L},i}^2}{N_{\mathrm{L}}}+\frac{\sum_i N_{\mathrm{R},i}^2}{N_{\mathrm{R}}}\right] \tag{2-32}$$

其中，$N_{\mathrm{L},i}$是左子集中的第 i 类样本数，$N_{\mathrm{R},i}$是右子集中的第 i 类样本数。由于 N 是常数，因此让 Gini 不纯度最小化等价于让下面的值最大化

$$G=\frac{\sum_i N_{\mathrm{L},i}^2}{N_{\mathrm{L}}}+\frac{\sum_i N_{\mathrm{R},i}^2}{N_{\mathrm{R}}} \tag{2-33}$$

可将 G 看作 Gini 不纯度，它的值越大，样本越纯。寻找最佳分裂规则时需要计算用每个阈值对样本集进行分裂后的 G 值，寻找该值最大时对应的分裂规则，它就是最佳分裂规则。如果是数值型特征，那么对于每个特征，将 l 个训练样本按照该特征的值从小到大排序，假设排序后的值为

$$\boldsymbol{x}_1,\boldsymbol{x}_2,\cdots,\boldsymbol{x}_l \tag{2-34}$$

接下来从 $\boldsymbol{x}_1$ 开始，依次用每个 $\boldsymbol{x}_i$ 作为阈值，将样本分成左、右两部分，计算各不纯度值，不纯度值最大的那个分裂阈值就是此特征的最佳分裂阈值。在计算出每个特征的最佳分裂阈值和不纯度值后，比较所有分裂的不纯度值的大小，不纯度值最大的分裂规则为所有特

征的最佳分裂规则。这里采用贪心法策略，每次都选择当前条件下的最佳分裂规则作为当前节点的分裂规则。

对于回归树，衡量分裂优劣的标准是回归误差（样本方差），每次分裂时选用使方差最小化的那个分裂规则。假设节点的训练样本集有 l 个样本 $(\boldsymbol{x}_i, y_i)$，其中，$\boldsymbol{x}_i$ 为特征向量，y_i 为实数的标签值。节点的回归值为所有样本的均值，回归误差为所有样本的标签值与回归值的均方和误差，定义为

$$E(D)=\frac{1}{l}\sum_{i=1}^{l}\left(y_i-\bar{y}\right)^2 \tag{2-35}$$

把均值的定义代入上式，得到

$$\begin{aligned}E(D)&=\frac{1}{l}\sum_{i=1}^{l}\left(y_i-\frac{1}{l}\sum_{i=1}^{l}y_i\right)^2\\&=\frac{1}{l}\sum_{i=1}^{l}\left[y_i^2-2y_i\frac{1}{l}\sum_{j=1}^{l}y_i+\frac{1}{l^2}\left(\sum_{j=1}^{l}y_i\right)^2\right]\\&=\frac{1}{l}\left[\sum_{i=1}^{l}y_i^2-\frac{2}{l}\left(\sum_{i=1}^{l}y_i\right)^2+\frac{1}{l}\left(\sum_{j=1}^{l}y_j\right)^2\right]\\&=\frac{1}{l}\left[\sum_{i=1}^{l}y_i^2-\frac{1}{l}\left(\sum_{j=1}^{l}y_j\right)^2\right]\end{aligned} \tag{2-36}$$

根据样本集的回归误差，同样可以构造出分裂的回归误差。分裂的目标是最大限度地减小回归误差，因此，把分裂的误差指标定义为分裂之前的回归误差减去分裂之后左子树和右子树的回归误差

$$E=E(D)-\frac{N_{\mathrm{L}}}{N}E(D_{\mathrm{L}})-\frac{N_{\mathrm{R}}}{N}E(D_{\mathrm{R}}) \tag{2-37}$$

寻找最佳分裂规则时要计算上面的值，让该值最大化的分裂规则就是最佳分裂规则。采用回归树寻找数值型特征的最佳分裂规则的方法与采用分类树类似，只是 E 值的计算公式不同，其他过程相同。

3．剪枝算法

如果决策树的结构过于复杂，可能会导致过拟合问题。此时需要对决策树进行剪枝，消掉某些节点，让它变得更简单。剪枝的关键问题是确定剪掉哪些节点。决策树的剪枝算法可以分为两类，分别称为预剪枝和后剪枝。前者在树的训练过程中通过停止分裂对树的规模进行限制；后者先构造出一棵完整的树，再通过某种规则消除部分节点，用叶子节点替代。

预剪枝可以通过限定树的高度、节点的训练样本数、分裂所带来的不纯度提升的最小值来实现。后剪枝的典型实现方法有降低错误剪枝、悲观错误剪枝、代价-复杂度剪枝等方案。分类树与回归树采用的是代价-复杂度剪枝算法，下面重点介绍它的原理。

代价是指剪枝后导致的损失值的变化值，复杂度指的是决策树的规模。训练出一棵决策树之后，剪枝算法首先计算该决策树每个非叶子节点的 α 值，它是代价与复杂度的比值。该值的定义为

$$\alpha = \frac{E(n) - E(n_t)}{|n_t - 1|} \tag{2-38}$$

其中，$E(n)$ 是节点 n 的错误率；$E(n_t)$ 是以节点 n 为根的子树的错误率，是该子树所有叶子节点的错误率之和；$|n_t|$ 为子树的叶子节点数，即复杂度。α 值是用树的复杂度归一化之后的错误率的增加值，即将整个子树剪掉之后用一个叶子节点替代，相对于原来的子树的错误率的增加值。该值越小，剪枝之后，树的预测效果和剪枝之前越接近。上面的定义依赖节点的错误率指标，下面针对分类问题和回归问题介绍它的计算公式。对于分类问题，错误率的定义为

$$E(n) = \frac{N - \max(N_i)}{N} \tag{2-39}$$

其中，N 是节点的总样本数；N_i 是第 i 类样本数，这就是之前定义的误分类指标。对于回归问题，错误率为节点样本集的均方误差

$$E(n) = \frac{1}{N}\left[\sum_i (y_i^2) - \frac{1}{N}\left(\sum_i y_i\right)^2\right] \tag{2-40}$$

子树的错误率为树的所有叶子节点的错误率之和。计算出所有非叶子节点的 α 值之后，剪掉 α 值最小的节点，得到剪枝后的树，然后重复这种操作，直到只剩下根节点为止，由此得到一个决策树序列

$$T_0, T_1, \cdots, T_m \tag{2-41}$$

其中，T_0 是初始训练得到的决策树；T_{i+1} 是在 T_i 的基础上剪枝得到的决策树，即剪掉 T_i 中以 α 值最小的那个节点为根的子树并用一个叶子节点替代后得到的决策树。

整个剪枝算法分为两步完成。

第一步，先训练出 T_0，再用上面的方法逐步剪掉树的所有非叶子节点，直到只剩下根节点为止，得到剪枝后的树序列。这一步的误差计算采用的是训练样本集。

第二步，根据真实误差值从上面的树序列中挑选出一棵树作为剪枝后的结果，可以通过交叉验证实现。

4. 训练算法的流程

下面给出决策树完整的训练算法。算法的输入为训练样本集，输出为训练得到的决策树。训练算法的流程为

```
TrainDecisionTree(D)                              //D为本节点的训练样本集
if (样本集无法再分裂、无法达到最大树深度或D的样本数小于指定阈值)
    leafNode=CalcLeafValue(D);                    //无法再分裂，设置为叶子节点，计算其值
    return leafNode;                              //返回创建的叶子节点
else
    (split, D1, D2)=FindBestSplit(D);                 //寻找最佳分裂规则，将训练集 D 分
为D1和D2
    node=CreateTreeNode();                        //创建当前节点
    node->split=split;                                //设置节点的分裂规则
    FindSurrogateSplit(D);                        //寻找替代分裂规则，并将其加入节点的分
裂规则列表
```

```
node->leftChild=TrainDecisionTree(D1);        //递归训练左子树
node->rightChild=TrainDecisionTree(D2);       //递归训练右子树
return node;                              //返回训练的树节点
end if
```

2.2.3　案例分析

1. 算法思想

为了更好地理解决策树算法的原理与学习如何用决策树算法解决实际问题，我们先来举一个例子。

一天，老师问了个问题：只根据头发和声音怎么判断一位同学的性别？

为了解决这个问题，同学们马上简单地统计了 7 位同学的相关特征，男女特征统计表如表 2.2 所示。

表 2.2　男女特征统计表

头　发	声　音	性　别
长	粗	男
短	粗	男
短	粗	男
长	细	女
短	细	女
短	粗	女
长	粗	女
长	粗	女

机智的同学 A 想了想，先根据头发判断性别，若判断不出，再根据声音判断性别，于是画了一幅图，如图 2.16 所示。

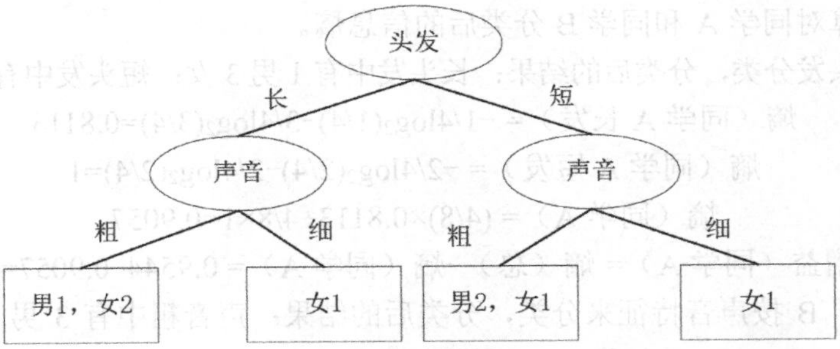

图 2.16　决策树 A

于是，一个简单、直观的决策树就这么得出了。头发长、声音粗就是男生；头发长、声音细就是女生；头发短、声音粗是男生；头发短、声音细是女生。

这时同学 B 提出，想先根据声音判断，再根据头发来判断，于是同学 B 大手一挥，也画了个决策树，如图 2.17 所示。

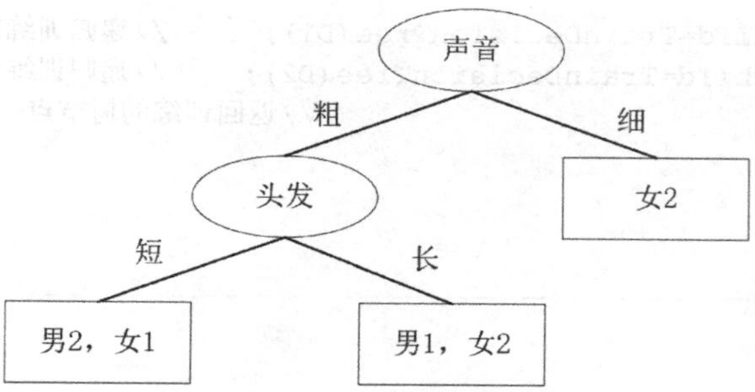

图 2.17　决策树 B

同学 B 的决策树：首先判断声音，声音细，就是女生；声音粗、头发短的是男生；声音细、头发长的是女生。

那么问题来了：同学 A 和同学 B 的决策树，谁的更好些？计算机做决策树的时候，面对多个特征，该选哪个特征作为最优分类特征？

划分数据集的大原则：将无序的数据变得更加有序。

可以使用多种方法划分数据集，但是每种方法都有各自的优缺点。如果能测量数据的复杂度，对比按不同特征分类后的数据复杂度，若按某一特征分类后复杂度降低得更多，那么这个特征就是最优分类特征。

Claude Shannon 定义了熵（Entropy）和信息增益(Information Gain)，用熵来表示信息的复杂度，熵越大，则信息越复杂。公式如下

$$H=-\sum_{i=1}^{n}p(x_i)\log_2 p(x_i) \tag{2-42}$$

信息增益表示两个信息熵的差值，首先计算分类前的熵，如共有 8 位同学，其中，男生有 3 位，女生有 5 位。

$$熵（总）=-\frac{3}{8}\log_2\frac{3}{8}-\frac{5}{8}\log_2\frac{5}{8}=0.9544$$

然后分别计算对同学 A 和同学 B 分类后的信息熵。

将同学 A 按头发分类，分类后的结果：长头发中有 1 男 3 女；短头发中有 2 男 2 女。

$$熵（同学 A 长发）=-1/4\log_2(1/4)-3/4\log_2(3/4)=0.8113$$

$$熵（同学 A 短发）=-2/4\log_2(2/4)-2/4\log_2(2/4)=1$$

$$熵（同学 A）=(4/8)\times0.8113+4/8\times1=0.9057$$

$$信息增益（同学 A）=熵（总）-熵（同学 A）=0.9544-0.9057=0.0487$$

同理，将同学 B 按声音特征来分类，分类后的结果：声音粗中有 3 男 3 女；声音细中有 0 男 2 女。

$$熵（同学 B 声音粗）=-3/6\log_2(3/6)-3/6\log_2(3/6)=1$$

$$熵（同学 B 声音粗）=-2/2\log_2(2/2)=0$$

$$熵（同学 B）=(6/8)\times1+2/8\times0=0.75$$

$$信息增益（同学 B）=熵（总）-熵（同学 B）=0.9544-0.75=0.2044$$

将同学 B 按声音特征分类，信息增益更大，区分样本的能力更强，更具有代表性。

以上就是决策树 ID3 算法的核心思想。

接下来，我们使用 Python 代码来实现决策树 ID3 算法。

2. 代码实现

以下为本次案例的 Python 代码：

```
from math import log
import operator
def calcShannonEnt(dataSet):          # 计算数据的熵
    numEntries=len(dataSet)           # 数据条数
    labelCounts={}
    for featVec in dataSet:
        currentLabel=featVec[-1]      # 每行数据的最后一个字（类别）
        if currentLabel not in labelCounts.keys():
            labelCounts[currentLabel]=0
        labelCounts[currentLabel]+=1 # 统计有多少个类及每个类的数量
    shannonEnt=0
    for key in labelCounts:
        prob=float(labelCounts[key])/numEntries # 计算单个类的熵值
        shannonEnt-=prob*log(prob,2) # 累加每个类的熵值
    return shannonEnt
def createDataSet1():    # 创造示例数据
    dataSet = [['长', '粗', '男'],
               ['短', '粗', '男'],
               ['短', '粗', '男'],
               ['长', '细', '女'],
               ['短', '细', '女'],
               ['短', '粗', '女'],
               ['长', '粗', '女'],
               ['长', '粗', '女']]
    labels = ['头发','声音']  #两个特征
    return dataSet,labels
def splitDataSet(dataSet,axis,value): # 按某个特征分类后的数据
    retDataSet=[]
    for featVec in dataSet:
        if featVec[axis]==value:
            reducedFeatVec =featVec[:axis]
            reducedFeatVec.extend(featVec[axis+1:])
            retDataSet.append(reducedFeatVec)
    return retDataSet
def chooseBestFeatureToSplit(dataSet):  # 选择最优分类特征
    numFeatures = len(dataSet[0])-1
    baseEntropy = calcShannonEnt(dataSet)  # 原始熵
    bestInfoGain = 0
    bestFeature = -1
    for i in range(numFeatures):
        featList = [example[i] for example in dataSet]
        uniqueVals = set(featList)
        newEntropy = 0
        for value in uniqueVals:
            subDataSet = splitDataSet(dataSet,i,value)
            prob =len(subDataSet)/float(len(dataSet))
            newEntropy +=prob*calcShannonEnt(subDataSet)  # 按特征分类后的熵
        infoGain = baseEntropy - newEntropy  # 原始熵与按特征分类后的熵的差值
```

```
        if (infoGain>bestInfoGain):   # 若按某特征划分后，熵值减少得最多，则此特征为
最优分类特征
            bestInfoGain=infoGain
            bestFeature = i
    return bestFeature

def majorityCnt(classList):     #按分类后的类别数量排序，如最后分类结果为 2 男 1 女，则
判定为男
    classCount={}
    for vote in classList:
        if vote not in classCount.keys():
            classCount[vote]=0
        classCount[vote]+=1
sortedClassCount=sorted(classCount.items(),key=operator.itemgetter(1),reverse=
True)
    return sortedClassCount[0][0]
def createTree(dataSet,labels):
    classList=[example[-1] for example in dataSet]  # 类别：男或女
    if classList.count(classList[0])==len(classList):
        return classList[0]
    if len(dataSet[0])==1:
        return majorityCnt(classList)
    bestFeat=chooseBestFeatureToSplit(dataSet) #选择最优分类特征
    bestFeatLabel=labels[bestFeat]
    myTree={bestFeatLabel:{}} #将分类结果以字典形式保存
    del(labels[bestFeat])
    featValues=[example[bestFeat] for example in dataSet]
    uniqueVals=set(featValues)
    for value in uniqueVals:
        subLabels=labels[:]
        myTree[bestFeatLabel][value]=createTree(splitDataSet\
                    (dataSet,bestFeat,value),subLabels)
    return myTree
if __name__=='__main__':
    dataSet, labels=createDataSet1()  # 创造示例数据
print(createTree(dataSet, labels))  # 输出决策树模型结果
```

运行代码，得到程序运行结果，如图 2.18 所示。

```
{'声音': {'细': '女', '粗': {'头发': {'短': '男', '长': '女'}}}}
```

图 2.18 程序运行结果

该结果的意思：首先按声音分类，声音细为女生，然后按头发分类：声音粗，头发短为男生；声音粗，头发长为女生。

而这个结果正是同学 B 的结果。

这样，我们就成功地使用决策树 ID3 算法解决了现实问题。需要注意的是，判定分类结束的依据是，若按某特征分类后出现了最终类（男或女），则判定分类结束。使用这种方法，在数据比较大、特征比较多的情况下，很容易导致过拟合问题，于是需要进行决策树枝剪，一般枝剪方法是指当按某一特征分类后的熵小于设定值时停止分类。

2.3　支持向量机

支持向量机由 Vapnik 等提出，在支持向量机出现后的二十多年里，它是最有影响力的机器学习算法之一。在深度学习技术出现之前，使用高斯核（RBF）的支持向量机在很多分类问题上一度取得了最好的结果。支持向量机不仅可以用于分类问题，还可以用于回归问题。它具有泛化性能好、适合小样本和高维度等优点，被广泛应用于各种实际问题。

2.3.1　线性分类器

线性函数计算简单，训练时易于求解，是机器学习领域被研究得最深入的模型之一。支持向量机是最大化分类间隔的线性分类器，使用核函数可以解决非线性问题。

线性分类器是 n 维空间中的分类超平面，将空间切分成两部分，对于二维空间，它是一条直线；对于三维空间，它是一个平面；超平面是线性分类器在更高维度的空间的推广。它的方程为

$$\boldsymbol{w}^{\mathrm{T}}\boldsymbol{x}+b=0 \tag{2-43}$$

其中，$\boldsymbol{x}$ 是输入向量，$\boldsymbol{w}$ 是权重向量，b 是偏置项，这两个参数通过训练得到。对于一个样本，若满足

$$\boldsymbol{w}^{\mathrm{T}}\boldsymbol{x}+b\geqslant 0 \tag{2-44}$$

则被判定为正样本，否则被判定为负样本。图 2.19 所示为二维空间中的线性分类器。

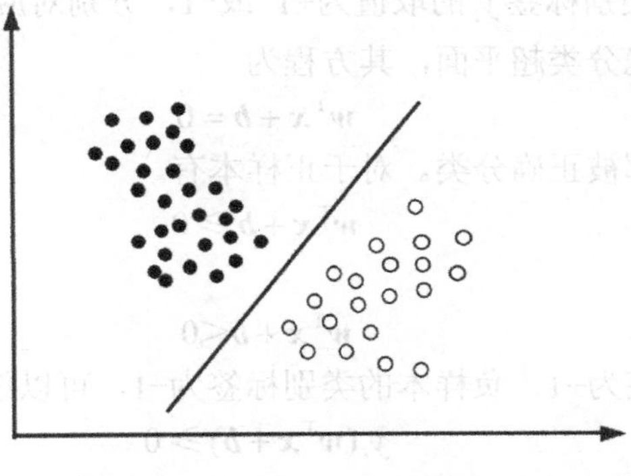

图 2.19　二维空间中的线性分类器

在图 2.19 中，直线将二维平面分成了两部分，落在直线左边的点被判定成第一类，落在直线右边的点被判定成第二类。线性分类器的判别函数可以写成

$$\operatorname{sgn}\left(\boldsymbol{w}^{\mathrm{T}}\boldsymbol{x}+b\right) \tag{2-45}$$

给定一个样本向量，代入上面的函数，就可以得到它的类别值（±1），这种线性模型也被称为感知器模型，由 Rosenblatt 于 1958 年提出。

一般情况下，给定一组训练样本可以得到不止一个可行的线性分类器，两个不同的线性分类器如图 2.20 所示。

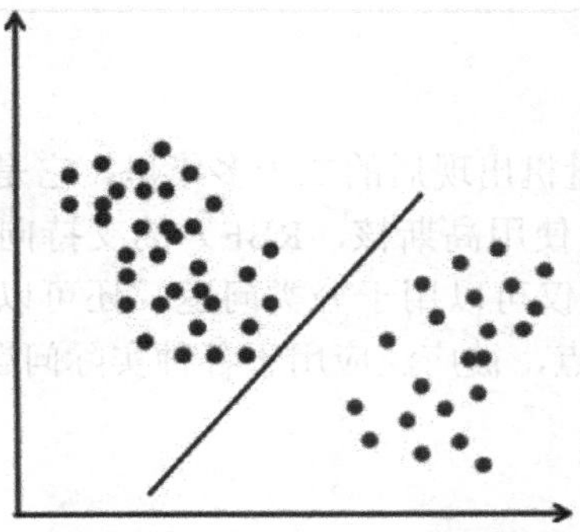

（a）线性分类器 1　　　　（b）线性分类器 2

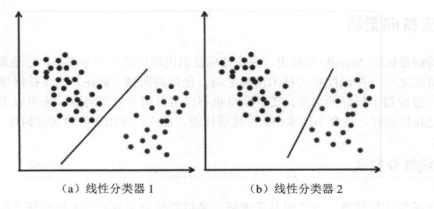

图 2.20　两个不同的线性分类器

在图 2.20 中，两条直线都可以将两类样本分开。在多个可行的线性分类器中，什么样的分类器是好的？直观上，为了得到好的泛化性能，分类平面应该不偏向于任何一类，并且离两个类的样本都尽可能远。这种最大化分类间隔的目标就是支持向量机的基本思想。

2.3.2　支持向量机原理

支持向量机的目标是寻找一个分类超平面，它不仅能正确地分类每一个样本，还要使得每一类样本中距离超平面最近的样本到超平面的距离尽可能远。假设训练样本集有 l 个样本，特征向量 $\boldsymbol{x}_i$ 是 n 维向量，类别标签 y_i 的取值为+1 或−1，分别对应正样本和负样本。支持向量机为这些样本寻找一个最优分类超平面，其方程为

$$\boldsymbol{w}^{\mathrm{T}}\boldsymbol{x}+\boldsymbol{b}=0 \tag{2-46}$$

首先要保证每个样本都被正确分类。对于正样本有

$$\boldsymbol{w}^{\mathrm{T}}\boldsymbol{x}+\boldsymbol{b}\geqslant 0 \tag{2-47}$$

对于负样本有

$$\boldsymbol{w}^{\mathrm{T}}\boldsymbol{x}+\boldsymbol{b}<0 \tag{2-48}$$

由于正样本的类别标签为+1，负样本的类别标签为−1，可以统一写成以下约束式

$$y_i(\boldsymbol{w}^{\mathrm{T}}\boldsymbol{x}+\boldsymbol{b})\geqslant 0 \tag{2-49}$$

第二个要求是超平面离两类样本的距离要尽可能远。根据点到平面的距离公式，每个样本离超平面的距离为

$$d=\frac{\left|\boldsymbol{w}^{\mathrm{T}}\boldsymbol{x}_i+\boldsymbol{b}\right|}{\|\boldsymbol{w}\|} \tag{2-50}$$

其中，$\boldsymbol{w}$ 是向量的 L2 范数。上面的超平面方程有冗余，将方程两边都乘以不等于 0 的常数，结果还是同一超平面，利用这个特点可以简化求解的问题。对 $\boldsymbol{w}$ 和 $\boldsymbol{b}$ 加上以下约束

$$\min_{x_i}\left|\boldsymbol{w}^{\mathrm{T}}\boldsymbol{x}_i+\boldsymbol{b}\right|=1 \tag{2-51}$$

可以消除冗余，同时简化点到超平面的距离计算公式。这样对超平面的约束变成

$$y_i(\boldsymbol{w}^{\mathrm{T}}\boldsymbol{x}+\boldsymbol{b})\geqslant 1 \tag{2-52}$$

这是上面那个约束式的加强版。超平面与两类样本之间的间隔为

$$\begin{aligned} d(\boldsymbol{w},\boldsymbol{b}) &= \min_{x_i,y_i=-1} d(\boldsymbol{w},\boldsymbol{b};\boldsymbol{x}_i) + \min_{x_i,y_i=1} d(\boldsymbol{w},\boldsymbol{b};\boldsymbol{x}_i) \\ &= \min_{x_i,y_i=-1} \frac{\left|\boldsymbol{w}^{\mathrm{T}}\boldsymbol{x}_i + \boldsymbol{b}\right|}{\|\boldsymbol{w}\|} + \min_{x_i,y_i=1} \frac{\left|\boldsymbol{w}^{\mathrm{T}}\boldsymbol{x}_i + \boldsymbol{b}\right|}{\|\boldsymbol{w}\|} \\ &= \frac{1}{\|\boldsymbol{w}\|}\left(\min_{x_i,y_i=-1} \left|\boldsymbol{w}^{\mathrm{T}}\boldsymbol{x}_i + \boldsymbol{b}\right| + \min_{x_i,y_i=1} \left|\boldsymbol{w}^{\mathrm{T}}\boldsymbol{x}_i + \boldsymbol{b}\right| \right) \\ &= \frac{2}{\|\boldsymbol{w}\|} \end{aligned} \tag{2-53}$$

其目标是使得这个间隔最大化，这等价于最小化下面的目标函数

$$\frac{1}{2}\|\boldsymbol{w}\|^2 \tag{2-54}$$

加上前面定义的约束条件之后，求解的优化问题可以写成

$$\min_i \frac{1}{2}\boldsymbol{w}^{\mathrm{T}}\boldsymbol{w} \tag{2-55}$$

$$y_i(\boldsymbol{w}^{\mathrm{T}}\boldsymbol{x} + \boldsymbol{b}) \geqslant 1 \tag{2-56}$$

目标函数的 Hessian 矩阵是 n 阶单位矩阵 $\boldsymbol{I}$，它是严格正定矩阵，因此，目标函数是严格凸函数。可行域是由先行不等式围成的区域，是一个凸集。因此，这个优化问题是一个凸优化问题。由于假设数据是线性可分的，因此，一定存在 $\boldsymbol{w}$ 和 $\boldsymbol{b}$，使得不等式严格满足约束条件，根据 Slater 条件强对偶成立。事实上，如果 $\boldsymbol{w}$ 和 $\boldsymbol{b}$ 是一个可行解，即

$$(\boldsymbol{w}^{\mathrm{T}}\boldsymbol{x} + \boldsymbol{b}) \geqslant 1 \tag{2-57}$$

那么 $2\boldsymbol{w}$ 和 $2\boldsymbol{b}$ 也是可行解，且

$$2\boldsymbol{w}^{\mathrm{T}}\boldsymbol{x}_i + 2\boldsymbol{b} \geqslant 2 > 1 \tag{2-58}$$

可以将该问题转换为对偶问题求解。目标函数有下界，显然有

$$\frac{1}{2}\boldsymbol{w}^{\mathrm{T}}\boldsymbol{w} \geqslant 0 \tag{2-59}$$

并且可行域不是空集，因此，函数的最小值一定存在，由于目标函数是严格凸函数，所以解唯一。图 2.21 所示为最大间隔分类超平面示意图。

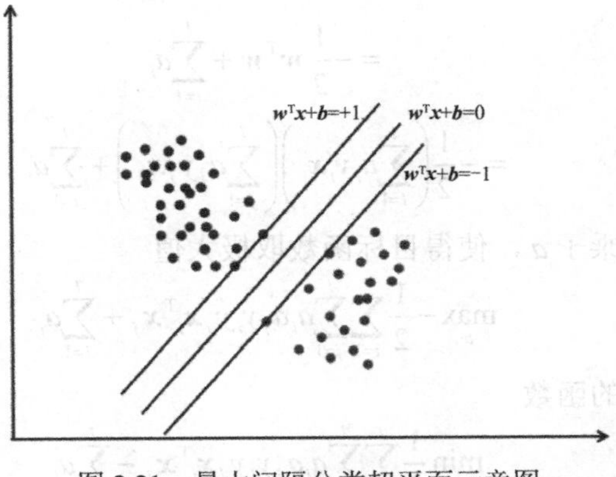

图 2.21　最大间隔分类超平面示意图

在图 2.21 中，分类直线的左上角和右下角都有 2 个类离分类直线最近，把同一类型的这

些样本连接起来，形成两条平行的直线，分类直线位于这两条线的中间位置。

上面的优化问题由于带有大量约束式，不容易求解，可以用拉格朗日对偶将其转化成对偶问题。为上面的优化问题构造拉格朗日函数

$$l(\boldsymbol{w},\boldsymbol{b},a)=\frac{1}{2}\boldsymbol{w}^{\mathrm{T}}\boldsymbol{w}-\sum_{i=1}^{l}a_i\left(y_i\left(\boldsymbol{w}^{\mathrm{T}}\boldsymbol{x}_i+\boldsymbol{b}\right)-1\right) \tag{2-60}$$

约束条件为 $a_i \gg 0$ 。前面已经证明原问题满足 Slater 条件，强对偶成立，原问题与对偶问题有相同的最优解

$$\min_{\boldsymbol{w},\boldsymbol{b}}\max_{a}L(\boldsymbol{w},\boldsymbol{b},a)\leftrightarrow\max_{a}\min_{\boldsymbol{w},\boldsymbol{b}}L(\boldsymbol{w},\boldsymbol{b},a) \tag{2-61}$$

这里我们求解对偶问题，先固定拉格朗日乘子 a ，调整 $\boldsymbol{w}$ 和 $\boldsymbol{b}$ ，使得拉格朗日函数取极小值。把 a 看成常数，对 $\boldsymbol{w}$ 和 $\boldsymbol{b}$ 求偏导数，并令它们为 0，可得到如下方程组

$$\frac{\partial L}{\partial \boldsymbol{b}}=0 \tag{2-62}$$

$$\nabla_{\boldsymbol{w}}L=0 \tag{2-63}$$

从而解得

$$\sum_{i=1}^{l}a_i y_i=0 \tag{2-64}$$

$$\boldsymbol{w}=\sum_{i=1}^{l}a_i y_i \boldsymbol{x}_i \tag{2-65}$$

将上面两个解代入拉格朗日函数，消掉 $\boldsymbol{w}$ 和 $\boldsymbol{b}$

$$\begin{aligned}\frac{1}{2}\boldsymbol{w}^{\mathrm{T}}\boldsymbol{w}-\sum_{i=1}^{l}a_i\left(y_i\left(\boldsymbol{w}^{\mathrm{T}}\boldsymbol{x}_i+\boldsymbol{b}\right)-1\right)&=\frac{1}{2}\boldsymbol{w}^{\mathrm{T}}\boldsymbol{w}-\sum_{i=1}^{l}\left(a_i y_i\boldsymbol{w}^{\mathrm{T}}\boldsymbol{x}_i+a_i y_i\boldsymbol{b}-a_i\right)\\&=\frac{1}{2}\boldsymbol{w}^{\mathrm{T}}\boldsymbol{w}-\sum_{i=1}^{l}a_i y_i\boldsymbol{w}^{\mathrm{T}}\boldsymbol{x}_i-\sum_{i=1}^{l}a_i y_i\boldsymbol{b}+\sum_{i=1}^{l}a_i\\&=\frac{1}{2}\boldsymbol{w}^{\mathrm{T}}\boldsymbol{w}-\boldsymbol{w}^{\mathrm{T}}\sum_{i=1}^{l}a_i y_i\boldsymbol{x}_i-\boldsymbol{b}\sum_{i=1}^{l}a_i y_i+\sum_{i=1}^{l}a_i\\&=\frac{1}{2}\boldsymbol{w}^{\mathrm{T}}\boldsymbol{w}-\boldsymbol{w}^{\mathrm{T}}\boldsymbol{w}+\sum_{i=1}^{l}a_i\\&=-\frac{1}{2}\boldsymbol{w}^{\mathrm{T}}\boldsymbol{w}+\sum_{i=1}^{l}a_i\\&=-\frac{1}{2}\left(\sum_{i=1}^{l}a_i y_i\boldsymbol{x}_i\right)\left(\sum_{j=1}^{l}a_j y_j\boldsymbol{x}_j\right)+\sum_{i=1}^{l}a_i\end{aligned} \tag{2-66}$$

接下来调整拉格朗日乘子 a ，使得目标函数取极大值

$$\max_{a}-\frac{1}{2}\sum_{i=1}^{l}\sum_{j=1}^{l}a_i a_j y_i y_j \boldsymbol{x}_i^{\mathrm{T}}\boldsymbol{x}_j+\sum_{i=1}^{l}a_i \tag{2-67}$$

这等价于最小化下面的函数

$$\min_{a}\frac{1}{2}\sum_{i=1}^{l}\sum_{j=1}^{l}a_i a_j y_i y_j \boldsymbol{x}_i^{\mathrm{T}}\boldsymbol{x}_j-\sum_{i=1}^{l}a_i \tag{2-68}$$

约束条件为

$$a_i\geqslant 0,\ i=1,2,\cdots,l \tag{2-69}$$

$$\sum_{i=1}^{l} a_i y_i = 0 \tag{2-70}$$

与原问题相比，已经有了很大程度的简化。至于这个问题怎么求解，后面会讲述。求出 a 之后，可以根据它计算 $\boldsymbol{w}$

$$\boldsymbol{w} = \sum_{i=1}^{l} a_i y_i \boldsymbol{x}_i \tag{2-71}$$

把 $\boldsymbol{w}$ 的值带入超平面方程，可以得到分类判别函数为

$$\operatorname{sgn}\left(\sum_{i=1}^{l} a_i y_i \boldsymbol{x}_i^{\mathrm{T}} \boldsymbol{x} + \boldsymbol{b}\right) \tag{2-72}$$

不为 0 的 a 对应的训练样本称为支持向量，这就是支持向量机这一名字的来历。图 2.22 所示为支持向量机的示意图。

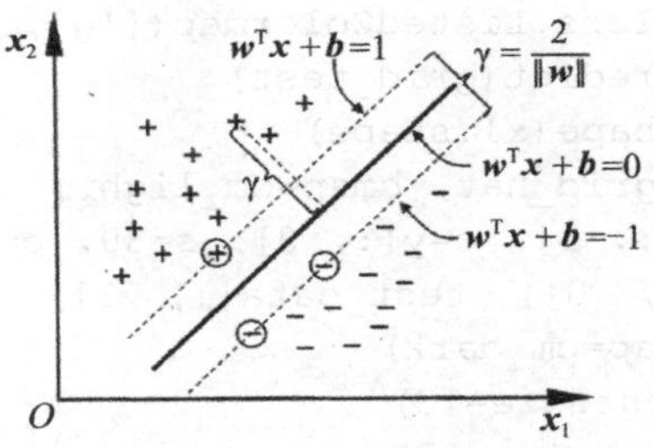

图 2.22 支持向量机的示意图

2.3.3 案例分析

下面我们以鸢尾花数据集为例，使用 SVM 算法对鸢尾花数据进行分类。从 UCI 数据库中下载鸢尾花数据集。整个程序的实现代码如下：

```
from sklearn import svm
import numpy as np
import matplotlib.pyplot as plt
import matplotlib
from sklearn.model_selection import train_test_split
def Iris_label(s):
    it = {b'Iris-setosa': 0, b'Iris-versicolor': 1, b'Iris-virginica': 2}
    return it[s]
path = 'iris.data'
data  = np.loadtxt(path,  dtype=float,  delimiter=',',  converters={4:  Iris_
label})
x, y = np.split(data, indices_or_sections=(4,), axis=1)
x = x[:, 0:2]
train_data, test_data, train_label, test_label=train_test_split(x, y, random_
state=1, train_size=0.6,test_size=0.4)
classifier=svm.SVC(C=2,kernel='rbf',gamma=10, decision_function_shape='ovo')
classifier.fit(train_data, train_label.ravel())
print("训练集: ", classifier.score(train_data, train_label))
print("测试集: ", classifier.score(test_data, test_label))
```

```
    from sklearn.metrics import accuracy_score
    tra_label = classifier.predict(train_data)
    tes_label = classifier.predict(test_data)
    print("训练集: ", accuracy_score(train_label, tra_label))
    print("测试集: ", accuracy_score(test_label, tes_label))
    print('train_decision_function:\n',
classifier.decision_function(train_data))
    print('predict_result:\n', classifier.predict(train_data))
    x1_min, x1_max = x[:, 0].min(), x[:, 0].max()
    x2_min, x2_max = x[:, 1].min(), x[:, 1].max()
    x1, x2 = np.mgrid[x1_min:x1_max:200j, x2_min:x2_max:200j]
    grid_test = np.stack((x1.flat, x2.flat), axis=1)
    matplotlib.rcParams['font.sans-serif'] = ['SimHei']
    cm_light     =     matplotlib.colors.ListedColormap(['#A0FFA0',    '#FFA0A0',
'#A0A0FF'])
    cm_dark = matplotlib.colors.ListedColormap(['g', 'r', 'b'])
    grid_hat = classifier.predict(grid_test)
    grid_hat = grid_hat.reshape(x1.shape)
    plt.pcolormesh(x1, x2, grid_hat, cmap=cm_light)
    plt.scatter(x[:, 0], x[:, 1], c=y[:, 0], s=30, cmap=cm_dark)
    plt.scatter(test_data[:,  0],  test_data[:,  1],  c=test_label[:,  0],  s=30,
edgecolors='k', zorder=2,cmap=cm_dark)
    plt.xlabel('花萼长度', fontsize=13)
    plt.ylabel('花萼宽度', fontsize=13)
    plt.xlim(x1_min, x1_max)
    plt.ylim(x2_min, x2_max)
    plt.title('鸢尾花 SVM 二特征分类')
    plt.show()
```

为了更加方便，并且更清楚地看到整个 SVM 分类过程，首先对程序进行注释：

```
    plt.scatter(x[:, 0], x[:, 1], c=y[:, 0], s=30, cmap=cm_dark)
    plt.scatter(test_data[:,  0],  test_data[:,  1],  c=test_label[:,  0],  s=30,
edgecolors='k', zorder=2,cmap=cm_dark)
```

鸢尾花分类边界确定结果如图 2.23 所示。

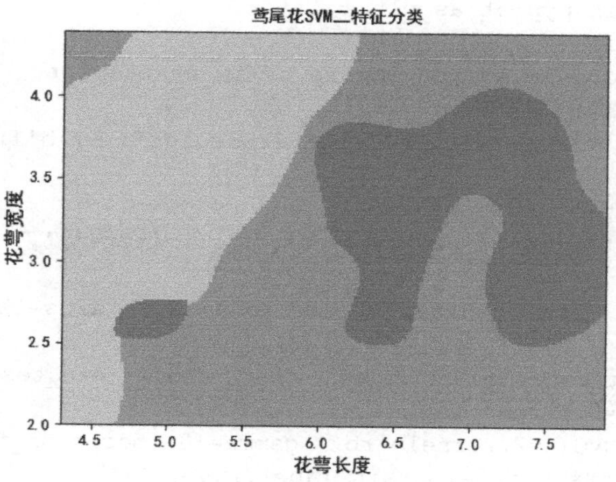

图 2.23　鸢尾花分类边界确定结果

然后取消注释：

```
plt.scatter(x[:, 0], x[:, 1], c=y[:, 0], s=30, cmap=cm_dark)
```

可以得到如图 2.24 所示的包含鸢尾花所有样本点的分类结果。

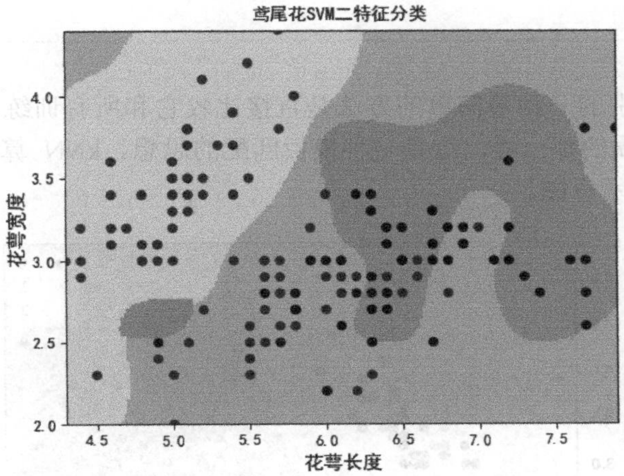

图 2.24　包含鸢尾花所有样本点的分类结果

在此基础上，我们不注释任何程序段，直接运行整个程序，即可得到圈出测试点的鸢尾花分类结果图，如图 2.25 所示。

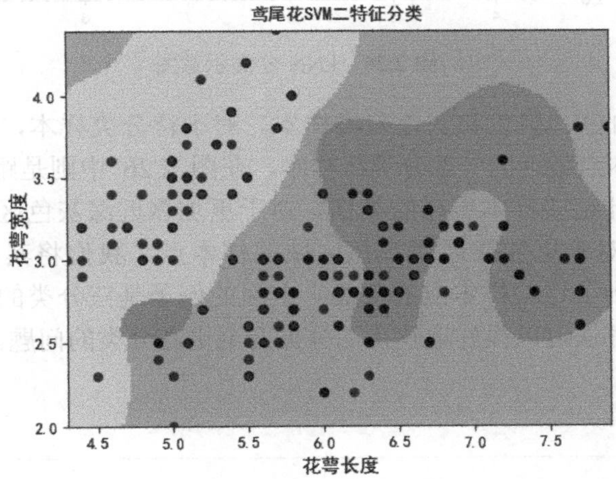

图 2.25　圈出测试点的鸢尾花分类结果图

通过鸢尾花案例，相信读者对于 SVM 算法会有更深的理解，也能帮助读者学会如何使用 SVM 来解决在现实生活中遇到的问题。

2.4　kNN 算法

kNN（最近邻）算法由 Thomas 等人于 1967 年提出。它基于以下思想：要确定一个样本的类别，可以计算它与所有训练样本的距离，找出和该样本最接近的 k 个样本，统计这些样本的类别并进行投票，票数最多的那个类就是分类结果。因为直接比较待分类样本和训练样本的距离，所以 kNN 算法也被称为基于实例的算法。

2.4.1 基本概念

确定样本所属类别的一种最简单的方法是直接比较它和所有训练样本的相似度，将其归类为最相似的样本所属的那个类，这是一种模板匹配的思想。kNN 算法采用了这种思路，图 2.26 所示为 kNN 分类示意图。

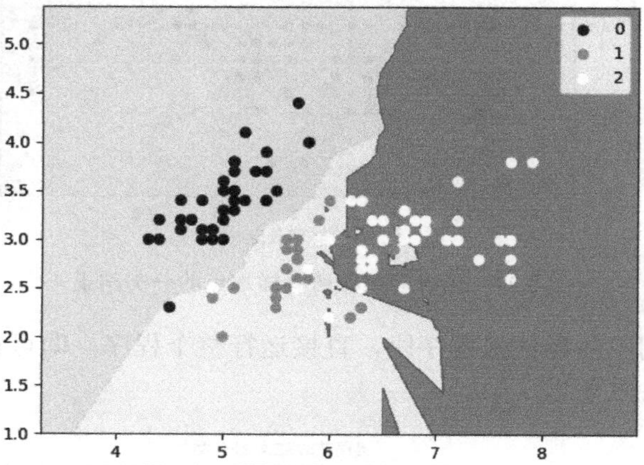

图 2.26 kNN 分类示意图

在图 2.26 中有白色、黑色和灰色三类样本。对于待分类样本，即图中处于边界位置的点，首先寻找离该样本点最近的一部分训练样本，在图 2.26 中则是距离这些边界点最近的一部分样本点。然后统计这些样本所属的类别，对于更加靠近深灰色区域的样本点，我们将其判定为白色类的点，对于更加靠近浅灰色区域的样本点，我们将其判定为黑色类的点。因此，我们很容易就得到了这些样本点的分类。上面的例子是三分类的情况，当然也可以推广到多分类问题，kNN 算法可以很好地解决二分类乃至更高分类的问题。

2.4.2 预测算法

kNN 算法没有要求解的模型参数，因此没有训练过程，参数 k 由人工指定。它在预测时才会计算待分类样本与训练样本的距离。

对于分类问题，给定 l 个训练样本 $(\boldsymbol{x}_i, y_i)$，其中，$\boldsymbol{x}_i$ 为特征向量，y_i 为标签值，设定参数 k，假设类型数为 c，待分类样本的特征向量为 $\boldsymbol{x}$，预测算法的流程如下。

（1）在训练样本集中找出离 $\boldsymbol{x}$ 最近的 k 个样本，假设这些样本的集合为 N。

（2）统计集合 N 中每一类样本的个数 C_i，$i=1,2,\cdots,c$。

（3）最终的分类结果为 $\arg\max_i C_i$。

在这里，$\arg\max_i C_i$ 表示最大的 C_i 值对应的那个类 i。如果 $k=1$，那么 k 近邻算法退化成最近邻算法。

k 近邻算法实现起来很简单，其缺点是当训练样本数大、特征向量维数很高时，计算复杂度较高。因为每次预测时要计算待分类样本和每一个训练样本的距离，而且要对距离进行排序，找到最近的 k 个样本。可以使用高效的部分排序算法，只找出最小的 k 个数；另外一种加速手段是用 $k-d$ 树实现的近邻样本查找。

一个需要解决的问题是参数 k 的取值。它需要根据问题和数据的特点来确定。在实现时可以考虑样本的权重，即每个样本有不同的投票权重，这种方法称为带权重的 k 近邻算法。此外，还有其他改进措施，如模糊 k 近邻算法。

kNN 算法也可以用于回归问题。假设离待分类样本最近的 k 个训练样本的标签值为 y_i，则对样本的回归预测输出值为

$$\hat{y}=\left(\sum_{i=1}^{k} y_i\right)/k \tag{2-73}$$

即所有邻居的标签均值，在这里，最近的 k 个邻居的贡献被认为是相等的。同样可以采用带权重的方案，带样本权重的回归预测函数为

$$\hat{y}=\left(\sum_{i=1}^{k} w_i y_i\right)/k \tag{2-74}$$

其中，w_i 为第 i 个样本的权重。权重值可以人工设定，或者用其他方法来确定，如将其设置为与距离成反比。

2.4.3　距离定义

kNN 算法的实现依赖样本之间的距离，因此，需要定义距离的计算方式。本节介绍几种常用的距离定义，它们适用于不同特点的数据。

两个向量之间的距离为 $d\left(\boldsymbol{x}_i,\boldsymbol{x}_j\right)$，这是一个将两个维数相同的向量映射为一个实数的函数。距离函数必须满足以下条件，第一个条件是三角不等式

$$d\left(\boldsymbol{x}_i,\boldsymbol{x}_k\right)+d\left(\boldsymbol{x}_k,\boldsymbol{x}_j\right)\geqslant d\left(\boldsymbol{x}_i,\boldsymbol{x}_j\right) \tag{2-75}$$

这与几何中的三角不等式吻合。第二个条件是非负性，即距离不能是一个负数

$$d\left(\boldsymbol{x}_i,\boldsymbol{x}_j\right)\geqslant 0 \tag{2-76}$$

第三个条件是对称性，即从 A 到 B 的距离和从 B 到 A 的距离必须相等

$$d\left(\boldsymbol{x}_i,\boldsymbol{x}_j\right)=d\left(\boldsymbol{x}_j,\boldsymbol{x}_i\right) \tag{2-77}$$

第四个条件是区分性，若两点间的距离为 0，则两个点必须相同

$$d\left(\boldsymbol{x}_i,\boldsymbol{x}_j\right)=0 \rightarrow \boldsymbol{x}_j=\boldsymbol{x}_i \tag{2-78}$$

满足上面四个条件的函数都可以用作距离定义。

（1）常用距离定义。

常用的距离函数有欧几里得距离（以下简称欧氏距离）、Mahalanobis 距离等。欧氏距离就是 n 维欧氏空间中两点之间的距离。对于 R 空间中的两个点 $\boldsymbol{x}$ 和 $\boldsymbol{y}$，它们之间的距离定义为

$$d(\boldsymbol{x},\boldsymbol{y})=\sqrt{\sum_{i=1}^{n}(x_i-y_i)^2} \tag{2-79}$$

这是我们熟知的距离定义。在使用欧氏距离时，应将特征向量的每个分量归一化，以减少因为特征值的尺度范围不同所带来的干扰，否则数值小的特征分量会被数值大的特征分量淹没。例如，特征向量包含两个分量，分别为身高和肺活量，身高的范围是 150～200cm，肺活量的范围为 2000～9000mL，如果不进行归一化，那么身高的差异对距离的贡献显然会被肺活量淹没。欧氏距离只是将特征向量看作空间中的点，没有考虑这些样本的特征向量的概率分布规律。

Mahalanobis 距离是一种概率意义上的距离，给定两个向量 $\boldsymbol{x}$ 和 $\boldsymbol{y}$ 及矩阵 $\boldsymbol{S}$，它的定义为

$$d(\boldsymbol{x},\boldsymbol{y})=\sqrt{(\boldsymbol{x}-\boldsymbol{y})^{\mathrm{T}}\boldsymbol{S}(\boldsymbol{x}-\boldsymbol{y})} \tag{2-80}$$

要保证根号内的值非负，矩阵 $\boldsymbol{S}$ 必须是正定的。这种距离度量的是两个随机向量的相似度。当矩阵 $\boldsymbol{S}$ 为单位矩阵 $\boldsymbol{I}$ 时，Mahalanobis 距离退化为欧氏距离。矩阵可以通过计算训练样本集的协方差矩阵得到，也可以通过训练样本得到。

对于矩阵如何确定的问题有不少的研究，代表性的文章也有很多，一些文章指出，kNN 算法的精度在很大限度上依赖所使用的距离度量标准，为此他们提出了一种从带标签的样本集中学习得到距离度量矩阵的方法，称为距离度量学习，之后我们会介绍。

Bhattacharyya 距离定义了离散型或连续型概率分布的相似性。对于离散型随机变量的分布，它的定义为

$$d(\boldsymbol{x},\boldsymbol{y})=-\ln\left(\sum_{i=1}^{n}\sqrt{x_i\cdot y_i}\right) \tag{2-81}$$

其中，x_i，y_i 为两个随机变量取某一值的概率，它们是向量 $\boldsymbol{x}$ 和 $\boldsymbol{y}$ 的分量，它们的值必须非负。两个向量越相似，Bhattacharyya 距离越小。

（2）距离度量学习。

Mahalanobis 距离中的矩阵 $\boldsymbol{S}$ 可以通过对样本的学习得到，这称为距离度量学习。距离度量学习通过样本集学习到一种线性变换或非线性变换，以确定距离函数，目前有多种实现方法，下面介绍一种方法，它使得变换后每个样本的 k 个最近邻居都和它是同一个类，而不同类型的样本通过一个大的间隔被分开。如果原始的样本点为 $\boldsymbol{x}$，变换之后的样本点为 $\boldsymbol{y}$，那么在这里要寻找的是如下线性变换

$$\boldsymbol{y}=\boldsymbol{L}\boldsymbol{x} \tag{2-82}$$

其中，$\boldsymbol{L}$ 为线性变换矩阵。首先定义目标邻居的概念。一个样本的目标邻居是和该样本同类型的样本。我们希望通过学习得到的线性变换让与样本最近的邻居成为它的目标邻居

$$j \rightsquigarrow i \tag{2-83}$$

这表示训练样本 $\boldsymbol{x}_j$ 是样本 $\boldsymbol{x}_i$ 的目标邻居。这个概念不是对称的，$\boldsymbol{x}_j$ 是 $\boldsymbol{x}_i$ 的目标邻居不等于 $\boldsymbol{x}_i$ 是 $\boldsymbol{x}_j$ 的目标邻居。

为了保证 kNN 算法能准确分类，应使任意一个样本的目标邻居样本比其他类别的样本更接近该样本。对每个样本，我们可以将目标邻居想象成这个样本建立起的边界，使得和本样本标签值不同的样本无法入侵。在训练样本集中，侵入这个边界并且和该样本标签值不同的样本称为冒充者，这里的目标是最小化冒充者的数量。

为了增强 kNN 算法的泛化性能，要让冒充者离由目标邻居估计出的边界的距离尽可能远，通过在 kNN 决策边界周围加上一个大的安全间隔，可以有效地提高算法的鲁棒性。

接下来定义冒充者的概念。对于训练样本 $\boldsymbol{x}_i$，其标签值为 $\boldsymbol{y}_i$，目标邻居为 $\boldsymbol{x}_j$；冒充者是指那些和 $\boldsymbol{x}_i$ 有不同的标签值并且满足如下不等式的样本 $\boldsymbol{x}_l$

$$\left\|\boldsymbol{L}\left(\boldsymbol{x}_i-\boldsymbol{x}_l\right)\right\|^2 \leqslant \left\|\boldsymbol{L}\left(\boldsymbol{x}_i-\boldsymbol{x}_j\right)\right\|^2+1 \tag{2-84}$$

其中，$\boldsymbol{L}$ 为线性变换矩阵，左乘这个矩阵相当于对向量进行线性变换。根据上面的定义，冒充者就是闯入了一个样本的分类间隔区域并和该样本标签值不同的样本。这个线性变换实际上确定了一种距离定义

$$\left\|\boldsymbol{L}\left(\boldsymbol{x}_i-\boldsymbol{x}_j\right)\right\|=\sqrt{\left[\boldsymbol{L}\left(\boldsymbol{x}_i-\boldsymbol{x}_j\right)\right]^{\mathrm{T}}\left[\boldsymbol{L}\left(\boldsymbol{x}_i-\boldsymbol{x}_j\right)\right]} \tag{2-85}$$

其中，$\boldsymbol{L}^{\mathrm{T}}\boldsymbol{L}$ 就是 Mahalanobis 距离中的矩阵。

训练时，优化的损失函数由推损失函数和拉损失函数两部分构成。拉损失函数的作用是让和样本标签值相同的样本尽可能与它接近

$$\in_{\text{pull}}(\boldsymbol{L})=\sum_{j\leadsto i}\left\|\boldsymbol{L}\left(\boldsymbol{x}_i-\boldsymbol{x}_j\right)\right\|^2 \tag{2-86}$$

推损失函数的作用是把不同类型的样本推开

$$\in_{\text{push}}(\boldsymbol{L})=\sum_{i,j\leadsto i}\sum_{l}\left(1-y_{ij}\right)\left[1+\left\|\boldsymbol{L}\left(\boldsymbol{x}_i-\boldsymbol{x}_j\right)\right\|^2-\left\|\boldsymbol{L}\left(\boldsymbol{x}_i-\boldsymbol{x}_l\right)\right\|^2\right]_+ \tag{2-87}$$

若 $\boldsymbol{y}_i=\boldsymbol{y}_j$，则 $y_{ij}=1$，否则 $y_{ij}=0$。函数 $[z]_+$ 可定义为 $[z]_+=\max(z,0)$。

若两个样本的类型相同，则

$$1-y_{il}=0 \tag{2-88}$$

因此，推损失函数只对不同类型的样本起作用。总损失函数由这两部分的加权和构成

$$\in(\boldsymbol{L})=(1-\mu)\in_{\text{pull}}(\boldsymbol{L})+\mu\in_{\text{push}}(\boldsymbol{L}) \tag{2-89}$$

其中，μ 是人工设定的参数。求解该最小化问题即可得到线性变换矩阵。通过这个线性变换，同类样本尽可能成为最近的邻居节点；而不同类型的样本会拉开距离。这会有效地提高 kNN 算法的分类精度。

2.4.4　案例分析

为了方便理解，我们选取了九个坐标作为我们的训练集，分别为(1,1.1)、(1.3,0.8)、(1.4,1.2)、(1.1,0.9)、(0.8,1.5)、(2.5,2)、(3.4,2.5)、(3.7,2.5)、(2,3)。我们分别将这九个坐标标记出来，并赋予两种颜色。接着，我们使用(2,2)点作为测试点，采用 kNN 算法判断其类别，并标记出来。

该案例的整个程序如下：

```
import numpy as np
import matplotlib.pyplot as plt
def create_data():
    x_train = np.array([[1,1.1],
```

```
                    [1.3,0.8],
                    [1.4,1.2],
                    [1.1,0.9],
                    [0.8,1.5],
                    [2.5,2],
                    [3.4,2.5],
                    [3.7,2.5],
                    [2,3]])
        y_train = np.array(['a','a','a','a','a','b','b','b','b'])
        return x_train, y_train
    x_test = np.array([2,2])
    def calculate_dis(x_train, k =3):
        dis = (x_train - x_test)**2
        dis = dis.sum(axis = 1)**0.5
        dis = dis.argsort()
        small_k = dis[:k]
        return dis,small_k
    def pre_result(small_k, y_train):
        dic = {}
        for i in small_k:
            if y_train[i] in dic.keys():
                dic[y_train[i]] += 1
            else:
                dic[y_train[i]] = 1
        return list(dic.keys())[0]
    def to_array(cla):
        x_train, y_train = create_data()
        x = []
        for i in range(len(y_train)):
            if y_train[i] == cla:
              x.append(list(x_train[i,:]))
        return np.array(x)
    def plot_(x_train, pre, small_k):
        x_train_a = to_array('a')
        x_train_b = to_array('b')
        plt.scatter(x_train_a[:,0], x_train_a[:,1], c = 'b', marker='o', 
label='train_class_a')
        plt.scatter(x_train_b[:,0], x_train_b[:,1], c= 'r', marker='o', label = 
'train_class_b')
        if pre == 'a':
            test_class = 'b'
        elif pre == 'b':
            test_class = 'r'
        plt.scatter(x_test[0], x_test[1], c = test_class, marker='*', 
label='test_class')
        for i in small_k:
            print([x_test[0], x_train[i,:][0]], [x_test[1], x_train[i,:][1]])
            plt.plot([x_test[0], x_train[i,:][0]], [x_test[1], x_train[i,:][1]], 
c='c')
        plt.legend(loc = 'best')
        plt.show()
```

```
def main():
    x_train, y_train = create_data()
    dis, small_k = calculate_dis(x_train)
    pre = pre_result(small_k, y_train)
    plot_(x_train, pre, small_k)
if __name__ == '__main__':
    main()
```

运行程序，我们可以得到如图 2.27 所示的 kNN 预测结果图。

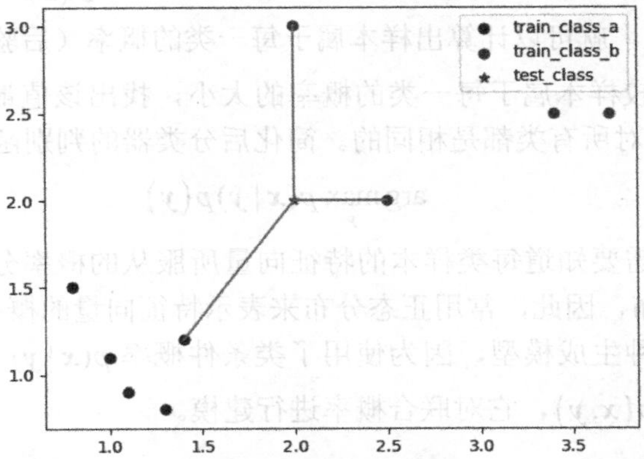

图 2.27　kNN 预测结果图

从图 2.27 中可以看出，kNN 算法将(2,2)这个测试点预测为红色类，也就是 b 类。

通过本案例，相信读者对于 kNN 算法已经有了初步的了解，只要多贴合实际解决问题，相信大家能够更加深入地掌握 kNN 算法。

2.5　贝叶斯算法

贝叶斯分类器是一种概率模型，它用贝叶斯公式解决分类问题。若样本的特征向量服从某种概率分布，则可以计算特征向量属于每个类的条件概率，条件概率最大的类为分类结果。若假设特征向量的各个分量之间相互独立，则为朴素贝叶斯分类器；若假设特征向量服从多维正态分布，则为正态贝叶斯分类器。

2.5.1　贝叶斯决策

贝叶斯公式描述了两个相关的随机事件或随机变量之间的概率关系。贝叶斯分类器使用贝叶斯公式计算样本属于某一类的条件概率值，并将样本判定为概率值最大的那个类。

条件概率描述两个有因果关系的随机事件之间的概率关系，$p(b|a)$ 的定义为在事件 a 发生的前提下事件 b 发生的概率。贝叶斯公式阐明了两个随机事件之间的概率关系

$$p(b|a)=\frac{p(a|b)p(b)}{p(a)} \tag{2-90}$$

这一结论可以推广到随机变量。在分类问题中，样本的特征向量取值 $\boldsymbol{x}$ 与样本所属类型

具有因果关系。因为样本属于 $\boldsymbol{y}$，所以具有特征向量取值 $\boldsymbol{x}$。例如，我们要区分男性和女性，选用的特征为脚的尺寸和身高。一般情况下，男性的脚的尺寸比女性的脚的尺寸大，身高也更高。分类器要做的则相反，分类器在已知样本的特征向量为 $\boldsymbol{x}$ 的前提下反推样本所属的类别。根据贝叶斯公式有

$$p(\boldsymbol{y}|\boldsymbol{x})=\frac{p(\boldsymbol{x}\mid\boldsymbol{y})p(\boldsymbol{y})}{p(\boldsymbol{x})} \tag{2-91}$$

只要知道特征向量的概率分布 $p(\boldsymbol{x})$、每一类出现的概率 $p(\boldsymbol{y})$（类先验概率）及每一类样本的条件概率 $p(\boldsymbol{x}\mid\boldsymbol{y})$，就可以计算出样本属于每一类的概率（后验概率）$p(\boldsymbol{y}|\boldsymbol{x})$。分类问题只需要预测类别，比较样本属于每一类的概率的大小，找出该值最大的那一类即可，因此可以忽略 $p(\boldsymbol{x})$，因为它对所有类都是相同的。简化后分类器的判别函数为

$$\arg\max_{y} p(\boldsymbol{x}\mid\boldsymbol{y})p(\boldsymbol{y}) \tag{2-92}$$

实现贝叶斯分类器需要知道每类样本的特征向量所服从的概率分布。现实中有很多随机变量都近似服从正态分布，因此，常用正态分布来表示特征向量的概率分布。

贝叶斯分类器是一种生成模型，因为使用了类条件概率 $p(\boldsymbol{x}\mid\boldsymbol{y})$ 和类概率 $p(\boldsymbol{y})$，所以两者的乘积就是联合概率 $p(\boldsymbol{x},\boldsymbol{y})$，它对联合概率进行建模。

2.5.2 朴素贝叶斯分类器

朴素贝叶斯分类器假设特征向量的分量之间相互独立，这种假设简化了求解问题的难度。给定样本的特征向量 $\boldsymbol{x}$，该样本属于某一类 c_i 的概率为

$$p(y=c_i|\boldsymbol{x})=\frac{p(y=c_i)p(\boldsymbol{x}\mid y=c_i)}{p(\boldsymbol{x})} \tag{2-93}$$

由于假设特征向量的各个分量相互独立，因此有

$$p(y=c_i|\boldsymbol{x})=\frac{p(y=c_i)\prod_{i=1}^{n}p(\boldsymbol{x}\mid y=c_i)}{Z} \tag{2-94}$$

其中，z 为归一化因子。上式的分子可以分解为类概率 $p(c_i)$ 和该类每个特征分量的条件概率 $p(x_i\mid y=c_i)$ 的乘积。可将类概率 $p(c_i)$ 设置为每一类相等，或者设置为训练样本中每类样本占的比重。例如，在训练样本中，第一类样本占 30%的比重，第二类样本占 70%的比重，我们可以设置第一类样本的概率为 0.3，第二类样本的概率为 0.7。剩下的问题是估计类条件概率值 $p(x_i\mid y=c_i)$，下面分离散型随机变量与连续型随机变量两种情况进行讨论。

（1）离散型特征。

如果特征向量的分量是离散型随机变量，可以直接根据训练样本计算出其服从的概率分布，即类条件概率。计算公式为

$$p(x_i=v|y=c)=\frac{N_{x_i=v,y=c}}{N_{y=c}} \tag{2-95}$$

其中，$N_{y=c}$ 为第 c 类训练样本数；$N_{x_i=v,y=c}$ 为第 c 类训练样本中第 i 个特征取值为 v 的训练样

本数，即统计每一类训练样本的每个特征分量取各个值的概率，作为类条件概率的估计值，得到的分类判别函数为

$$\arg\max_y p(y=c)\prod_{i=1}^{n} p(x_i=v \mid y=c) \tag{2-96}$$

其中，$p(y=c)$为第 c 类训练样本在整个训练样本集中出现的概率，即类概率。其计算公式为

$$p(y=c)=\frac{N_{y=c}}{N} \tag{2-97}$$

其中，$N_{y=c}$为第 c 类训练样本的数量，N 为训练样本总数。

在类条件概率的计算公式中，若 $N_{x_i=v,y=c}$ 为 0，即特征分量的某个取值在某一类训练样本中一次都不出现，则会导致当预测样本的特征分量取这个值时，整个预测函数的值为 0。作为补救措施，可以使用拉普拉斯平滑，具体做法是给分子和分母同时加上一个正数。如果特征分量的取值有 k 种情况，就将分母加上 k，每一类的分子加上 1，这样可以保证所有类的条件概率加起来还是 1。

$$p(x_i=v|y=c)=\frac{N_{x_i=v,y=c}+1}{N_{y=c}+k} \tag{2-98}$$

对于每一个类，计算出待分类样本的各个特征分量的类条件概率，然后与类概率一起连乘，得到上面的预测值，该值最大的类为最后的分类结果。

（2）连续型特征。

如果特征向量的分量是连续型随机变量，那么可以假设它们服从一维正态分布，称为正态朴素贝叶斯分类器。根据训练样本集可以计算出正态分布的均值与方差，这可以通过最大似然估计得到。这样得到的概率密度函数为

$$p(x_i=v|y=c)=\frac{1}{\sqrt{2\pi}\sigma}\exp\left[-\frac{(x-\mu)^2}{2\sigma^2}\right] \tag{2-99}$$

连续型随机变量不能计算它在某一点的概率，因为它在任何一点处的概率为 0。直接用概率密度函数的值替代概率值，得到的分类器为

$$\arg\max_y p(y=c)\prod_{i=1}^{n} p(x_i \mid y=c) \tag{2-100}$$

对于二分类问题，可以进一步简化。假设正样本和负样本的类别标签分别为+1 和−1，特征向量属于正样本的概率为

$$p(y=+1|\boldsymbol{x})=p(y=+1)\frac{1}{Z}\prod_{i=1}^{n}\frac{1}{\sqrt{2\pi}\sigma_i}\exp\left[-\frac{(x_i-u_i)^2}{2\sigma_i^2}\right] \tag{2-101}$$

其中，Z 为归一化因子，u_i 为第 i 个特征的均值，σ_i 为第 i 个特征的标准差。对上式两边取对数得

$$\ln p(y=+1|\boldsymbol{x})=\ln\frac{p(y=+1)}{Z}-\sum_{i=1}^{n}\ln\left(\frac{1}{\sqrt{2\pi}\sigma_i}\right)\frac{(x_i-u_i)^2}{2\sigma_i^2} \tag{2-102}$$

整理简化得

$$\ln p\left(y=+1|\boldsymbol{x}\right)=\sum_{i=1}^{n}c_i\left(x_i-u_i\right)^2+c \tag{2-103}$$

其中，c 和 c_i 都是常数，c_i 仅由 σ_i 决定，同样可以得到样本为负样本的概率。在分类时只需要比较这两个概率的对数值的大小，如果

$$\ln p\left(y=+1|\boldsymbol{x}\right)>\ln p(y=-1\mid \boldsymbol{x}) \tag{2-104}$$

变形后得到

$$\ln p\left(y=+1|\boldsymbol{x}\right)-\ln p\left(y=-1|\boldsymbol{x}\right)>0 \tag{2-105}$$

时将样本判定为正样本，否则将样本判定为负样本。

2.5.3 正态贝叶斯分类器

下面考虑更一般的情况，假设样本的特征向量服从多维正态分布，此时的贝叶斯分类器称为正态贝叶斯分类器。

（1）训练算法。

假设特征向量服从 n 维正态分布，其中，$\boldsymbol{\mu}$ 为均值向量，$\boldsymbol{\Sigma}$ 为协方差矩阵。类条件概率密度函数为

$$p\left(\boldsymbol{x}|c\right)=\frac{1}{(2\pi)^{\frac{n}{2}}\left|\boldsymbol{\Sigma}\right|^{\frac{1}{2}}}\exp\left[-\frac{1}{2}\left(\boldsymbol{x}-\boldsymbol{\mu}\right)^{\mathrm{T}}\boldsymbol{\Sigma}^{-1}\left(x-\boldsymbol{\mu}\right)\right] \tag{2-106}$$

其中，$\left|\boldsymbol{\Sigma}\right|$ 是协方差矩阵的行列式，$\boldsymbol{\Sigma}^{-1}$ 是协方差矩阵的逆矩阵。

在接近均值处，概率密度函数的值大；在远离均值处，概率密度函数的值小。采用正态贝叶斯分类器训练时根据训练样本估计每一类条件概率密度函数的均值与协方差矩阵。另外，需要计算协方差矩阵的行列式和逆矩阵。由于协方差矩阵是实对称矩阵，因此一定可以对角化，可以借助奇异值分解来计算行列式和逆矩阵。对协方差矩阵进行奇异值分解，有

$$\boldsymbol{\Sigma}=\boldsymbol{UWU}^{\mathrm{T}} \tag{2-107}$$

其中，$\boldsymbol{W}$ 为对角阵，其对角元素为矩阵的特征值；$\boldsymbol{U}$ 为正交矩阵，它的列为协方差矩阵的特征值对应的特征向量。计算 $\boldsymbol{\Sigma}$ 的逆矩阵可以借助

$$\boldsymbol{\Sigma}^{-1}=\left(\boldsymbol{UWU}^{-1}\right)^{-1}=\boldsymbol{UW}^{-1}\boldsymbol{U}^{-1}=\boldsymbol{UW}^{-1}\boldsymbol{U}^{\mathrm{T}} \tag{2-108}$$

对角矩阵的逆矩阵仍然为对角矩阵，逆矩阵主对角元素为矩阵主对角元素的倒数；正交矩阵的逆矩阵为其转置矩阵。根据上式可以很方便地计算出逆矩阵 $\boldsymbol{\Sigma}^{-1}$；行列式 $\left|\boldsymbol{\Sigma}\right|$ 也很容易计算出，由于正交矩阵的行列式为 1，因此矩阵 $\boldsymbol{\Sigma}$ 的行列式等于矩阵 $\boldsymbol{W}$ 的行列式，而 $\boldsymbol{W}$ 的行列式又等于所有对角元素的乘积。

还有一个没有解决的问题是如何根据训练样本估计出正态分布的均值向量和协方差矩阵。通过最大似然估计和矩估计都可以得到正态分布的这两个参数。样本的均值向量就是均值向量的估计值，样本的协方差矩阵就是协方差矩阵的估计值。

下面给出正态贝叶斯分类器的训练算法。训练算法的核心为计算样本的均值向量、协方差矩阵，以及对协方差矩阵进行奇异值分解，具体流程如下。

① 计算每类训练样本的均值向量 $\boldsymbol{\mu}$ 和协方差矩阵 $\boldsymbol{\Sigma}$ 。

② 对协方差矩阵进行奇异值分解，得到 $\boldsymbol{U}$ ，然后计算所有特征值对应的特征向量组合成的特征向量矩阵的逆矩阵，得到 $\boldsymbol{W}^{-1}$，同时计算出 $\ln\left(\left|\boldsymbol{\Sigma}\right|\right)$。

（2）预测算法。

在预测时需要寻找具有最大条件概率的那个类，即最大化后验概率，根据贝叶斯公式有

$$\arg\max_c\left[p\left(c|\boldsymbol{x}\right)\right]=\arg\max_c\left[\frac{p\left(c\right)p\left(\boldsymbol{x}\mid c\right)}{p\left(\boldsymbol{x}\right)}\right] \tag{2-109}$$

假设每个类的概率 $p\left(c\right)$ 都相等，即 $p\left(\boldsymbol{x}\right)$ 对于所有类都是相等的，因此，等价于求解以下问题

$$\arg\max_c\left[p(\boldsymbol{x}\mid c)\right] \tag{2-110}$$

也就是计算每个类的 $p(\boldsymbol{x}\mid c)$ 值，取该值最大的那个。对 $p(\boldsymbol{x}\mid c)$ 取对数，有

$$\ln\left[p\left(\boldsymbol{x}|c\right)\right]=\ln\left(\frac{1}{2\pi^{\frac{n}{2}}\left|\boldsymbol{\Sigma}\right|^{\frac{1}{2}}}\right)-\frac{1}{2}\left[\left(\boldsymbol{x}-\boldsymbol{\mu}\right)^{\mathrm{T}}\boldsymbol{\Sigma}^{-1}\left(\boldsymbol{x}-\boldsymbol{\mu}\right)\right] \tag{2-111}$$

可进一步简化为

$$\ln\left[p\left(\boldsymbol{x}|c\right)\right]=-\frac{n}{2}\ln\left(2\pi\right)-\frac{1}{2}\ln\left(\left|\boldsymbol{\Sigma}\right|\right)-\frac{1}{2}\left[\left(\boldsymbol{x}-\boldsymbol{\mu}\right)^{\mathrm{T}}\boldsymbol{\Sigma}^{-1}\left(\boldsymbol{x}-\boldsymbol{\mu}\right)\right] \tag{2-112}$$

其中，$-\frac{n}{2}\ln\left(2\pi\right)$ 是常数，对所有类都是相同的。求上式的最大值等价于求下式的最小值

$$\ln\left(\left|\boldsymbol{\Sigma}\right|\right)+\left[\left(\boldsymbol{x}-\boldsymbol{\mu}\right)^{\mathrm{T}}\boldsymbol{\Sigma}^{-1}\left(\boldsymbol{x}-\boldsymbol{\mu}\right)\right] \tag{2-113}$$

其中，$\ln\left(\left|\boldsymbol{\Sigma}\right|\right)$ 可以根据每一类的训练样本预先计算好，与 $\boldsymbol{x}$ 无关，不用重复计算。预测时只需要根据样本 $\boldsymbol{x}$ 计算 $\left(\boldsymbol{x}-\boldsymbol{\mu}\right)\boldsymbol{\Sigma}^{-1}\left(\boldsymbol{x}-\boldsymbol{\mu}\right)^{\mathrm{T}}$ 的值，而 $\boldsymbol{\Sigma}^{-1}$ 也是在训练时计算好的，不用重复计算。

下面考虑更特殊的情况，问题可以进一步简化。若协方差矩阵为对角矩阵 $\sigma^2\boldsymbol{I}$ ，则上面的值可以写成

$$\ln\left[p\left(\boldsymbol{x}|c\right)\right]=-\frac{n}{2}\ln\left(2\pi\right)-2n\ln\sigma-\frac{1}{2}\left[\frac{1}{\sigma^2}\left(\boldsymbol{x}-\boldsymbol{\mu}\right)^{\mathrm{T}}\left(\boldsymbol{x}-\boldsymbol{\mu}\right)\right] \tag{2-114}$$

其中，

$$\ln\left(\left|\boldsymbol{\Sigma}\right|\right)=\ln\sigma^{2n}=2n\ln\sigma \tag{2-115}$$

$$\boldsymbol{\Sigma}^{-1}=\frac{1}{\sigma^2}\boldsymbol{I} \tag{2-116}$$

对于二分类问题，若两个类的协方差矩阵相等，分类判别函数是线性函数，则

$$\operatorname{sgn}\left(\boldsymbol{w}^{\mathrm{T}}\boldsymbol{x}+\boldsymbol{b}\right) \tag{2-117}$$

这和朴素贝叶斯分类器的情况是一样的。如果协方差矩阵是对角矩阵，则 $\boldsymbol{\Sigma}^{-1}$ 也是对角矩阵，上面的公式同样可以简化，这里不再进行讨论。

2.5.4 案例分析

在本案例中，我们使用朴素贝叶斯算法来实现对数据的分类。

本案例选用鸢尾花数据集。由于目前的深度学习框架中已经包含朴素贝叶斯算法的库函数，因此在本案例中，我们对 sklearn 库和自己写的贝叶斯算法进行比较，以帮助读者深入理解朴素贝叶斯算法。

（1）采用 sklearn 库实现朴素贝叶斯算法。

```
from sklearn.naive_bayes import GaussianNB
from sklearn.datasets import load_iris
import pandas as pd
from sklearn.model_selection import train_test_split
iris = load_iris()
X_train, X_test, y_train, y_test = train_test_split(iris.data, iris.target, test_size=0.2)
clf = GaussianNB().fit(X_train, y_train)
print ("Classifier Score:", clf.score(X_test, y_test))
```

运行上述程序，我们可以得到程序运行结果，如图 2.28 所示。

1 | Classifier Score: 0.9666666666666667

图 2.28 采用 sklearn 库实现朴素贝叶斯算法

可以看到，基于 sklearn 库的朴素贝叶斯算法的测试精度达到了 96.7%，这表明朴素贝叶斯算法具有不错的分类能力。

下面，我们对 sklearn 库的朴素贝叶斯算法的一些参数和属性进行介绍。

参数如下。

- priors：先验概率大小，如果没有给定，那么模型根据样本数据自己计算（利用极大似然估计法）。
- var_smoothing：所有特征的最大方差，为可选参数。

属性如下。

- class_prior_：每个样本的概率。
- class_count：每个类别的样本数量。
- classes_：分类器已知的标签类型。
- theta_：每个类别中每个特征向量的均值。
- sigma_：每个类别中每个特征向量的方差。
- epsilon_：方差的绝对加值。

朴素贝叶斯和其他模型的方法一样。

- fit(X,Y)：在数据集（X,Y）上拟合模型。
- get_params()：获取模型参数。
- predict(X)：对数据集 X 进行预测。
- predict_log_proba(X)：对数据集 X 进行预测，得到每个类别的概率对数值。
- predict_proba(X)：对数据集 X 进行预测，得到每个类别的概率。
- score(X,Y)：得到模型在数据集（X,Y）的得分情况。

程序里使用的 GaussianNB 为高斯朴素贝叶斯算法。

下面，我们自己编写程序以实现朴素贝叶斯算法，而无须调用 sklearn 库中的朴素贝叶斯算法，这有助于读者深层次理解朴素贝叶斯算法，具体程序如下：

```
import math
class NaiveBayes:
    def __init__(self):
        self.model = None
    # 数学期望
    def mean(X):
        avg = 0.0
        avg = sum(X) / float(len(X))
        return avg
    # 标准差（方差）
    def stdev(self, X):
        res = 0.0
        avg = self.mean(X)
        res = math.sqrt(sum([pow(x - avg, 2) for x in X]) / float(len(X)))
        return res
    # 概率密度函数
    def gaussian_probability(self, x, mean, stdev):
        res = 0.0
        exponent = math.exp(-(math.pow(x - mean, 2) /
                            (2 * math.pow(stdev, 2))))
        res = (1 / (math.sqrt(2 * math.pi) * stdev)) * exponent
        return res
    # 处理 X_train
    def summarize(self, train_data):
        summaries = [0.0, 0.0]
        summaries = [(self.mean(i), self.stdev(i)) for i in zip(*train_data)]
        return summaries
    # 分类别求出数学期望和标准差
    def fit(self, X, y):
        labels = list(set(y))
        data = {label: [] for label in labels}
        for f, label in zip(X, y):
            data[label].append(f)
        self.model = {
            label: self.summarize(value) for label, value in data.items()
        }
        return 'gaussianNB train done!'
    # 计算概率
    def calculate_probabilities(self, input_data):
        probabilities = {}
        for label, value in self.model.items():
            probabilities[label] = 1
            for i in range(len(value)):
                mean, stdev = value[i]
                probabilities[label] *= self.gaussian_probability(
                    input_data[i], mean, stdev)
        return probabilities
```

```
        # 类别
        def predict(self, X_test):
            label=sorted(self.calculate_probabilities(X_test).items(),
key=lambda x: x[-1])[-1][0]
            return label
        # 计算得分
        def score(self, X_test, y_test):
            right = 0
            for X, y in zip(X_test, y_test):
                label = self.predict(X)
                if label == y:
                    right += 1
            return right / float(len(X_test))
    model = NaiveBayes()
    model.fit(X_train, y_train)
```

运行以上程序，可得到如图 2.29 所示的朴素贝叶斯算法训练结果。

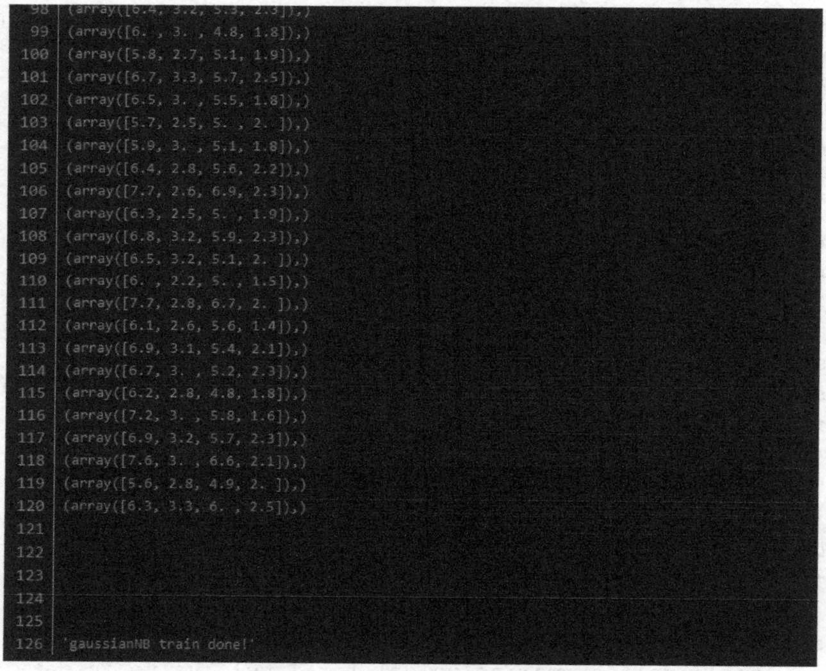

图 2.29　朴素贝叶斯算法训练结果

接着输入以下程序并运行：

```
Print(model.predict([4.4, 3.2, 1.3, 0.2]))
```

我们可以得到输出为 0。接着输入以下程序，来预测朴素贝叶斯算法得分：

```
Model.score(X_test, y_test)
```

运行程序，我们得到输出为 0.9666666666666667。

由程序运行结果可知，我们自己搭建的朴素贝叶斯算法的得分与 sklearn 库集成的朴素贝叶斯算法的得分基本一致。

总结

本章通过对机器学习经典分类算法的介绍和实践，使得读者对于现今一些重要的机器学习经典分类算法的概念、原理和应用有了更加清晰的认识，也促使读者加深了对机器学习经典分类算法的了解。

相信通过本章的学习，读者对机器学习经典分类算法的理解和应用能够更上一层楼。

习题

一、选择题

1．机器学习以其监督形式可分为（　　）。

A．监督学习　　B．无监督学习

C．强化学习　　D．半监督学习

2．机器学习的应用领域包括（　　）。

A．数据挖掘　　B．计算机视觉

C．自然语言处理　　D．语音处理

3．以下哪些不是机器学习的经典分类算法？（　　）

A．回归算法　　B．支持向量机

C．粒子群算法　　D．神经网络

4．回归算法包括哪些算法？（　　）

A．逻辑回归算法　　B．线性回归算法

C．聚类　　D．支持向量机

5．回归算法可以解决的问题包括哪些？（　　）

A．预测分类　　B．疾病诊断

C．图像识别　　D．语音处理

6．应用回归算法解决问题时，首先应该做以下哪一步？（　　）

A．构建函数模型　　B．构建损失函数

C．选择优化算法　　D．预测结果

7．以下哪一项不是决策树算法？（　　）

A．ID3　　B．C4.5

C．CART　　D．SVM

8．决策树的节点一般分为哪两类？（　　）

A．决策节点　　B．叶子节点

C．分支节点　　D．根节点

9．关于决策树的不纯度，有以下哪几种？（　　）

A．熵不纯度　　B．Gini 不纯度

C．误分类不纯度　　D．Nyquist 不纯度

10．SVM 中的泛化误差指代什么？（　　）

A．分类超平面与支持向量的距离　　B．SVM 对新数据的预测准确度

C．SVM 中的误差阈值　　　　D．SVM 函数的损失

二、判断题

1．机器学习是现今计算机科学发展的一个重要领域。（　　）
2．机器学习应用的领域极广，包括数据挖掘、情感分析等。（　　）
3．机器学习只能用于图像处理，不能用于视频处理、语音处理等。（　　）
4．回归算法的函数不仅包括线性函数，也包括曲线函数。（　　）
5．回归算法主要包括线性回归算法和逻辑回归算法。（　　）
6．回归算法不可用于解决分类预测问题。（　　）
7．决策树算法不适用于解决实际问题。（　　）
8．ID4 不是决策树的一种算法。（　　）
9．根节点也是决策树节点的一种。（　　）
10．支持向量是最靠近决策表面的数据点。（　　）

三、简答题

1．请列举至少 5 种机器学习方向的经典分类算法。
2．请详细介绍线性回归算法与逻辑回归算法的相关概念。
3．请概述线性回归算法的基本原理。
4．举例说明回归算法在实际生活中的应用。
5．请概述决策树的决策原理。
6．简要分析决策节点和叶子节点的区别。
7．什么是 Gini 不纯度？
8．简要叙述 SVM 的原理。
9．如何确定 SVM 的决策边界？
10．请简要叙述贝叶斯算法。

第 3 章　机器学习经典聚类及集成与随机森林算法

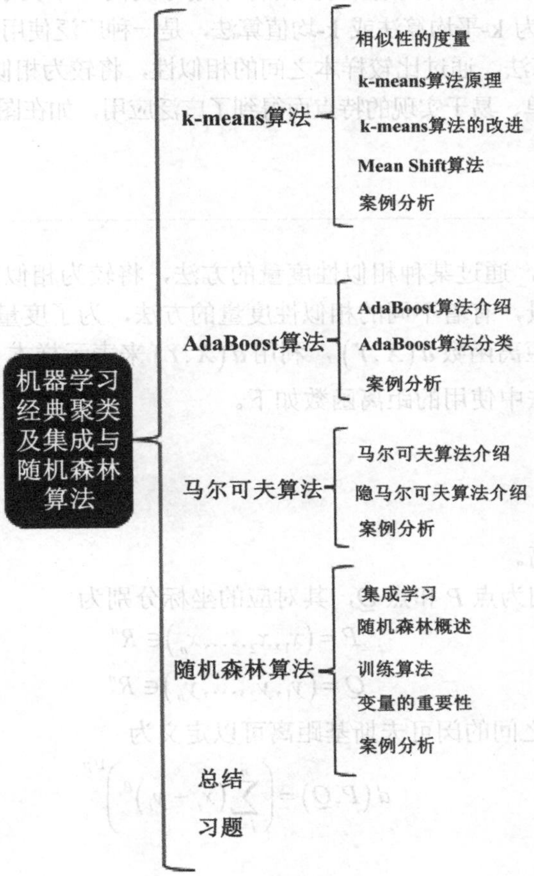

本章导读

本章主要介绍机器学习经典聚类及集成与随机森林算法。分别详细地介绍了 k-means 算法、AdaBoost 算法、马尔可夫算法和随机森林算法的概念、原理，并对各种算法进行了编程实现。

本章要点

- k-means 算法。
- AdaBoost 算法。
- 马尔可夫算法。
- 随机森林算法。

3.1 k-means 算法

根据训练样本中是否包含标签信息，机器学习可以分为监督学习和无监督学习。聚类算法是典型的无监督学习，其训练样本中只包含样本的特征，不包含样本的标签信息。在聚类算法中，利用样本的特征，将具有相似属性的样本划分到同一个类别中。

k-means 算法，也称为 k-平均算法或 k-均值算法，是一种广泛使用的聚类算法。k-means 算法是基于相似性的无监督算法，通过比较样本之间的相似性，将较为相似的样本划分到同一个类别中。k-means 算法由于简单、易于实现的特点而得到了广泛应用，如在图像分割方面的应用。

3.1.1 相似性的度量

在 k-means 算法中，通过某种相似性度量的方法，将较为相似的个体划分到同一个类别中。对于不同的应用场景，有着不同的相似性度量的方法，为了度量样本 X 和样本 Y 之间的相似性，一般定义一个距离函数 $d(X,Y)$，利用 $d(X,Y)$ 来表示样本 X 和样本 Y 之间的相似性。通常在机器学习算法中使用的距离函数如下。

- 闵可夫斯基距离。
- 曼哈顿距离。
- 欧氏距离。

（1）闵可夫斯基距离。

假设有两个点，分别为点 P 和点 Q，其对应的坐标分别为

$$P=(x_1,x_2,\ldots,x_n)\in R^n \tag{3-1}$$

$$Q=(y_1,y_2,\ldots,y_n)\in R^n \tag{3-2}$$

那么，点 P 和点 Q 之间的闵可夫斯基距离可以定义为

$$d(P,Q)=\left(\sum_{i=1}^{n}(x_i-y_i)^p\right)^{1/p} \tag{3-3}$$

（2）曼哈顿距离。

对于上述点 P 和点 Q 之间的曼哈顿距离可以定义为

$$d(P,Q)=\sum_{i=1}^{n}|x_i-y_i| \tag{3-4}$$

（3）欧氏距离。

对于上述点 P 和点 Q 之间的欧氏距离可以定义为

$$d(P,Q)=\sqrt{\sum_{i=1}^{n}(x_i-y_i)^2} \tag{3-5}$$

由曼哈顿距离和欧氏距离的定义可知，曼哈顿距离和欧氏距离是闵可夫斯基距离的具体式，即在闵可夫斯基距离中，当 P=1 时，闵可夫斯基距离为曼哈顿距离，当 P=2 时，闵可夫斯基距离为欧氏距离。

在样本中，若特征之间的单位不一致，利用基本的欧氏距离作为相似性度量方法会存在问题，如样本的形式为(身高,体重)。身高的度量单位是 cm，范围通常为 150～190，而体重的度量

单位是 kg，范围通常为 50～80。假设此时有 3 个样本，分别为(160,50)、(170,60)、(180,80)，可以利用标准化的欧氏距离。对于上述点 P 和点 Q 之间的标准化的欧氏距离可以定义为

$$d\left(P,Q\right)=\sqrt{\sum_{i=1}^{n}\left(\frac{x_i-y_i}{s_i}\right)^2} \tag{3-6}$$

其中，s_i 表示的是第 i 维的标准差。在本节的 k-means 算法中使用欧氏距离作为相似性度量标准，在实现的过程中使用的是欧氏距离的平方 $d\left(P,Q\right)^2$。

3.1.2　k-means 算法原理

1．k-means 算法的基本原理

k-means 算法是基于数据划分的无监督聚类算法，首先定义常数 k，常数 k 表示的是最终聚类的类别数，在确定了类别数 k 后，随即初始化 k 个类的聚类中心，通过计算每一个样本与聚类中心之间的相似度，将样本划分到最相似的类别中。

对于 k-means 算法，假设有 m 个样本 $\left\{X^{(1)},X^{(2)},\cdots,X^{(m)}\right\}$，其中，$X^{(i)}$ 表示第 i 个样本，每一个样本中包含 n 个特征。首先随机初始化 k 个聚类中心，通过每个样本与 k 个聚类中心之间的相似度确定每个样本所属的类别，然后通过每个类别中的样本重新计算每个类的聚类中心，重复此过程，直到聚类中心不再改变为止，最终确定每个样本所属的类别及每个类的聚类中心。

2．k-means 算法的步骤

- 初始化常数 k，随机初始化 k 个聚类中心。
- 重复计算以下过程，直到聚类中心不再改变为止。
- 计算每个样本与每个聚类中心之间的相似度，将样本划分到最相似的类别中。
- 计算划分到每个类别中的所有样本的均值，并将该均值作为每个类新的聚类中心。
- 输出最终的聚类中心及每个样本所属的类别。

3．k-means 算法与矩阵分解

以上对 k-means 算法进行了简单介绍，在 k-means 算法中，假设训练数据集 $\boldsymbol{X}$ 中有 m 个样本 $\left\{\boldsymbol{X}^{(1)},\boldsymbol{X}^{(2)},\cdots,\boldsymbol{X}^{(m)}\right\}$，其中，每一个样本 $\boldsymbol{X}^{(i)}$ 为 n 维向量。此时，样本可以表示为一个 $m\times n$ 的矩阵

$$\boldsymbol{X}_{m\times n}=\left(\boldsymbol{X}^{(1)},\boldsymbol{X}^{(2)},\cdots,\boldsymbol{X}^{(m)}\right)^{\mathrm{T}}=\begin{pmatrix} x_1^{(1)} & x_2^{(1)} & \cdots & x_n^{(1)} \\ x_1^{(2)} & x_2^{(2)} & \cdots & x_n^{(2)} \\ \vdots & \vdots & & \vdots \\ x_1^{(m)} & x_2^{(m)} & \cdots & x_n^{(m)} \end{pmatrix}_{m\times n} \tag{3-7}$$

假设有 k 个类，分别为 $\left\{\boldsymbol{C}_1,\cdots,\boldsymbol{C}_k\right\}$。在 k-means 算法中，利用欧氏距离计算每一个样本 $\boldsymbol{X}^{(i)}$ 与 k 个聚类中心之间的相似度，并将样本 $\boldsymbol{X}^{(i)}$ 划分到最相似的类别中，再利用划分到每个类别中的样本重新计算 k 个聚类中心。重复以上过程，直到聚类中心不再改变为止。

k-means 算法的目标是使每一个样本 $\boldsymbol{X}^{(i)}$ 被划分到最相似的类别中，利用每个类别中的样本重新计算聚类中心 $\boldsymbol{C}_k$

$$\boldsymbol{C}_k=\frac{\sum_{\boldsymbol{X}^{(i)}\in\boldsymbol{C}_k}\boldsymbol{X}^{(i)}}{\#\left(\boldsymbol{X}^{(i)}\in\boldsymbol{C}_k\right)} \tag{3-8}$$

其中，$\sum\limits_{\boldsymbol{X}^{(i)}\in\boldsymbol{C}_k}\boldsymbol{X}^{(i)}$ 表示的是 $\boldsymbol{C}_k$ 类中的所有样本的特征向量的和，$\#\left(\boldsymbol{X}^{(i)}\in\boldsymbol{C}_k\right)$ 表示的是类别 $\boldsymbol{C}_k$ 中的样本的个数。

k-means 算法的停止条件是最终的聚类中心不再改变，此时，所有样本被划分到最近的聚类中心所属的类别中，即

$$\min\sum_{i=1}^{m}\sum_{j=1}^{k}z_{ij}\boldsymbol{X}^{(i)}-\boldsymbol{C}_j{}^2 \tag{3-9}$$

其中，样本 $\boldsymbol{X}^{(i)}$ 是数据集 $\boldsymbol{X}_{m\times n}$ 的第 i 行。$\boldsymbol{C}_j$ 表示的是第 j 个类别的聚类中心。假设 $\boldsymbol{M}_{k\times n}$ 为由 k 个聚类中心构成的矩阵。矩阵 $\boldsymbol{Z}_{m\times k}$ 是由 z_{ij} 构成的 0-1 矩阵

$$z_{ij}=\begin{cases}1,\ \boldsymbol{X}^{(i)}\in\boldsymbol{C}_j\\0,\ \text{其他}\end{cases} \tag{3-10}$$

对于上述优化目标函数，其与以下矩阵形式等价

$$\min\left\|\boldsymbol{X}-\boldsymbol{Z}\boldsymbol{M}\right\|^2 \tag{3-11}$$

其中，对于非矩阵形式的目标函数，可以表示为

$$\begin{aligned}\sum_{i=1}^{m}\sum_{j=1}^{k}z_{ij}\left\|\boldsymbol{X}^{(i)}-\boldsymbol{C}_j\right\|^2&=\sum_{i,j}z_{ij}\left[\left(\boldsymbol{X}^{(i)}\right)\left(\boldsymbol{X}^{(i)}\right)^{\mathrm{T}}-2\boldsymbol{X}^{(i)}\boldsymbol{C}_j^{\mathrm{T}}+\boldsymbol{C}_j\boldsymbol{C}_j^{\mathrm{T}}\right]\\&=\sum_{i,j}z_{ij}\left(\boldsymbol{X}^{(i)}\right)\left(\boldsymbol{X}^{(i)}\right)^{\mathrm{T}}-2\sum_{i,j}z_{ij}\boldsymbol{X}^{(i)}\boldsymbol{C}_j^{\mathrm{T}}+\sum_{i,j}z_{ij}\boldsymbol{C}_j\boldsymbol{C}_j^{\mathrm{T}}\\&=\sum_{i,j}z_{ij}\left\|\boldsymbol{X}^{(i)}\right\|^2-2\sum_{i,j}z_{ij}\sum_{k=1}^{n}\boldsymbol{X}_k^{(i)}\boldsymbol{C}_j^{\mathrm{T}}+\sum_{i,j}z_{ij}\left\|\boldsymbol{C}_j\right\|^2\end{aligned} \tag{3-12}$$

由于 $\sum\limits_{j}z_{ij}=1$，即每一个样本 $\boldsymbol{X}^{(i)}$ 只能属于一个类别，则

$$\begin{aligned}\sum_{i=1}^{m}\sum_{j=1}^{k}z_{ij}\left\|\boldsymbol{X}^{(i)}-\boldsymbol{C}_j\right\|^2&=\sum_{i}\boldsymbol{X}^{(i)2}-2\sum_{i}\sum_{t=1}^{n}\boldsymbol{X}_t^{(i)}\sum_{j}z_{ij}\boldsymbol{C}_j^{\mathrm{T}}+\sum_{j}\left\|\boldsymbol{C}_j\right\|^2m_j\\&-\mathrm{tr}\left(\boldsymbol{X}\boldsymbol{X}^{\mathrm{T}}\right)-2\sum_{i}\sum_{t}\boldsymbol{X}_{it}(\boldsymbol{Z}\boldsymbol{M})_{it}+\sum_{j}\left\|\boldsymbol{C}_j\right\|^2m_j\\&=\mathrm{tr}\left(\boldsymbol{X}\boldsymbol{X}^{\mathrm{T}}\right)-2\sum_{i}\left(\boldsymbol{X}\cdot(\boldsymbol{Z}\boldsymbol{M})^{\mathrm{T}}\right)_{ii}+\sum_{j}\left\|\boldsymbol{C}_j\right\|^2m_j\\&=\mathrm{tr}\left(\boldsymbol{X}\boldsymbol{X}^{\mathrm{T}}\right)-2\mathrm{tr}\left(\boldsymbol{X}\cdot(\boldsymbol{Z}\boldsymbol{M})^{\mathrm{T}}\right)+\sum_{j}\left\|\boldsymbol{C}_j\right\|^2m_j\end{aligned} \tag{3-13}$$

其中，m_j 表示的是属于第 j 个类别的样本的个数。对于矩阵形式的目标函数，其可以表示为

$$\begin{aligned}\|\boldsymbol{X}-\boldsymbol{Z}\boldsymbol{M}\|^2&=\mathrm{tr}\left[(\boldsymbol{X}-\boldsymbol{Z}\boldsymbol{M})\cdot(\boldsymbol{X}-\boldsymbol{Z}\boldsymbol{M})^{\mathrm{T}}\right]\\&=\mathrm{tr}\left[\boldsymbol{X}\boldsymbol{X}^{\mathrm{T}}\right]-2\mathrm{tr}\left[\boldsymbol{X}\cdot(\boldsymbol{Z}\boldsymbol{M})^{\mathrm{T}}\right]+\mathrm{tr}\left[\boldsymbol{Z}\boldsymbol{M}(\boldsymbol{Z}\boldsymbol{M})^{\mathrm{T}}\right]\end{aligned} \tag{3-14}$$

其中，

$$\begin{aligned}\mathrm{tr}\left[\boldsymbol{ZM}(\boldsymbol{ZM})^{\mathrm{T}}\right] &= \mathrm{tr}\left[\boldsymbol{ZMM}^{\mathrm{T}}\boldsymbol{Z}^{\mathrm{T}}\right] \\ &= \sum_j\left(\boldsymbol{MM}^{\mathrm{T}}\boldsymbol{Z}^{\mathrm{T}}\boldsymbol{Z}\right)_{ij} = \sum_j\left(\boldsymbol{MM}^{\mathrm{T}}\right)_{ij}\left(\boldsymbol{Z}^{\mathrm{T}}\boldsymbol{Z}\right)_{ij} \\ &= \sum_j\left\|\boldsymbol{C}_j\right\|^2 \boldsymbol{m}_j\end{aligned} \tag{3-15}$$

因此，上述两种形式的目标函数是等价的。

3.1.3　k-means 算法的改进

1．k-means 算法存在的问题

由于 k-means 算法简单且易于实现，因此 k-means 算法得到了广泛应用，但是从上述 k-means 算法的实现过程中可以发现，k-means 算法中的聚类中心的个数 k 需要事先指定，这一点对于一些未知数据存在很大的局限性。在利用 k-means 算法进行聚类之前，需要初始化 k 个聚类中心，在上述 k-means 算法的实现过程中，在数据集中随机选择最大值和最小值之间的数作为其初始聚类中心，但是如果聚类中心选择得不好，会对 k-means 算法有很大的影响，如选取的 k 个聚类中心为

$$\begin{aligned}&A:(-6.06117996,-6.87383192)\\&B:(-1.64249433,-6.96441896)\\&C:(2.77310285,6.91873181)\\&D:(7.38773852,-5.14404775)\end{aligned} \tag{3-16}$$

此时，得到最终的聚类中心为

$$\begin{aligned}&A:(-4.8666519947,-4.07914365766)\\&B:(1.38664264638,-4.89158192518)\\&C:(0.648265012753,4.57688587405)\\&D:(6.06773019432,-5.42254120378)\end{aligned} \tag{3-17}$$

初始化不好的情况下的聚类效果如图 3.1 所示。

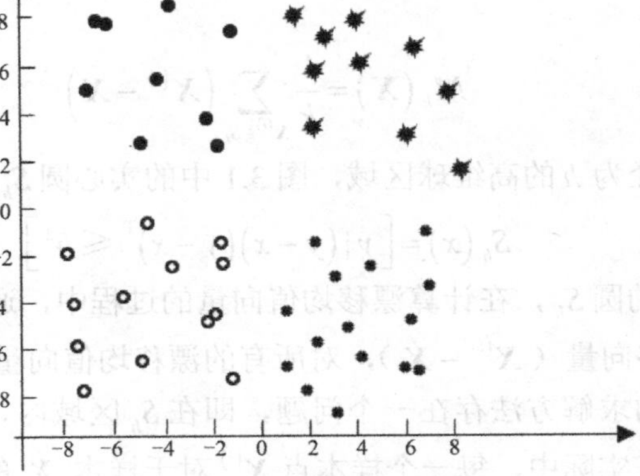

图 3.1　初始化不好的情况下的聚类效果

为了解决由初始化问题带来 k-means 算法的问题，改进的 k-means 算法（k-means++算法）被提出，k-means++算法主要是为了在聚类中心的选择过程中选择较优的聚类中心。

2. k-means++算法的基本思路

k-means++算法在聚类中心的初始化过程中的基本原则是使得初始聚类中心之间的距离尽可能远，这样可以避免出现上述问题。k-means++算法的初始化过程如下。

- 在数据集中随机选择一个样本点作为第一个初始化的聚类中心。
- 选择其余的聚类中心。
- 计算样本中的每一个样本点与已经初始化的聚类中心之间的距离，并选择其中的最短距离，记为 d_i。
- 以概率选择距离最大的样本作为新的聚类中心，重复上述过程，直到 k 个聚类中心都被确定。
- 对于 k 个初始聚类中心，利用 k-means 算法计算最终的聚类中心。

由上述 k-means++算法可知，k-means++算法与 k-means 算法的本质区别是 k 个聚类中心的初始化过程。

3.1.4 Mean Shift 算法

在 k-means 算法中，最终的聚类效果受初始聚类中心的影响，k-means++算法的提出为选择较好的初始聚类中心提供了依据，但是在 k-means 算法中，聚类个数 k 仍需要事先指定，对于类别个数未知的数据集，k-means 算法和 k-means++算法将很难对其进行精确求解，对此，有一些改进的算法被提出来，以处理聚类个数 k 未知的情形。

Mean Shift 算法，又称为均值漂移算法，与 k-means 算法一样，都是基于聚类中心的聚类算法，不同的是，Mean Shift 算法不需要事先指定聚类个数 k。在 Mean Shift 算法中，聚类中心是通过给定区域中的样本的均值来确定的，不断更新聚类中心，直到最终的聚类中心不再改变为止。Mean Shift 算法在聚类、图像平滑、分割和视频跟踪等方面有广泛的应用。

1. Mean Shift 向量

对于给定的 n 维空间 R^n 中的 m 个样本点 $\boldsymbol{X}^{(i)}, i=1,\cdots,m$，其中的一个样本 $\boldsymbol{X}$ 的 Mean Shift 向量为

$$\boldsymbol{M}_h(\boldsymbol{X})=\frac{1}{k}\sum_{\boldsymbol{X}^{(i)}\in S_h}\left(\boldsymbol{X}^{(i)}-\boldsymbol{X}\right) \tag{3-18}$$

其中，S_h 指的是一个半径为 h 的高维球区域，图 3.1 中的实心圆 S_h 的定义为

$$S_h(x)=\left[y\,|\,(y-x)(y-x)^{\mathrm{T}}\leqslant h^2\right] \tag{3-19}$$

对于一个半径为 h 的圆 S_h，在计算漂移均值向量的过程中，通过计算圆 S_h 中的每一个样本点 $\boldsymbol{X}^{(i)}$ 相对于 $\boldsymbol{X}$ 的偏移向量（$\boldsymbol{X}^{(i)}-\boldsymbol{X}$），对所有的漂移均值向量求和，再求平均。

以上均值漂移向量的求解方法存在一个问题，即在 S_h 区域内，每一个样本点 $\boldsymbol{X}^{(i)}$ 对样本 $\boldsymbol{X}$ 的贡献是一样的。而在实际中，每一个样本点 $\boldsymbol{X}^{(i)}$ 对于样本 $\boldsymbol{X}$ 的贡献是不一样的，这样的

贡献可以通过核函数进行度量。

2. 核函数

在 Mean Shift 算法中引入核函数的目的是使随着样本与漂移点的距离的不同，其漂移量对均值漂移向量的贡献也不同，核函数的定义如下。

设 N 是输入空间（欧氏空间 R^n 的子集或离散集合），又设 H 为特征空间（希尔伯特空间），如果存在一个从 N 到 H 的映射

$$\varnothing(x): N \rightarrow H \tag{3-20}$$

使得所有 $x_1, x_2 \in R$，函数 $K(x_1, x_2)$ 满足条件

$$K(x_1, x_2) = \varnothing(x_1) \cdot \varnothing(x_2) \tag{3-21}$$

则称 $K(x_1, x_2)$ 为核函数，$\varnothing(x)$ 为映射函数。$\varnothing(x_1) \cdot \varnothing(x_2)$ 表示的是 $\varnothing(x_1)$ 和 $\varnothing(x_2)$ 的内积。高斯核函数是使用较多的一种核函数，其函数形式为

$$K\left(\frac{x_1 - x_2}{h}\right) = \frac{1}{\sqrt{2\pi}h} \mathrm{e}^{-\frac{(x_1 - x_2)^2}{2h^2}} \tag{3-22}$$

其中，h 称为带宽。当带宽 h 一定时，样本点之间的距离越近，其核函数的值越大；当样本点之间的距离相等时，随着高斯核函数的带宽 h 的增大，核函数的值不断减小。

3. Mean Shift 算法原理

（1）引入核函数的 Mean Shift 向量。

假设在半径为 h 的 S_h 范围内，为了使每一个样本点 $\boldsymbol{X}^{(i)}$ 对于样本 $\boldsymbol{X}$ 的贡献不一样，向基本的 Mean Shift 向量形式中增加核函数，得到改进的 Mean Shift 向量形式

$$\boldsymbol{M}_h(\boldsymbol{X}) = \frac{\sum_{\boldsymbol{X}^{(i)} \in S_h}\left[K\left(\frac{\boldsymbol{X}^{(i)} - \boldsymbol{X}}{h}\right)\left(\boldsymbol{X}^{(i)} - \boldsymbol{X}\right)\right]}{\sum_{\boldsymbol{X}^{(i)} \in S_h}\left[K\left(\frac{\boldsymbol{X}^{(i)} - \boldsymbol{X}}{h}\right)\right]} \tag{3-23}$$

其中，$K\left(\frac{\boldsymbol{X}^{(i)} - \boldsymbol{X}}{h}\right)$ 是高斯核函数。通常，可以取 S_h 为整个数据集范围。

（2）Mean Shift 算法的基本原理。

在 Mean Shift 算法中，通过迭代的方式找到最终的聚类中心，即对每一个样本点计算其漂移均值，以计算出来的漂移均值点作为新的起始点，重复以上步骤，直到满足终止条件为止，得到的最终的漂移均值点为最终的聚类中心，其具体步骤如下。

步骤 1：在指定的区域内计算每一个样本点的漂移均值。

步骤 2：移动该点到漂移均值点处，即从原始样本点“o”移动到漂移均值点“*”处。

步骤 3：重复上述过程（计算新的漂移均值，移动）。

步骤 4：当满足最终的条件时，可以推出最终的漂移均值点。

从上述过程中可以看出，在 Mean Shift 算法中，最关键的就是计算每个点的漂移均值，根据新计算的漂移均值更新点的位置。

3.1.5 案例分析

本节使用 k-means 算法进行聚类分析。

首先，进行简单的图示，并给定一组数据，程序如下：

```
import numpy as np
from sklearn.cluster import KMeans
from matplotlib import pyplot
# 要分类的数据点
x = np.array([ [1,2],[1.5,1.8],[5,8],[8,8],[1,0.6],[9,11] ])
# pyplot.scatter(x[:,0], x[:,1])
```

运行程序，可以得到如图 3.2 所示的数据可视化结果。

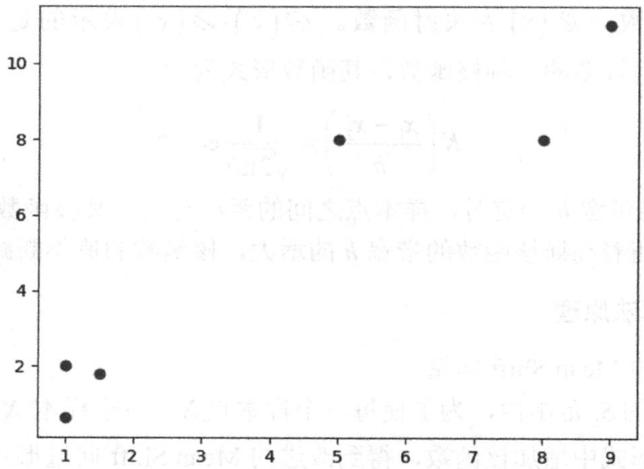

图 3.2 数据可视化结果

接着，我们对数据进行预测，程序如下：

```
clf = KMeans(n_clusters=2)
clf.fit(x)  # 分组
centers = clf.cluster_centers_  # 两组数据点的中心点
labels = clf.labels_   # 每个数据点所属的类别
print(centers)
print(labels)
for i in range(len(labels)):
    pyplot.scatter(x[i][0], x[i][1], c=('r' if labels[i] == 0 else 'b'))
pyplot.scatter(centers[:,0],centers[:,1],marker='*', s=100)
predict = [[2,1], [6,9]]
label = clf.predict(predict)
for i in range(len(label)):
    pyplot.scatter(predict[i][0], predict[i][1], c=('r' if label[i] == 0 
else 'b'), marker='x')
pyplot.show()
```

运行以上程序，可以得到如图 3.3 所示的预测结果。

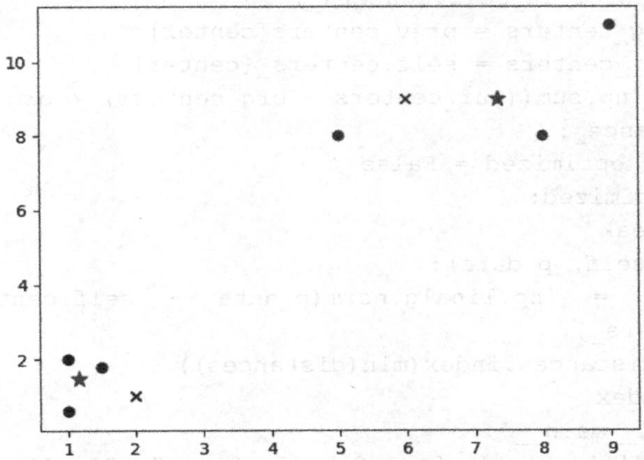

图 3.3　预测结果

在用 Python 实现具体的 k-means 算法之前，我们首先要明确 k-means 算法的主要步骤。

（1）为待聚类的点随机寻找聚类中心。

（2）计算每个点到聚类中心的距离，将各个点聚类到离该点最近的类别中。

（3）计算每个聚类中所有点的坐标平均值，并将这个平均值作为新的聚类中心，反复执行第二步和第三步，直到聚类中心不再进行大范围移动或聚类次数达到要求为止。

完整的 k-means 算法程序如下：

```
import numpy as np
from matplotlib import pyplot
class K_Means(object):
    def __init__(self, k=2, tolerance=0.0001, max_iter=300):
        self.k_ = k
        self.tolerance_ = tolerance
        self.max_iter_ = max_iter
    def fit(self, data):
        self.centers_ = {}
        for i in range(self.k_):
            self.centers_[i] = data[i]
        for i in range(self.max_iter_):
            self.clf_ = {}
            for i in range(self.k_):
                self.clf_[i] = []
            for feature in data:
                distances = []
                for center in self.centers_:
                    # np.sqrt(np.sum((features-self.centers_[center])**2))
                    distances.append(np.linalg.norm(feature - self.centers_
[center]))
                classification = distances.index(min(distances))
                self.clf_[classification].append(feature)
            prev_centers = dict(self.centers_)
            for c in self.clf_:
                self.centers_[c] = np.average(self.clf_[c], axis=0)
            optimized = True
```

```
                for center in self.centers_:
                    org_centers = prev_centers[center]
                    cur_centers = self.centers_[center]
                    if np.sum((cur_centers - org_centers) / org_centers *
100.0) > self.tolerance_:
                        optimized = False
                if optimized:
                    break
        def predict(self, p_data):
            distances = [np.linalg.norm(p_data - self.centers_[center]) for
center in self.centers_]
            index = distances.index(min(distances))
            return index
    if __name__ == '__main__':
        x = np.array([[1, 2], [1.5, 1.8], [5, 8], [8, 8], [1, 0.6], [9, 11]])
        k_means = K_Means(k=2)
        k_means.fit(x)
        print(k_means.centers_)
        for center in k_means.centers_:
            pyplot.scatter(k_means.centers_[center][0],
k_means.centers_[center][1], marker='*', s=150)
        for cat in k_means.clf_:
            for point in k_means.clf_[cat]:
                pyplot.scatter(point[0], point[1], c=('r' if cat == 0 else 'b'))
        predict = [[2, 1], [6, 9]]
        for feature in predict:
            cat = k_means.predict(predict)
            pyplot.scatter(feature[0], feature[1], c=('r' if cat == 0 else 'b'),
marker='x')
        pyplot.show()
```

运行以上程序，可以得到如图 3.4 所示的 k-means 算法聚类结果。

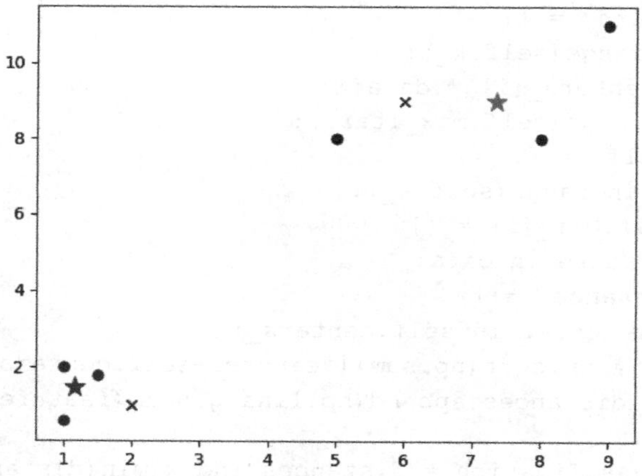

图 3.4　k-means 算法聚类结果

从程序运行结果可以看出，k-means 算法对数据实现了很好的聚类效果。这证明使用 k-means 算法进行聚类分析是有效的。

3.2 AdaBoost 算法

AdaBoost 算法由 Freund 等提出，是 Boosting 算法的一种实现版本。在最早的版本中，这种方法的弱分类器带有权重，分类器的预测结果为弱分类器预测结果的加权和。训练时，训练样本具有权重，并且会在训练过程中动态调整，被前面的弱分类器错分的样本会加大权重，因此 AdaBoost 算法更关注难分的样本。2001 年，级联的 AdaBoost 分类器被成功用于人脸检测中，此后，它在很多模式识别问题上得到了应用。

AdaBoost 算法的全称是自适应提升，是一种用于解决分类问题的算法，它用弱分类器的线性组合来构造强分类器。弱分类器的性能不用太好，只要比随机猜测强就可以依靠它构造出一个非常准确的强分类器。

3.2.1 AdaBoost 算法介绍

（1）强分类器与弱分类器。

强分类器的计算公式为

$$F(\boldsymbol{x})=\sum_{t=1}^{T}a_t f_t(\boldsymbol{x}) \tag{3-24}$$

其中，$\boldsymbol{x}$ 为输入向量；$F(\boldsymbol{x})$ 为强分类器；$f_t(\boldsymbol{x})$ 为弱分类器；a_t 为弱分类器的权重；T 为弱分类器的数量，弱分类器的输出值为+1 或-1，分别对应正样本或负样本。分类时的判定规则为

$$\operatorname{sgn}(F(\boldsymbol{x})) \tag{3-25}$$

强分类器的输出值也为+1 或-1，同样对应正样本或负样本。弱分类器和它们的权重通过训练算法得到。之所以叫弱分类器，是因为其精度不用太高，对于二分类问题，只要保证准确率大于 0.5 即可，即比随机猜测强，随机猜测有 0.5 的准确率。

（2）训练算法。

训练时，依次训练每一个弱分类器，并得到它们的权重值。在这里，训练样本带有权重值，初始时所有样本的权重相等，在训练过程中，被前面的弱分类器错分的样本会加大权重，反之会减小权重，这样，接下来的弱分类器会更加关注这些难分的样本。弱分类器的权重值根据其准确率构造，精度越高，弱分类器的权重越大。给定 l 个训练样本 $(\boldsymbol{x}_i, y_i)$，其中，$\boldsymbol{x}_i$ 是特征向量，y_i 为类别标签，其值为+1 或-1。训练算法的流程如下。

初始化样本权重，所有样本的初始权重相等

$$w_i^0=\frac{1}{l},\ i=1,2,\cdots,l \tag{3-26}$$

循环，对 $t=1,2,\cdots,T$ 依次训练每个弱分类器：

训练一个弱分类器 $f_t(\boldsymbol{x})$，并计算它对训练样本集的错误率 e_t。

计算弱分类器的权重

$$a_t=\frac{1}{2}\ln\left((1-e_t)/e_t\right) \tag{3-27}$$

更新所有样本的权重

$$w_i^t = w_i^{t-1} \exp\left(-y_t a_t f_t\left(x_t\right)\right) / Z_t \tag{3-28}$$

其中，Z_t 为归一化因子，它是所有样本的权重之和

$$Z_t = \sum_{i=1}^{t} w_i^{t-1} \exp\left(-y_i a_t f_t\left(x_i\right)\right) \tag{3-29}$$

结束循环。

最后得到强分类器

$$\operatorname{sgn}\left(F\left(x\right)\right) = \operatorname{sgn}\left(\sum_{t=1}^{T} a_t f_t\left(x\right)\right) \tag{3-30}$$

根据计算公式，错误率越低，弱分类器的权重越大，它是准确率的增函数。弱分类器在训练样本集上的错误率计算公式为

$$e_t = \left(\sum_{i=1}^{t} w_i^{t-1} \mid f_t\left(x_i\right) - y_i\right) / 2\sum_{i=1}^{l} w_i^{t-1} \tag{3-31}$$

在这里考虑了样本权重值。因为这样可以保证在训练集上弱分类器的正确率大于 0.5，所以有

$$\frac{1-e_t}{e_t} > 1 \tag{3-32}$$

因此，能保证弱分类器的权重大于 0、弱分类器的错误率小于 0.5，如果准确率小于 0.5，只需要将弱分类器的输出取反即可。对于被弱分类器正确分类的样本，有

$$y_i f_t\left(x_i\right) = +1 \tag{3-33}$$

对于被弱分类器错误分类的样本，有

$$y_i f_t\left(x_i\right) = -1 \tag{3-34}$$

如果不考虑归一化因子，那么样本权重更新公式可以简化为

$$w_i^t = \begin{cases} e^{-a_t} \times w_i^{t-1}, & f_t\left(x_i\right) = y_i \\ e^{a_t} \times w_i^{t-1}, & f_t\left(x_i\right) \neq y_i \end{cases} \tag{3-35}$$

由于

$$e^{-a_t} = e^{-\frac{1}{2}\ln\frac{1-e_t}{e_t}} = \sqrt{e_t / \left(1-e_t\right)} \tag{3-36}$$

它可以进一步简化成

$$w_i^t = \begin{cases} \sqrt{e_t / \left(1-e_t\right)} \times w_i^{t-1}, & f_t\left(x_i\right) = y_i \\ \sqrt{\left(1-e_t\right) / e_t} \times w_i^{t-1}, & f_t\left(x_i\right) \neq y_i \end{cases} \tag{3-37}$$

被上一个弱分类器错误分类的样本，本轮的权重会增大，被上一个弱分类器正确分类的样本，本轮的权重会减小，训练下一个弱分类器时，算法会关注在上一轮中被错分的样本。这类似人们在日常生活中的做法：一个学生在每次考试之后会调整他的学习重点，本次考试做对的题目下次不再重点学习；而对于本次考试做错的题目，下次要重点学习，以期考试成绩能够提高。给样本加权重是有必要的，如果样本没有权重，那么每个弱分类器的训练样本是相同的，训练出来的弱分类器也是相同的，这样训练多个弱分类器没有意义。AdaBoost 算

法的核心思想是关注之前被错分的样本，准确率高的弱分类器有更大的权重。

以上算法中并没有说明弱分类器是什么样的，具体实现时应该选择什么样的分类器作为弱分类器。在实际应用时，一般用深度很小的决策树，在后面会详细介绍。强分类器是弱分类器的线性组合，如果弱分类器是线性函数，那么无论怎样组合，强分类器都是线性的，因此，应该选择非线性的分类器作为弱分类器。

随机森林算法和 AdaBoost 算法都是集成学习算法，一般由多棵决策树组成，但是在多个方面有所区别，如表 3.1 所示。

表 3.1　随机森林算法与 AdaBoost 算法的比较

比 较 项 目	随 机 森 林	AdaBoost
决策树规模	大	小
是否对样本进行随机采样	是	否
是否对特征进行随机采样	是	否
弱分类器是否有权重	无	有
训练样本是否有权重	无	有
是否支持多分类	是	不直接支持
是否支持回归问题	是	不直接支持

随机森林算法和 AdaBoost 算法都是通过构造不同的样本集来训练多个弱分类器的，前者通过样本抽样构造不同的训练集，后者通过给样本加上权重构造不同的样本集。随机森林算法中的决策树不能太简单，决策树过于简单会导致随机森林算法的精度很低。AdaBoost 算法没有上述问题，即使用深度为 1 的决策树将它们集成起来也能得到非常高的精度，这得益于 AdaBoost 算法的弱分类器带有权重信息，并且重点关注了之前被错分的样本。

（3）训练误差分析。

弱分类器的数量一般是一个人工设定的值，下面分析它和强分类器的准确率之间的关系。证明以下结论：强分类器在训练样本集上的错误率上界是每一轮调整样本权重时权重归一化因子的乘积，即下面的不等式成立

$$p_{\text{error}}=\frac{1}{l}\sum_{i=1}^{l}\left[\left[\operatorname{sgn}\left(F\left(\boldsymbol{x}_i\right)\right)\neq y_i\right]\right]\leqslant\prod_{t=1}^{T}Z_t \tag{3-38}$$

其中，P_{error} 为强分类器在训练样本集上的错误率，l 为训练样本数，Z_t 为训练第 t 个弱分类器时的样本权重归一化因子，$[[\ ]]$ 为指示函数，若条件成立，则其值为 1，否则为 0。下面给出这一结论的证明，首先证明下面的不等式成立

$$\left[\left[y_i\neq\operatorname{sgn}\left(F\left(\boldsymbol{x}_i\right)\right)\right]\right]\leqslant\exp\left(-y_iF\left(\boldsymbol{x}_i\right)\right) \tag{3-39}$$

在这里分两种情况讨论，若样本被错分，则有

$$\left[\left[y_i\neq\operatorname{sgn}\left(F\left(\boldsymbol{x}_i\right)\right)\right]\right]=1 \tag{3-40}$$

样本被错分意味着 y_i 和 $F\left(\boldsymbol{x}_i\right)$ 异号，因此

$$-y_iF\left(\boldsymbol{x}_i\right)>0 \tag{3-41}$$

从而有

$$\exp\left(-y_iF\left(\boldsymbol{x}_i\right)\right)>\exp(0)=1 \tag{3-42}$$

若样本被正确分类，则有

$$\left[\left[y_i \neq \operatorname{sgn}\left(F\left(\boldsymbol{x}_i\right)\right)\right]\right]=0 \tag{3-43}$$

而对任意的 $\boldsymbol{x}$，有 $\mathrm{e}^x > 0$ 恒成立。综合上述两种情况，上面的不等式成立。按照权重更新公式，有

$$w_i^t = w_i^{t-1}\exp\left[-y_i a_t f_t\left(\boldsymbol{x}_i\right)\right]/Z_t \tag{3-44}$$

将等式两边同时乘以归一化因子 Z_t，可以得到

$$w_i^{t-1}\exp\left[-y_i a_t f_t\left(\boldsymbol{x}_i\right)\right] = w_i^t Z_t \tag{3-45}$$

反复利用上述等式，可以把 Z_t 提出来。样本初始权重为 $w_i^0 = 1/l$，因此有

$$\begin{aligned}
\frac{1}{l}\sum_{i=1}^{l}\exp\left[-y_i F\left(\boldsymbol{x}_i\right)\right] &= \frac{1}{l}\sum_{i=1}^{t}\exp\left[-y_i\sum_{i=1}^{T}\alpha_i f_i\left(\boldsymbol{x}_i\right)\right] \\
&= \sum_{i=1}^{t} w_i^l \exp\left[-y_i\sum_{t=1}^{T}\alpha_t f_i\left(\boldsymbol{x}_i\right)\right] \\
&= \sum_{i=1}^{t}\left[w_i^0\exp\left(-y_i\alpha_i f_i\left(\boldsymbol{x}_i\right)\right)\exp\left(-y_i\sum_{t=1}^{T}\alpha_t f_t\left(\boldsymbol{x}_i\right)\right)\right] \\
&= \sum_{i=1}^{t} Z_1 w_i^l \exp\left[-y_i\sum_{i=1}^{T}\alpha_i f_i\left(\boldsymbol{x}_i\right)\right] \\
&= Z_1\sum_{i=1}^{t} w_i^l \exp\left[-y_i\sum_{t=2}^{T}\alpha_i f_i\left(\boldsymbol{x}_i\right)\right] \\
&\ \ \vdots \\
&= \prod_{t=1}^{T} Z_t
\end{aligned} \tag{3-46}$$

前面已经证明了不等式 $\left[\left[y_i \neq \operatorname{sgn}\left(F\left(\boldsymbol{x}_i\right)\right)\right]\right] \leqslant \exp\left[-y_i F\left(\boldsymbol{x}_i\right)\right]$ 成立，因此有

$$\frac{1}{l}\sum_{i=1}^{l}\left[\operatorname{sgn}\left(F\left(\boldsymbol{x}_i\right)\right)\neq y_i\right] \leqslant \frac{1}{l}\sum_{i=1}^{t}\exp\left(-y_i F\left(\boldsymbol{x}_i\right)\right) = \prod_{i=1}^{T} Z_t \tag{3-47}$$

还有一个不等式也成立

$$\frac{1}{l}\sum_{i=1}^{l}\left[\operatorname{sgn}\left(F\left(\boldsymbol{x}_i\right)\right)\neq y_i\right] \leqslant \exp\left(-2\sum_{t=1}^{T}\gamma_t^2\right) \tag{3-48}$$

其中，

$$\gamma_t = \frac{1}{2} - e_t \tag{3-49}$$

综合上述两个不等式，可以得到下面的结论

$$p_{\text{error}} \leqslant \exp\left(-2\sum_{t=1}^{T}\gamma_t^2\right) \tag{3-50}$$

这个结论指出，随着迭代进行，强分类器的训练误差会呈指数级下降。随着弱分类器数量的增加，算法在测试样本集上的错误率一般会持续下降。AdaBoost 算法不仅能够减小模型偏差，还能减小方差。由于 AdaBoost 算法会关注错分样本，因此对噪声数据比较敏感。

3.2.2　AdaBoost 算法分类

通常，AdaBoost 算法可以分为很多类，它们的弱分类器不同，训练时优化的目标函数也不同，下面介绍两种重要的 AdaBoost 算法。

（1）离散型 AdaBoost 算法

离散型 AdaBoost 算法就是之前介绍的算法，这里从另一个角度解释，它用牛顿法求解加法 Logistic 回归模型。

对于二分类问题，加法 Logistic 回归模型拟合的目标函数为对数似然比

$$\ln\frac{p(y=+1|\boldsymbol{x})}{p(y=-1|\boldsymbol{x})}=F(\boldsymbol{x})=\sum_{i=1}^{M}f_i(\boldsymbol{x}) \tag{3-51}$$

即用多个函数的和来拟合对数似然比函数。将上式变形可以得到

$$\frac{p(y=+1|\boldsymbol{x})}{p(y=-1|\boldsymbol{x})}=\exp\left[F(\boldsymbol{x})\right] \tag{3-52}$$

由于一个样本不是正样本就是负样本，因此它们的概率之和为 1，联合上面的方程可以解得

$$p(y=+1|\boldsymbol{x})=\frac{1}{1+\exp\left[-F(\boldsymbol{x})\right]} \tag{3-53}$$

这就是加法 Logistic 回归模型的概率预测函数。离散型 AdaBoost 算法的训练目标是最小化指数损失函数

$$L\left[F(\boldsymbol{x})\right]=E\left[\exp\left(-yF(\boldsymbol{x})\right)\right] \tag{3-54}$$

其中，E 为数学期望，是所有样本损失的均值。可以证明，使得上面的指数损失函数最小化的强分类器为

$$F(\boldsymbol{x})=\frac{1}{2}\ln\frac{p(y=+1|\boldsymbol{x})}{p(y=-1|\boldsymbol{x})} \tag{3-55}$$

上面的指数损失函数是对 x 和 y 的联合概率的期望，最小化指数损失函数等价于最小化如下条件期望值，由于 y 的取值有两种情况，因此有

$$\begin{aligned}E\left\{\exp\left[-yF(\boldsymbol{x})\right]|\,\boldsymbol{x}\right\}=&\,p(y=+1|\boldsymbol{x})\exp\left[-F(\boldsymbol{x})\right]+\\&\,p(y=-1|\boldsymbol{x})\exp\left[F(\boldsymbol{x})\right]\end{aligned} \tag{3-56}$$

得到弱分类器之后，优化权重

$$\min_{c} E_w\left\{\exp\left[-cyf(\boldsymbol{x})\right]\right\} \tag{3-57}$$

在之前已经推导过，这个问题的最优解为

$$c=\frac{1}{2}\ln\frac{1-\text{err}}{\text{err}} \tag{3-58}$$

其中，err 为错误率，还可以得到样本权重更新公式，这里不再重复推导。

（2）实数型 AdaBoost 算法。

实数型 AdaBoost 算法弱分类器的输出值是实数值。可将这个实数的绝对值看作置信度，它的值越大，样本被判定为正样本或负样本的可信度越高。给定 l 个训练样本 $(\boldsymbol{x}_i, y_i)$，训练算法的流程如下。

初始化样本权重 $w_i = \frac{1}{l}$，循环训练每个弱分类器，对任意 $m = 1,2,\cdots,M$，根据训练样本集和样本权重估计样本属于正样本的概率

$$p_m(\boldsymbol{x}) = p_w(y = +1 \mid \boldsymbol{x}) \tag{3-59}$$

根据上一步的概率值得到弱分类器

$$f_m(\boldsymbol{x}) = \frac{1}{2}\ln\left[p_m / (1 - p_m)\right] \tag{3-60}$$

更新样本权重

$$w_i = w_i \exp\left(-y_i f_m(\boldsymbol{x}_i)\right), i = 1,2,\ldots,l \tag{3-61}$$

对样本权重进行归一化，结束循环，输出强分类器

$$\operatorname{sgn}\left[\sum_{m=1}^{M} f_m(\boldsymbol{x})\right] \tag{3-62}$$

弱分类器输出值是样本属于正样本的概率 $p(\boldsymbol{x})$ 和样本属于负样本的概率的比值的对数值

$$f(\boldsymbol{x}) = \frac{1}{2}\ln\left\{p(\boldsymbol{x}) / \left[1 - p(\boldsymbol{x})\right]\right\} \tag{3-63}$$

如果样本是正样本的概率大于 0.5，即样本是正样本的概率大于样本是负样本的概率，那么弱分类器的输出值为正，否则为负。实数型 AdaBoost 算法和离散型 AdaBoost 都采用的是指数损失函数。在前面的迭代中已经得到了 $F(\boldsymbol{x})$，本次迭代要确定的是弱分类器 $f(\boldsymbol{x})$。考虑正样本、负样本两种情况，损失函数可以写成

$$\begin{aligned} L\left[F(\boldsymbol{x}) + f(\boldsymbol{x})\right] &= E\left\{\exp\left[-yF(\boldsymbol{x})\right]\exp\left[-yf(\boldsymbol{x})\right] \mid \boldsymbol{x}\right\} \\ &= \exp\left[-f(\boldsymbol{x})\right]E\left\{\exp\left[-yF(\boldsymbol{x})\right]1_{y=1} \mid \boldsymbol{x}\right\} + \\ &\quad \exp\left[f(\boldsymbol{x})\right]E\left\{\exp\left[-yF(\boldsymbol{x})\right]1_{y=-1} \mid \boldsymbol{x}\right\} \end{aligned} \tag{3-64}$$

将上面的函数对 $f(\boldsymbol{x})$ 求导，并令导数为 0，可以解得

$$f(\boldsymbol{x}) = \frac{1}{2}\ln\frac{E_w\left(1_{y=+1} \mid \boldsymbol{x}\right)}{E_w\left(1_{y=-1} \mid \boldsymbol{x}\right)} = \frac{1}{2}\ln\frac{p_w\left(1_{y=+1} \mid \boldsymbol{x}\right)}{p_w\left(1_{y=-1} \mid \boldsymbol{x}\right)} \tag{3-65}$$

另外，可以得到样本权重更新公式为

$$w = w \times e^{-yf(\boldsymbol{x})} \tag{3-66}$$

无论是离散型 AdaBoost 算法，还是实数型 AdaBoost 算法，都是求解指数损失函数的最小值问题，每次迭代时将之前迭代得到的强分类器看作常数。

3.2.3 案例分析

本案例预测患有疝气病的马的存活概率，这里的数据包括 368 个样本和 28 个特征，疝气病是描述马胃肠痛的术语，然而，这种病并不一定源自马的胃肠问题，其他原因也可能引发疝气病，该数据集中包含了医院检测马疝气病的一些指标，有的指标比较主观，有的指标难以测量，如马的疼痛级别。另外，除了部分指标比较主观和难以测量，该数据集还存在一个

问题，数据集中有 30%的值是缺失的。有关马疝气病的数据集可以从网上下载。

我们将整个程序分为六个部分，首先来看第一部分。

（1）准备数据。

完整程序如下：

```
def loadDataSet(filename):
    dim = len(open(filename).readline().split('\t'))
    data = []
    label = []
    fr = open(filename)
    for line in fr.readlines():
        LineArr = []
        curline = line.strip().split('\t')
        for i in range(dim-1):
            LineArr.append(float(curline[i]))
        data.append(LineArr)
        label.append(float(curline[1]))
    return data,label
```

（2）构建弱分类器：单层决策树。

```
def buildStump(dataArr, labelArr, D):
    dataMat = np.mat(dataArr)
    labelMat = np.mat(labelArr).T
    m, n = np.shape(dataMat)
    numSteps = 10.0
    bestStump = {}
    bestClasEst = np.mat(np.zeros((m, 1)))
    minError = np.inf
    for i in range(n):
        rangeMin = dataMat[:, i].min()
        rangeMax = dataMat[:, i].max()
        stepSize = (rangeMax-rangeMin)/numSteps
        for j in range(-1, int(numSteps)+1):
          for inequal in ['lt', 'gt']:
            threshVal = (rangeMin + float(j) * stepSize)
            predictedVals = stumpClassify(dataMat,i,threshVal, inequal)
                errArr = np.mat(np.ones((m, 1)))
                errArr[predictedVals == labelMat] = 0
                weightedError = D.T*errArr
                if weightedError < minError:
                    minError = weightedError
                    bestClasEst = predictedVals.copy()
                    bestStump['dim'] = i
                    bestStump['thresh'] = threshVal
                    bestStump['ineq'] = inequal
    return bestStump, minError, bestClasEst
def stumpClassify(dataMat, dimen, threshVal, threshIneq):
    retArray = np.ones((np.shape(dataMat)[0], 1))
    if threshIneq == 'lt':
        retArray[dataMat[:, dimen] <= threshVal] = -1.0
    else:
        retArray[dataMat[:, dimen] > threshVal] = -1.0
```

```
        return retArray
```

（3）AdaBoost 算法实现。

```
    def adaBoostTrainDS(dataArr, labelArr, numIt=40):
        weakClassArr = []
        m = np.shape(dataArr)[0]
        W = np.mat(np.ones((m, 1))/m)
        aggClassEst = np.mat(np.zeros((m, 1)))
        for i in range(numIt):
            bestStump, error, classEst = buildStump(dataArr, labelArr, W)
            alpha = float(0.5*np.log((1.0-error)/max(error, 1e-16)))
            bestStump['alpha'] = alpha
            weakClassArr.append(bestStump)
            print("alpha=%s,  classEst=%s,  bestStump=%s,  error=%s  "% (alpha,
classEst.T, bestStump, error))
            expon = np.multiply(-1*alpha*np.mat(labelArr).T, classEst)
            print('(-1 取反)预测值 expon=', expon.T)
            W = np.multiply(W, np.exp(expon))
            W = W/W.sum()
            print('当前的分类结果：', alpha*classEst.T)
            aggClassEst += alpha*classEst
            print("叠加后的分类结果 aggClassEst: ", aggClassEst.T)
            aggErrors = np.multiply(np.sign(aggClassEst) != np.mat(labelArr).T,
np.ones((m, 1)))
            errorRate = aggErrors.sum()/m
            if errorRate == 0.0:
                break
        return weakClassArr, aggClassEst
```

（4）分类准确率的计算。

```
    def adaClassify(datToClass, classifierArr):
        dataMat = np.mat(datToClass)
        m = np.shape(dataMat)[0]
        aggClassEst = np.mat(np.zeros((m, 1)))
        for i in range(len(classifierArr)):
            classEst = stumpClassify(dataMat,        classifierArr[i]['dim'],
classifierArr[i]['thresh'], classifierArr[i]['ineq'])
            aggClassEst += classifierArr[i]['alpha']*classEst
        return np.sign(aggClassEst)
```

（5）绘制 ROC 曲线。

```
    def plotROC(predStrengths, classLabels):
        print('predStrengths=', predStrengths)
        print('classLabels=', classLabels)
        ySum = 0.0
        numPosClas = sum(np.array(classLabels)==1.0)
        yStep = 1/float(numPosClas)
        xStep = 1/float(len(classLabels)-numPosClas)
        sortedIndicies = predStrengths.argsort()
        print('sortedIndicies=',     sortedIndicies,     predStrengths[0, 176],
predStrengths.min(), predStrengths[0, 293], predStrengths.max())
        fig = plt.figure()
        fig.clf()
```

```
    ax = plt.subplot(111)
    cur = (1.0, 1.0)
    for index in sortedIndicies.tolist()[0]:
        if classLabels[index] == 1.0:
            delX = 0
            delY = yStep
        else:
            delX = xStep
            delY = 0
            ySum += cur[1]
        print(cur[0], cur[0]-delX, cur[1], cur[1]-delY)
        ax.plot([cur[0], cur[0]-delX], [cur[1], cur[1]-delY], c='b')
        cur = (cur[0]-delX, cur[1]-delY)
    ax.plot([0, 1], [0, 1], 'b--')
    plt.xlabel('False positive rate')
    plt.ylabel('True positive rate')
    plt.title('ROC curve for AdaBoost horse colic detection system')
    ax.axis([0, 1, 0, 1])
    plt.show()
    print("the Area Under the Curve is: ", ySum*xStep)
```

（6）主函数。

```
import numpy as np
import matplotlib.pyplot as plt
if __name__ == "__main__":
    dataArr, labelArr = loadDataSet("./data/horseColicTraining.txt")
    weakClassArr, aggClassEst = adaBoostTrainDS(dataArr, labelArr, 40)
    print(weakClassArr, '\n-----\n', aggClassEst.T)
    plotROC(aggClassEst.T, labelArr)
    dataArrTest,labelArrTest = loadDataSet("./data/horseColicTest.txt")
    m = np.shape(dataArrTest)[0]
    predicting10 = adaClassify(dataArrTest, weakClassArr)
    errArr = np.mat(np.ones((m, 1)))
    print(m, errArr[predicting10 != np.mat(labelArrTest).T].sum(),
errArr[predicting10 != np.mat(labelArrTest).T].sum()/m)
```

运行完整的 AdaBoost 算法程序，可以得到如图 3.5 所示的 ROC 曲线。

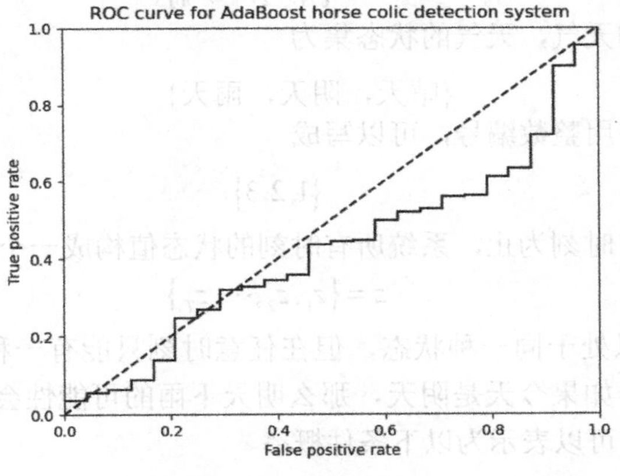

图 3.5　ROC 曲线

从 ROC 曲线中可以看出，使用 AdaBoost 算法可以很好地对马疝气病进行分类。经过多次迭代可以得到如图 3.6 所示的程序运行结果。

```
3.7470027081099033e-16 3.7470027081099033e-16 0.010909090909086289 0.007272727272722652
3.7470027081099033e-16 3.7470027081099033e-16 0.007272727272722652 0.003636363636359016
3.7470027081099033e-16 3.7470027081099033e-16 0.003636363636359016 -4.620435978264226e-15
the Area Under the Curve is:  0.4189393939393939045
67 4.0 0.05970149253731343

Process finished with exit code 0
```

图 3.6　程序运行结果

从如图 3.6 所示的程序运行结果中可以看出，AdaBoost 算法在马疝气病分类预测中得到了 0.95 的分类精确度。显然，AdaBoost 算法成功地完成了对马疝气病的分类。

3.3　马尔可夫算法

马尔可夫模型是一种概率图模型，用于解决序列预测问题。与循环神经网络相同，可以实现对序列数据中的上下文信息建模。概率图模型是指用图表示各个随机变量之间的概率依赖关系，图中的顶点为随机变量，图中的边为变量之间的概率关系。在隐马尔可夫模型中，有两种类型的节点，分别为观测值序列与状态值序列，后者是不可见的，它们的值需要通过对观测值序列进行推断而得到。很多现实应用可以抽象为此类问题，如语音识别、自然语言处理中的分词/词性标注和计算机视觉中的动作识别。马尔可夫模型在这些问题上得到了成功应用。

3.3.1　马尔可夫算法介绍

马尔可夫过程是随机过程的典型代表。随机过程是指一个系统的状态随着时间线随机演化。这种模型可以计算出系统每一时刻处于各种状态的概率，以及这些状态之间的转移概率。首先定义状态的概念，在 t 时刻，系统的状态为 z_t，这是一个离散型随机变量，取值来自一个有限集

$$S=\{s_1,s_2,\cdots,s_n\} \tag{3-67}$$

如果要观察每一天的天气，天气的状态集为

{晴天，阴天，雨天}

为简化表示，将状态用整数编号，可以写成

$$\{1,2,3\} \tag{3-68}$$

从 1 时刻开始，到 T 时刻为止，系统所有时刻的状态值构成一个随机变量序列

$$z=\{z_1,z_2,\cdots,z_T\} \tag{3-69}$$

系统在不同时刻可以处于同一种状态，但在任意时刻只能有一种状态。不同时刻的状态之间是有联系的。例如，如果今天是阴天，那么明天下雨的可能性会更大，时刻 t 的状态由 t 之前的时刻的状态决定，可以表示为以下条件概率

$$p(z_t \mid z_{t-1},z_{t-2},\cdots,z_1) \tag{3-70}$$

即在$1\sim t-1$时刻系统的状态值分别为$z_1, z_2, \cdots, z_{t-1}$的前提下，在$t$时刻，系统的状态为$z_t$的概率。若要考虑之前所有时刻的状态，则计算太复杂。可以进行简化，假设t时刻的状态只与$t-1$时刻的状态有关，与更早的时刻无关，上面的概率可以简化为

$$p\left(z_t | z_{t-1}, z_{t-2}, \cdots, z_1\right) = p(z_t \mid z_{t-1}) \tag{3-71}$$

该假设称为一阶马尔可夫假设，满足这一假设的马尔可夫模型称为一阶马尔可夫模型。如果状态有n种取值,在 t 时刻取任何一个值与$t-1$时刻取任何一个值的条件概率构成一个$n \times n$的矩阵$\boldsymbol{A}$，该矩阵称为状态转移概率矩阵，其元素为

$$a_{ij} = p(z_t = j \mid z_{t-1} = i) \tag{3-72}$$

该值表示$t-1$时刻的状态为i，t时刻的状态为j，即从状态i转移到状态j的概率。知道了状态转移概率矩阵，就可以计算出任意时刻系统状态取每个值的概率。状态转移概率矩阵的元素必须满足如下约束

$$a_{ij} \geqslant 0 \tag{3-73}$$

$$\sum_{j=1}^{n} a_{ij} = 1 \tag{3-74}$$

第一条是因为概率值必须为[0,1]，第二条是因为无论t时刻的状态值是什么，在下一时刻一定会转向n个状态中的一个，因此，它们的转移概率和必须为 1。以天气为例，假设状态转移概率矩阵为

$$\begin{bmatrix} 0.7 & 0.2 & 0.1 \\ 0.4 & 0.5 & 0.1 \\ 0.3 & 0.4 & 0.3 \end{bmatrix} \tag{3-75}$$

其对应的状态转移图（状态机）如图 3.7 所示，图中，每个顶点表示状态，每条边表示状态转移概率，此图为有向图。

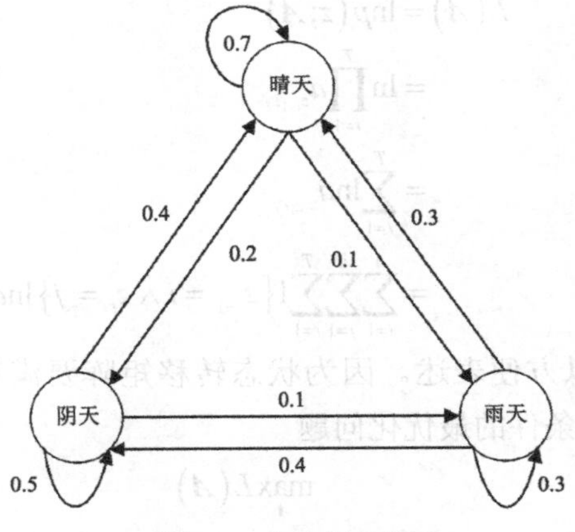

图 3.7　状态转移图

有一个需要考虑的问题是系统初始时刻处于何种状态，这同样是随机的，可以用向量$\boldsymbol{\pi}$表示。以天气为例，假设初始时刻处于晴天的概率是 0.5、处于阴天的概率是 0.4、处于雨天的概率是 0.1，则$\boldsymbol{\pi}$为

$$[0.5 \ 0.4 \ 0.1] \tag{3-76}$$

为简化表述，引入一个特殊的状态 s_0 消掉 $\boldsymbol{\pi}$，该状态的编号为 0。它是系统初始时刻所处的状态，即 $z_0 = s_0$，在接下来的时刻，从初始状态转向其他状态，但在后续任何时刻都不会再进入此状态。加入初始状态之后，对状态转移概率矩阵进行扩充，行和列的下标变为从 0 开始。以天气问题为例，扩充后的状态转移概率矩阵为

$$\begin{bmatrix} 0 & 0.5 & 0.4 & 0.1 \\ 0 & 0.7 & 0.2 & 0.1 \\ 0 & 0.4 & 0.5 & 0.1 \\ 0 & 0.3 & 0.4 & 0.3 \end{bmatrix} \tag{3-77}$$

给定一阶马尔可夫过程的参数，由该模型产生一个状态序列 $z_1, z_2, \cdots, z_T$ 的概率为

$$\begin{aligned} p(z_1, z_2, \cdots, z_T) &= p(z_t | z_1, z_2, \cdots, z_{t-1}) p(z_{t-1} | z_1, z_2, \cdots, z_{t-2}) \cdots \\ &= p(z_t | z_{t-1}) p(z_{t-1} | z_{t-2}) \cdots \\ &= \prod_{t=1}^{T} a_{z_t z_{t-1}} \end{aligned} \tag{3-78}$$

其结果就是状态转移矩阵的元素乘积。在这里假设任何一个时刻的状态转移矩阵都是相同的，即状态转移矩阵与时刻无关。

连续 3 天全部为晴天的概率为

$$\begin{aligned} p(z_1 = 1, z_2 = 1, z_3 = 1) &= p(z_1 = 1 | z_0) p(z_2 = 1 | z_1 = 1) p(z_3 = 1 | z_2 = 1) \\ &= a_{01} \times a_{11} \times a_{11} \\ &= 0.5 \times 0.7 \times 0.7 \\ &= 0.245 \end{aligned} \tag{3-79}$$

状态转移矩阵通过训练样本学习得到，采用最大似然估计算法。给定一个状态序列 z，马尔可夫过程的对数似然函数为

$$\begin{aligned} L(\boldsymbol{A}) &= \ln p(z; \boldsymbol{A}) \\ &= \ln \prod_{t=1}^{T} a_{z_{t-1} \varepsilon_t} \\ &= \sum_{t=1}^{T} \ln a_{z_{t-1} \varepsilon_t} \\ &= \sum_{i=1}^{n} \sum_{j=1}^{n} \sum_{t=1}^{T} 1\{z_{t-1} = i \wedge z_t = j\} \ln a_{ij} \end{aligned} \tag{3-80}$$

这里使用了指示变量以方便表述。因为状态转移矩阵要满足上面的两条约束条件，因此，要求解的是如下带约束条件的最优化问题

$$\begin{gathered} \max_{\boldsymbol{A}} L(\boldsymbol{A}) \\ \sum_{j=1}^{n} a_{ij} = 1, \ i = 1, 2, \cdots, n \\ a_{ij} \geqslant 0, \ i, j = 1, 2, \cdots, n \end{gathered} \tag{3-81}$$

由于对数函数的定义域要求自变量大于 0，因此可以去掉约束式，上面的最优化问题变成带约束式的优化问题，可以用拉格朗日乘数法求解。构造拉格朗日乘子函数

$$L(\boldsymbol{A},\boldsymbol{\alpha}) = \sum_{i=1}^{n}\sum_{j=1}^{n}\sum_{t=1}^{T} 1\{z_{t-1} = i \wedge z_t = j\}\ln a_{ij} + \sum_{i=1}^{n}\boldsymbol{\alpha}_i\left(1 - \sum_{j=1}^{n} a_{ij}\right) \quad (3\text{-}82)$$

对 a_{ij} 求偏导数并令导数为 0，可以得到

$$\frac{\sum_{t=1}^{T} 1\{z_{t-1} = i \wedge z_t = j\}}{a_{ij}} = \boldsymbol{\alpha}_i \quad (3\text{-}83)$$

解得

$$a_{ij} = \frac{1}{\boldsymbol{\alpha}_i}\sum_{t=1}^{T} 1\{z_{t-1} = i \wedge z_t = j\} \quad (3\text{-}84)$$

对 $\boldsymbol{a}_i$ 求偏导数并令导数为 0，可以得到

$$1 - \sum_{j=1}^{n} a_{ij} = 0 \quad (3\text{-}85)$$

将 a_{ij} 代入上式可以得到

$$1 - \sum_{j=1}^{n}\left(\frac{1}{\boldsymbol{\alpha}_i}\sum_{t=1}^{T} 1(z_{t-1} = i \wedge z_t = j)\right) = 0 \quad (3\text{-}86)$$

解得

$$\boldsymbol{\alpha}_i = \sum_{j=1}^{n}\sum_{t=1}^{T} 1(z_{t-1} = i \wedge z_t = j) = \sum_{t=1}^{T} 1(z_{t-1} = i \wedge z_t = j) \quad (3\text{-}87)$$

合并后可得到以下结果

$$a_{ij} = \frac{\sum_{t=1}^{T} 1\{z_{t-1} = i \wedge z_t = j\}}{\sum_{t=1}^{T} 1\{z_{t-1} = i\}} \quad (3\text{-}88)$$

上述结果符合直观认识：从状态 i 转移到状态 j 的概率估计值就是在训练样本中，从状态 i 转移到状态 j 的次数除以从状态 i 转移到下一个状态的总次数。对于多个状态序列，其方法与单个状态序列相同。

3.3.2　隐马尔可夫算法介绍

在实际应用中，有些时候人们不能直接观察到状态值，即状态值是隐式的，只能得到观测值。因此，对马尔可夫模型进行扩充，得到隐马尔可夫模型。

（1）模型结构。

隐马尔可夫模型描述了观测变量和状态变量之间的概率关系。与马尔可夫模型相比，隐马尔可夫模型不仅对状态值建模，还对观测值建模。不同时刻的状态值之间，以及同一时刻的状态值和观测值之间都存在概率关系。

首先定义观测序列

$$x=\{x_1,x_2,\cdots,x_T\} \tag{3-89}$$

这是直接能观察或计算得到的值。任意时刻的观测值来自有限的观测集

$$V=\{v_1,v_2,\cdots,v_m\} \tag{3-90}$$

接下来定义状态序列

$$z=\{z_1,z_2,\cdots,z_T\} \tag{3-91}$$

任意时刻的状态值也来自有限的状态集

$$S=\{s_1,s_2,\cdots,s_n\} \tag{3-92}$$

这与马尔可夫模型中的状态定义相同。在这里，状态值是因，观测值是果，即因为处于某种状态，所以有某一观测值。

如果要识别视频中的动作，状态就是要识别的动作，有站立、坐下、行走等取值，在进行识别之前无法得到其值。观测值是能直接得到的值，如人体各个关节点的坐标，隐马尔可夫模型的作用是通过观测值推断出状态值，即可识别出动作。

除之前已定义的状态转移矩阵，再定义观测矩阵 $\boldsymbol{B}$，其元素为

$$b_{ij}=p(v_j\mid s_i) \tag{3-93}$$

b_{ij} 表示当 t 时刻的状态值为 s_i 时观测值为 v_j 的概率。显然该矩阵也要满足和状态转移矩阵相同的约束条件

$$b_{ij}\geqslant 0 \tag{3-94}$$

$$\sum_{j=1}^{n}b_{ij}=1 \tag{3-95}$$

另外，还要给出初始状态取每种值的概率 π。隐马尔可夫模型可以表示为一个五元组

$$\{S,V,\pi,\boldsymbol{A},\boldsymbol{B}\} \tag{3-96}$$

若加上前面定义的初始状态，则可以消掉参数 π，只剩下 $\boldsymbol{A}$ 和 $\boldsymbol{B}$。在实际应用中，一般假设矩阵 $\boldsymbol{A}$ 和 $\boldsymbol{B}$ 在任何时刻都是相同的，即与时间无关，这样可以简化问题的计算过程。

任意一个状态序列的产生过程如下：系统在 1 时刻处于状态 z_1，在该状态下得到观测值 x_1。接下来从 z_1 状态转移到 z_2 状态，并在此状态下得到观测值 x_2。以此类推，得到整个观测序列。由于每一时刻的观测值只依赖本时刻的状态值，因此，在状态序列 z 下出现观测序列 x 的概率为

$$\begin{aligned}p(z,x)&=p(z)p(x|\ z)\\&=p(z_1|\ z_{j-1})p(z_{1-1}|\ z_{p-1})\cdots p(z_1|\ z_1)p(x_0|\ z_1)p(x_{0-1}|\ z_{1-1})\cdots p(x_1|\ z_1)\\&=\left(\prod_{i=1}^{z}a_{v_{r-1}}\right)\prod_{i=1}^{r}b_{\psi_n}\end{aligned} \tag{3-97}$$

这就是所有时刻的状态转移概率和观测概率的乘积。

以天气问题为例，假设我们不知道每天的天气，但能观察到一个人在各种天气下的活动，这里的活动有 3 种：睡觉、跑步、逛街，对于这个问题，天气是状态值，活动是观测值。天气的隐马尔可夫模型如图 3.8 所示。

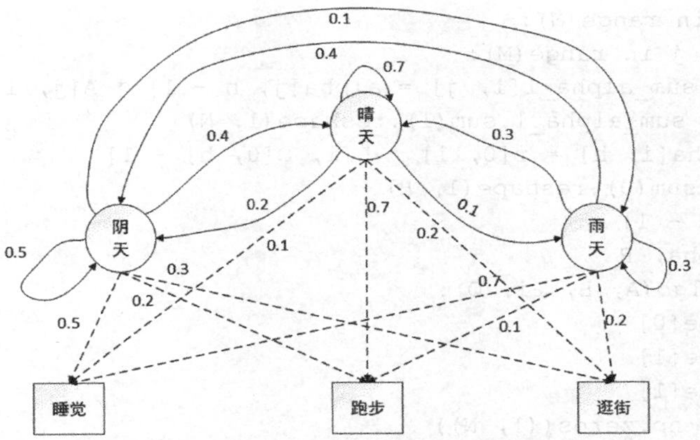

图 3.8　天气的隐马尔可夫模型

这一问题的观测矩阵为

$$\begin{bmatrix} 0.5 & 0.2 & 0.3 \\ 0.1 & 0.7 & 0.2 \\ 0.7 & 0.1 & 0.2 \end{bmatrix} \tag{3-98}$$

在隐马尔可夫模型中，隐藏状态和观测值的数量是根据实际问题由人工设定的；状态转移矩阵和混淆矩阵通过样本学习得到。隐马尔可夫模型需要解决以下三个问题。

- 估值问题。给定隐马尔可夫模型的参数 $\boldsymbol{A}$ 和 $\boldsymbol{B}$，计算一个观测序列 x 出现的概率值 $p(x)$。
- 解码问题。给定隐马尔可夫模型的参数 $\boldsymbol{A}$ 和 $\boldsymbol{B}$，以及一个观测序列 $\boldsymbol{x}$，计算最有可能产生此观测序列的状态序列 z。
- 学习问题。给定隐马尔可夫模型的结构，但参数未知，给定一组训练样本，确定隐马尔可夫模型的参数 $\boldsymbol{A}$ 和 $\boldsymbol{B}$。

按照定义，隐马尔可夫模型对条件概率 $p(x|z)$ 建模，因此这是一种生成模型。

3.3.3　案例分析

在本案例中，使用隐马尔可夫算法实现前向与后向计算，并求各观测状态的概率，完整的程序如下。

```
import numpy as np
def ForwardAlgo(A, B, Pi, O):
    N = A.shape[0]
    M = A.shape[1]
    H = O.shape[1]
    sum_alpha_1 = np.zeros((M, N))
    alpha = np.zeros((N, H))
    r = np.zeros((1, N))
    alpha_1 = np.multiply(Pi[0, :], B[:, O[0, 0] - 1])
    alpha[:, 0] = np.array(alpha_1).reshape(1,N)
    for h in range(1, H):
```

```
            for i in range(N):
                for j in range(M):
                    sum_alpha_1[i, j] = alpha[j, h - 1] * A[j, i]
                r = sum_alpha_1.sum(1).reshape(1, N)
                alpha[i, h] = r[0, i] * B[i, O[0, h] - 1]
        p = alpha.sum(0).reshape(1, H)
        P = p[0, H - 1]
        return alpha, P
    def BackwardAlgo(A, B, Pi, O):
        N = A.shape[0]
        M = A.shape[1]
        H = O.shape[1]
        sum_beta = np.zeros((1, N))
        beta = np.zeros((N, H))
        beta[:, H - 1] = 1
        p_beta = np.zeros((1, N))
        for h in range(H - 1, 0, -1):
            for i in range(N):
                for j in range(M):
                    sum_beta[0, j] = A[i, j] * B[j, O[0, h] - 1] * beta[j, h]
                beta[i, h - 1] = sum_beta.sum(1)
        for i in range(N):
            p_beta[0, i] = Pi[0, i] * B[i, O[0, 0] - 1] * beta[i, 0]
        p = p_beta.sum(1).reshape(1, 1)
        return beta, p[0, 0]
    def FBAlgoAppli(A, B, Pi, O, I):
        alpha, p1 = ForwardAlgo(A, B, Pi, O)
        beta, p2 = BackwardAlgo(A, B, Pi, O)
        p = alpha[I[0, 1] - 1, I[0, 0] - 1] * beta[I[0, 1] - 1, I[0, 0] - 1] /
p1
        return p
    def GetGamma(A, B, Pi, O):
        N = A.shape[0]
        H = O.shape[1]
        Gamma = np.zeros((N, H))
        alpha, p1 = ForwardAlgo(A, B, Pi, O)
        beta, p2 = BackwardAlgo(A, B, Pi, O)
        for h in range(H):
            for i in range(N):
                Gamma[i, h] = alpha[i, h] * beta[i, h] / p1
        return Gamma
    def GetXi(A, B, Pi, O):
        N = A.shape[0]
        M = A.shape[1]
        H = O.shape[1]
        Xi = np.zeros((H - 1, N, M))
        alpha, p1 = ForwardAlgo(A, B, Pi, O)
        beta, p2 = BackwardAlgo(A, B, Pi, O)
        for h in range(H - 1):
            for i in range(N):
```

```
                for j in range(M):
                    Xi[h, i, j] = alpha[i, h] * A[i, j] * B[j, O[0, h + 1] - 1] *
beta[j, h + 1] / p1
        return Xi
    def BaumWelchAlgo(A, B, Pi, O):
        N = A.shape[0]
        M = A.shape[1]
        Y = B.shape[1]
        H = O.shape[1]
        c = 0
        Gamma = GetGamma(A, B, Pi, O)
        Xi = GetXi(A, B, Pi, O)
        Xi_1 = Xi.sum(0)
        a = np.zeros((N, M))
        b = np.zeros((M, Y))
        pi = np.zeros((1, N))
        a_1 = np.subtract(Gamma.sum(1), Gamma[:, H - 1]).reshape(1, N)
        for i in range(N):
            for j in range(M):
                a[i, j] = Xi_1[i, j] / a_1[0, i]
        for y in range(Y):
            for j in range(M):
                for h in range(H):
                    if O[0, h] - 1 == y:
                        c = c + Gamma[j, h]
                gamma = Gamma.sum(1).reshape(1, N)
                b[j, y] = c / gamma[0, j]
                c = 0
        for i in range(N):
            pi[0, i] = Gamma[i, 0]
        return a, b, pi
    def BaumWelchAlgo_n(A, B, Pi, O, n):
        for i in range(n):
            A, B, Pi = BaumWelchAlgo(A, B, Pi, O)
        return A, B, Pi
    def viterbi(A, B, Pi, O):
        N = A.shape[0]
        M = A.shape[1]
        H = O.shape[1]
        Delta = np.zeros((M, H))
        Psi = np.zeros((M, H))
        Delta_1 = np.zeros((N, 1))
        I = np.zeros((1, H))
        for i in range(N):
            Delta[i, 0] = Pi[0, i] * B[i, O[0, 0] - 1]
        for h in range(1, H):
            for j in range(M):
                for i in range(N):
                    Delta_1[i, 0] = Delta[i, h - 1] * A[i, j] * B[j, O[0, h] - 1]
                Delta[j, h] = np.amax(Delta_1)
```

```
            Psi[j, h] = np.argmax(Delta_1) + 1
    print("Delta 矩阵: \n %r" % Delta)
    print("Psi 矩阵: \n %r" % Psi)
    P_best = np.amax(Delta[:, H - 1])
    psi = np.argmax(Delta[:, H - 1])
    I[0, H - 1] = psi + 1
    for h in range(H - 1, 0, -1):
        I[0, h - 1] = Psi[int(I[0, h] - 1), h]
    print("最优路径概率: \n %r" % P_best)
    print("最优路径: \n %r" % I)
A = np.array([[.5,.2,.3],[.3,.5,.2],[.2,.3,.5]])
B = np.array([[.5,.5],[.4,.6],[.7,.3]])
Pi = np.array([[.2,.4,.4]])
O = np.array([[1,2,1]])
alpha, p = ForwardAlgo(A,B,Pi,O)
print(alpha,p)
beta, p1 = BackwardAlgo(A,B,Pi,O)
print(beta,p1)
gamma = GetGamma(A,B,Pi,O)
print(gamma)
xi = GetXi(A,B,Pi,O)
print(xi)
viterbi(A,B,Pi,O)
```

运行上述程序，可以得到如图 3.9 所示的马尔可夫算法运行结果。

```
       [0.28   , 0.042   , 0.0147 ]])
Psi矩阵:
 array([[0., 3., 2.],
       [0., 3., 2.],
       [0., 3., 3.]])
最优路径概率:
 0.014699999999999998
最优路径:
 array([[3., 3., 3.]])
```

图 3.9　马尔可夫算法运行结果

从图 3.9 中可以看出，由马尔可夫算法得到了矩阵间的最优路径，并计算得到了最优路径概率 0.014699999999999998。可见，马尔可夫算法成功地完成了对矩阵序列的预测。

3.4　随机森林算法

随机森林算法是一种集成学习算法，它由多棵决策树组成。用多棵决策树联合预测可以提高模型的精度，这些决策树用对训练样本集随机抽样构造出的样本集训练得到。由于训练样本集由随机抽样构造出的样本集训练得到，因此称为随机森林算法。随机森林算法不仅对训练样本集进行抽样，还对特征向量的分量进行随机抽样，在训练决策树时，每次寻找最佳分类规则时只使用一部分抽样得到的特征分量作为候选特征。

3.4.1　集成学习

集成学习是机器学习中的一种思想，它通过多个模型的组合形成一个精度更高的模型，参与组合的模型称为弱学习器。在预测时使用这些弱学习器模型进行联合预测；训练时需要用训练样本集依次训练出这些弱学习器。本节介绍的 Bagging 框架是集成学习的典型实现案例。

（1）随机抽样。

Bootstrap 抽样是一种数据抽样方法。抽样是指从一个样本数据集中随机选取一些样本，形成新的数据集。这里有两种选择：有放回抽样和无放回抽样。对于前者，一个样本被抽中之后会被放回去，在下次抽样时还有机会被抽中。对于后者，一个样本被抽中之后就从样本集中将其去除，该样本以后不会再参与抽样，因此，一个样本最多只能被抽中一次。在这里，Bootstrap 抽样使用的是有放回抽样。

有放回抽样的做法是在有 n 个样本的集合中有放回地抽取 n 个样本。在这个新的数据集中，原始样本集中的一个样本可能会出现多次，也可能一次也不出现。假设样本集中有 n 个样本，每次抽中其中任何一个样本的概率都为 $1/n$，一个样本在每次抽样中没被抽中的概率为 $1-1/n$。由于是有放回抽样，每两次抽样之间是独立的，因此，对于连续 n 次抽样，一个样本没被抽中的概率为

$$\left(1-\frac{1}{n}\right)^n \tag{3-99}$$

可以证明，当 n 趋向于无穷大时，$\left(1-\frac{1}{n}\right)^n$ 的极限是 1/e，约等于 0.368，其中，e 是自然对数的底数，即以下结论成立

$$\lim_{n\to+\infty}(1-1/n)^n = 1/\mathrm{e} \tag{3-100}$$

如果样本量很大，那么在整个抽样过程中，每个样本有约 0.368 的概率不被抽中。由于样本集中的各个样本是相互独立的，在整个抽样过程中，大约有 36.8%的样本没有被抽中，这部分样本称为包外数据。

（2）Bagging 算法。

在日常生活中，人们会遇到这样的情况：对一个决策问题，如果一个人拿不定主意，可以组织多个人来集体决策。例如，若要判断一个病人是否患有某种疑难杂症，可以组织一批医生来会诊。会诊的做法是让每个医生进行判断，然后收集他们的判断结果，进行投票，将得票最多的那个判断结果作为最终结果。这种思想在机器学习领域的应用就是集成学习算法。

在 Bootstrap 抽样的基础上可以构造出 Bagging 算法。这种方法对训练样本集进行多次 Bootstrap 抽样，用每次抽样形成的数据集训练一个弱学习器模型，得到多个独立的弱学习器，最后用它们的组合进行预测。训练流程如下。

① 循环，i 从 1 增加到 T。

② 对训练样本集进行 Bootstrap 抽样，得到抽样后的样本集，用抽样得到的样本集训练一个模型 $h_i(x)$。

③ 结束循环。

④ 输出模型组合 $h_1(x), h_2(x), \cdots, h_T(x)$。

其中，T 为弱学习器的数量。上面的算法是一个抽象的框架，没有指明每个弱学习器模型的具体形式。若弱学习器是决策树，则为随机森林算法。

3.4.2 随机森林概述

随机森林由 Breiman 等提出，它由多棵决策树组成。在数据结构中，随机森林由多棵树组成，这里沿用了此概念。对于分类问题，一个测试样本先被送到每一棵决策树中进行预测，然后投票，得票最多的类为最终分类结果。对于回归问题，随机森林的预测输出是所有决策树输出的平均值。

随机森林使用多棵决策树联合进行预测，可以降低模型的方差，下面给出一种不太严格的解释，对于 n 个独立同分布的随机变量 x，假设它们的方差为 δ^2，则它们均值的方差为

$$D\left(\frac{1}{n}\sum_{i}^{n}x_i\right)=\delta^2/n \tag{3-101}$$

即多个独立同分布随机变量均值方差会减小。如果将每棵决策树的输出值看作随机变量，那么多棵树的输出值均值的方差会比单棵树小，因此可以降低模型的方差。

3.4.3 训练算法

随机森林在训练时依次训练每一棵决策树，每一棵决策树的训练样本都是从原始训练集中进行随机抽样得到的。在训练决策树的每个节点时所用的特征也是随机抽样得到的，即从特征向量中随机抽出部分特征参与训练。随机森林对训练样本和特征向量的分量都进行了随机采样。

在这里，决策树的训练算法与之前讲的基本相同，唯一不同的是在训练决策树的每个节点时，只使用随机抽取的部分特征分量。

样本的随机抽样可以用均匀分布的随机数构造，如果有 l 个训练样本，只需要将随机数变换到区间 $[0,l-1]$ 内即可。每次抽取样本时生成一个该区间内的随机数，然后选择编号为该随机数的样本。对特征分量采样选择无放回抽样，可以用随机洗牌算法实现。

这里需要确定决策树的数量及每次分裂时选用的特征数量，前者根据训练集的规模和问题的特点而定，后面在分析误差时会给出一种解决方案；后者并没有精确的理论答案，可以通过实验确定。

正是因为有了这些随机性，所以随机森林可以在一定程度上消除过拟合。对样本进行采样是必要的，如果不进行采样，那么每次都用完整的训练样本集训练出来的多棵决策树是相同的。

训练每一棵决策树时都有部分样本未参与训练，可以在训练时利用这些没有被选中的样本做测试，统计它们的预测误差，这称为包外误差。这种做法与交叉验证类似，二者都是把样本集切分成多份，轮流使用其中一部分样本进行训练，用剩下的样本进行测试。不同的是，交叉验证把样本均匀地切分成多份，在训练集中，同一个样本不会出现多次；而交叉验

证在每次 Bootstrap 抽样时，同一个样本可能会被选中多次。

利用包外样本作为测试集得到的包外误差与交叉验证得到的误差基本一致，可以用来代替交叉验证的结果。因此，可以使用包外误差作为泛化误差的估计值。对于分类问题，包外误差的定义为被错分的包外样本数与总包外样本数的比值；对于回归问题，包外误差的定义为所有包外样本的回归误差之和除以包外样本数。

实验结果证明，增加决策树的数量，包外误差和测试误差均会减小。这个结论为我们提供了确定决策树数量的一种思路，可以通过观察包外误差来决定何时终止训练，结论是当包外误差稳定之后停止训练。

3.4.4　变量的重要性

随机森林可以在训练时输出变量的重要性，即哪个特征对分类更有用。实现的方法有两种：Gini 法和置换法，在这里介绍置换法。它的原理：如果某个特征很重要，那么改变样本的该特征值，该样本的预测结果就容易出现误差。也就是说，这个特征值对分类结果的影响很大。反之，如果一个特征对分类不重要，那么改变它对分类结果没多大影响。

对于分类问题，训练某决策树时，在包外样本集中随机挑选两个样本，若要计算某一变量的重要性，则置换这两个样本的特征值。假如置换前样本的预测值为 y^*，真实标签值为 y，置换之后的预测值为 y_π^*，则变量重要性的计算公式为

$$v=\frac{n_{y=y^*}-n_{y=y_\pi^*}}{|\mathrm{oob}|} \tag{3-102}$$

其中，$|\mathrm{oob}|$ 为包外样本数，$n_{y=y^*}$ 为包外集合中在进行特征置换之前被正确分类的样本数，$n_{y=y_\pi^*}$ 为包外集合中在进行特征置换之后被正确分类的样本数。二者的差反映的是置换前后的分类准确率的变化值。

对于回归问题，变量重要性的计算公式为

$$v=\frac{\sum_{i\in\mathrm{oob}}\exp\left(-\left(\frac{y_i-y_i^*}{m}\right)^2\right)-\sum_{i\in\mathrm{oob}}\exp\left(-\left(\frac{y_i-y_{i,\pi}^*}{m}\right)^2\right)}{|\mathrm{oob}|} \tag{3-103}$$

其中，m 为所有训练样本中标签值的绝对值的最大值。这个定义和分类问题类似，都是衡量置换前和置换后的准确率的差值。除以这个最大值是为了提高数值计算的稳定性。

上面定义的是单棵决策树对每个变量的重要性，计算出每棵决策树对每个变量的重要性之后，对该值取平均值即可得到随机森林对每个变量的重要性 $\frac{1}{T}\sum_{i=1}^{T}v_i$。其中，$v_i$ 为该变量对第 i 棵决策树的重要性，T 为决策树的数量。计算出每个变量的重要性之后，将它们归一化即可得到最终的重要性值。

3.4.5 案例分析

考虑一个简单案例：在二分类任务中，假定三个分类器在三个测试样本上的表现如表 3.1 所示，其中，√表示分类正确，×表示分类错误，集成学习的结果通过投票法产生，即“少数服从多数”。在表 3.2（a）中，每个分类器只有 66.6%的精度，但集成学习算法达到了 100%的精度；在表 3.2（b）中，三个分类器没有差别，集成之后性能没有提高；在表 3.2（c）中，每个分类器的精度都只有 33.3%，而集成学习的结果变得更糟。这个简单的案例显示出：要获得好的集成学习，个体学习器应“好而不同”，即个体学习器要有一定的“准确性”，学习器不能太差，并且要有“多样性”，即学习器间应具有差异。

表 3.2 三个分类器在三个测试样本上的表现

	测试例1	测试例2	测试例3		测试例1	测试例2	测试例3		测试例1	测试例2	测试例3
h_1	√	√	×	h_1	√	√	×	*h1*	√	×	×
h_2	×	√	√	h_2	√	√	×	h_2	×	√	×
h_3	√	×	√	h_3	√	√	×	h_3	×	×	√
集成学习	√	√	√	集成学习	√	√	×	集成学习	×	×	×
（a）集成学习提升性能				（b）集成学习不起作用				（c）集成学习起反作用			

综上所述，将随机森林用于分类时，即采用 *n* 个决策树分类时，用简单投票法得到最终分类，可提高分类准确率。

简单来说，随机森林就是对决策树的集成，但有以下两点不同。

- 采样的差异性：从含 *m* 个样本的数据集中有放回采样，得到含 *m* 个样本的采样集，用于训练。这样能保证每个决策树的训练样本不完全一样。
- 特征选取的差异性：每个决策树的 *n* 个分类特征是在所有特征中随机选择的（*n* 是一个需要我们自己调整的参数）

决策树相当于一个大师，通过自己在数据集中学到的知识对新的数据进行分类。但是俗话说得好，“三个臭皮匠，顶个诸葛亮”。随机森林就是希望构建多个“臭皮匠”，从而使最终的分类效果超过“诸葛亮”的一种算法。

到底具体的随机森林应该如何构建呢？主要有两个方面：数据的随机选取及待选特征的随机选取。

（1）数据的随机选取。

首先，从原始的数据集中采取有放回抽样，构造子数据集，子数据集的数据量是和原始数据集相同的。不同子数据集的元素可以重复，同一个子数据集中的元素也可以重复。其次，利用子数据集来构建子决策树，将数据放到每个子决策树中，每个子决策树输出一个结果。最后，如果有了新的数据需要通过随机森林算法得到分类结果，就可以通过对子决策树的判断结果进行投票，得到随机森林算法的输出结果。如图 3.10 所示，假设随机森林中有 3 棵子决策树，其中，2 棵子决策树的分类结果是 A 类，1 棵子决策树的分类结果是 B 类，那么随机森林算法的分类结果就是 A 类。

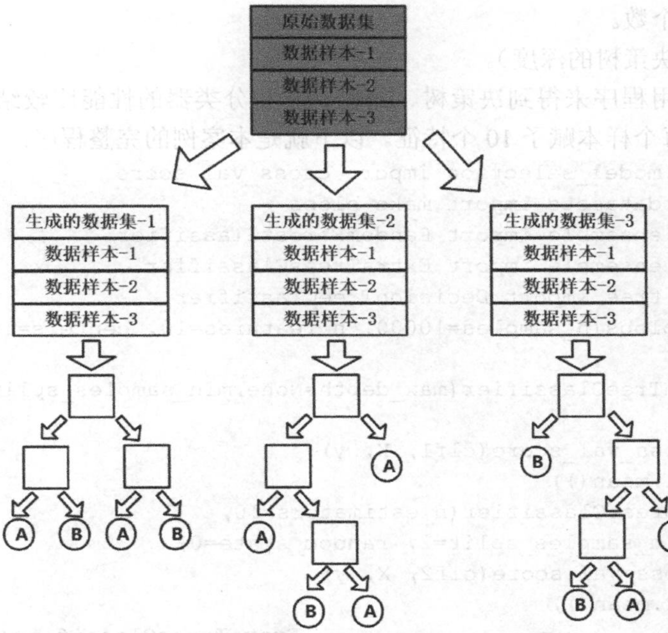

图 3.10　数据的随机抽取结果

（2）待选特征的随机选取。

与数据的随机选取类似，随机森林中的决策树的每个分裂过程并未用到所有的待选特征，而是从所有的待选特征中随机选取一定的特征，再在随机选取的特征中选取最优特征。这样能够使随机森林中的决策树彼此不同，提升系统的多样性，从而提升分类性能。

如图 3.11 所示，深色的方块代表所有可以被选择的特征，也就是目前的待选特征。浅色的方块是分裂特征。图 3.11（a）所示为一棵决策树的特征选取过程，通过在待选特征中选取最优分裂特征（用 ID3 算法、C4.5 算法、CART 算法等）完成分裂。图 3.11（b）所示为随机森林中的决策树的特征选取过程。

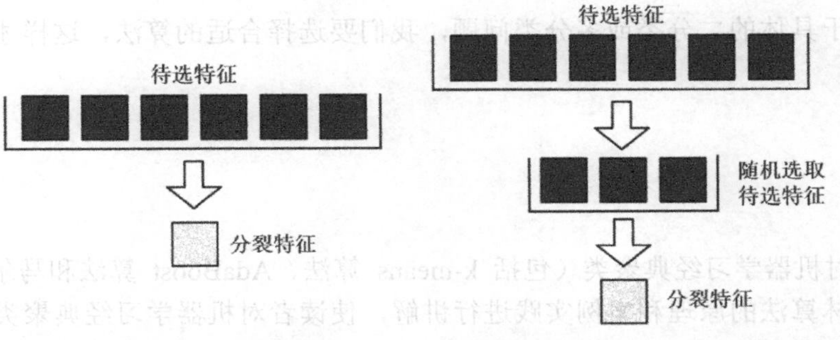

（a）一颗决策树的特征选取过程　　（b）随机森林中的决策树的特征选取过程

图 3.11　分裂过程图

所以，随机森林算法需要调整的参数如下。

- 决策树的个数。

- 待选特征的个数。
- 递归次数（决策树的深度）。

下面，我们使用程序来得到决策树、随机森林和分类器的性能比较结果。在程序中创建10000 个样本，给每个样本赋予 10 个特征。以下就是本案例的完整程序：

```
    from sklearn.model_selection import cross_val_score
    from sklearn.datasets import make_blobs
    from sklearn.ensemble import RandomForestClassifier
    from sklearn.ensemble import ExtraTreesClassifier
    from sklearn.tree import DecisionTreeClassifier
    X, y = make_blobs(n_samples=10000, n_features=10, centers=100,random_
state=0)
    clf1=DecisionTreeClassifier(max_depth=None,min_samples_split=2,random_state
=0)
    scores1 = cross_val_score(clf1, X, y)
    print(scores1.mean())
    clf2=RandomForestClassifier(n_estimators=10,
max_depth=None,min_samples_split=2, random_state=0)
    scores2 = cross_val_score(clf2, X, y)
    print(scores2.mean())
    clf3          =          ExtraTreesClassifier(n_estimators=10,
max_depth=None,min_samples_split=2, random_state=0)
    scores3 = cross_val_score(clf3, X, y)
    print(scores3.mean())
```

运行完整程序，可以得到如图 3.12 所示的程序运行结果图。

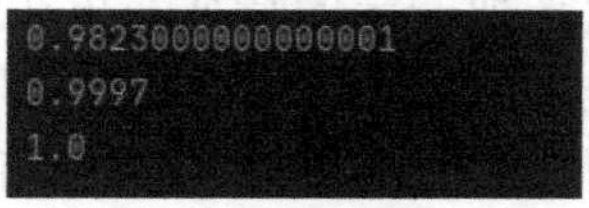

图 3.12　程序运行结果图

可以得出结论，对于分类问题而言，分类器的性能比随机森林的好，随机森林的性能比决策树的好。

当然，对于具体的二分类或多分类问题，我们要选择合适的算法，这样才有望达到最佳性能。

总结

本章通过对机器学习经典聚类（包括 k-means 算法、AdaBoost 算法和马尔可夫算法）及集成与随机森林算法的原理和案例实践进行讲解，使读者对机器学习经典聚类及集成与随机森林算法（也是重要的机器学习算法）的掌握进一步加深。

相信通过本章的学习，读者对机器学习经典聚类及集成与随机森林算法的理解和应用可以更上一层楼。

习题

一、选择题

1．根据训练样本中是否包含标签信息，机器学习可以分为（ ）。

A．监督学习 B．无监督学习

C．自监督学习 D．半监督学习

2．聚类算法是（ ）。

A．无监督算法 B．监督算法

C．半监督算法 D．自监督算法

3．在机器学习算法中使用的距离函数主要有（ ）。

A．闵可夫斯基距离 B．曼哈顿距离

C．欧氏距离 D．拉普拉斯距离

4．以下属于 k-means 算法的有（ ）。

A．k-means B．Mean Shift

C．k-means++ D．Means

5．AdaBoost 算法是一种（ ）算法。

A．监督学习 B．无监督学习

C．自监督学习 D．弱监督学习

6．随机森林算法是由（ ）提出的。

A．Breiman B．Nyquist

C．Lecun Yann D．Hiton

7．随机森林是一个包含多个（ ）的算法。

A．决策树 B．线性分类器

C．非线性分类器 D．SVM

8．马尔可夫算法用于解决（ ）问题。

A．序列预测 B．分类

C．回归 D．生成

9．以下哪些是与 AdaBoost 相关的算法？（ ）

A．AdaBoost 算法 B．离散型 AdaBoost 算法

C．实数型 AdaBoost 算法 D．虚数型 AdaBoost 算法

10．隐马尔可夫模型描述了（ ）之间的关系。

A．观测变量 B．状态变量

C．初始变量 D．常量

二、判断题

1．k-means 算法是监督学习算法。（ ）

2．k-means 算法中的聚类中心的个数 k 需要事先指定。（ ）

3．k-means++算法主要是为了在聚类中心的选择过程中选择较优的聚类中心。（ ）

4．在 k-means 算法中，最终的聚类效果受初始聚类中心的影响。（　　）
5．AdaBoost 算法是 Boosting 算法的一种实现版本。（　　）
6．马尔可夫算法是一种概率图模型，用于解决序列预测问题。（　　）
7．马尔可夫过程是随机过程的典型代表。（　　）
8．随机森林算法是以决策树为基础的一种分类算法。（　　）
9．可以仅通过数据随机选取构建一个随机森林。（　　）
10．随机森林最早是由 Leo Breiman 和 Adele Culter 提出的。（　　）

三、简答题

1．请简要介绍 k-means 算法。
2．请简要介绍曼哈顿距离和欧氏距离的关系。
3．请简要叙述 k-means 算法的基本原理。
4．请简要叙述 k-means 算法的步骤。
5．请简要叙述随机森林。
6．如何构建一个随机森林？
7．请简要分析随机森林算法和决策树算法的异同。
8．什么是 Mahalanobis 距离？
9．什么是马尔可夫过程？
10．请简要介绍 AdaBoost 算法。

第 4 章　深度学习

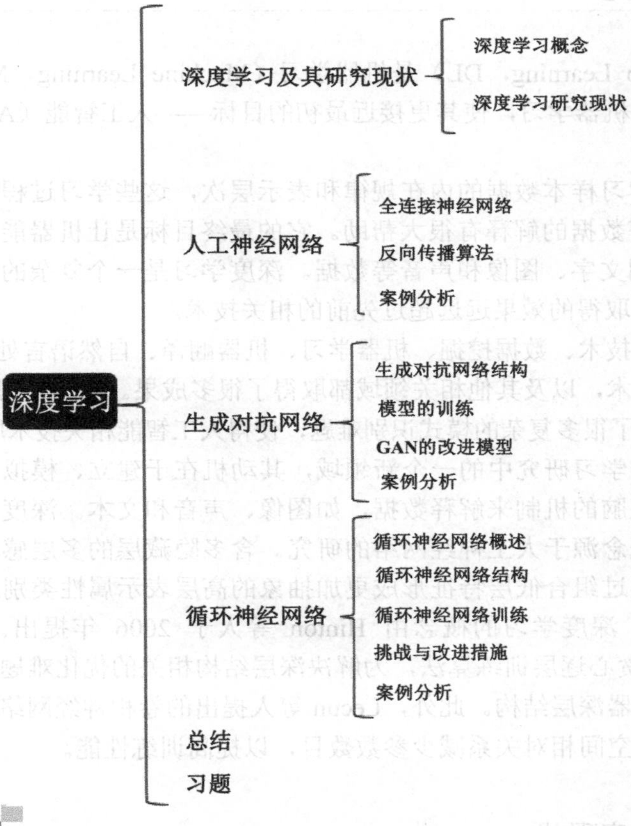

本章导读

本章主要介绍深度学习及其研究现状，深度学习算法的理论与案例分析，分别详细介绍人工神经网络、生成对抗网络和循环神经网络的原理，并对各种网络的优缺点进行了分析，最后对各种网络的应用进行了编程实现。

本章要点

- 深度学习及其研究现状。
- 人工神经网络。
- 生成对抗网络。
- 循环神经网络。

4.1 深度学习及其研究现状

4.1.1 深度学习概念

深度学习（Deep Learning，DL）是机器学习（Machine Learning，ML）领域中一个新的研究方向，它被引入机器学习，使其更接近最初的目标——人工智能（Artificial Intelligence，AI）。

深度学习是指学习样本数据的内在规律和表示层次，这些学习过程中获得的信息对诸如文字、图像和声音等数据的解释有很大帮助。它的最终目标是让机器能够像人一样具有分析学习能力，能够识别文字、图像和声音等数据。深度学习是一个复杂的机器学习算法，它在语音和图像识别方面取得的效果远远超过先前的相关技术。

深度学习在搜索技术、数据挖掘、机器学习、机器翻译、自然语言处理、多媒体学习、语音、推荐和个性化技术，以及其他相关领域都取得了很多成果。深度学习使机器模仿视听和思考等人类活动，解决了很多复杂的模式识别难题，使得人工智能相关技术取得了很大进步。

深度学习是机器学习研究中的一个新领域，其动机在于建立、模拟人脑进行分析学习的神经网络，它模仿人脑的机制来解释数据，如图像、声音和文本。深度学习是无监督学习的一种。深度学习的概念源于人工神经网络的研究。含多隐藏层的多层感知器就是一种深度学习结构。深度学习通过组合低层特征形成更加抽象的高层表示属性类别或特征，以发现数据的分布式特征表示。深度学习的概念由 Hinton 等人于 2006 年提出。基于深度信念网络（DBN）提出非监督贪心逐层训练算法，为解决深层结构相关的优化难题带来了希望，随后，提出了多层自动编码器深层结构。此外，Lecun 等人提出的卷积神经网络是第一个真正多层结构学习算法，它利用空间相对关系减少参数数目，以提高训练性能。

4.1.2 深度学习研究现状

2006 年，Geoffrey Hinton 首次提出深度信念网络的概念，该网络由一系列受限玻尔兹曼机组成。Hinton 等人将该方法应用于手写字体识别的实验中，取得了很好的效果。预训练是深度信念网络的一个重要步骤，该操作能够使网络的参数先找到一个接近最优解的初始值，再利用微调技术对整个网络进行训练，从而达到优化网络的效果。自此，神经网络的训练速度得到了很大程度的提升。与此同时，由反向传播引起的梯度消失问题也得到了有效解决。

此后，各种不同结构的神经网络（如 AlexNet、VGG、GoogLeNet、ResNet）相继被提出，卷积神经网络是深度学习最具有代表性的模型之一。在 2012 年的 ImageNet 竞赛上，Hinton 教授和他的学生对包含一千种类别的一百多万张图片进行分类，利用卷积神经网络的优势，达到了错误率仅有 15%的优秀结果。此外，Hinton 教授和他的团队将权重衰减操作应用到网络训练中，有效地减少了网络过拟合现象。后来，随着 GPU 加速技术的发展和计算机计算能力的提升，深度学习模型不仅提升了图像识别的精度，也大大降低了人工提取特征的时间成本。

如今，深度学习的广泛研究大大促进了人工智能及机器学习的发展，深度学习在自然语言处理和计算机视觉等领域都有很成功的研究成果，使得多项技术任务有了突破性的进展。

人工神经网络、生成对抗网络和循环神经网络分别作为深度学习发展前、中、后期的典型算法基础是非常重要的，因此，在本章中，我们将对这三种网络模型进行介绍。

4.2 人工神经网络

人的大脑由大约 800 亿个神经元组成，每个神经元通过突触与其他神经元连接，接收这些神经元传来的电信号和化学信号，对信号汇总处理之后将结果输出到其他神经元。大脑通过神经元之间的协作来完成它的功能，神经元之间的连接关系是在进化过程、生长发育、长期学习、对外界环境的刺激反馈中建立起来的。

人工神经网络是对这种机制的简单模拟。它由多个相互连接的神经元构成，这些神经元从其他相连的神经元中接收输入数据，通过计算产生输出数据，这些输出数据可能被送入其他神经元继续处理。

人工神经网络应用广泛。除了用于模式识别，它还可以用于求解函数的极值、自动控制等问题。到目前为止，有多种不同结构的神经网络，典型的有全连接神经网络、卷积神经网络、循环神经网络、Hopfield 网络等。

本节介绍最简单的全连接神经网络，也称为多层感知器，其他类型的神经网络会在后面讲解。全连接神经网络具有分层结构，每层神经元都从上一层神经元接收数据，经过计算之后产生输出数据，并送入下一层神经元继续处理，最后一层神经元的输出数据是神经网络最终的输出值。

4.2.1 全连接神经网络

本节将介绍神经元、神经元层的工作机理，以及全连接神经网络的结构和正向传播算法的原理。

（1）神经元。

大脑的神经元通过突触与其他神经元连接，接收来自其他神经元的信号，经过汇总处理后产生输出。在人工神经网络中，神经元的作用与此类似。图 4.1 所示为人工神经元示意图，左侧为输入数据，右侧为输出数据。

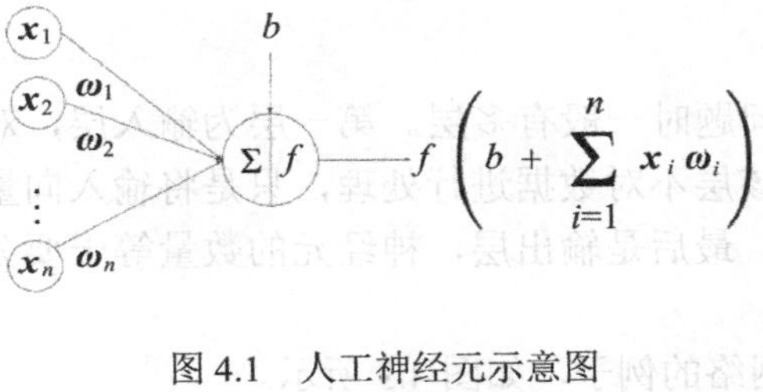

图 4.1 人工神经元示意图

神经元接收输入信号($x_1,x_2,\ldots,x_n$)，向量（$w_1,w_2,\ldots,w_n$）为输入向量的组合权重，b 为

偏置项，是一个标量。神经元的作用是对输入向量进行加权求和，并加上偏置项，最后经过激活函数变换产生输出

$$y = f\left(\sum_{i=1}^{n} \boldsymbol{w}_i \boldsymbol{x}_i + b\right) \tag{4-1}$$

为表述简洁，把上面的公式写成向量形式。对于每个神经元，假设它接收的上一层节点的输入为向量 $\boldsymbol{x}$ ，本节点的权重向量为 $\boldsymbol{w}$ ，偏置项为 b ，那么该神经元的输出值为

$$f\left(\boldsymbol{w}^{\mathrm{T}} \boldsymbol{x} + b\right) \tag{4-2}$$

即先计算输入向量与权重向量的内积，加上偏置项，再将结果送入一个函数中进行变换，最后得到输出。这个函数称为激活函数，一种典型的激活函数是 sigmoid 函数。关于为什么需要激活函数及什么样的函数可以充当激活函数，后面会给出解释。sigmoid 函数的定义为

$$\delta(\boldsymbol{x}) = \frac{1}{1+\exp(-\boldsymbol{x})} \tag{4-3}$$

这个函数也被用于 logistic 回归，该函数的值域为(0,1)，是一个单调增函数。sigmoid 函数的导数为

$$\delta'(\boldsymbol{x}) = \delta(\boldsymbol{x})\left[1-\delta(\boldsymbol{x})\right] \tag{4-4}$$

按照此公式，根据函数值可以很方便地计算出导数值，在反向传播算法中可以看到这种特性带来的好处。sigmoid 函数图像如图 4.2 所示。

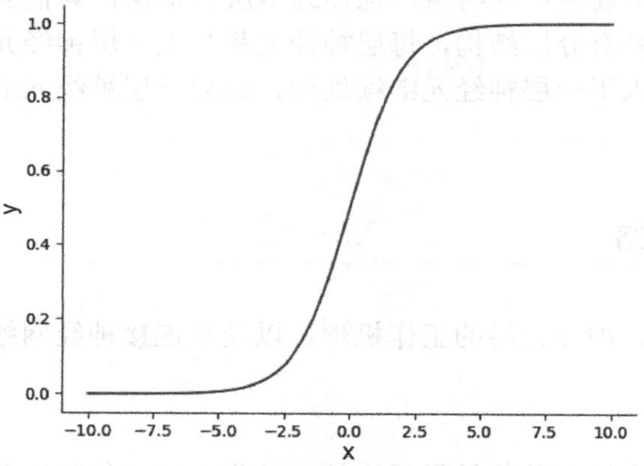

图 4.2　sigmoid 函数图像

在 0 点处，该函数的导数有最大值 0.25，逐渐远离 0 点，导数值逐渐减小，该函数的图像是一条 S 形曲线。

（2）网络结构。

当神经网络用于分类问题时一般有多层。第一层为输入层，对应输入向量，神经元的数量等于特征向量的维数，该层不对数据进行处理，只是将输入向量送入下一层进行计算。中间为隐藏层，可能有多层。最后是输出层，神经元的数量等于要分类的类别数，输出层的输出值被用来进行分类预测。

下面看一个简单神经网络的例子，如图 4.3 所示。

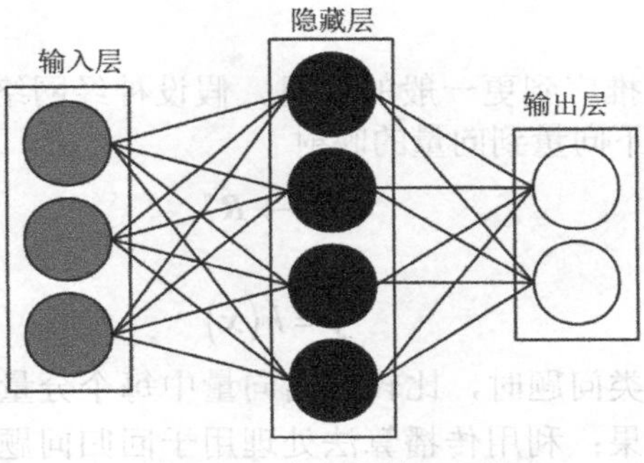

图 4.3 一个简单神经网络

该网络层有三层。第一层是输入层，对应的输入向量为 $\boldsymbol{x}$ ，有 3 个神经元，写成分量形式为 (x_1, x_2, x_3) ，它们不对数据做任何处理，直接原样送入下一层。第二层是隐藏层，有 4 个神经元，接收的输入数据为向量 $\boldsymbol{x}$ ，输出向量为 $\boldsymbol{y}$ ，写成分量形式为 (y_1, y_2, y_3, y_4) 。第三个层为输出层，接收的输入数据为向量 $\boldsymbol{y}$ ，输出向量为 $\boldsymbol{z}$ ，写成分量形式为 (z_1, z_2) 。第一层到第二层的权重矩阵为 $\boldsymbol{W}$ 。权重矩阵的每行均为一个权重向量，是上一层所有神经元到本层某一个神经元的连接权重，这里的下标表示层数。

如果激活函数选用 sigmoid 函数，则第二层神经元的输出值为

$$y_1 = \frac{1}{1 + \exp\left[-\left(w_{11}{}^{(1)}x_1 + w_{12}{}^{(1)}x_2 + w_{13}{}^{(1)}x_3 + b_1{}^{(1)}\right)\right]} \tag{4-5}$$

$$y_2 = \frac{1}{1 + \exp\left[-\left(w_{21}{}^{(1)}x_1 + w_{22}{}^{(1)}x_2 + w_{23}{}^{(1)}x_3 + b_2{}^{(1)}\right)\right]} \tag{4-6}$$

$$y_3 = \frac{1}{1 + \exp\left[-\left(w_{31}{}^{(1)}x_1 + w_{32}{}^{(1)}x_2 + w_{33}{}^{(1)}x_3 + b_3{}^{(1)}\right)\right]} \tag{4-7}$$

$$y_4 = \frac{1}{1 + \exp\left[-\left(w_{41}{}^{(1)}x_1 + w_{42}{}^{(1)}x_2 + w_{43}{}^{(1)}x_3 + b_4{}^{(1)}\right)\right]} \tag{4-8}$$

第三层神经元的输出值为

$$z_1 = \frac{1}{1 + \exp\left[-\left(w_{11}{}^{(2)}y_1 + w_{12}{}^{(2)}y_2 + w_{13}{}^{(2)}y_3 + w_{14}{}^{(2)}y_4 + b_1{}^{(2)}\right)\right]} \tag{4-9}$$

$$z_2 = \frac{1}{1 + \exp\left[-\left(w_{21}{}^{(2)}y_1 + w_{22}{}^{(2)}y_2 + w_{23}{}^{(2)}y_3 + w_{24}{}^{(2)}y_4 + b_2{}^{(2)}\right)\right]} \tag{4-10}$$

如果把 y_i 代入式（4-9）和式（4-10）中，可以将输出向量 $\boldsymbol{z}$ 表示成输入向量 $\boldsymbol{x}$ 的函数。通过调整权重矩阵和偏置项可以实现不同的函数映射，神经网络就是一个复合函数。

神经网络通过激活函数而具有非线性，通过调整权重形成不同的映射函数。在实际应用中，要拟合的函数一般是非线性的，线性函数无论怎样复合最终都是线性函数，因此，必须使用非线性激活函数。

还没有解决的一个核心问题是当神经网络的结构（神经元层数、每层神经元的数量）确定后，怎样得到权重矩阵和偏置项？这些参数是通过训练得到的。

（3）正向传播算法。

下面把这个简单的例子推广到更一般的情况。假设神经网络的输入是 n 维向量 $\boldsymbol{x}$，输出是 m 维向量 $\boldsymbol{y}$，它实现了如下向量到向量的映射

$$\boldsymbol{R}^n \to \boldsymbol{R}^m \tag{4-11}$$

把这个函数记为

$$\boldsymbol{y} = h(\boldsymbol{x}) \tag{4-12}$$

当利用传播算法处理分类问题时，比较输出向量中每个分量的大小，求其最大值，最大值对应的分量下标为分类结果；利用传播算法处理用于回归问题时，直接将输出向量作为回归值。

将神经网络第1层的变换写成矩阵和向量形式为

$$\boldsymbol{u}^{(l)} = \boldsymbol{W}^{(l)}\boldsymbol{x}^{(l-1)} + \boldsymbol{b}^{(l)} \tag{4-13}$$

$$\boldsymbol{x}^{(l)} = f\left(\boldsymbol{u}^{(l)}\right) \tag{4-14}$$

其中，$\boldsymbol{x}^{(l-1)}$ 为前一层（第 $l-1$ 层）的输出向量，也是本层接收的输入向量；$\boldsymbol{W}^{(l)}$ 为本层神经元和上一层神经元的连接权重矩阵，是一个 $s_l \times s_{l-1}$ 的矩阵，其中，s_l 为本层神经元数量，s_{l-1} 为前一层神经元数量，$\boldsymbol{W}^{(l)}$ 的每行为本层一个神经元与上一层所有神经元的权重向量；$\boldsymbol{b}^{(l)}$ 为本层的偏置向量，是一个 s_l 维的列向量。激活函数分别作用于输入向量的每一个分量，产生输出向量。

在计算网络输出值时，从输入层开始，对于每一层，都用上面的两个公式进行计算，最后得到神经网络的输出，这个过程称为正向传播，用于神经网络的预测阶段及训练时的正向传播阶段。

可以将前面的例子中的 3 层神经网络实现的映射写成以下完整形式

$$z = f\left(\boldsymbol{W}^{(2)} f\left(\boldsymbol{W}^{(1)}\boldsymbol{x} + \boldsymbol{b}^{(1)}\right) + \boldsymbol{b}^{(2)}\right) \tag{4-15}$$

从上式可以看出，这个神经网络是一个两层复合函数。如果令

$$\boldsymbol{y} = f\left(\boldsymbol{W}^{(1)}\boldsymbol{x} + \boldsymbol{b}^{(1)}\right) \tag{4-16}$$

那么上式可以写成

$$\boldsymbol{y} = f\left(\boldsymbol{W}^{(1)}\boldsymbol{x} + \boldsymbol{b}^{(1)}\right) \tag{4-17}$$

$$z = f\left(\boldsymbol{W}^{(2)}\boldsymbol{y} + \boldsymbol{b}^{(2)}\right) \tag{4-18}$$

下面给出正向传播算法的流程。假设神经网络有 m 层，第一层为输入层，输入向量为 $\boldsymbol{x}$，第 l 层的权重矩阵为 $\boldsymbol{W}^{(l)}$，偏置向量为 $\boldsymbol{b}^{(l)}$。正向传播算法的流程如下。

设置 $\boldsymbol{x}^{(1)} = \boldsymbol{x}$

循环 l=2,3,⋯,m，对每一层神经网络

　　计算 $\boldsymbol{u}^{(l)} = \boldsymbol{W}^{(l)}\boldsymbol{x}^{(l-1)} + \boldsymbol{b}^{(l)}$

　　计算 $\boldsymbol{x}^{(l)} = f\left(\boldsymbol{u}^{(l)}\right)$

结束循环

输出向量 $\boldsymbol{x}^{(m)}$，作为神经网络的预测值

4.2.2 反向传播算法

现在考虑一般的情况，即反向传播算法，它由 Rumelhart 等人于 1986 年提出。假设有 m 个训练样本$(\boldsymbol{x}_i, \boldsymbol{y}_i)$，$\boldsymbol{x}_i$ 为输入向量，$\boldsymbol{y}_i$ 为标签向量。训练的目标是最小化样本标签值与神经网络预测值之间的误差，如果使用均方误差，则优化的目标为

$$L(\boldsymbol{W}) = \frac{1}{2m}\sum_{i=1}^{m}\left\|h(\boldsymbol{x}_i) - \boldsymbol{y}_i\right\|^2 \tag{4-19}$$

其中，$\boldsymbol{W}$ 为神经网络所有参数的集合，包括各层的权重和偏置。这个最优化问题是一个不带约束的问题，可以用梯度下降法求解。

上面的误差函数是基于整个训练样本集定义的，梯度下降每一次迭代利用所有训练样本来进行梯度更新，称为批量梯度下降法。如果样本数量很大，那么每次迭代都用所有样本进行计算成本太高。为了解决这个问题，可以采用单样本梯度下降法，将上面的损失函数写成单个样本的损失函数之和，即

$$L(\boldsymbol{W}) = \frac{1}{m}\sum_{i=1}^{m}(\frac{1}{2}\left\|h(\boldsymbol{x}_i) - \boldsymbol{y}_i\right\|^2) \tag{4-20}$$

定义单个样本$(\boldsymbol{x}_i, \boldsymbol{y}_i)$的损失函数为

$$L_i = L(\boldsymbol{W}, \boldsymbol{x}_i, \boldsymbol{y}_i) = \frac{1}{2}\left\|h(\boldsymbol{x}_i) - \boldsymbol{y}_i\right\|^2 \tag{4-21}$$

如果采用单个样本进行迭代，梯度下降法第 t+1 次迭代时参数的更新公式为

$$\boldsymbol{W}_{t+1} = \boldsymbol{W}_t - \eta\nabla_{\boldsymbol{W}} L_i(\boldsymbol{W}_t) \tag{4-22}$$

若用所有样本进行迭代，则根据单个样本的损失函数梯度计算总损失梯度即可，即计算所有样本梯度的均值。

用梯度下降法求解需要初始化变量的值，一般将其初始化为一个随机数，如用正态分布 $N(0,\delta^2)$ 产生这些随机数，其中 δ 是一个很小的正数。还有更复杂的初始化方法，在后面会详细介绍。

到目前为止，还有一个关键问题没有解决：目标函数是一个多层的复合函数，因为神经网络中的每层都有权重矩阵和偏置向量，且每层的输出都将作为下一层的输入。因此，直接计算损失函数对所有权重的梯度和偏置的梯度是很复杂的，需要使用复合函数的求导公式进行递推计算。

在进行推导之前，首先来看下面几种复合函数的求导过程。已知如下线性映射函数

$$\boldsymbol{y} = \boldsymbol{W}\boldsymbol{x} \tag{4-23}$$

其中，$\boldsymbol{x}$ 是 n 维向量，$\boldsymbol{W}$ 是 $m \times n$ 矩阵，$\boldsymbol{y}$ 是 m 维向量。

问题 1：假设有函数 $f(\boldsymbol{y})$，如果把 $\boldsymbol{x}$ 看成常数，把 $\boldsymbol{y}$ 看成 $\boldsymbol{W}$ 的函数，那么如何根据 $\nabla_{\boldsymbol{y}} f$ 计算 $\nabla_{\boldsymbol{w}} f$？根据链式法则，由于 w_{ij} 只和 $\boldsymbol{y}_i$ 有关，与其他 $\boldsymbol{y}_k(k \neq i)$ 无关，因此有

$$\frac{\partial f}{\partial w_{ij}} = \sum_{k=1}^{m}\frac{\partial f}{\partial \boldsymbol{y}_k}\frac{\partial \boldsymbol{y}_k}{\partial w_{ij}} = \sum_{k=1}^{m}\left[\frac{\partial f}{\partial \boldsymbol{y}_k}\frac{\partial \sum_{l=1}^{n}(w_{kl}\boldsymbol{x}_l)}{\partial w_{ij}}\right] = \frac{\partial f}{\partial \boldsymbol{y}_i}\frac{\partial \sum_{l=1}^{n}(w_{il}\boldsymbol{x}_l)}{\partial w_{ij}} = \frac{\partial f}{\partial \boldsymbol{y}_i}\boldsymbol{x}_j \tag{4-24}$$

对于 $\boldsymbol{W}$ 的所有元素有

$$\nabla_{w} f=\left(\nabla_{y} f\right) \boldsymbol{x}^{\mathrm{T}} \tag{4-25}$$

问题 2：如果将$\boldsymbol{W}$看成常数，将$\boldsymbol{y}$看成$\boldsymbol{x}$的函数，那么如何根据$\nabla_{y} f$计算$\nabla_{x} f$？由于任意的$\boldsymbol{x}_i$和所有的$\boldsymbol{y}_i$都有关系，根据链式法则有

$$\begin{aligned}\frac{\partial f}{\partial \boldsymbol{x}_{i}} \sum_{j=1}^{m} \frac{\partial f}{\partial \boldsymbol{y}_{i}} \frac{\partial \boldsymbol{y}_{i}}{\partial \boldsymbol{x}_{i}} &=\sum_{j=1}^{m} \frac{\partial f}{\partial \boldsymbol{y}_{i}} \frac{\partial\left(\sum_{k=1}^{n} w_{jk} \boldsymbol{x}_{k}\right)}{\partial \boldsymbol{x}_{i}} \\ &=\sum_{j=1}^{m} \frac{\partial f}{\partial \boldsymbol{y}_{i}} w_{ji}=\left[w_{1i}, w_{2i}, \cdots, w_{mi}\right] \nabla_{y} f\end{aligned} \tag{4-26}$$

将上式写成矩阵形式为

$$\nabla_{x} f=\boldsymbol{W}^{\mathrm{T}} \nabla_{y} f \tag{4-27}$$

这是一个对称的结果，在计算函数映射时用矩阵$\boldsymbol{W}$乘以向量$\boldsymbol{x}$得到$\boldsymbol{y}$，在求梯度时用矩阵$\boldsymbol{W}$的转置乘以$\boldsymbol{y}$的梯度得到$\boldsymbol{x}$的梯度。

问题 3：如果有向量到向量的映射

$$\boldsymbol{y}=g(\boldsymbol{x}) \tag{4-28}$$

则将其写成分量形式为

$$\boldsymbol{y}_{i}=g\left(\boldsymbol{x}_{i}\right) \tag{4-29}$$

在这里，每个$\boldsymbol{y}_i$只和对应的$\boldsymbol{x}_i$有关，与其他所有$\boldsymbol{x}_j (i \neq j)$无关，且每个分量采用了相同的映射函数$g$。对于函数$f(\boldsymbol{y})$，如何根据$\nabla_{y} f$计算$\nabla_{x} f$？根据链式法则，对于每个$\boldsymbol{y}_i$，只和对应的$\boldsymbol{x}_i$有关，有

$$\frac{\partial f}{\partial \boldsymbol{x}_{i}}=\frac{\partial f}{\partial \boldsymbol{y}_{i}} \frac{\partial \boldsymbol{y}_{i}}{\partial \boldsymbol{x}_{i}} \tag{4-30}$$

写成矩阵形式为

$$\nabla_{x} \boldsymbol{f}=\nabla_{y} \boldsymbol{f} \odot g_{(x)} \tag{4-31}$$

即两个向量的对应元素相乘。

问题 4：接下来我们考虑更复杂的情况，如果有以下复合函数

$$\boldsymbol{u}=\boldsymbol{W} \boldsymbol{x} \tag{4-32}$$

$$\boldsymbol{y}=g(\boldsymbol{u}) \tag{4-33}$$

其中，g表示向量的对应元素一对一映射，即

$$\boldsymbol{y}_{i}=g\left(\boldsymbol{x}_{i}\right) \tag{4-34}$$

如果有函数$f(\boldsymbol{y})$，如何根据$\nabla_{y} f$计算$\nabla_{x} f$？在这里有两层复合，首先是从$\boldsymbol{x}$到$\boldsymbol{u}$的复合，然后是从$\boldsymbol{u}$到$\boldsymbol{y}$的复合。根据问题 2 和问题 3 的讨论，有

$$\nabla_{x} f=\boldsymbol{W}^{\mathrm{T}}\left(\left(\nabla_{u} f\right) \odot g_{(u)}\right) \tag{4-35}$$

问题 5：$\boldsymbol{x}$是n维向量，$\boldsymbol{y}$是m维向量，有映射$\boldsymbol{y}=g(\boldsymbol{x})$，即

$$\boldsymbol{y}_{i}=g_{i}\left(\boldsymbol{x}_{1}, \boldsymbol{x}_{2}, \cdots, \boldsymbol{x}_{n}\right), \quad i=1,2, \cdots, m \tag{4-36}$$

这里的映射方式和上面介绍的不同。对于向量$\boldsymbol{y}$的每个分量$\boldsymbol{y}_i$，映射函数g_i不同，而且

$\boldsymbol{y}_i$ 和向量 $\boldsymbol{x}$ 的每个分量 $\boldsymbol{x}_j$ 有关。对于函数 $f(\boldsymbol{y})$，如何根据 $\nabla_{\boldsymbol{y}} f$ 计算 $\nabla_{\boldsymbol{x}} f$？根据链式法则，由于任何的 $\boldsymbol{y}_i$ 和任何的 $\boldsymbol{x}_j$ 都有关系，因此有

$$\frac{\partial f}{\partial \boldsymbol{x}_j}=\sum_{i=1}^{m}\frac{\partial f}{\partial \boldsymbol{y}_i}\frac{\partial \boldsymbol{y}_i}{\partial \boldsymbol{x}_j} \tag{4-37}$$

对于所有元素，可以写成矩阵形式

$$\nabla_{\boldsymbol{x}} f=\left(\frac{\partial \boldsymbol{y}}{\partial \boldsymbol{x}}\right)^{\mathrm{T}}\nabla_{\boldsymbol{y}} f \tag{4-38}$$

其中，$\frac{\partial \boldsymbol{y}}{\partial \boldsymbol{x}}$ 为雅可比矩阵，前面介绍的几个问题都是这个映射的特例。之所以要推导上面几种复合函数的导数，是因为它们在机器学习中具有普遍性。

根据上面的结论可以方便地推导出神经网络的求导公式。假设神经网络有 n_l 层，第 l 层的神经元个数为 s_l。第 l 层从第 $l-1$ 层接收的输入向量为 $\boldsymbol{x}^{(l-1)}$，本层的权重矩阵为 $\boldsymbol{W}^{(l)}$，偏置向量为 $\boldsymbol{b}^{(l)}$，输出向量为 $\boldsymbol{x}^{(l)}$。该层的输出可以写成以下矩阵形式

$$\boldsymbol{u}^{(l)}=\boldsymbol{W}^{(l)}\boldsymbol{x}^{(l-1)}+\boldsymbol{b}^{(l)} \tag{4-39}$$

$$\boldsymbol{x}^{(l)}=f\left[\boldsymbol{u}^{(l)}\right] \tag{4-40}$$

其中，$\boldsymbol{W}^{(l)}$ 是 $s_l \times s_{l-1}$ 的矩阵，$\boldsymbol{u}^{(l)}$ 和 $\boldsymbol{b}^{(l)}$ 是 s_l 维的向量。根据定义，$\boldsymbol{W}^{(l)}$ 和 $\boldsymbol{b}^{(l)}$ 是目标函数的自变量，$\boldsymbol{u}^{(l)}$ 和 $\boldsymbol{x}^{(l)}$ 可以看成它们的函数。根据前面的结论可知，损失函数对权重矩阵的梯度为

$$\nabla_{\boldsymbol{W}^{(l)}}\boldsymbol{L}=\left(\nabla_{\boldsymbol{u}^{(l)}}\boldsymbol{L}\right)\left(\boldsymbol{x}^{(l-1)}\right)^{\mathrm{T}} \tag{4-41}$$

偏置向量的梯度为

$$\nabla_{\boldsymbol{b}^{(l)}}\boldsymbol{L}=\nabla_{\boldsymbol{u}^{(l)}}\boldsymbol{L} \tag{4-42}$$

现在的问题是，梯度 $\nabla_{\boldsymbol{u}^{(l)}}\boldsymbol{L}$ 怎么计算？下面分两种情况讨论，如果第 l 层是输出层，那么在这里只考虑单个样本的损失函数，根据之前的推导，这个梯度为

$$\nabla_{\boldsymbol{u}^{(l)}}\boldsymbol{L}=\left(\nabla_{\boldsymbol{x}^{(l)}}\boldsymbol{L}\right)\odot f'\left(\boldsymbol{u}^{(l)}\right)=\left(\boldsymbol{x}^{(l)}-\boldsymbol{y}\right)\odot f'\left(\boldsymbol{u}^{(l)}\right) \tag{4-43}$$

这就是输出层的神经元的输出值与期望值之间的误差。由此得到输出层权重的梯度为

$$\nabla_{\boldsymbol{W}^{(l)}}\boldsymbol{L}=\left(\boldsymbol{x}^{(l)}-\boldsymbol{y}\right)\odot f'\left(\boldsymbol{u}^{(l)}\right)\left(\boldsymbol{x}^{(l-1)}\right)^{\mathrm{T}} \tag{4-44}$$

等号右边第一个乘法是向量对应元素相乘；第二个乘法是矩阵相乘，在这里是列向量与行向量的乘积，其结果是一个矩阵，尺寸刚好和权重矩阵相同。损失函数对偏置项的梯度为

$$\nabla_{\boldsymbol{u}^{(l)}}\boldsymbol{L}=\left(\boldsymbol{x}^{(l)}-\boldsymbol{y}\right)\odot f'\left(\boldsymbol{u}^{(l)}\right) \tag{4-45}$$

下面考虑第二种情况。如果第 l 层是隐藏层，则有

$$\boldsymbol{u}^{(l+1)}=\boldsymbol{W}^{(l+1)}\boldsymbol{x}^{(l)}+\boldsymbol{b}^{(l+1)}=\boldsymbol{W}^{(l+1)}f\left(\boldsymbol{u}^{(l)}\right)+\boldsymbol{b}^{(l+1)} \tag{4-46}$$

假设梯度 $\nabla_{\boldsymbol{u}^{(l+1)}}\boldsymbol{L}$ 已经求出，根据前面的结论，有

$$\nabla_{\boldsymbol{u}^{(l)}}\boldsymbol{L}=\left(\nabla_{\boldsymbol{x}^{(l)}}\boldsymbol{L}\right)\odot f'\left(\boldsymbol{u}^{(l)}\right)=(\left(\boldsymbol{W}^{(l+1)}\right)^{\mathrm{T}}\nabla_{\boldsymbol{u}^{(l+1)}}\boldsymbol{L})\odot f'\left(\boldsymbol{u}^{(l)}\right) \tag{4-47}$$

这是一个递推关系，通过 $\nabla_{\boldsymbol{u}^{(l+1)}}\boldsymbol{L}$ 可以计算出 $\nabla_{\boldsymbol{u}^{(l)}}\boldsymbol{L}$，递推的重点是输出层，而输出层的梯

度值之前已经算出。由于根据$\nabla_{u^{(l)}}\boldsymbol{L}$可以计算出$\nabla_{W^{(l)}}\boldsymbol{L}$和$\nabla_{b^{(l)}}\boldsymbol{L}$，因此，可以计算出任意层权重与偏置的梯度值。

为此，我们定义误差项为损失函数对临时变量$\boldsymbol{u}$的梯度为

$$\boldsymbol{\delta}^{(l)}=\nabla_{u^{(l)}}\boldsymbol{L}=\begin{cases}\left(\boldsymbol{x}^{(l)}-\boldsymbol{y}\right)\odot f'\left(\boldsymbol{u}^{(l)}\right), & l=n_l\\ \left(\boldsymbol{W}^{(l+1)}\right)^{\mathrm{T}}\left(\boldsymbol{\delta}^{(l+1)}\right)\odot f'\left(\boldsymbol{u}^{(l)}\right), & l\neq n_l\end{cases} \tag{4-48}$$

向量$\boldsymbol{\delta}^{(l)}$的尺寸与本层神经元的个数相同。这是一个递推的定义，$\boldsymbol{\delta}^{(l)}$依赖$\boldsymbol{\delta}^{(l+1)}$，递推的重点是输出层，它的误差项可以直接求出。

根据误差项可以方便地计算出对权重和偏置的偏导数。首先计算输出层的误差项，根据它得到权重和偏置项的梯度，这是起点；根据上面的递推公式，逐层向前，利用后一层的误差项计算出本层的误差项，从而得到本层权重和偏置项的梯度。

训练算法首先随机初始化神经网络的权重和偏置项，单个样本的反向传播算法在每次迭代时的过程如下。

（1）正向传播，利用当前权重和偏置值，计算每层对输入样本的输出值。

（2）反向传播，对输出层的每个节点计算其误差，即

$$\boldsymbol{\delta}^{(n_l)}=\left(\boldsymbol{x}^{(n_l)}-\boldsymbol{y}\right)\odot f'\left(\boldsymbol{u}^{(n_l)}\right) \tag{4-49}$$

（3）对于$l=n_l-1,n_l-2,\cdots,2$的各层，计算第l层每个节点的误差，即

$$\boldsymbol{\delta}^{(l)}=\left(\boldsymbol{W}^{(l+1)}\right)^{\mathrm{T}}\left(\boldsymbol{\delta}^{(l+1)}\right)\odot f'\left(\boldsymbol{u}^{(l)}\right) \tag{4-50}$$

（4）根据误差计算损失函数对权重的梯度值，即

$$\nabla_{w^{(l)}}\boldsymbol{L}=\boldsymbol{\delta}^{(l)}\left(\boldsymbol{x}^{(l-1)}\right)^{\mathrm{T}} \tag{4-51}$$

对偏置的梯度为

$$\nabla_{b^{(l)}}\boldsymbol{L}=\boldsymbol{\delta}^{(l)} \tag{4-52}$$

（5）用梯度下降法更新权重和偏置

$$\boldsymbol{W}^{(l)}=\boldsymbol{W}^{(l)}-\eta\nabla_{w^{(l)}}\boldsymbol{L} \tag{4-53}$$

$$\boldsymbol{b}^{(l)}=\boldsymbol{b}^{(l)}-\eta\nabla_{b^{(l)}}\boldsymbol{L} \tag{4-54}$$

实现时需要在正向传播时记住每层的输入向量$\boldsymbol{x}^{(l-1)}$，本层的激活函数导数值为$f'\left(\boldsymbol{u}^{(l)}\right)$。

神经网络的训练算法可以总结为

复合函数求导+梯度下降法

训练算法有两个模式：批量模式和单样本模式。批量模式在每次采用梯度下降法迭代时对所有样本计算损失函数值，并计算出相应的总误差，用梯度下降法更新参数，它天然地支持增量学习，即动态加入新的训练样本进行训练。

上面给出的是单个样本的反向传播过程。对于多个样本的情况，输出层的误差项是所有样本误差的均值。在利用反向传播计算梯度时，在每层对每个样本计算梯度，计算所有样本的梯度的平均值。

还可以采取一种介于单个模式和批量模式中间的策略，每次采用梯度下降法迭代时只选择一部分样本进行计算。

除了采用梯度下降法迭代更新策略，还可以采用其他改进算法，如牛顿法等二阶优化算法。一般来说，神经网络的优化损失函数不是凸函数，因此不能保证收敛到全局最优解。另外，网络层次深了之后该法也会带来一系列的问题。

4.2.3 案例分析

本案例选用鸢尾花数据集，提前下载好鸢尾花数据集。对于 150 个数据，我们选取其中 120 个数据作为训练集，将剩下的 30 个数据作为测试集。构建一个具有单个隐藏层的神经网络。输入层有 4 个特征，输出层有 3 个分类。因此，我们要实现的是对 3 种鸢尾花的分类预测。

完整的程序如下。

```
import matplotlib.pyplot as plt
import pandas as pd
import numpy as np
import datetime
from sklearn.preprocessing import OneHotEncoder
from pandas.plotting import radviz
def draw_plot(X, Y):
    plt.rcParams['font.sans-serif'] = ['SimHei']
    plt.scatter(X[0, :], X[1, :], c=Y[0, :], s=50, cmap=plt.cm.Spectral)
    plt.title('蓝色-Versicolor，  红色-Virginica')
    plt.xlabel('花瓣长度')
    plt.ylabel('花瓣宽度')
    plt.show()
def initialize_parameters(n_x, n_h, n_y):
    np.random.seed(2)
    w1 = np.random.randn(n_h, n_x) * 0.01
    b1 = np.zeros(shape=(n_h, 1))
    w2 = np.random.randn(n_y, n_h) * 0.01
b2 = np.zeros(shape=(n_y, 1))
    parameters = {'w1': w1, 'b1': b1, 'w2': w2, 'b2': b2}
    return parameters
def forward_propagation(X, parameters):
    w1 = parameters['w1']
    b1 = parameters['b1']
    w2 = parameters['w2']
    b2 = parameters['b2']
    z1 = np.dot(w1, X) + b1
    a1 = np.tanh(z1)
    z2 = np.dot(w2, a1) + b2
    a2 = 1 / (1 + np.exp(-z2))
    cache = {'z1': z1, 'a1': a1, 'z2': z2, 'a2': a2}
    return a2, cache
def compute_cost(a2, Y):
    m = Y.shape[1]
    logprobs = np.multiply(np.log(a2), Y) + np.multiply((1 - Y), np.log(1 -
```

```
a2))
        cost = - np.sum(logprobs) / m
        return cost
    def backward_propagation(parameters, cache, X, Y):
        m = Y.shape[1]
        w2 = parameters['w2']
        a1 = cache['a1']
        a2 = cache['a2']
        dz2 = a2 - Y
        dw2 = (1 / m) * np.dot(dz2, a1.T)
        db2 = (1 / m) * np.sum(dz2, axis=1, keepdims=True)
        dz1 = np.multiply(np.dot(w2.T, dz2), 1 - np.power(a1, 2))
        dw1 = (1 / m) * np.dot(dz1, X.T)
        db1 = (1 / m) * np.sum(dz1, axis=1, keepdims=True)
        grads = {'dw1': dw1, 'db1': db1, 'dw2': dw2, 'db2': db2}
        return grads
    def update_parameters(parameters, grads, learning_rate=0.4):
        w1 = parameters['w1']
        b1 = parameters['b1']
        w2 = parameters['w2']
        b2 = parameters['b2']
        dw1 = grads['dw1']
        db1 = grads['db1']
        dw2 = grads['dw2']
        db2 = grads['db2']
        w1 = w1 - dw1 * learning_rate
        b1 = b1 - db1 * learning_rate
        w2 = w2 - dw2 * learning_rate
        b2 = b2 - db2 * learning_rate
        parameters = {'w1': w1, 'b1': b1, 'w2': w2, 'b2': b2}
        return parameters
    def nn_model(X, Y, n_h, n_input, n_output, num_iterations=10000, print_
cost=False):
        np.random.seed(3)
        n_x = n_input
        n_y = n_output
        parameters = initialize_parameters(n_x, n_h, n_y)
        for i in range(0, num_iterations):
            a2, cache = forward_propagation(X, parameters)
            cost = compute_cost(a2, Y)
            grads = backward_propagation(parameters, cache, X, Y)
            parameters = update_parameters(parameters, grads)
            if print_cost and i % 1000 == 0:
                print('迭代第%i 次，代价函数为：%f' % (i, cost))
        return parameters
    def predict(parameters, x_test, y_test):
        w1 = parameters['w1']
        b1 = parameters['b1']
        w2 = parameters['w2']
        b2 = parameters['b2']
        z1 = np.dot(w1, x_test) + b1
```

```
        a1 = np.tanh(z1)
        z2 = np.dot(w2, a1) + b2
        a2 = 1 / (1 + np.exp(-z2))
        n_rows = a2.shape[0]
        n_cols = a2.shape[1]
        output = np.empty(shape=(n_rows, n_cols), dtype=int)
        for i in range(n_rows):
            for j in range(n_cols):
                if a2[i][j] > 0.5:
                    output[i][j] = 1
                else:
                    output[i][j] = 0
        output = encoder.inverse_transform(output.T)
        output = output.reshape(1, output.shape[0])
        output = output.flatten()
        print('预测结果：', output)
    print('真实结果：', y_test)
        count = 0
        for k in range(0, n_cols):
            if output[k] == y_test[k]:
                count = count + 1
            else:
                print('错误分类样本的序号：', k + 1)
        acc = count / int(a2.shape[1]) * 100
        print('准确率：%.2f%%' % acc)
        return output
    def result_visualization(x_test, y_test, result):
        cols = y_test.shape[0]
        y = []
        pre = []
        labels = ['setosa', 'versicolor', 'virginica']
        for i in range(cols):
            y.append(labels[y_test[i]])
            pre.append(labels[result[i]])
        real = np.column_stack((x_test.T, y))
        prediction = np.column_stack((x_test.T, pre))
        df_real   =   pd.DataFrame(real,   index=None,   columns=['Sepal   Length',
'Sepal Width', 'Petal Length', 'Petal Width', 'Species'])
        df_prediction   =   pd.DataFrame(prediction,   index=None,   columns=['Sepal
Length', 'Sepal Width', 'Petal Length', 'Petal Width', 'Species'])

        df_real[['Sepal Length', 'Sepal Width', 'Petal Length', 'Petal Width']]
= df_real[['Sepal Length', 'Sepal Width', 'Petal Length', 'Petal Width']].
astype(float)
        df_prediction[['Sepal  Length',  'Sepal  Width',  'Petal  Length',  'Petal
Width']] = df_prediction[['Sepal Length', 'Sepal Width', 'Petal Length', 'Petal
Width']].astype(float)
        plt.figure('真实分类')
        radviz(df_real, 'Species', color=['blue', 'green', 'red', 'yellow'])
        plt.figure('预测分类')
        radviz(df_prediction,   'Species',   color=['blue',   'green',   'red',
```

```
'yellow'])
        plt.show()
    if __name__ == "__main__":
        iris = pd.read_csv('iris_training.csv')
       X=iris[['SepalLength','SepalWidth','PetalLength','PetalWidth']].values.T
        Y = iris['species'].values
        encoder = OneHotEncoder()
        Y = encoder.fit_transform(Y.reshape(Y.shape[0], 1))
        Y = Y.toarray().T
        Y = Y.astype('uint8')
        start_time = datetime.datetime.now()
        parameters = nn_model(X, Y, n_h=10, n_input=4, n_output=3, num_iterations=
10000, print_cost=True)
        end_time = datetime.datetime.now()
        print("用时: " + str(round((end_time - start_time).microseconds / 1000))
+ 'ms')
        data_test = pd.read_csv('iris_test.csv')
        x_test = data_test[['SepalLength', 'SepalWidth', 'PetalLength',
'PetalWidth']].values.T
        y_test = data_test['species'].values
        result = predict(parameters, x_test, y_test)
    result_visualization(x_test, y_test, result)
```

运行程序，可以得到如图 4.4 所示的预测分类结果图和如图 4.5 所示的真实分类结果图。

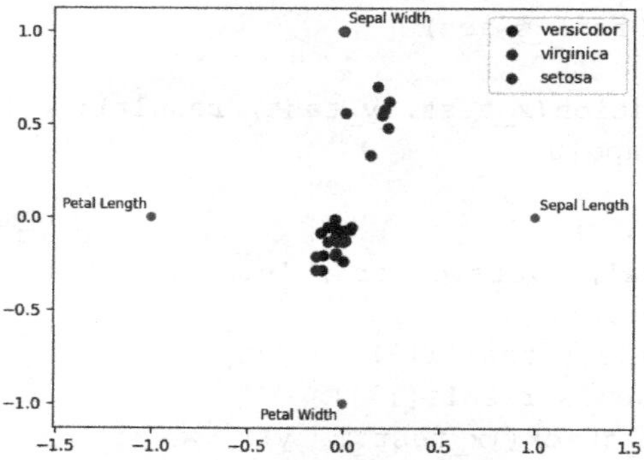

图 4.4　预测分类结果图

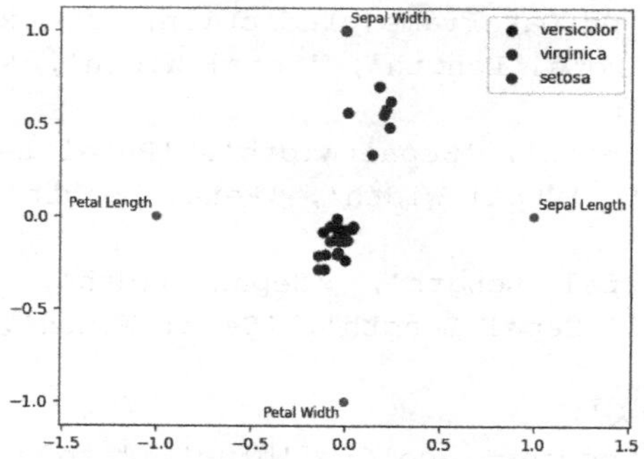

图 4.5　真实分类结果图

可以得到此次分类的准确率为 96.67%，仅有 24 号样本分类错误。而这显然比之前的算法（如决策树、逻辑回归等算法）得到的准确率高得多。这证明了神经网络在处理分类问题时具有优异的性能。

4.3 生成对抗网络

到目前为止，本书介绍的机器学习算法和深度学习算法都是为了解决分类、回归之类的数据预测问题。另外，还存在一类数据生成问题，它的目标是生成服从某种概率分布的数据。如以下问题，要让算法能够模仿人写字，先考虑最简单的情况：写出 0～9 的阿拉伯数字。这种问题该如何解决？人是通过反复训练学会写字的，如果有一种方法能模拟这个过程，先从头开始学习，对每次写出来的字进行评判并不断改进，就可以解决这一问题。

目前已经有多种深度生成模型，生成对抗网络（Generative Adversarial Network，GAN）是其中的典型代表，它是用机器学习的思路来解决数据生成问题的一种通用框架。其目标是生成服从某种概率分布的随机数据，由 Ian Goodfellow 于 2014 年提出。这种模型能够找出样本数据的概率分布，并根据这种分布产生新的样本数据。

4.3.1 生成对抗网络结构

生成对抗网络由一个生成模型和一个判别模型组成。生成模型用于学习真实样本数据的概率分布，并直接生成符合这种分布的数据；判别模型的任务是指导生成模型的训练判断一个样本是真实样本还是由生成模型生成的。在训练时，这两个模型不断竞争，从而分别提高它们的生成能力和判别能力。

判别模型的训练目标是最大化判别准确率，即区分样本是真实样本还是由生成模型生成的。生成模型的训练目标是让生成的数据尽可能与真实样本相似，最小化判别模型的判断准确率，这是相互矛盾的。在训练时采用交替优化的方法，每次迭代时都分为两个阶段：第一阶段固定判别模型也称为优化生成模型，使得生成的样本被判别模型判定为真实样本的概率尽可能高；第二阶段固定生成模型也称为优化判别模型，提高判别模型的分类准确率。

生成模型以随机噪声或类别之类的控制变量作为输入，一般用多层神经网络实现，其输出为生成的样本数据，这些样本数据和真实样本一起被送给判别模型进行训练。判别模型是一个二分类器，判别一个样本是真实的还是由生成模型生成的，一般也用神经网络实现。随着训练进行，生成模型产生的样本与真实样本几乎没有差别，判别模型也无法准确地判断出一个样本是真实的还是由生成模型生成的，此时的分类错误率为 0.5，系统达到平衡，训练结束。生成对抗网络的原理示意图如图 4.6 所示，图中，G 是生成器，D 是判别器。

训练完成之后，就可以用生成模型来生成想要的数据，可以通过控制生成模型的输入（随机噪声或随机向量）来生成不同的数据。

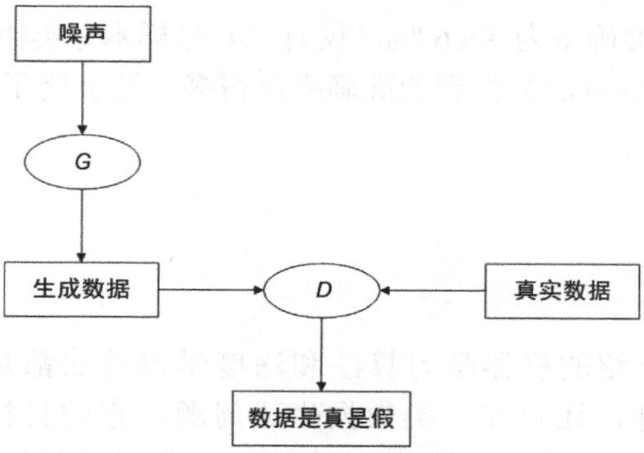

图 4.6　生成对抗网络的原理示意图

（1）生成模型。

生成对抗网络是一个抽象框架，并没有指明生成模型和判别模型具体为何种模型，可以采用全连接神经网络、卷积神经网络或其他机器学习模型。生成模型要做的事情与图像分类之类的任务刚好相反，是根据类型等输入变量来生成图像之类的样本数据。生成模型接收的输入是类别之类的随机噪声或随机向量，输出与训练样本相似的样本数据。其目标是从训练样本学习它们所服从的概率分布 p_g，假设随机噪声向量 z 服从的概率分布为 $p_z(z)$，则生成模型将这个随机噪声映射到样本数据空间。生成模型的映射函数为

$$G(z,\theta_g) \tag{4-55}$$

其中，z 是生成模型的输入，生成模型的输出为一个向量，如图像；θ_g 是生成模型的参数，通过训练得到。这个映射根据随机噪声变量计算出服从某种概率分布的随机数。

（2）判别模型。

判别模型一般是一个用于分类问题的神经网络，用于区分样本是生成模型产生的还是真实样本，这是一个二分类问题。当这个样本被判定为真实数据时，将其标记为 1，当样本被判定为来自生成模型时，将其标记为 0。判别模型的映射函数为

$$D(x,\theta_d) \tag{4-56}$$

其中，x 是模型的输入，是真实样本或由生成模型产生的样本；θ_d 是模型的参数，这个函数的输出值是分类结果，是一个标量。标量值 $D(x)$ 表示 x 来自真实样本而不是由生成模型生成的样本的概率，是 $[0,1]$ 区间内的实数，这类似逻辑回归预测函数的输出值。

4.3.2　模型的训练

4.3.1 节介绍了生成对抗网络的原理，接下来介绍模型的优化目标函数与训练算法，即如何交替训练生成模型和判别模型。

（1）目标函数。

训练目标是让判别模型能够最大限度地正确区分真实样本和由生成模型生成的样本；同时要让由生成模型生成的样本尽可能地与真实样本相似。也就是说，判别模型要尽可能将真实样本判定为真实样本，将由生成模型产生的样本判定为生成样本；生成模型要尽量让判别

模型将自己生成的样本判定为真实样本。基于以上 3 个要求，对于生成模型，要最小化以下目标函数

$$\ln\left\{1-D\left[G(z)\right]\right\} \tag{4-57}$$

这意味着生成模型生成的样本 $G(z)$ 和真实样本越接近，其被判别模型判断为真实样本的概率就越大，即 $D(G(z))$ 的值越接近于 1，目标函数的值越小。对于判别模型，要让真实样本尽量被判定为真实样本，即最大化 $\ln D(x)$，这意味着 $D(x)$ 的值应尽量接近 1；对于由生成模型生成的样本，要尽量被判定为 0，即最大化 $\ln\left\{1-D\left[G(z)\right]\right\}$。这样要优化的目标函数可定义为

$$\min_G \max_D V(D,G)=E_{x\sim P_{\text{data}}(x)}\left[\ln D(x)\right]+E_{z\sim P_z(z)}\left[\ln\left(1-D\left(G(z)\right)\right)\right] \tag{4-58}$$

在这里，判别模型和生成模型的参数是要优化的变量。E 为数学期望，对于有限的训练样本，按照样本的概率进行加权和。这里的 min 表示控制生成模型的参数让目标函数取最小值，max 表示控制判别模型的参数让目标函数取最大值。

目标函数前半部分表示判别模型要将真实样本的概率输出最大化，即真实样本要被判别为真实类；后半部分表示判别模型要将生成模型生成样本的概率输出最小化，即生成模型生成的样本要尽可能被正确分类，输出值接近于 0。综合而言，这两部分相加要最大化。

在控制生成模型时，目标函数的前半部分与生成模型无关，可以将其当作常数，后半部分的取值要尽可能小，即 $\ln\left\{1-D\left[G(z)\right]\right\}$ 要尽可能小，这意味着 $D\left[G(z)\right]$ 要尽可能大，即生成模型生成的样本要尽可能被判别成真实样本。

这个目标函数和逻辑回归的对数似然函数类似，为

$$\sum_{i=1}^{l}\left\{y_i\ln h_w(x_i)+(1-y_i)\ln\left[1-h_w(x_i)\right]\right\} \tag{4-59}$$

如果按样本标签值的取值 0 和 1 将上式拆开，并将标签值代入上式，那么目标函数可以写成如下形式

$$\sum_{i=1,\,y_i=1}^{l}\ln h_w(x_i)+\sum_{i=1,\,y_i=0}^{l}\ln\left[1-h_w(x_i)\right] \tag{4-60}$$

生成对抗网络的目标函数将上式后半部分的 $h_w(x)$ 换成了 $D\left[G(z)\right]$，表示样本是由生成模型产生的，在控制判别模型时要达到的优化效果与上式类似。不同的是，逻辑回归在训练达到最优点时，负样本的预测输出值接近 0，而在生成对抗网络中，判别模型对生成样本的输出概率值在最优点处接近于 0.5，与生成模型达到均衡。

（2）训练算法。

训练时采用分阶段优化策略进行优化，交替优化生成模型和判别模型，最终达到平衡状态，训练终止。完整的训练算法如下。

循环，对 t=1,2,⋯,max_iter

　　第一阶段：训练判别模型

　　循环，对 i=1,2,⋯,k

　　　　根据噪声服从的概率分布 $p_g(z)$ 产生 m 个噪声数据 $z_1,z_2,\cdots,z_m$

根据样本数据服从的概率分布 $p_{\text{data}}(x)$ 采样得到 m 个样本 $x_1, x_2, \cdots, x_m$

用随机梯度上升法更新判别模型，判别模型参数传递的计算公式为

$$\nabla_{\theta_d} \frac{1}{m}\sum_{i=1}^{m}\Big[\ln\big(D(x_i)\big)+\ln\big(1-D(G(z))\big)\Big] \tag{4-61}$$

第二阶段：训练生成模型

根据噪声分布产生 m 个噪声数据 $z_1, z_2, \cdots, z_m$

用随机梯度下降法更新生成模型，生成模型参数的梯度计算公式为

$$\nabla_{\theta_g} \frac{1}{m}\sum_{i=1}^{m}\ln\big\{1-D\big[G(z)\big]\big\} \tag{4-62}$$

结束循环

其中，m 是人工设定的参数，表示 Mini-Batch 梯度下降法中的批量大小。外层循环里所做的工作分为两步，首先获取 m 个真实样本，用生成模型生成 m 个样本，用这 $2m$ 个样本训练判别模型。然后用生成模型生成 m 个样本，用这些样本训练生成模型。在第一步中，生成模型保持不变；在第二步中，判别模型保持不变。训练判别模型时采用的是梯度上升法，因为要求目标函数取极大值；训练生成模型时使用的是梯度下降法，因为要求目标函数取极小值。

从实现上来看，生成对抗网络就是同时训练两个神经网络。生成模型和判别模型是一起训练的，但是二者的训练次数不一样，每迭代一轮，生成模型就训练一次，判别模型训练多次，对应内层循环。训练判别模型时使用生成数据和真实数据计算损失函数，训练生成模型时要用判别模型计算损失函数和梯度值。

使用生成对抗网络可以生成图像或声音之类的数据，如手写数字、人脸、自然场景图像，图 4.7 所示为生成对抗网络生成的手写数字。

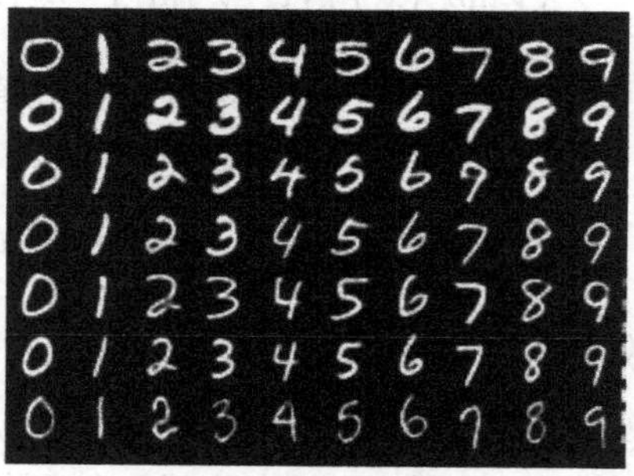

图 4.7　生成对抗网络生成的手写数字

（3）理论分析。

下面对生成对抗网络的优化目标函数进行理论分析。

结论 1：如果生成模型固定不变，那么使得目标函数取得最优值的判别模型为

$$D_G^*(x)=\frac{p_{\text{data}}(x)}{p_{\text{data}}(x)+p_g(x)} \tag{4-63}$$

下面给出证明。将数学期望按照定义展开，要优化的目标为

$$V(G,D)=\int p_{\text{data}}(x)\ln\big(D(x)\big)\mathrm{d}x+\int p_z(z)\ln\big\{1-D\big[g(z)\big]\big\}\mathrm{d}z$$

$$=\int p_{\text{data}}(x)\ln\big(D(x)\big)+p_g(x)\ln\big[1-D(x)\big]\mathrm{d}x \tag{4-64}$$

将 $p_{\text{data}}(x)$ 和 $p_g(x)$ 看作常数，上式为 $D(x)$ 的函数。构造如下函数

$$a\ln(x)+b\ln(1-x) \tag{4-65}$$

我们要求它的极值，对函数求导并令导数为 0，解方程可以得到

$$x=\frac{a}{a+b} \tag{4-66}$$

函数在该点处取得极大值，我们要优化的目标函数是这样的函数，因此结论 1 成立。将最优判别模型的值代入目标函数中消除 D，得到关于 G 的目标函数

$$\begin{aligned}C(G)&=\max_D V(D,G)\\&=E_{x\sim P_{\text{data}}(x)}\left[\ln D_G^*(x)\right]+E_{z\sim P_z(z)}\left[\ln\left(1-D_G^*\big(G(z)\big)\right)\right]\\&=E_{x\sim P_{\text{data}}(x)}\left[\ln D_G^*(x)\right]+E_{z\sim P_g(z)}\left[\ln(1-D_G^*(x)\right]\\&=E_{x\sim P_{\text{data}}(x)}\left[\ln\frac{p_{\text{data}}(x)}{p_{\text{data}}(x)+p_g(x)}\right]+E_{z\sim P_g(z)}\left[\ln\frac{p_g(x)}{p_{\text{data}}(x)+p_g(x)}\right]\end{aligned} \tag{4-67}$$

结论 2：当且仅当

$$p_g=p_{\text{data}} \tag{4-68}$$

时，这个目标函数取最小值，且最小值为$-\ln4$。下面给出证明。如果有

$$p_g=p_{\text{data}} \tag{4-69}$$

$$D_G^*(X)=\frac{1}{2} \tag{4-70}$$

则有

$$C(G)=\ln\frac{1}{2}+\ln\frac{1}{2}=-\ln4 \tag{4-71}$$

因此结论 2 成立。接下来证明仅有 $p_g=p_{\text{data}}$ 能达到最小值。由于

$$E_{x\sim P_{\text{data}}}[-\ln2]+E_{x\sim p_g}[-\ln2]=-\ln4 \tag{4-72}$$

因此对于 $C(G)$，有

$$C(G)=-\ln4+\mathrm{KL}\left(p_{\text{data}}\left\|\frac{p_{\text{data}}+p_g}{2}\right.\right)+\mathrm{KL}\left(p_g\left\|\frac{p_{\text{data}}+p_g}{2}\right.\right) \tag{4-73}$$

其中，KL 为 KL 散度。当然，$C(G)$ 也可以写成

$$C(G)=-\ln(4)+2\mathrm{JSD}\left(p_{\text{data}}\|p_g\right) \tag{4-74}$$

JSD 为 Jensen-Shannon 散度。JSD 衡量两个概率分布之间的相似度，其定义为

$$\mathrm{JSD}(p\|q)=\frac{1}{2}\mathrm{KL}(p\|m)+\frac{1}{2}\mathrm{KL}(q\|m) \tag{4-75}$$

其中

$$m=\frac{1}{2}(p+q) \tag{4-76}$$

由于两个概率分布之间的 JSD 非负，并且只有当两个分布相等时，JSD 的取值为 0，因

此结论 2 成立。这个结论也符合人们的直观认识：当生成模型生成的样本和真实样本充分相似时，判别模型无法有效区分二者，此时系统达到最优状态。若对生成对抗网络训练机制及面临的问题进行更深入的理论分析，可以参考有关生成对抗网络的论文。

4.3.3 GAN 的改进模型

自 Ian Goodfellow 于 2014 年提出 GAN 以来，GAN 就受到了广大科研人员的广泛关注，各种基于 GAN 的衍生模型相继被提出。其中，一些是为了让 GAN 应用在特定的场景中完成某种任务，一些是为了解决 GAN 在训练时出现的梯度消失、训练不稳定和模式崩溃等问题。对于 GAN 的衍生模型来说，CGAN、DCGAN 和 StyleGAN 是 GAN 衍生模型的重中之重。其中，CGAN 首次在 GAN 网络中引入了条件变量，这种做法使得 GAN 的生成不再是不可控的，而是成为一种可控的生成方式，这也为之后 GAN 在学术界和工业界的广泛应用奠定了基础。DCGAN 与 CGAN 不同的是，相较于 CGAN 的可控性，DCGAN 是为了改变 GAN 的生成质量所提出的，DCGAN 通过引入深度卷积神经网络，使 GAN 的生成结果得到了优化，这也成为此后众多衍生 GAN 的网络结构。之后，StyleGAN 的提出使得我们在 CGAN 的基础上，能够对生成图像的细节进行更加精确的控制。因此，本节主要对 CGAN、DCGAN 和 StyleGAN 进行详细介绍，以便读者能掌握当前生成对抗网络的重点。

（1）CGAN。

如何控制 GAN，让其生成特定类别的数据呢？CGAN 由此应运而生。通过在 GAN 上增加一个额外的输入充当条件，即可得到 CGAN，其中，C 译为 Conditional，这项工作提出了一种带条件约束的 GAN，其基本思想为在生成模型（G）和判别模型（D）的建模中均引入条件变量 y，使用额外信息 y 对模型增加条件，以指导数据的生成过程。这些条件变量 y 可以基于多种信息，如类别标签、用于图像修复的部分数据、来自不同模态的数据。

如果条件变量 y 是类别标签，那么可以将 CGAN 视为把纯无监督的 GAN 变成有监督模型的一种改进。例如，我们想要生成 0～9 的手写数字，则 $\boldsymbol{C}$ 可以是一个 10 维的独热向量。在训练过程中，我们将这些标签加入训练数据，从而得到一个按照我们的需求产生图片的生成器。这里要注意的是，这个 $\boldsymbol{C}$ 不但附加在了生成器上，也附加在了判别器上，相当于给判别器一个额外的判别任务：判别这个图片是以条件 $\boldsymbol{C}$ 生成的，还是在条件 $\boldsymbol{C}$ 的控制下的真正图片。

结合 GAN 的目标函数和 CGAN 的核心思想，我们可以得到 CGAN 的目标函数

$$\min_G \max_D V(D,G) = E_{x\sim P_{\text{data}}(x)}\left[\log D(\boldsymbol{x}|\boldsymbol{y})\right] + E_{z\sim P_z(z)}\left[\ln\left(1-D\left(G\left(z|\boldsymbol{y}\right)\right)\right)\right] \tag{4-77}$$

CGAN 网络结构如图 4.8 所示。从图 4.8 中可以看出，CGAN 的网络相对于原始 GAN 网络并没有本质上的变化，都是由生成器 G 和判别器 D 组成的。改变的仅是生成器和判别器的输入数据，即对于生成器的输入，在噪声输入 $\boldsymbol{z}$ 的基础上加入了条件信息 $\boldsymbol{y}$，对于判别器的输入，在生成的图像 $\boldsymbol{x}$ 的基础上加入了条件信息 $\boldsymbol{y}$。因此对于 CGAN 来说，通过加入条件信息，可以使 GAN 的生成结果在一定程度上变得可控。

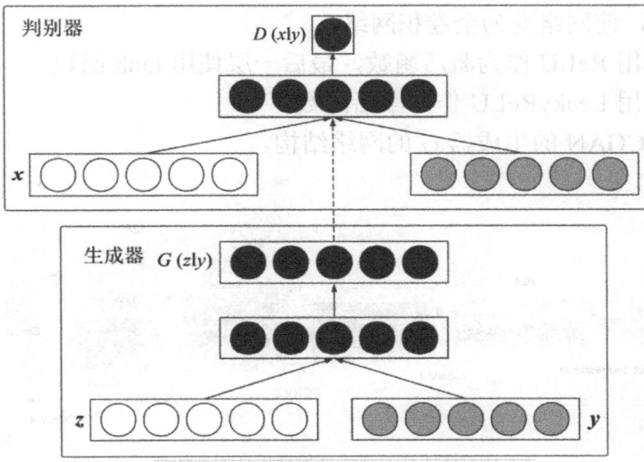

图 4.8　CGAN 网络结构

如图 4.9 所示，这是通过使用 CGAN 生成的 Mnist 手写数字。与如图 4.7 所示的生成对抗网络生成的毫无规律的手写数字相比，CGAN 通过加入条件信息生成了规范的手写数字。如图 4.9 所示，从第 1 行到第 9 行的标签分别为 0～9。因此，我们可以看出，通过在 GAN 网络中加入条件信息，我们可以很好地控制 GAN 生成的图像。

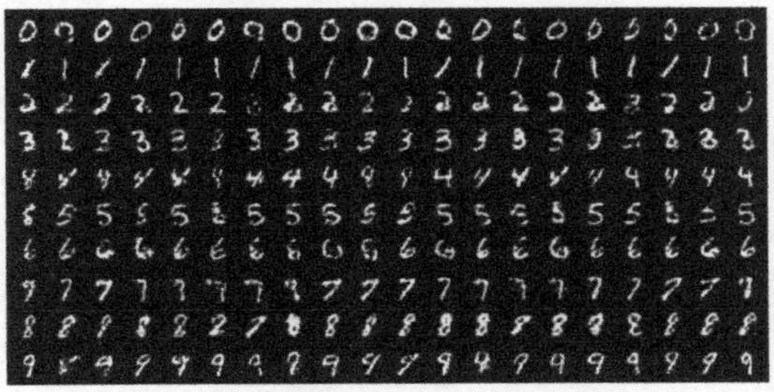

图 4.9　CGAN 生成的 Mnist 手写数字

（2）DCGAN。

虽然原始的 GAN 能够通过训练生成一些图像，但是生成的图像的质量没有达到研究人员的预期，研究人员通过实验发现，GAN 图像的质量问题来自 GAN 的网络结构设计缺陷，原始 GAN 的生成器和判别器网络都使用了 MLP，即全连接神经网络，但是全连接神经网络的结构比较简单，对于图像生成来说，仍显不足。因此，研究人员基于网络结构优化思路，提出了 DCGAN。DCGAN 的全称是 Deep Convolutional Generative Adversarial Networks，即深度卷积生成对抗网络，由 Radford 提出。与 CGAN 不同，DCGAN 里面的 C 是卷积的意思。原始 GAN 网络使用的是全连接神经网络，而 DCGAN 将生成器和判别器的网络改为卷积神经网络（Convolutional Neural Networks，CNN），但并不是直接将 MLP 替换为 CNN，DCGAN 还对卷积神经网络的结构做了一些改变，以提高样本的质量和收敛速度，这也是 DCGAN 中 D 的由来，即深度，具体改变如下。

- 取消所有 pooling 层。*G* 网络中使用微步幅度卷积（Fractionally Strided Convolution）代替 pooling 层，*D* 网络中使用步幅卷积（Strided Convolution）代替 pooling 层。
- 在 *G* 网络和 *D* 网络中均使用 Batch Normalization，即批归一化。

- 去掉全连接层，使网络变为全卷积网络。
- 在 G 网络中使用 ReLU 作为激活函数，最后一层使用 tanh 函数。
- 在 D 网络中使用 LeakyReLU 作为激活函数。

图 4.10 所示为 DCGAN 的生成器 G 的网络结构。

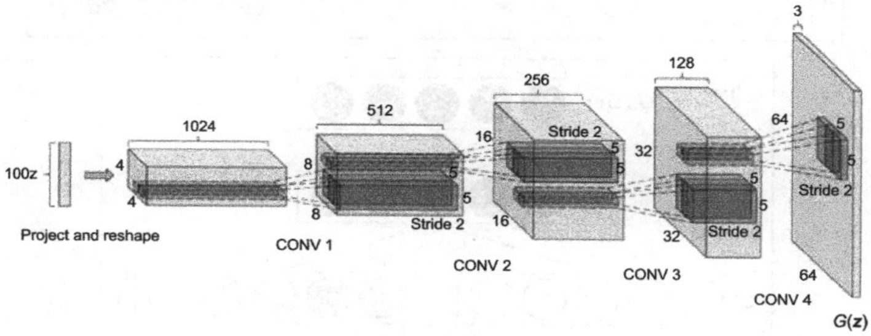

图 4.10　DCGAN 的生成器 G 的网络结构

可以看出，生成器 G 的输入是一个 100 维的噪声，中间会通过 4 层卷积层，每通过一层卷积层，通道数减半，长和宽均扩大一倍，最终产生一个 64×64×3 大小的图片输出。值得说明的是，DCGAN 中采用的是微步幅度卷积，而不是反卷积，微步幅度卷积与反卷积的差别如图 4.11 所示。

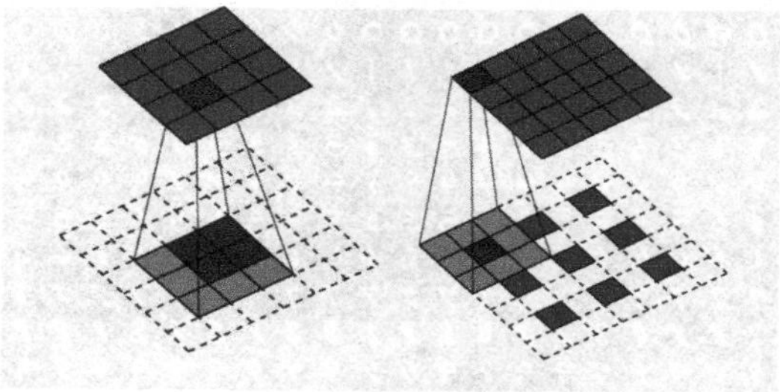

图 4.11　微步幅度卷积与反卷积的差别

图 4.11 左侧是反卷积，用 3×3 的卷积核把 2×2 的矩阵反卷积成 4×4 的矩阵；而图 4.11 右侧是微步幅度卷积，用 3×3 的卷积核把 3×3 的矩阵卷积成 5×5 的矩阵。这两者的差别在于，反卷积是在整个输入矩阵周围添 0，而微步幅度卷积会把输入矩阵拆开，在每个像素点周围都添 0。

接下来，我们看一下 DCGAN 的判别器 D 的网络结构，如图 4.12 所示。

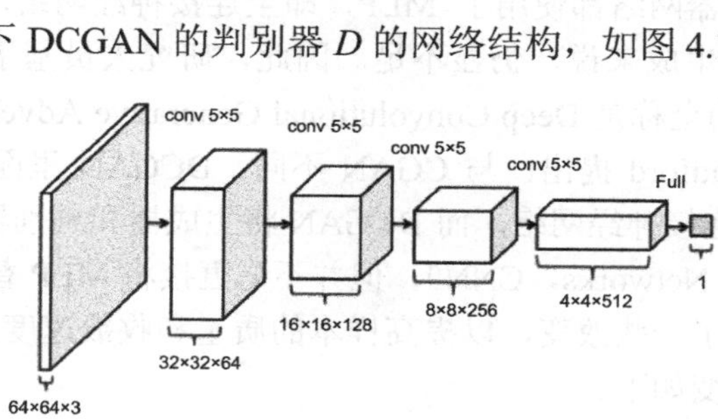

图 4.12　DCGAN 的判别器 D 的网络架构

可将 DCGAN 的判别器网络架构看成把生成器的结构反过来的结果，故在此就不进行过多叙述了。综上所述，我们总结 DCGAN 的主要贡献如下。

① 使用卷积层代替池化层，使用带步长的卷积代替上采样和下采样。

② 在生成器 G 和判别器 D 中，除最后一层外，都使用了 Batchnorm 层，将特征层的输出批归一化，加速了网络训练，也提升了训练的稳定性。

③ 在判别器中使用 LeakyReLU 激活函数，而不是 ReLU，防止梯度稀疏，在生成器中仍然采用 ReLU，但是在输出层中采用 tanh。

④ 使用 ADAM 优化器进行网络训练。

图 4.13 所示为 DCGAN 生成的图像。从图 4.13 中可以看出，相较于原始 GAN，经过改善的 DCGAN 生成的图像质量更好，而且不同于原始 GAN 只能生成一些简单结构的图像，DCGAN 在生成复杂图像的情况下，依然能表现得很好。

图 4.13　DCGAN 生成的图像

（3）StyleGAN。

虽然 CGAN 可以通过在 GAN 网络中加入条件变量来控制图像生成，DCGAN 可以通过采用深度卷积神经网络的方式来改善生成图像的质量。但是在对生成图像的精细化控制上，也就是在生成图像过程中对每级的特征控制上，要能够决定生成图像在某些方面的表现，并且使不同特征之间的相互影响更小。因此，我们需要一种更好的模型来提升 GAN 网络对生成图像的细粒度控制和精细化表现。

英伟达人工智能研究团队在 ProGAN 的基础上提出了 StyleGAN。StyleGAN 首先重点关注了 ProGAN 的生成器的网络结构，渐进层的一个潜在好处是，如果使用得当，它们能够控制图像的不同视觉特征。层和分辨率越低，渐进层所影响的特征就越粗糙。就人脸来说，简要将这些特征分为以下三类。

- 粗糙的——分辨率不超过 8×8，会影响姿势、一般发型、面部形状等。
- 中等的——分辨率为 16×16～32×32，会影响更精细的面部特征、发型、眼睛的睁开与闭合等。
- 高质的——分辨率为 64×64～1024×1024，会影响颜色（眼睛、头发和皮肤）和微观特征。

StyleGAN 在 ProGAN 的基础上增添了许多附加模块，包括映射网络、样式模块，删除传统输入、随机变化和样式混合等。StyleGAN 的生成器的网络结构如图 4.14 所示。其中，***A*** 代表控制向量，***B*** 将学习的每个通道的缩放因子应用于噪声输入，FC 为全连接层。

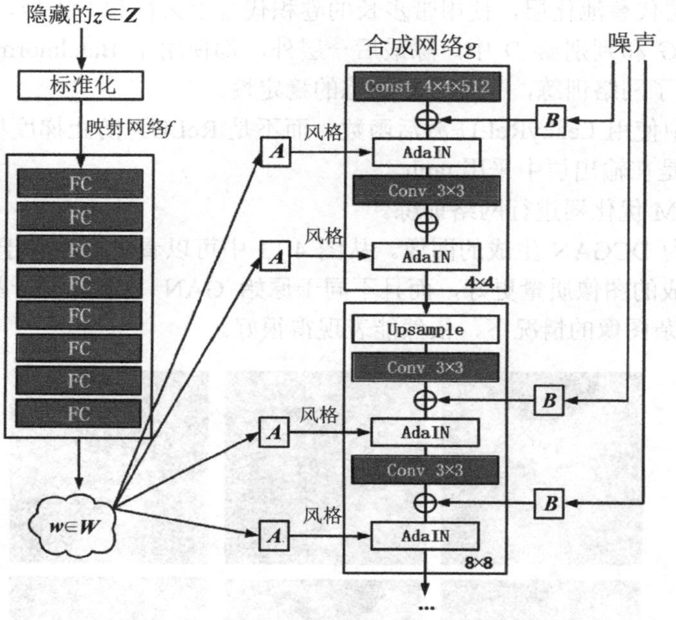

图 4.14　StyleGAN 的生成器的网络结构

由于 StyleGAN 的网络结构由以上所提出的附加模块组成，因此下面对这些模块分别进行介绍。

1．映射网络

StyleGAN 的第一点改进：给生成器的输入加上了由 8 个全连接层组成的映射网络（Mapping Network），并且映射网络的输出 ***w*** 与输入层（512×1）的大小相同。

StyleGAN 的映射网络结构示意图如图 4.15 所示，添加映射网络的目标是将输入向量编码为中间向量，中间向量后续会传给合成网络，得到 18 个控制向量，使得该控制向量的不同元素能够控制不同的视觉特征。为何要加映射网络呢？因为如果不加这个映射网络，那么后续得到的 18 个控制向量之间会存在特征纠缠的现象——比如说我们想调节 8×8 分辨率上的控制向量（假设它能控制人脸生成的角度），但是我们会发现 32×32 分辨率上的控制内容（如肤色）也被改变了，这叫作特征纠缠。映射网络的作用就是为解决输入向量的特征纠缠问题提供一条通路。

为何映射网络能够学习到特征纠缠呢？简单来说，如果仅使用输入向量来控制视觉特征，能力是非常有限的，因此它必须遵循训练数据的概率密度。例如，如果黑头发的人的图像在数据集中更常见，那么更多的输入值将会被映射到该特征上。因此，该模型无法将部分输入（向量中的元素）映射到特征上，这就会造成特征纠缠。然而，通过使用另一个神经网络，该模型可以生成一个不必遵循训练数据分布的向量，并且可以降低特征之间的相关性。

映射网络由 8 个全连接层组成，它的输出 ***w*** 与输入层（512×1）的大小相同。

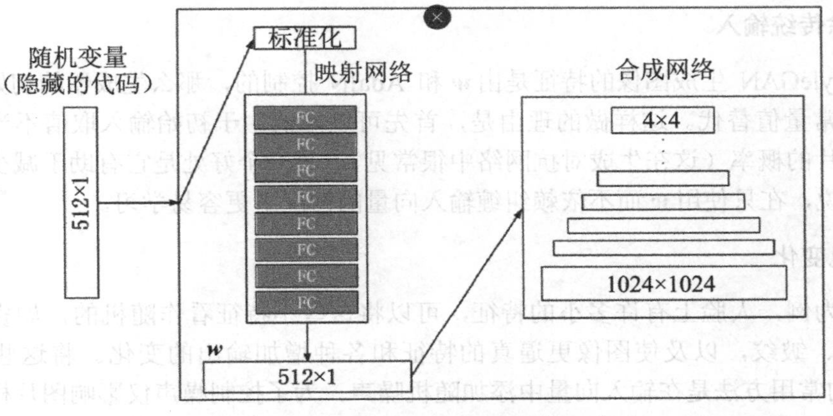

图 4.15　StyleGAN 的映射网络结构示意图

2. 样式模块

StyleGAN 的第二点改进：将特征解缠后的中间向量 $\boldsymbol{w}$ 变换为样式控制向量，从而参与影响生成器的生成过程。

StyleGAN 的样式模块结构示意图如图 4.16 所示，由于生成器从 4×4 变换到 8×8，并最终变换到 1024×1024，因此它由 9 个生成阶段组成，而每个阶段都有两个控制向量（$\boldsymbol{A}$）对其施加影响，其中，一个控制向量在上采样（Upsample）之后对其影响一次，另一个控制向量在卷积（Convolution）之后对其影响一次，影响的方式都为自适应实例归一化（AdaIN）。因此，中间向量 $\boldsymbol{w}$ 共被变换成 18 个控制向量（$\boldsymbol{A}$）传给生成器。

AdaIN 的具体实现过程：将 $\boldsymbol{w}$ 通过一个可学习的仿射变换（$\boldsymbol{A}$，实际上是一个全连接层）扩变为放缩因子 $y_{s,i}$ 与偏差因子 $y_{b,i}$，这两个因子会与标准化之后的卷积输出进行加权求和，这样就完成了一次影响原始输出 $\boldsymbol{x}_i$ 的过程。这种影响方式能够实现样式控制，主要是因为它影响图片的全局信息（注意标准化抹去了对图片局部信息的可见性），而保留生成人脸的关键信息由上采样层和卷积层来决定，因此 $\boldsymbol{w}$ 只能影响图片的样式信息。

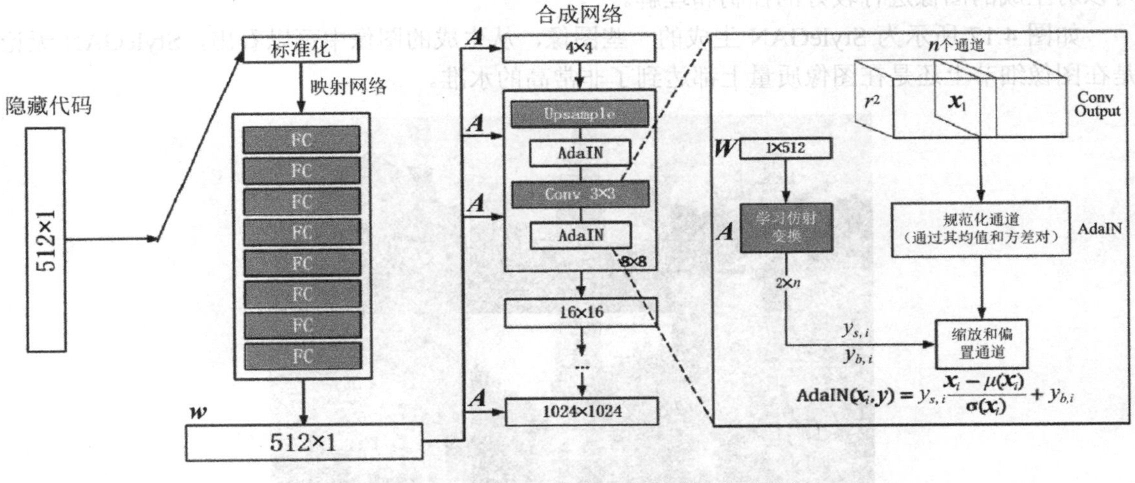

图 4.16　StyleGAN 的样式模块结构示意图

3．删除传统输入

既然 StyleGAN 生成图像的特征是由 $\boldsymbol{w}$ 和 AdaIN 控制的，那么生成器的初始输入可以被忽略，并用常量值替代。这样做的理由是，首先可以降低由于初始输入取值不当而生成一些不正常的照片的概率（这在生成对抗网络中很常见），另一个好处是它有助于减少特征纠缠，对于网络来说，在只使用 $\boldsymbol{w}$ 而不依赖纠缠输入向量的情况下更容易学习。

4．随机变化

以人脸为例，人脸上有许多小的特征，可以将这些小特征看作随机的，如雀斑、发髻线的准确位置、皱纹，以及使图像更逼真的特征和各种增加输出的变化。将这些小特征插入 GAN 图像的常用方法是在输入向量中添加随机噪声。为了控制噪声仅影响图片样式上的细微变化，StyleGAN 采用类似 AdaIN 机制的方式添加噪声，即在 AdaIN 模块之前向每个通道添加一个缩放过的噪声，并稍微改变其操作的分辨率级别特征的视觉表达方式。加入噪声后生成的人脸图像往往更加逼真与多样。

5．样式混合

StyleGAN 生成器在合成网络的每个级别中使用了中间向量，这有可能导致网络学习相关的分辨率级别。为了降低相关性，模型随机选择两个输入向量，并为它们生成中间向量 $\boldsymbol{w}$。它用第一个输入向量来训练一些网络级别，然后（在一个随机点中）切换到另一个输入向量来训练其余的级别。随机切换确保了网络不会依赖级别之间的相关性。

虽然样式混合并不会提高所有数据集上的模型性能，但是这个概念有一个非常有趣的副作用——它能够以一种连贯的方式来组合多个图像。该模型生成了两个图像 $\boldsymbol{A}$ 和 $\boldsymbol{B}$，然后从 $\boldsymbol{A}$ 中提取低级别的特征，从 $\boldsymbol{B}$ 中提取其余特征，并组合这两个图像，这样能生成混合了 $\boldsymbol{A}$ 和 $\boldsymbol{B}$ 的样式特征的新人脸图像。

上述模块也是对 StyleGAN 完整模型的分块介绍，不管是从学术界还是从工业界的角度看，StyleGAN 都是一个非常重要的衍生 GAN，它不仅可以生成高质量和逼真的图像，而且可以对生成的图像进行较好的控制和理解。

如图 4.17 所示为 StyleGAN 生成的一些图像，从生成的图像中可以看出，StyleGAN 无论是在图像细节上还是在图像质量上都达到了非常高的水准。

图 4.17　StyleGAN 生成的一些图像

4.3.4 案例分析

本案例选择使用 DCGAN 网络来生成手写数字。前面我们已经对 DCGAN 的网络结构进行了讲解，此处不再赘述。

在进行本实验之前，我们需要提前下载好 Mnist 数据集，Mnist 数据集是包含大量手写数字（包括 0～9）的一个手写数字库。在下载好该数据集之后，即可通过运行程序来生成一些手写数字。值得注意的是，在每个 epoch 中，模型生成的手写数字的质量都不尽相同。一般情况下，当 epoch 的值较小时，由于对生成器 *G* 和判别器 *D* 训练得不够，生成图像的质量一般比较差，经过长时间的训练后，才能生成一些质量非常高的结果。

完整的程序如下：

```
import argparse
import os
import numpy as np
import math
import torchvision.transforms as transforms
from torchvision.utils import save_image
from torch.utils.data import DataLoader
from torchvision import datasets
from torch.autograd import Variable
import torch.nn as nn
import torch.nn.functional as F
import torch
if torch.cuda.is_available():
    a = a.cuda(1)
    torch.save(a , 'a.pth')
    b = torch.load('a.pth')
    c = torch.load('a.pth' , map_location = lambda storage , loc : storage)
    d = torch.load('a.pth' , map_location = {'cuda:1' : 'cuda:0'})
os.makedirs("images", exist_ok=True)
parser = argparse.ArgumentParser()
parser.add_argument("--n_epochs", type=int, default=200, help="number of epochs of training")
parser.add_argument("--batch_size", type=int, default=64, help="size of the batches")
parser.add_argument("--lr", type=float, default=0.0002, help="adam: learning rate")
parser.add_argument("--b1", type=float, default=0.5, help="adam: decay of first order momentum of gradient")
parser.add_argument("--b2", type=float, default=0.999, help="adam: decay of first order momentum of gradient")
parser.add_argument("--n_cpu", type=int, default=8, help="number of cpu threads to use during batch generation")
parser.add_argument("--latent_dim", type=int, default=100, help="dimensionality of the latent space")
parser.add_argument("--img_size", type=int, default=32, help="size of each image dimension")
parser.add_argument("--channels", type=int, default=1, help="number of image channels")
```

```
    parser.add_argument("--sample_interval", type=int, default=400, help="interval
between image sampling")
    opt = parser.parse_args()
    print(opt)
    cuda = True if torch.cuda.is_available() else False
    def weights_init_normal(m):
        classname = m.__class__.__name__
        if classname.find("Conv") != -1:
            torch.nn.init.normal_(m.weight.data, 0.0, 0.02)
        elif classname.find("BatchNorm2d") != -1:
            torch.nn.init.normal_(m.weight.data, 1.0, 0.02)
            torch.nn.init.constant_(m.bias.data, 0.0)
    class Generator(nn.Module):
        def __init__(self):
            super(Generator, self).__init__()
            self.init_size = opt.img_size // 4
            self.l1    =    nn.Sequential(nn.Linear(opt.latent_dim,    128    *
self.init_size ** 2))
            self.conv_blocks = nn.Sequential(
                nn.BatchNorm2d(128),
                nn.Upsample(scale_factor=2),
                nn.Conv2d(128, 128, 3, stride=1, padding=1),
                nn.BatchNorm2d(128, 0.8),
                nn.LeakyReLU(0.2, inplace=True),
                nn.Upsample(scale_factor=2),
                nn.Conv2d(128, 64, 3, stride=1, padding=1),
                nn.BatchNorm2d(64, 0.8),
                nn.LeakyReLU(0.2, inplace=True),
                nn.Conv2d(64, opt.channels, 3, stride=1, padding=1),
                nn.tanh(),
            )
        def forward(self, z):
            out = self.l1(z)
            out = out.view(out.shape[0], 128, self.init_size, self.init_size)
            img = self.conv_blocks(out)
            return img
    class Discriminator(nn.Module):
        def __init__(self):
            super(Discriminator, self).__init__()
            def discriminator_block(in_filters, out_filters, bn=True):
                block = [nn.Conv2d(in_filters, out_filters, 3, 2, 1), nn.
LeakyReLU(0.2, inplace=True), nn.Dropout2d(0.25)]
                if bn:
                    block.append(nn.BatchNorm2d(out_filters, 0.8))
                return block
            self.model = nn.Sequential(
                *discriminator_block(opt.channels, 16, bn=False),
                *discriminator_block(16, 32),
                *discriminator_block(32, 64),
                *discriminator_block(64, 128),
            )
```

```
            ds_size = opt.img_size // 2 ** 4
            self.adv_layer = nn.Sequential(nn.Linear(128 * ds_size ** 2, 1), 
nn.sigmoid())
        def forward(self, img):
            out = self.model(img)
            out = out.view(out.shape[0], -1)
            validity = self.adv_layer(out)
            return validity
    adversarial_loss = torch.nn.BCELoss()
    generator = Generator()
    discriminator = Discriminator()
    if cuda:
        generator.cuda()
        discriminator.cuda()
        adversarial_loss.cuda()
    generator.apply(weights_init_normal)
    discriminator.apply(weights_init_normal)
    os.makedirs("../../data/mnist", exist_ok=True)
    dataloader = torch.utils.data.DataLoader(
        datasets.MNIST(
            "../../data/mnist",
            train=True,
            download=True,
            transform=transforms.Compose(
                [transforms.Resize(opt.img_size), transforms.ToTensor(), transforms.
Normalize([0.5], [0.5])]
            ),
        ),
        batch_size=opt.batch_size,
        shuffle=True,
    )
    optimizer_G = torch.optim.Adam(generator.parameters(), lr=opt.lr, 
betas=(opt.b1, opt.b2))
    optimizer_D = torch.optim.Adam(discriminator.parameters(), lr=opt.lr, 
betas=(opt.b1, opt.b2))
    Tensor = torch.cuda.FloatTensor if cuda else torch.FloatTensor
    for epoch in range(opt.n_epochs):
        for i, (imgs, _) in enumerate(dataloader):
            valid = Variable(Tensor(imgs.shape[0], 1).fill_(1.0), requires_
grad=False)
            fake = Variable(Tensor(imgs.shape[0], 1).fill_(0.0), requires_
grad=False)
            real_imgs = Variable(imgs.type(Tensor))
            optimizer_G.zero_grad()
            z = Variable(Tensor(np.random.normal(0, 1, (imgs.shape[0], opt.latent_
dim))))
            gen_imgs = generator(z)
            g_loss = adversarial_loss(discriminator(gen_imgs), valid)
            g_loss.backward()
            optimizer_G.step()
            optimizer_D.zero_grad()
```

```
            real_loss = adversarial_loss(discriminator(real_imgs), valid)
            fake_loss = adversarial_loss(discriminator(gen_imgs.detach()), fake)
            d_loss = (real_loss + fake_loss) / 2
            d_loss.backward()
            optimizer_D.step()
            print(
                "[Epoch %d/%d] [Batch %d/%d] [D loss: %f] [G loss: %f]"
                % (epoch, opt.n_epochs, i, len(dataloader), d_loss.item(), 
g_loss.item())
            )
            batches_done = epoch * len(dataloader) + i
            if batches_done % opt.sample_interval == 0:
                save_image(gen_imgs.data[:25], "images/%d.png" % batches_done, 
nrow=5, normalize=True)
```

运行以上程序，我们可以得到 DCGAN 在各个 epoch 中生成的手写数字。其中，第一次，epoch=0 时生成的图像如图 4.18 所示。从图 4.18 中可以看出，生成的都是没有意义的噪声。

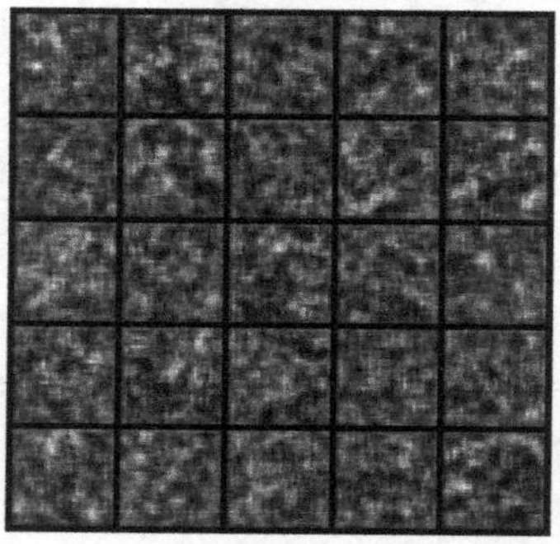

图 4.18　epoch=0 时生成的图像

接着我们会得到 epoch=10000 时生成的图像，如图 4.19 所示。此时 DCGAN 生成的图像已经很接近 Mnist 数据集中的数字了，只是看起来还有些混乱。

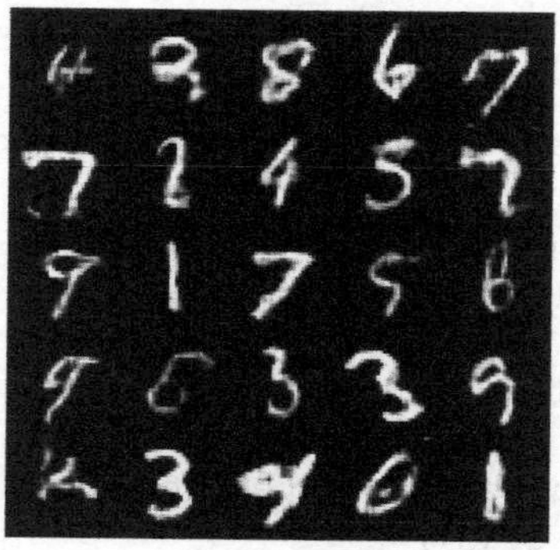

图 4.19　epoch=10000 时生成的图像

继续训练模型，会得到 epoch=30000 时生成的图像，如图 4.20 所示，从图 4.20 中可以看出，此时生成的图像和 Mnist 数据集生成的图像已经差别不大了，继续增大 epoch，显然会得到更加逼真的手写数字。通过增大 epoch，即增加训练次数，可以获得逼真的结果。

图 4.20　epoch=30000 时生成的图像

4.4　循环神经网络

自然语言处理是人工智能的重要应用领域，也是新一代计算机科学必须研究的课题。其目的是克服人机对话中的各种限制，使用户能用自己的语言与计算机对话。其背后的支撑技术就是以循环神经网络为代表的序列模型。因此，本章我们将从自然语言处理领域的经典问题出发，在经典神经网络的基础上理解循环神经网络独特的“记忆”功能及相关技术。

4.4.1　循环神经网络概述

在深度学习应用中，存在大量声音、语言、视频、DNA 等序列形式的数据。以自然语言为例，句子就是由符合自然语言规则的词序列构成的。早期的序列模型以有向图模型中的隐马尔可夫及无向图模型中的条件随机场模拟为代表，1982 年提出的 Hopfield 神经网络模型就引入了递归网络思想，并用来解决组合优化问题。1986 年，机器学习的泰斗 Jordan 定义了 Recurrent 的概念，提出 Jordan Network。1990 年，美国认知科学家 Elman 简化了 Jordan Network，构建了单个自连接节点的循环神经网络（Recurrent Neural Network，RNN）模型，但由于 RNN 的梯度消失及梯度爆炸问题，使得其训练困难、应用受限。1997 年，瑞士人工智能研究所的主任 Schmidhuber 发明了里程碑式的长短时记忆（Long Short Term Memory，LSTM）模型，使用门控单元及记忆机制大大缓解了 RNN 的训练问题。同时，Schuster 提出双向 RNN 模型结构（Bidirectional RNN），拓宽了 RNN 的应用范围。Google 的 Mikolov 于 2013 年提出 Word2vec-词嵌入，利用语言模型学习每个单词的语义化向量的分布式表征，引发了深度学习在自然语言处理领域的应用浪潮。

此外，在文本分析方面，图灵奖获得者 Bengio 团队提出了 seq2seq 架构，将 RNN 用于机器翻译，通过 Encoder 把语义信息压缩成向量，再通过 Decoder 转换输出翻译结果。此后，Bengio 团队又提出采用注意力 Attention 机制改进 seq2seq 架构，扩展了模型的表示能力和实际效果，拉开了全面进入神经网络机器翻译时代的序幕。

与卷积神经网络一样，循环神经网络的发展也与神经科学、脑科学的发展密切相关。1933 年，西班牙神经生物学家 Rafael 发现了大脑皮层的解剖结构允许刺激在神经回路中循环传递，并由此提出反响回路假设，如图 4.21 所示。该假设在同时期的一系列研究中得到认可，被认为是生物拥有短期记忆的原因。二十世纪四十年代初，加拿大心理学家赫布提出短时记忆的机制，反响回路的兴奋和抑制受大脑阿尔法节律调控，并在 α-运动神经中形成循环反馈系统。在二十世纪七八十年代，为模拟循环反馈系统建立的各类数学模型为循环神经网络的发展奠定了基础。此外，在美国学者 Hopfield 提出的神经数学模型中，使用二元节点建立的 Hopfield 神经网络启发了其后的循环神经网络研究。

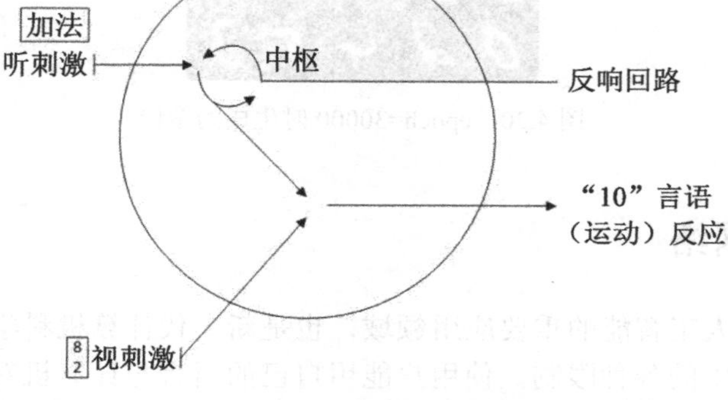

图 4.21　反响回路示意图

4.4.2　循环神经网络结构

循环神经网络由输入层、循环层和输出层构成，可能还包括全连接神经网络中的全连接层。输入层和输出层与全连接神经网络类似，唯一不同的是循环层。下面进行具体介绍。

1. 循环层

循环神经网络具有记忆功能，它会记住网络在上一时刻运行时产生的状态值，并将该值作为输入来生成当前时刻的输出值。循环神经网络的输入为前面介绍的向量序列，每个时刻接收一个输入 $\boldsymbol{x}_t$，网络会产生一个输出 $\boldsymbol{y}_t$，而这个输出是由之前时刻的输入序列共同决定的。假设 t 时刻的状态值为 $\boldsymbol{h}_t$，它由上一时刻的状态值 $\boldsymbol{h}_{t-1}$ 及当前时刻的输入值 $\boldsymbol{x}_t$ 共同决定，即

$$\boldsymbol{h}_t = f\left(\boldsymbol{h}_{t-1}, \boldsymbol{x}_t\right) \tag{4-78}$$

这是一个递推的定义，现在的问题是如何确定这个递推公式。假设 t 时刻循环层的输入向量为 $\boldsymbol{x}_t$，输出向量为 $\boldsymbol{h}_t$，上一时刻的输出值为 $\boldsymbol{h}_{t-1}$，f 为激活函数，则循环层输出的状态值的计算公式为

$$\boldsymbol{h}_t = f\left(\boldsymbol{W}_{xh}\boldsymbol{x}_t + \boldsymbol{W}_{hh}\boldsymbol{h}_{t-1} + \boldsymbol{b}\right) \tag{4-79}$$

其中，$\boldsymbol{W}_{xh}$ 为输入层到隐藏层的权重矩阵；$\boldsymbol{W}_{hh}$ 为隐藏层内的权重矩阵，可以将其看作状态转移权重；$\boldsymbol{b}$ 为偏置向量。由上面的计算公式可以看出，循环层任意一个神经元的当前时刻状态值与该循环层所有神经元在上一时刻的状态值和当前时刻输入向量的任何一个分量都有关系。与全连接神经网络相比，这里多了一项 $\boldsymbol{W}_{hh}$，它意味着使用了隐藏层上一时刻的输出值。一般选用 tanh 作为激活函数，这样隐藏层的变换为

$$\boldsymbol{h}_t = \tanh\left(\boldsymbol{W}_{xh}\boldsymbol{x}_t + \boldsymbol{W}_{hh}\boldsymbol{h}_{t-1} + \boldsymbol{b}\right) \tag{4-80}$$

使用激活函数的原因和其他类型的神经网络相同，是为了保证神经网络的映射函数是非

线性的。下面用示意图来表示隐藏层的映射，如图 4.22 所示。

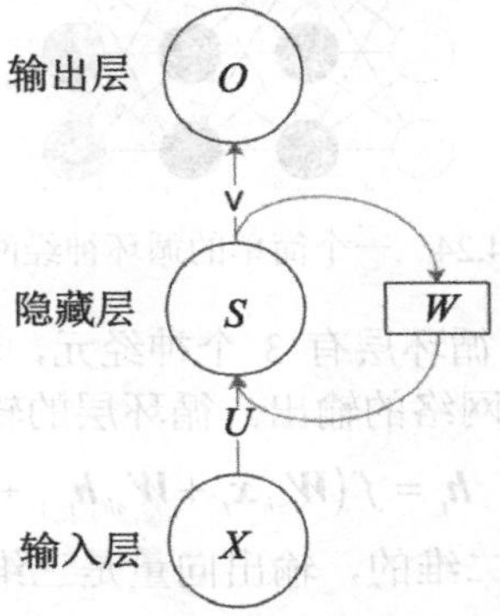

图 4.22 循环层的映射

在这里，$\boldsymbol{h}_{t-1}$ 和 $\boldsymbol{x}_t$ 共同决定 $\boldsymbol{h}_t$，$\boldsymbol{h}_{t-1}$ 体现了记忆功能，而它的值由 $\boldsymbol{h}_{t-2}$ 和 $\boldsymbol{x}_{t-1}$ 决定。依次展开之后，$\boldsymbol{h}_t$ 的值实际上是由 $\boldsymbol{x}_1, \boldsymbol{x}_2, \cdots, \boldsymbol{x}_t$ 决定的，它记住了之前完整的序列信息。权重矩阵 $\boldsymbol{W}_{hh}$ 并不会随着时间变化，在每个时刻进行计算时使用的是同一个矩阵。这样做的好处是，一方面减少了模型参数，另一方面记住了之前的信息。

把每个时刻的输入值和输出值按照时间轴展开之后并画出来，如图 4.23 所示。

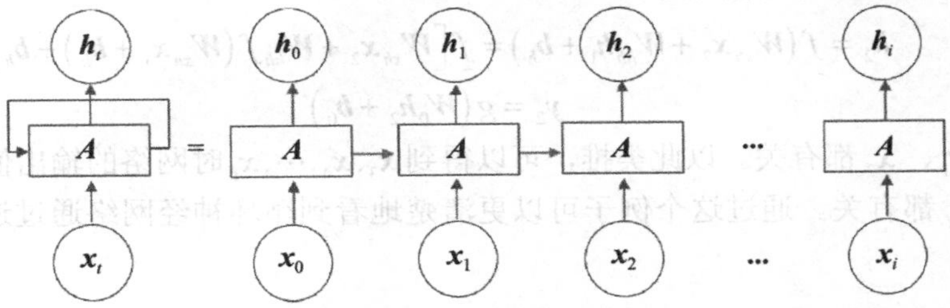

图 4.23 将循环层的输出按照时间轴展开

2. 输出层

输出层以循环层的输出值作为输入并产生循环神经网络最终的输出，它不具有记忆功能。输出层实现的变换为

$$\boldsymbol{y}_t = g\left(\boldsymbol{W}_0 \boldsymbol{h}_t + \boldsymbol{b}_0\right) \tag{4-81}$$

其中，$\boldsymbol{W}_0$ 为权重矩阵，$\boldsymbol{b}_0$ 为偏置向量，g 为变换函数。变换函数的类型根据任务而定，对于分类任务，一般选用 softmax 函数，输出各个类的概率。在这里只使用了一个循环层，实际使用时可以有多个循环层，在后面会详细介绍。

3. 一个简单的例子

下面来看一个简单的循环神经网络，这个网络有一个输入层、一个循环层和一个输出层，一个简单的循环神经网络如图 4.24 所示。

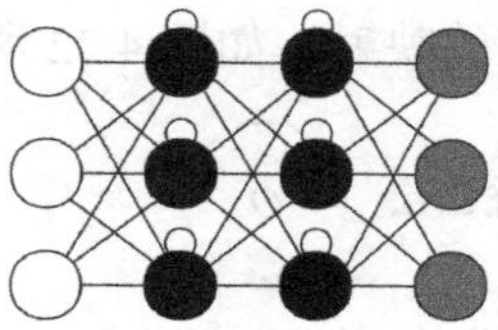

图 4.24　一个简单的循环神经网络

网络的输入层有 2 个神经元，循环层有 3 个神经元，输出层有 2 个神经元。假设输入为向量序列 $\boldsymbol{x}_1, \boldsymbol{x}_2, \cdots, \boldsymbol{x}_t$，下面来计算网络的输出。循环层的输出计算公式为

$$\boldsymbol{h}_t = f\left(\boldsymbol{W}_{xh}\boldsymbol{x}_t + \boldsymbol{W}_{hh}\boldsymbol{h}_{t-1} + \boldsymbol{b}_h\right) \tag{4-82}$$

在这里，循环层的输入向量是二维的，输出向量是三维的。输出层的计算公式为

$$\boldsymbol{y}_t = g\left(\boldsymbol{W}_o\boldsymbol{h}_t + \boldsymbol{b}_0\right) \tag{4-83}$$

输出层的输入向量是三维的，输出向量是二维的。需要注意的是，循环层的每个神经元需要接收同一层中所有神经元在上一个时刻的值作为输入，而不仅仅是本神经元上一时刻的值。下面按照时间轴展开，当输入为 $\boldsymbol{x}_1$ 时，网络的输出为

$$\boldsymbol{h}_1 = f\left(\boldsymbol{W}_{xh}\boldsymbol{x}_1 + \boldsymbol{b}_h\right) \tag{4-84}$$

$$\boldsymbol{y}_t = g\left(\boldsymbol{W}_0\boldsymbol{h}_1 + \boldsymbol{b}_0\right) \tag{4-85}$$

当输入为 $\boldsymbol{x}_2$ 时，网络的输出为

$$\boldsymbol{h}_2 = f\left(\boldsymbol{W}_{xh}\boldsymbol{x}_2 + \boldsymbol{W}_{hh}\boldsymbol{h}_1 + \boldsymbol{b}_h\right) = f\left[\boldsymbol{W}_{xh}\boldsymbol{x}_2 + \boldsymbol{W}_{hh}f\left(\boldsymbol{W}_{xh}\boldsymbol{x}_1 + \boldsymbol{b}_h\right) + \boldsymbol{b}_h\right] \tag{4-86}$$

$$\boldsymbol{y}_2 = g\left(\boldsymbol{W}_0\boldsymbol{h}_2 + \boldsymbol{b}_0\right) \tag{4-87}$$

输出值与 $\boldsymbol{x}_1$、$\boldsymbol{x}_2$ 都有关。以此类推，可以得到 $\boldsymbol{x}_3, \boldsymbol{x}_4, \cdots, \boldsymbol{x}_t$ 时网络的输出值，$\boldsymbol{x}_t$ 时的输出值与 $\boldsymbol{x}_1, \boldsymbol{x}_2, \cdots, \boldsymbol{x}_t$ 都有关。通过这个例子可以更清楚地看到循环神经网络通过递推计算实现了记忆功能。

4．深层网络

上面介绍的循环神经网络只有一个输入层、一个循环层和一个输出层。与全连接神经网络及卷积神经网络一样，可以把它推广到有任意多个隐藏层的情况，从而得到深层网络。

这里有三种方案：第一种方案是 Deep Input-to-Hidden Function，它在循环层之前加入多个普通的全连接层，对输入向量进行多层映射之后再送入循环层进行处理。

第二种方案是 Deep Hidden-to-Hidden Transition，它使用多个循环层，这与全连接神经网络类似，唯一不同的是在计算隐藏层输出时需要利用该隐藏层上一时刻的值。

第三种方案是 Deep Hidden-to-Output Function，它在循环层到输出层之间加入多个全连接层，这与第一种情况类似。

由于循环层一般用 tanh 作为激活函数，层次过多会导致梯度消失问题，可以采用跨层连接的方案。研究者通过实验证明，深层网络比浅层网络有更高的精度。

4.4.3　循环神经网络训练

由于循环神经网络结构的特殊性，其网络参数训练一般采用时间反向传播（Back

Propagation Through Time，BPTT）算法，其核心思想仍然为梯度下降。具体而言，就是将 RNN 按时间序列展开，首先采用前向传播（Forward Propagation）算法将输入数据正向传播到最后一层，然后通过反向传播（Back Propagation）从最后一个时间累积损失误差传递回第一层。BPTT 算法流程如下所示。

循环神经网络的训练算法：BPTT。

Input：样本数据。

Output：训练好的网络模型。

第一步：前向计算每个神经元的输出值。

第二步：反向计算每个神经元的误差项值，求误差函数对神经元加权输入的偏导数。

第三步：计算权重梯度。

第四步：用随机梯度下降算法更新权重。

理论上，循环神经网络可以支持任意长度的序列结构，然而在实际训练过程中，如果序列过长，一方面会导致网络训练出现梯度消失或梯度爆炸问题，另一方面展开后的全连接神经网络会占用过大内存，因此一般会规定网络的最大深度。此外，RNN 网络在第 i 步的输出结果中包含了从初始到当前所有已输入的数据信息，但 RNN 无法实现这样的长时间记忆，即存在长期依赖问题，尤其是随着时间推移，RNN 对早期输入数据的记忆会不断消散，所以在训练网络参数时，具有记忆长度限制。

由于循环神经网络存在梯度消失和梯度爆炸问题，因此我们需要对此进行分析并提出改进措施。

4.4.4　挑战与改进措施

循环神经网络在进行反向传播时也面临梯度消失或梯度爆炸问题，具体表现在时间轴上。若输入序列很长，则很难进行有效的参数更新。

循环层的变换为

$$\boldsymbol{h}_t = f\left(\boldsymbol{W}_{xh}\boldsymbol{x}_t + \boldsymbol{W}_{hh}\boldsymbol{h}_{t-1} + \boldsymbol{b}_h\right) \tag{4-88}$$

根据这个递推公式，按时间进行展开后为

$$\boldsymbol{h}_t = f\left(\boldsymbol{W}_{xh}\boldsymbol{x}_t + \boldsymbol{W}_{hh} f\left(\boldsymbol{W}_{xh}\boldsymbol{x}_{t-1} + \boldsymbol{W}_{hh}\boldsymbol{h}_{t-2} + \boldsymbol{b}_h\right) + \boldsymbol{b}_h\right) \tag{4-89}$$

如果一直展开到 $\boldsymbol{h}_1$，对上式进行简化，去掉激活函数的作用，1 时刻的状态传递到 t 时刻的状态会变为

$$\boldsymbol{h}_t = \left(\boldsymbol{W}_{hh}\right)^{t-1}\boldsymbol{h}_1 \tag{4-90}$$

假设矩阵 $\boldsymbol{W}_{hh}$ 可以对角化，存在正交矩阵 $\boldsymbol{Q}$ 使得

$$\boldsymbol{Q}^{\mathrm{T}}\boldsymbol{W}\boldsymbol{Q} = \boldsymbol{\Lambda} \tag{4-91}$$

其中，$\boldsymbol{\Lambda}$ 是对角矩阵，对角线上的元素是矩阵 $\boldsymbol{W}_{hh}$ 的特征值。由于

$$\boldsymbol{W} = \boldsymbol{Q}\boldsymbol{\Lambda}\boldsymbol{Q}^{\mathrm{T}} \tag{4-92}$$

根据矩阵的乘法结合律可以得到

$$\boldsymbol{W}^{\mathrm{T}} = \left(\boldsymbol{Q}\boldsymbol{\Lambda}\boldsymbol{Q}^{\mathrm{T}}\right)^{\mathrm{T}} = \left(\boldsymbol{Q}\boldsymbol{\Lambda}\boldsymbol{Q}^{\mathrm{T}}\right)\left(\boldsymbol{Q}\boldsymbol{\Lambda}\boldsymbol{Q}^{\mathrm{T}}\right)\cdots\left(\boldsymbol{Q}\boldsymbol{\Lambda}\boldsymbol{Q}^{\mathrm{T}}\right) = \boldsymbol{Q}\boldsymbol{\Lambda}^{\mathrm{T}}\boldsymbol{Q}^{\mathrm{T}} \tag{4-93}$$

在这里，$\boldsymbol{Q}^{\mathrm{T}}\boldsymbol{Q}=\boldsymbol{I}$，因为$\boldsymbol{Q}$是正交矩阵。对角矩阵的幂为对角线元素的幂。如果$\boldsymbol{W}_{hh}$的特征值的绝对值小于 1，那么经过多次乘积之后，$\boldsymbol{W}_{hh}$的特征值接近 0，在正向传播阶段，隐藏层的信息就难以传递到很远的时刻；如果特征值的绝对值大于 1，那么多次乘积之后，$\boldsymbol{W}_{hh}$的特征值会趋向于无穷大。要解决上面的问题，就需要让每次相乘的值接近 1。反向传播时，也要连续乘以矩阵$\boldsymbol{W}_{hh}$，会面临同样的问题。

从上面的分析中可以看出，即使是在正向传播过程中，要把很久以前的状态值传递到当前时刻，也存在很大的困难。利用反向传播计算梯度时，每次也要乘上权重矩阵，因此存在同样的问题。

如何解决这个问题？问题的根源在于矩阵的多次乘积。如果让每次矩阵乘积的效果近似于对元素乘以接近 1 的值，问题就能得到解决，但是无法控制权重矩阵的值。另外一个思路是避免这种矩阵的多次乘积，这是目前的主流方法。接下来分别介绍解决此问题的两种方法——长短期记忆模型和门控循环单元。

（1）长短期记忆模型。

长短期记忆模型（Long Short-Term Memory，LSTM）由 Schmidhuber 等人于 1997 年提出，它对循环层单元进行改进，避免用前面的公式直接计算隐藏层的状态值。具体方法是使用输入门、遗忘门、输出门，通过另外一种方式根据$\boldsymbol{h}_{t-1}$计算$\boldsymbol{h}_t$。LSTM 的基本单元称为记忆单元，记忆单元在t时刻维持一个记忆值c_t，循环层状态的输出值计算公式为

$$\boldsymbol{h}_t=\boldsymbol{o}_t\odot\tanh\left(\boldsymbol{c}_t\right)\tag{4-94}$$

这是输出门与记忆值的乘积。其中，$\boldsymbol{o}_t$为输出门，这是一个向量，按照如下公式计算

$$\boldsymbol{o}_t=\sigma\left(\boldsymbol{W}_{xo}\boldsymbol{x}_t+\boldsymbol{W}_{ho}\boldsymbol{h}_{t-1}+\boldsymbol{b}_o\right)\tag{4-95}$$

其中，σ为 sigmoid 函数。输出门决定了记忆单元存储的记忆值有多大比例可以被输出。使用 sigmoid 函数是因为它的值域是(0,1)，这样$\boldsymbol{o}_t$的所有分量的取值范围都为 0～1，它们分别与另一个向量的分量相乘，可以控制另一个向量的输出比例。$\boldsymbol{W}_{xo}$、$\boldsymbol{W}_{ho}$、$\boldsymbol{b}_o$是输出门的权重矩阵和偏置项，这些参数通过训练得到。

记忆值$\boldsymbol{c}_t$是循环层神经元记住的上一个时刻的状态值，随着时间进行加权更新，它的更新公式为

$$\boldsymbol{c}_t=\boldsymbol{f}_t\odot\boldsymbol{c}_{t-1}+\boldsymbol{i}_t\odot\tanh\left(\boldsymbol{W}_{xc}\boldsymbol{x}_t+\boldsymbol{W}_{hc}\boldsymbol{h}_{t-1}+\boldsymbol{b}_c\right)\tag{4-96}$$

其中，$\boldsymbol{f}_t$是遗忘门，$\boldsymbol{c}_{t-1}$是记忆单元在上一时刻的值，遗忘门决定了记忆单元上一时刻的值有多少会被传到当前时刻，即遗忘速度。记忆单元的当前值是上一时刻的值与当前输入值的加权和，记忆值只是个中间值。遗忘门的计算公式为

$$\boldsymbol{f}_t=\sigma\left(\boldsymbol{W}_{xf}\boldsymbol{x}_t+\boldsymbol{W}_{hf}\boldsymbol{h}_{t-1}+\boldsymbol{b}_f\right)\tag{4-97}$$

这里也使用了 sigmoid 函数。$\boldsymbol{i}_t$是输入门，控制着当前时刻的输入有多少可以进入记忆单元，其计算公式为

$$\boldsymbol{i}_t=\sigma\left(\boldsymbol{W}_{xi}\boldsymbol{x}_t+\boldsymbol{W}_{hi}\boldsymbol{h}_{t-1}+\boldsymbol{b}_i\right)\tag{4-98}$$

输入门、遗忘门、输出门这 3 个门的计算公式都是一样的，分别使用了自己的权重矩阵和偏置向量，这 3 个值的计算都用到了$\boldsymbol{x}_t$和$\boldsymbol{h}_{t-1}$，它们起到了控制信息流量的作用。

隐藏层的状态值由遗忘门、记忆单元上一时刻的值及输入门和输出门共同决定。除了这 3 个门，真正决定$\boldsymbol{h}_t$的只有$\boldsymbol{x}_t$和$\boldsymbol{h}_{t-1}$。总结起来，LSTM 的计算思路如下：输入门作用于当

前时刻的输入值，遗忘门作用于之前时刻的记忆值，将二者加权求和，得到汇总信息；最后通过输出门决定输出值。如果将 LSTM 在各个时刻的输出值展开，会发现其中有一部分早期时刻的输入值避免了与权重矩阵的累次相乘，这是 LSTM 能够缓解梯度消失问题的主要原因。

（2）门控循环单元。

门控循环单元（Gated Recurrent Units，GRU）是解决循环神经网络梯度消失问题的另一种方法，它也是通过门来控制信息的流动的。与 LSTM 不同的是，GRU 只使用了两个门，把 LSTM 的输入门和遗忘门合并成更新门。更新门的计算公式如下

$$\boldsymbol{z}_t = \sigma\left(\boldsymbol{W}_{xz}\boldsymbol{x}_t + \boldsymbol{W}_{hz}\boldsymbol{h}_{t-1}\right) \tag{4-99}$$

更新门决定了之前的记忆值进入当前值的比例。另外一个门是重置门，其定义如下

$$\boldsymbol{r}_t = \sigma\left(\boldsymbol{W}_{xr}\boldsymbol{x}_t + \boldsymbol{W}_{hr}\boldsymbol{h}_{t-1}\right) \tag{4-100}$$

这种门的计算公式与 LSTM 一样，这里不再重复解释。记忆单元的值定义为

$$\boldsymbol{c}_t = \tanh\left(\boldsymbol{W}_{xc}\boldsymbol{x}_t + \boldsymbol{W}_{rc}\left(\boldsymbol{h}_{t-1} \odot \boldsymbol{h}_{t-1}\right)\right) \tag{4-101}$$

它由上一个时刻的状态值及当前输入值共同决定。隐藏层的状态值定义为

$$\boldsymbol{h}_t = \left(1 - \boldsymbol{z}_t\right) \odot \boldsymbol{c}_t + \boldsymbol{z}_t \odot \boldsymbol{h}_{t-1} \tag{4-102}$$

它是当前时刻的记忆值及上一时刻的状态值的加权组合。根据正向传播计算公式可以推导出反向传播时误差项和权重梯度的计算公式。

4.4.5　案例分析

在本案例中，我们选择使用 LSTM 来预测正弦函数。首先需要生成一些符合正弦描述的坐标。然后搭建 LSTM 网络，通过对 LSTM 网络进行多次迭代训练，使 LSTM 可以对数据进行预测。

本案例的完整程序如下。

```
    import numpy as np
    import tensorflow as tf
    from tensorflow.contrib.learn.python.learn.estimators.estimator import
SKCompat
    from tensorflow.python.ops import array_ops as array_ops_
    import matplotlib.pyplot as plt
    learn = tf.contrib.learn
    HIDDEN_SIZE = 30
    NUM_LAYERS = 2
    TIMESTEPS = 10
    TRAINING_STEPS = 3000
    BATCH_SIZE = 32
    TRAINING_EXAMPLES = 10000
    TESTING_EXAMPLES = 1000
    SAMPLE_GAP = 0.01
    def generate_data(seq):
        X = []
        y = []
```

```
        for i in range(len(seq) - TIMESTEPS):
            X.append([seq[i: i + TIMESTEPS]])
            y.append([seq[i + TIMESTEPS]])
        return np.array(X, dtype=np.float32), np.array(y, dtype=np.float32)
    test_start = (TRAINING_EXAMPLES + TIMESTEPS) * SAMPLE_GAP  # (10000+10)*
0.01=100
    test_end = test_start + (TESTING_EXAMPLES + TIMESTEPS) * SAMPLE_GAP train_X,
train_y = generate_data(np.sin(np.linspace(
        0, test_start, TRAINING_EXAMPLES + TIMESTEPS, dtype=np.float32)))
    test_X, test_y = generate_data(np.sin(np.linspace(
        test_start, test_end, TESTING_EXAMPLES + TIMESTEPS, dtype=np.float32)))
    def lstm_model(X, y, is_training):
        cell = tf.nn.rnn_cell.MultiRNNCell([
            tf.nn.rnn_cell.BasicLSTMCell(HIDDEN_SIZE)
            for _ in range(NUM_LAYERS)])
        outputs, _ = tf.nn.dynamic_rnn(cell, X, dtype=tf.float32)
        output = outputs[:, -1, :]
        predictions = tf.contrib.layers.fully_connected(
            output, 1, activation_fn=None)
        if not is_training:
            return predictions, None, None
        loss = tf.losses.mean_squared_error(labels=y, predictions=predictions)
        train_op = tf.contrib.layers.optimize_loss(
            loss, tf.train.get_global_step(),
            optimizer="Adagrad", learning_rate=0.1)
        return predictions, loss, train_op
    def run_eval(sess, test_X, test_y):
        ds = tf.data.Dataset.from_tensor_slices((test_X, test_y))
        ds = ds.batch(1)
        X, y = ds.make_one_shot_iterator().get_next()
        with tf.variable_scope("model", reuse=True):
            prediction, _, _ = lstm_model(X, [0.0], False)
        predictions = []
        labels = []
        for i in range(TESTING_EXAMPLES):
            p, l = sess.run([prediction, y])
            predictions.append(p)
            labels.append(l)
        predictions = np.array(predictions).squeeze()
        labels = np.array(labels).squeeze()
        rmse = np.sqrt(((predictions - labels) ** 2).mean(axis=0))
        print("Root Mean Square Error is: %f" % rmse)
        plt.figure()
        plt.plot(predictions, label='predictions')
        plt.plot(labels, label='real_sin')
        plt.legend()
        plt.show()
    print(train_X.shape)
    print(train_y.shape)
    ds = tf.data.Dataset.from_tensor_slices((train_X, train_y))
    ds = ds.repeat().shuffle(1000).batch(BATCH_SIZE)
```

```
    X, y = ds.make_one_shot_iterator().get_next()
    with tf.variable_scope("model"):
        _, loss, train_op = lstm_model(X, y, True)
    with tf.Session() as sess:
        sess.run(tf.global_variables_initializer())
        print("Evaluate model before training.")
        run_eval(sess, test_X, test_y)
        for i in range(TRAINING_STEPS):
            _, l = sess.run([train_op, loss])
            if i % 1000 == 0:
                print("train step: " + str(i) + ", loss: " + str(l))
        print("Evaluate model after training.")
        run_eval(sess,test_X,test_y)
```

运行以上程序，首先会得到一组数据。这组数据记录了实验迭代初期的误差率为 0.6749，此外，会得到如图 4.25 所示的训练初期预测曲线和真实 sin 函数曲线图。从图 4.25 中可以看出，此时的预测曲线和真实 sin 函数曲线的差距还是很大的。

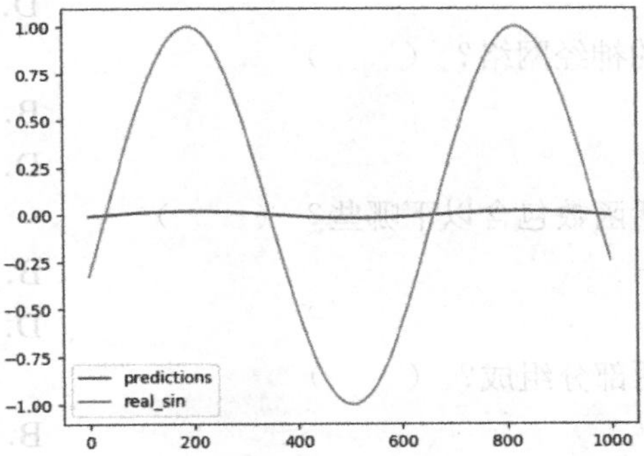

图 4.25 训练初期预测曲线和真实 sin 函数曲线图

接着对 LSTM 网络进行多次迭代，可以得到一组数据，此时可以看到，经过多次迭代，误差率已经降为 0.001，这表明 LSTM 网络模型已经成功预测出了正弦函数，此时，预测曲线与真实 sin 函数曲线完全重合，如图 4.26 所示。

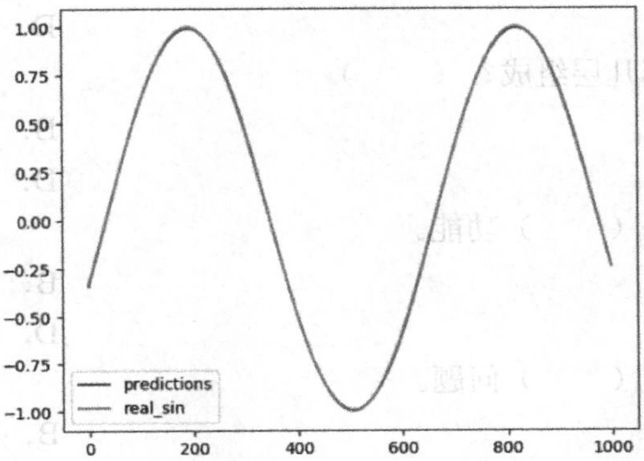

图 4.26 多次迭代后的预测曲线和真实 sin 函数曲线图

总结

本章通过对深度学习的相关知识进行介绍，并对深度学习算法（包括人工神经网络、生成对抗网络和循环神经网络）进行原理讲解和案例实践，使得读者对于现今一些重要的深度学习概念及深度学习算法有了更加清晰的认识，也促使读者对深度学习算法的理解和掌握进一步加深。

相信通过本章的学习，读者对深度学习算法的理解和应用能够更上一层楼。

习题

一、选择题

1．人工神经网络由哪几层组成？（　　）

A．输入层　　B．隐藏层
C．输出层　　D．中间层

2．以下哪个不是典型的神经网络？（　　）

A．卷积神经网络　　B．循环神经网络
C．全连接神经网络　　D．GAN 网络

3．神经网络使用的激活函数包含以下哪些？（　　）

A．ReLU　　B．sigmoid
C．LeakyReLU　　D．tanh

4．生成对抗网络由哪两部分组成？（　　）

A．生成器　　B．判别器
C．分类器　　D．上采样器

5．以下哪些是生成对抗网络的衍生模型？（　　）

A．CGAN　　B．DCGAN
C．CycleGAN　　D．StyleGAN

6．GAN 是用来解决（　　）问题的。

A．生成　　B．分类
C．预测　　D．聚类

7．循环神经网络由哪几层组成？（　　）

A．输入层　　B．循环层
C．输出层　　D．隐藏层

8．循环神经网络具有（　　）功能。

A．记忆　　B．预测
C．映射　　D．转换

9．循环神经网络存在（　　）问题。

A．梯度消失　　B．梯度爆炸
C．模式崩塌　　D．训练不稳定

10．以下哪个衍生 GAN 提出将条件变量信息作为 GAN 的输入之一？（ ）

A．CGAN

B．DCGAN

C．ProGAN

D．StyleGAN

二、判断题

1．神经网络只有输入层和输出层。（ ）
2．神经网络的激活函数只能用 sigmoid。（ ）
3．神经网络可以用于分类问题。（ ）
4．生成对抗网络可以用来解决分类问题。（ ）
5．生成对抗网络的结构只包含生成器和判别器。（ ）
6．生成对抗网络采用了最大/最小博弈的思想。（ ）
7．循环神经网络存在梯度消失和梯度爆炸问题。（ ）
8．门控循环单元是解决循环神经网络梯度消失问题的唯一方法。（ ）
9．循环神经网络只有单向的。（ ）
10．DCGAN 采用全卷积神经网络代替全连接神经网络。（ ）

三、简答题

1．简述人工神经网络的原理。
2．介绍 3 种激活函数。
3．说明 BP 算法的基本原理。
4．简述 GAN 的基本原理。
5．请举几个 GAN 的衍生模型的例子，并进行比较。
6．分析 GAN 的优势和劣势。
7．请简要叙述循环神经网络的基本原理。
8．请简要概括循环神经网络存在的问题及解决措施。
9．请分析循环神经网络的优缺点。
10．请阐述 StyleGAN 的优点。

第 5 章　强化学习

- 强化学习
  - 强化学习及其研究现状
    - 马尔可夫模型
    - 策略
    - 强化学习研究现状
  - Q-学习算法
    - Q-学习算法的基本原理
    - Q-学习算法的结构
    - 采用神经网络实现Q-学习算法
    - Q-学习算法的改进
    - Q-学习算法的应用案例
  - 蒙特卡洛算法
    - 概述
    - 经验轨迹
    - 蒙特卡洛算法的数学原理
    - 蒙特卡洛算法的特点
    - 蒙特卡洛预测
    - 蒙特卡洛预测算法的实现
  - 动态规划算法
    - 策略评估
    - 策略改进
    - 策略迭代
    - 值迭代
    - 案例分析
  - 总结
  - 习题

本章导读

本章主要介绍强化学习算法的理论与案例分析，详细介绍强化学习的相关概念及其研究现状，并介绍 Q-学习算法、蒙特卡洛算法和动态规划算法的原理、算法流程等，对各个算法的应用进行了编程实现。

本章要点

- 强化学习及其研究现状。
- Q-学习算法。
- 蒙特卡洛算法。
- 动态规划算法。

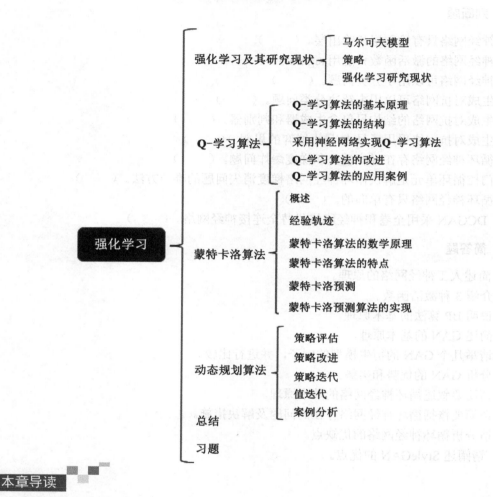

5.1 强化学习及其研究现状

5.1.1 马尔可夫模型

在一个强化学习的应用场合中，强化学习算法控制一个智能玩家在给定的环境中通过一系列动作来完成指定任务。例如，在博弈系统中，智能玩家就是计算机软件控制的虚拟棋手，环境是棋盘上的盘面局势，其任务是赢棋；在无人驾驶汽车系统中，智能玩家就是控制车辆行驶的虚拟驾驶员，环境是无人驾驶的路况，其任务是从出发点开始安全操纵无人驾驶汽车到达指定目的地。强化学习算法的任务是根据环境的状态制定智能玩家的动作策略。

为了设计强化学习算法，必须将环境、状态、动作等概念抽象成合适的数学模型。可将强化学习要解决的问题抽象成马尔可夫决策过程，马尔可夫模型是一个常用的强化学习环境模型。一个马尔可夫模型由以下 4 个要素组成。

（1）状态集 S。S 中的每个元素均表示一个环境状态。例如，在围棋博弈系统中，每个可能的盘面都对应一个状态。尽管在现实环境中可能有无限种状态，但总是可以通过近似或离散等方法，将状态转化为有限集。因此，在本章中总是假设状态集 S 是有限集。

（2）动作集 A。A 中的每个元素 a 都对应一个智能玩家的动作。例如，在围棋博弈系统中，在棋盘的任一位置落子都对应一个动作。与状态集类似，总可以假设动作集 A 是有限集。

（3）转移函数 T。动作可以改变状态，转移函数 T 是一个从 $S \times A$ 映射到 S 的函数。对任意 $s \in S$ 和 $a \in A$，用 $T(s,a)$ 表示在状态 s 下执行动作 a 而转移到的新状态。例如，在当前围棋盘面的某一处落子，将产生一个新的盘面。

（4）奖励函数 R。环境对每个动作给予一个反馈。反馈函数 R 是一个从 $S \times A$ 映射到实数的函数。对任意 $s \in S$ 和 $a \in A$，用 $R(s,a)$ 表示在状态 s 下执行动作 a 所能得到的立即奖励。$R(s,a)$ 的值有可能是负数，此时的奖励实际上就是惩罚。例如，在围棋博弈系统中，若走出一步好棋，吃掉了对方的大片棋子，则获得一个正的奖励；反之，若被对方吃掉，则获得一个负的奖励（惩罚）。奖励函数的设计不属于强化学习算法的任务范畴，它是由环境提供的。

根据以上 4 个要素，可以将一个马尔可夫模型描述为一个有向图，如图 5.1 所示。在图 5.1 中，在状态 s 下执行动作 a，获得了奖励 $r=R(s,a)$，并将状态改变为 $s'=T(s,a)$。类似于像图 5.1 这样的有向图就称为状态图。

并非每个动作都会改变状态。例如，在图 5.1 中，在状态 s' 下执行动作 a' 后，状态依然是 s'，即一个动作也可以不改变状态。

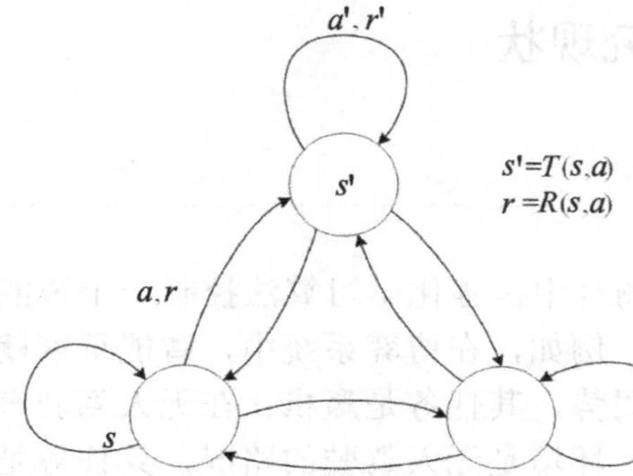

图 5.1 马尔可夫模型的状态图

5.1.2 策略

强化学习的目标是制定一种策略，使得智能玩家在任意状态下都能取得与该状态的 V 值相接近的折扣奖励。

策略是一个根据环境状态来选择动作的规则。策略可以是确定性的，确定性策略在每个状态下只选择唯一的一个动作。策略也可以是随机的，随机策略在每个状态下可以根据一个概率分布来随机选取一个策略。在一个马尔可夫模型中，映射函数作为策略 $\pi\ S \to A$。$\pi(s)$ 表示策略 π 在处于状态 s 时命令智能玩家采取的动作。如果是随机策略，则 $\pi(s)$ 是一个随机变量。用 $\pi(s,a)$ 表示智能玩家决定采取动作 a 的概率，即 $\pi(s,a)=P_r(\pi(s)=a)$。对全部动作的集合 A，有

$$\sum_{a\in A}\pi(s,a)=1 \tag{5-1}$$

给定一个策略 π，设智能玩家处于状态 s。从状态 s 开始，按照策略 π 连续发出 n 个动作，就能得到状态图中一条长度为 n 的路径，如图 5.2 所示。如果定义 $s_o=s$，则可将图中各状态的关系统一表示为 $s_i=T\left(s_{i-1},\pi\left(s_{i-1}\right)\right)$，$r_i=R\left(s_{i-1},\pi\left(s_{i-1}\right)\right)$，$i=1,2,\cdots,n$。

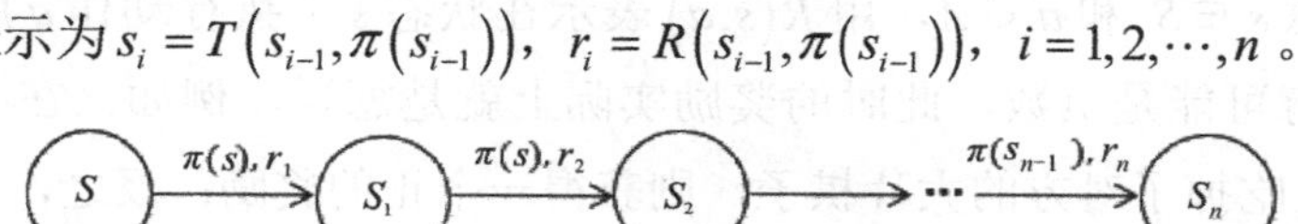

图 5.2 策略 π 从状态 s 发出的 n 个动作的状态图

由于策略 π 可能是随机策略，因此图 5.2 中的 $r_1,r_2,\cdots,r_n$ 都是随机变量。取定常数折扣值 $0\leqslant\gamma\leqslant 1$。用 $G_i^\pi(s)$ 表示 $r_1,r_2,\cdots,r_i$ 的加权和的期望值，即

$$G_i^\pi(s)=E\left(r_1+\gamma r_2+\gamma^2 r_3+\cdots\gamma^{i-1}r_i\right),\ i=1,2,\cdots,n \tag{5-2}$$

则从 s 开始，按策略 π 执行不超过 n 步动作后所能获得的最大折扣奖励为

$$V_n^\pi(s)=\max_{0\leqslant i\leqslant n}G_i^\pi(s) \tag{5-3}$$

由上式可知，对任意 n，有 $V_n^\pi(s)\leqslant V_{n+1}^\pi(s)$。

引理 1 设环境中不含有正奖励圈，并且状态集 S 是一个含有终止状态的有限集，则对任意策略 π，一定存在一个正整数 N 与 n，使得对任意状态 s，有

$$V_0^{\pi}(s) \leqslant V_1^{\pi}(s) \leqslant \cdots \leqslant V_N^{\pi}(s) = V_{N+1}^{\pi}(s) = \cdots = V_{n\times N}^{\pi}(s) \tag{5-4}$$

因此，可定义

$$V^{\pi}(s) = \lim_{n\to\infty} V_n^{\pi}(s) \tag{5-5}$$

$V^{\pi}(s)$ 是策略 π 在状态 s 下可能获得的最大折扣奖励。将 $V^{\pi}(s)$ 称为策略 π 在状态 s 处的 V 值。

对任意状态 s 和动作 a，定义 $Q_n^{\pi}(s,a)$ 为 s 经过动作 a 之后，再按照策略 π 进行不超过 n-1 步动作后可能获得的最大折扣奖励。

引理 2 设环境中不含有正奖励圈，并且状态集 S 是一个含有终止状态的有限集，则对任意策略 π，一定存在一个正整数 N，使得对任意 s 及 a，有

$$Q_0^{\pi}(s,a) \leqslant Q_1^{\pi}(s,a) \leqslant \cdots \leqslant Q_N^{\pi}(s,a) = Q_{N+1}^{\pi}(s,a) = \cdots = Q^{\pi}(s,a) \tag{5-6}$$

由引理 2 可定义

$$Q^{\pi}(s,a) = \lim_{n\to\infty} Q_n^{\pi}(s,a) \tag{5-7}$$

$Q^{\pi}(s,a)$ 称为策略 π 在 s 处基于动作 a 的 Q 值。

对任意 s 和 a，策略 π 在状态 s 处的 V 值与 Q 值具有以下性质

$$Q_n^{\pi}(s,a) = R(s,a) + \gamma V_{n-1}^{\pi}\left[T(s,a)\right] \tag{5-8}$$

$$V_n^{\pi}(s) = E\left[Q_n^{\pi}(s,\pi(s))\right] = \sum_{a\in A}\pi(s,a) Q_n^{\pi}(s,a) \tag{5-9}$$

$$Q^{\pi}(s,a) = R(s,a) + \gamma V^{\pi}\left(T(s,a)\right) \tag{5-10}$$

$$V^{\pi}(s) = E\left[Q^{\pi}(s,\pi(s))\right] = \sum_{a\in A}\pi(s,a) Q^{\pi}(s,a) \tag{5-11}$$

如果是确定性策略，则上式可以化简为

$$V_n^{\pi}(s) = Q_n^{\pi}\left[s,\pi(s)\right] \tag{5-12}$$

$$V^{\pi}(s) = Q^{\pi}\left[s,\pi(s)\right] \tag{5-13}$$

由于 $V(s)$ 是智能玩家在状态 s 处可能取得的最大折扣奖励值，而 $V^{\pi}(s)$ 是策略 π 在状态 s 处可能获得的最大折扣奖励，由此自然有

$$V^{\pi}(s) \leqslant V(s),\ \forall s \in S \tag{5-14}$$

类似地，可以论证

$$Q^{\pi}(s,a) \leqslant Q(s,a) \tag{5-15}$$

上述两个表达式表明，环境 V 值和环境 Q 值分别是策略 V 值和策略 Q 值的上界。如果一个策略 π 的 V 值与环境的 V 值相等，即对任意状态 s，都有 $V^{\pi}(s) = V(s)$，就称策略 π 为最优策略。

强化学习算法的任务就是计算最优策略。强化学习的任务形式可以分为两类。在第一类任务中，智能玩家完全掌握环境模型的信息，这类任务称为有模型的强化学习。在有模型的强化学习中，对任意状态 s 和任意动作 a，算法能明确地知道采取动作 a 之后会转移到何种状态，即 $T(s,a)$，以及获得多大的奖励值，即 $R(s,a)$。由于掌握了全部的环境信息，因此可以

采用动态规划算法得到最优策略。在第二类任务中，智能玩家没有环境的具体信息，这类任务就称为免模型的强化学习。在免模型的强化学习中，在状态s处，为了获取某一未尝试过的动作 a 的效果，智能玩家只能通过尝试该动作来获得该动作所产生的结果，从而记录它所转移到的状态$T(s,a)$及获得的奖励值$R(s,a)$。由此可见，与有模型的强化学习相比，免模型的强化学习算法因其需要探索环境而面临着更大的挑战，但它的应用范围比有模型的强化学习算法更加广泛。

强化学习涉及的算法有很多，但是经典且使用广泛的算法是 Q-学习算法、蒙特卡洛算法和动态规划算法。接下来将对 Q-学习算法、蒙特卡洛算法和动态规划算法分别进行介绍。

5.1.3 强化学习研究现状

以人工智能为代表的第四次科技革命取得了众多成果，众多行业正进行着智能化的转变。机器学习领域的深度学习（Deep Learning，DL）已经能实现图像识别、音频识别、自然语言处理等功能，出色地体现了深度学习在信息感知方面的能力。强化学习（Reinforcement Learning，RL）是人工智能的另一发展成果，其含义是让智能体在训练中根据得到的奖励和惩罚不断学习，最终根据学习经验做出高水平决策。目前在机器控制、机器人等领域应用广泛。人工智能的发展目标是实现可以观察环境信息、独立思考决策的智能体（Agent），智能体不仅需要智能提取信息，还需要做出智能决策，并且可以积累经验，保持学习的能力。深度强化学习（Deep Reinforcement Learning，DRL）是实现这一目标的理论基础，DRL 作为人工智能的最新成果之一，功能强大且发展迅速。对于人工智能的众多工作领域，如无人驾驶和智能流程控制，要实现智能体从独立完成观察到动作的完整工作流程，单一的 DL 或 RL 都无能为力，只有将两者结合才能完成任务。

DRL 的控制水平在很多领域的表现不输人类甚至超越人类。阿尔法狗（AlphaGo）战胜职业棋手李世石，就显示了智能体强大的学习能力。DRL 可以在无监督的情况下独立学习，可以学习人类专家的经验，最终达到专家水平，甚至在某些方面超越人类。与人脑相比，计算机在连续控制中的稳定性更高。以无人驾驶为例，智能体可以杜绝人类驾驶员的主观错误，如疲劳、酒驾、分神等潜在事故因素。成熟的无人驾驶技术可降低事故率、保障交通安全，对于维护人民生命财产安全具有重要意义。除了控制水平，在经验迁移方面，智能体也更有优势。智能体能通过直接复制模型、分享数据等完成批量的经验传递。对于不同的设备和控制流程，只要有一定的相似性，就可以进行经验迁移。迁移学习为这种经验复制提供了理论支撑，并产生了新的研究方向。

以 Q-学习算法、蒙特卡洛算法和动态规划算法为基础的强化学习已经逐渐发展成为人工智能技术的一个重要方向。因此，在本章，我们将着重对 Q-学习算法、蒙特卡洛算法和动态规划算法进行介绍。

5.2 Q-学习算法

Q-学习算法是由瓦特金斯于 1989 年提出的类似动态规划算法的一种方法。瓦特金斯采用

Lookup 表来表示输入状态，证明 Q-学习算法的收敛性。斯扎帕斯瓦里（Szepesvari）在一定条件下证明了 Q-学习算法的收敛速度。威廉姆斯等人采用 Q-学习算法对倒摆系统进行实验研究，并与安德森等人采用 AHC 方法得到的结果进行比较分析。本节主要介绍 Q-学习算法的基本算法及采用神经网络的实现方法，讨论 Q-学习算法的收敛性和收敛速度。

5.2.1　Q-学习算法的基本原理

Q-学习算法是一种免环境模型的强化学习，可将其视为异步动态规划的一种方法。在马尔可夫模型中，Q-学习提供 Agent 利用经历的动作序列执行最优动作的一种学习能力。Q-学习算法实际是 MDP（Markov Decision Processes）的一种变形形式。

设环境是一个有限状态的离散马尔可夫过程，Agent 每步可在有限动作集合中选取某一动作 a_t，环境接收该动作后状态发生转移，同时给出评价 r_t。例如，在时刻 t 选择动作，环境由状态 s_t 转移到 s_{t+1}，给出评价 r_t，r_t 及 s_{t+1} 的概率分布取决于 a_t 及 s_t，环境状态以如下概率变化到 s_{t+1}

$$\text{Prob}[s=\frac{s_{t+1}}{s_t},a_t]=P[s_t,a_t,s_{t+1}] \tag{5-16}$$

Agent 面临的任务是决定一个最优策略，使得总的折扣奖励信号的期望值最大。

Q-学习算法的收敛性的证明关键是一个称为动作重现过程的受控马尔可夫过程，ARP 过程是由事件序列和学习率 a_t 序列构成的。最容易理解 ARP 的方法就是利用纸牌游戏的方法。将每个事件$(s_t,a_t,s_{t+1},r_t,a_t)$写在一张牌上，所有的牌在一起形成了具有无限层的一组牌，代表第一个事件的牌紧挨着最底层的牌，以此向上无限扩展。在底层牌（标号为 0）上面列出所有的初始值 $Q_0(s,a)$。ARP 状态 (s,t) 由牌的编号（或层）t 和来自实际过程的状态 s 构成。给定状态 (s,t)，ARP 所允许的动作与实际过程所允许的动作是一样的。在 ARP 过程中，状态 (s,t) 和动作 a 按如下方式确定：首先排出大于 t 事件的所有牌，余下的牌为小于 t 事件的一组牌，然后从这组牌的顶部到底部移动一张牌,并检查牌的内容，直到找到与初始状态和动作一样的状态-动作对。找到此牌后，以概率 a_t 重现此牌，以 $1-a_t$ 的概率抛弃此牌。并对下一个 $(s_{t+1},t+1)$ 继续进行研究，直到概率 a_t 等于另一个概率为止。

由以上定义可知，ARP 过程和实际过程一样，也是一个受控马尔可夫过程，因此我们能够把它看成状态和动作的序列，最优折扣 Q^* 也是一样的。因为在这个序列中，事件牌不断地从牌组中被去除，所以在有限步动作之后，最终将到达底牌，即达到收敛状态。

5.2.2　Q-学习算法的结构

Q-学习算法的结构不同于 AHC 算法的结构，采用 Q-学习算法的 Agent 只有一个单元，同时起到动作的评价及选择作用，如图 5.3 所示。

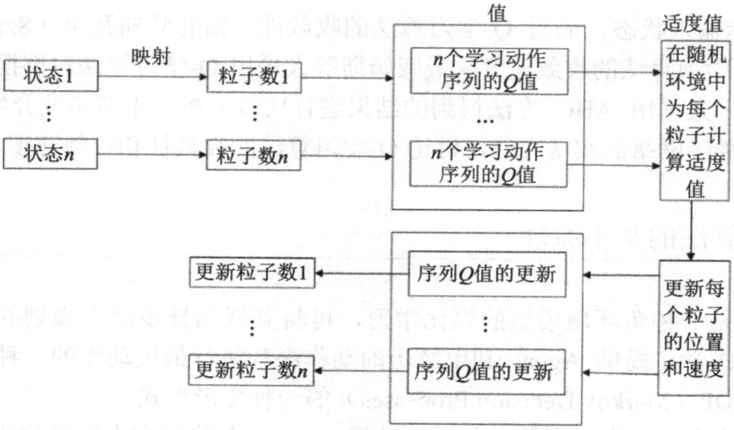

图 5.3　Q-学习算法的结构

如果一个 Agent 要想获取较大的强化值，那么在每个状态下 Agent 不得不选择具有最大 Q 值的动作，特别是在学习的初始阶段，对状态动作的经验比较少，Q 值不能准确地表示正确的强化值。通常，选择最高 Q 值的动作导致 Agent 总是沿着相同的路径而很难探索到最优值。因此，基于上述情况，Agent 必须随机选择动作，也许根据当前的 Q 值选择的动作不是最优的。随机选择动作的方法有很多种，如 Boltzmann 分布方法。

Q-学习算法可用各种神经网络来实现，网络的输入为 $s_t=\{s_t^1,s_t^2,\cdots,s_t^M\}$，每个网络的输出都对应一个动作的 Q 值，即 $Q(s_t,a_i)$。用神经网络实现 Q-学习算法的关键是学习算法的确定。根据 Q-学习的定义

$$Q(s_{t+1},a_t)=r_t+\gamma\max_{a\in A}Q(s_{t+1},a) \tag{5-17}$$

可知，只有在得到最优策略的前提下上式才成立。在学习阶段，上式两边不成立，误差信号为

$$\nabla Q=r_t+\gamma\max_{a\in A}Q(s_{t+1},a_t)-Q(s_t,a_t) \tag{5-18}$$

其中，$Q(s_{t+1},a_t)$ 表示下一状态所对应的 Q 值。其中，∇Q 通过调整网络的权值使误差尽可能小一些。采用神经网络实现 Q-学习算法时，权值的调整为

$$\Delta W_t=a\left[r_t+\gamma\max_{a\in A}Q(s_{t+1},a)-Q(s_t,a_t)\right]e_t \tag{5-19}$$

采用 TD(λ)实现 Q-学习算法时，资格迹 e_t 为

$$e_t=\sum_{k=1}^{t}\lambda^{t-k}\nabla_w Q(s_k,a) \tag{5-20}$$

其中

$$\nabla_w Q(s_t,a)=\frac{\partial Q(s_t,a)}{\partial W_t} \tag{5-21}$$

因此，可将上述算法称为 Q（λ）-学习算法。

5.2.3　采用神经网络实现 Q-学习算法

Q-学习算法可以用一个网络来表示 Q 函数，网络的每个输出单元表示 Q-学习算法的一个动作。Q-学习算法如下所述。

（1）初始化，对 Q 网络随机赋值。

（2）得到 t 时刻的环境状态 s_t。

（3）计算每个动作的 $Q(s_t,a_i)$。

（4）根据 $Q(s_t,a_i)$ 选择一个动作 a_i。

（5）执行动作 a_i 得到新的状态 s_{t+1} 及强化信号 r_t。

（6）计算 $Q_t = r_t + \gamma \max\limits_{a\in A} Q(s_{t+1},a)$。

（7）调整 Q 网络的权值使误差 ΔQ_t 最小，其中

$$\Delta Q_t = \begin{cases} Q - Q_t, & i = j \\ 0, & 其他 \end{cases}$$

（8）Goto(2)。

注意，对于网络的权值调整，除被选中的动作 a_i 外，其他动作对应的网络权值不进行调整。Q 网络可用多输入、多输出神经网络实现，每个输出都对应一个动作的 Q 值。这样的实现方法也许不是很理想，因为无论何时根据动作修改网络，其隐藏层单元的权值都要调整。另一个方法就是采用多个单输出网络实现 Q 函数，一个网络对应一个动作。

图 5.4 所示为采用前向神经网络实现 Q-学习算法，图中，网络为三层，输入层有 N 个单元，隐藏层有 H 个单元，输出层有 M 个单元。

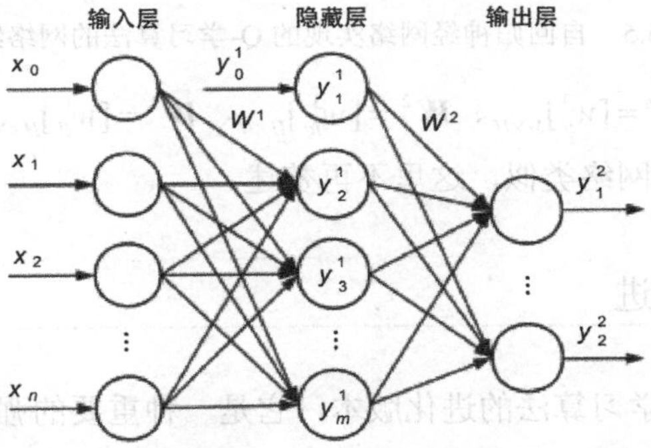

图 5.4　采用前向神经网络实现 Q-学习算法

下面讨论梯度 $\nabla_w Q(s_t,a_t)$ 的计算方法。$Q(s_t,a_t)$ 对输出层与隐藏层的权值 $v_{jk}(j=1,\cdots,h,\ k=1,\cdots,m)$ 的梯度为

$$\frac{\partial Q(s_t,a_k)}{\partial v_{jk}} = \frac{\partial Q(s_t,a_k)}{\partial c_k}\frac{\partial c_k}{\partial v_{jk}} \tag{5-22}$$

其中，c_k 为输出层的输入值；b_j 为隐藏层的输出值，有 $Q(s_t,a_k) = f(c_k)$，$c_k = \sum\limits_{j=1}^{h} v_{jk} b_j$。因此

$$\frac{\partial Q(s_t,a)}{\partial v_{jk}} = f'(c_k)b_j \tag{5-23}$$

$f()$为输入层 S 型函数。同理，$Q(s_t,a_t)$对隐藏层与输入层的权值 w_{ij} 的梯度为

$$\frac{\partial Q(s_t,a_k)}{\partial w_{ij}} = \frac{\partial Q(s_t,a_k)}{\partial c_k}\frac{\partial c_k}{\partial b_j}\frac{\partial b_j}{\partial d_j}\frac{\partial d_j}{\partial w_{ij}} \tag{5-24}$$

其中，$d_j = \sum_{i=1}^{N} w_{ij}s_i$ 为隐藏层单元的输入；$b_j = g(d_j)$，因此

$$\frac{\partial b_j}{\partial d_j} = g'(d_j), \frac{\partial d_j}{\partial w_{ij}} = \boldsymbol{s}_i \tag{5-25}$$

因此

$$\frac{\partial Q(s_t,a_k)}{\partial w_{ij}} = f'(c_k)v_{jk}g'(d_j)\boldsymbol{s}_i \tag{5-26}$$

自回归神经网络实现的 Q-学习算法的网络结构如图 5.5 所示。

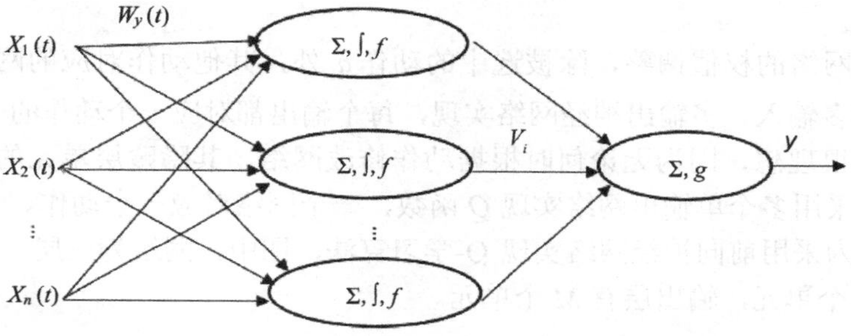

图 5.5　自回归神经网络实现的 Q-学习算法的网络结构

相应的连接权值为$\boldsymbol{W}^3 = [w_{ij}^3]_{M\times H}$、$\boldsymbol{W}^2 = [w_{jq}^3]_{H\times N}$、$\boldsymbol{W}^1 = [w_{jl}^1]_{H\times N}$。$Q(s_t,a_t)$对$\boldsymbol{W}^3$、$\boldsymbol{W}^2$、$\boldsymbol{W}^1$的梯度计算方法与前向网络类似，这里不再赘述。

5.2.4　Q-学习算法的改进

Q(λ)-学习算法是 Q-学习算法的进化版本，它是一种重要的强化学习方法，它将 Q-学习算法和 TD(λ) 二者结合起来。以前的在线Q(λ)-学习算法的实现是基于查找表的，其更新复杂度受状态–动作空间大小的限制，快速在线Q(λ)-学习算法的更新复杂度只受动作数量的限制，这种方法的 Q 值更新可以推迟至需要时进行。Q(λ)-学习算法应用广泛，通常认为它可以胜任简单的一步 Q-学习，因为它使用单一的经验来更新过去发生的状态–动作对的值。

我们先区分一下在线强化学习与离线强化学习。在线强化学习在每次访问状态之后对可修改参数进行更新。离线强化学习直至一个实验完成才进行更新，即直至发现一个目标或到达一个时间限制点才进行更新。如果没有明确的实验界限，那么离线强化学习就完全没有意义。在线强化学习更早地使用经验，因此更有效。在线强化学习的优点有很多。例如，惩罚动作的在线方法可以在多项式时间内发现某些环境的目标状态，而离线方法需要在指数搜索

时间内发现目标状态。

瓦特金斯建议将 Q-学习算法与 TD(λ) -学习算法结合起来，以加速 Q-学习算法。采用此方法，一旦探索到动作被执行，就立即复位资格迹，而金鹏的另一种方法不要求如此。典型的基于查找表或其他类似的估计算法，如 CMACs 或自组织映射的在线 Q-学习算法要耗费过多的时间。它们的更新复杂度依赖 λ 和折扣因子的值，而且与已发生的状态-动作对的数量成一定比例，后者受状态-动作空间大小的限制。林等人提出的离线 Q(λ) -学习算法会在每次实验后创建一系列反复动作的经验，西乔斯基的半在线方法把林的离线方法和在线学习结合起来。它比金鹏和威廉姆斯的在线 Q(λ) -学习算法需要更少的更新，但会在获得随后几个经验之后更新 Q 值，这样在下次 Q 值更新之前执行的动作获得的信息就少了，这可能会导致性能损失。

以前的方法不是真正的在线方法，可能需要太多的、超过必要的经验，使更新的有效性降低，从而需要更多的计算时间。这里介绍的在线 Q(λ) -学习算法是真正的在线方法，而且是比其他方法更有效的学习方法，因为它的更新复杂度不依赖其状态数目。它使用“懒惰学习”将更新推迟到必要的时刻。

瓦特金斯的一步 Q-学习算法的更新规则为

$$Q(s_t,a_t) \leftarrow Q(s_t,a_t) + a_k(s_{t+1},a_{t+1})e_t \tag{5-27}$$

其中，e_t' 为 TD 误差，其值为

$$e_t' = r_t + \gamma V(s_{t+1}) - Q(s_t,a_t) \tag{5-28}$$

值函数 $V(s) = \max_a Q(s,a)$。

金鹏及威廉姆斯定义的 TD 误差为

$$e_{t+1} = r_{t+1} + \gamma V(s_{t+2}) - V(s_{t+1}) \tag{5-29}$$

$Q(\lambda)$ 应用折扣因子 $\lambda \in [0,1]$ 来对将来的步骤中的 TD 误差进行折扣

$$Q(s_t,a_t) \leftarrow Q(s_t,a_t) + a_k(s_t,a_t)e_t^\lambda \tag{5-30}$$

在这里 TD(λ) 的误差 e_t^λ 定义为

$$e_t^\lambda = e_t' + \sum_{i=1}^{\infty}(\gamma\lambda)^i e_{t+i} \tag{5-31}$$

$a_k(s_t,a_t)$ 是 (s_t,a_t) 的第 k 步更新学习率。

只要将来的 TD 误差未知，上面的更新就无法进行。但是，通过使用资格迹可以逐步计算出 TD 误差。下面将 $\eta^t(s,a)$ 定义为特征函数：若在 t 时刻 (s,a) 发生，则返回 1，否则返回 0，为了简化过程，这里忽略学习率。整个实验 $Q(s,a)$ 的增量为

$$\begin{aligned}\Delta Q(s,a) &= \lim_{k\to\infty}\sum_{t=1}^{k} e_t^\lambda \eta^t(s,a) \\ &= \lim_{k\to\infty}\sum_{t=1}^{k}\left[e_t'\,\eta^t(s,a) + \sum_{i=t+1}^{k}(\gamma\lambda)^{i-t}\,e_i\eta^t(s,a)\right] \\ &= \lim_{k\to\infty}\sum_{t=1}^{k}\left[e_t'\,\eta^t(s,a) + \sum_{i=1}^{t-1}(\gamma\lambda)^{t-i}\,e_t\eta^i(s,a)\right]\end{aligned}$$

$$=\lim_{k\to\infty}\sum_{t=1}^{k}\left[e_t'\,\eta^t(s,a)+e^t\sum_{i=1}^{t-1}(\gamma\lambda)^{t-i}\eta^i(s,a)\right] \tag{5-32}$$

为了简化，对每个SAP(s,a)定义一个资格迹$l_t(s,a)$

$$l_t(s,a)=\sum_{i=1}^{t-1}(\gamma\lambda)^{t-i}\eta^i(s,a) \tag{5-33}$$

那么在时刻t的在线更新为

$$Q(s,a)\leftarrow Q(s,a)+a_k(s_t,a_t)\left[e_t'\,\eta^t(s,a)+e_t l_t(s,a)\right]\quad \forall(s,a)\in S\times A \tag{5-34}$$

这里讨论的算法是对至少访问过一次的 SAP 都产生一个列表 H，把那些资格迹低于 e 的 SAP 从列表 H 之中移除，而布尔变量 Visited(s,a)用来保证任意两个 H 中的 SAP 都不相同。

在算法中，一旦 SAP 的资格迹低于某个阈值，就将其从 H 中删除，这将显著地加快算法，如果$\gamma\lambda$足够小，那么每个时刻更新的数量将可以控制。对于较大的$\gamma\lambda$，算法则不能有效地工作。当完成对 SAP 的遍历之后，遍历更新的开销随$\gamma\lambda$增大而增大。考虑最坏的情况，即每个SAP 发生一次。在实验开始时，更新的数量呈线性增长，直至在某个时刻t，一些 SAP 从H中被删除。只要$t\geqslant\log\varepsilon/\log(\gamma\lambda)$，这种情况就可以发生，由于更新的数量受 SAP 数量的限制，总的更新复杂度对$\gamma\lambda$趋于 1 的每次更新朝$Q(|S||A|)$增长。在线$Q(\lambda)$-学习算法的描述如下。

（1）$e_t\leftarrow r_t+\gamma V(s_{t+1})-Q(s_t,a_t)$。

（2）$e_t\leftarrow r_t+\gamma V(s_{t+1})-V(s_t)$。

（3）对每个SAP$(s,a)\in H$，有

$$(3a)\,l(s,a)\leftarrow\gamma\lambda l(s,a)$$

$$(3b)\,Q(s,a)\leftarrow Q(s,a)+a_k(s_t,a_t)e_t l(s,a)$$

$$(3c)\,\text{If }l(s,a)<\varepsilon\text{ then}$$

$$H\leftarrow H(s,a)$$

$$\text{visited}(s,a)\leftarrow 0$$

（4）$Q(s_t,a_t)\leftarrow R(s_t,a_t)+a_k(s_t,a_t)e_t$。

（5）$l(s_t,a_t)\leftarrow l(s_t,a_t)+1$。

（6）If visited$(s_t,a_t)=0$；

then visited$(s_t,a_t)\leftarrow 1$；

$H\leftarrow H\cup(s_t,a_t)$。

算法的空间复杂度为$O(|S||A|)$。对所有的 SAP，需要保持如下值不变：Q 值、资格迹、访问位变量及管理历史队列的三个指针（一个是从 SAP 到历史队列中的位置，另两个为相应队列列表）。

5.2.5 Q-学习算法的应用案例

考虑如表 5.1 所示的 Q-学习案例。

表 5.1　Q-学习案例

模 块 名 称	作用/功能
初始化 _init_	初始化学习率（Learning Rate）、可执行动作（如上/下/左/右之类的动作、action 动作集）、Q_table（不断更新）等参数
动作选择 choose_action	根据 Agent 当前所处的环境和 Q_table 进行动作选择
学习 learn	根据 Agent 当前所处的环境、其他环境的预测情况 q_predict 和下一步环境的实际情况 q_target 更新 Q_table 表
确认是否存在读环境 cheak_observation	在学习之前的环境是未知的，当进入一个新环境时，需要生成一个得分为 0 的动作表情

根据 Q-学习算法的算法流程，需要建立一个 Q-学习算法应用程序，并将其命名为 QL.py，具体代码如下。

```
import numpy as np
import pandas as pd
class QL:
    def __init__(self, actions, learning_rate=0.05, reward_decay=0.9, e_greedy=
0.9):
        self.actions = actions
        self.lr = learning_rate
        self.gamma = reward_decay
        self.epsilon = e_greedy
        self.q_table = pd.DataFrame(columns=self.actions, dtype=np.float64)
    def choose_action(self, observation):
        self.check_observation(observation)
        action_list = self.q_table.loc[observation, :]
        if (np.random.uniform() < self.epsilon):
            action = np.random.choice(action_list[action_list == np.
max(action_list)].index)
        else:
            action = np.random.choice(self.actions)
        return action
    def learn(self, observation_now, action, score, observation_after,
done):
        self.check_observation(observation_after)
        q_predict = self.q_table.loc[observation_now, action]
        if done:
            q_target = score
        else:
q_target=score+self.gamma*self.q_table.loc[observation_after, :].max()
        self.q_table.loc[observation_now, action] += self.lr * (q_target -
q_predict)
    def check_observation(self, observation):
        if observation not in self.q_table.index:
            self.q_table = self.q_table.append(
                pd.Series(
                    [0] * len(self.actions),
                    index=self.actions,
                    name=observation, )
            )
```

环境内容如表 5.2 所示。

表 5.2　环境内容

模 块 名 称	作用/功能
初始化 _init_	初始化环境参数，用于构造环境
图像更新 draw	用于更新当前的画面，便于用户观察
环境观察 get_observation	用于返回当前环境观察值
终点观察 get_terminal	用于返回是否到达终点
更新坐标 update_place	用于更新当前所处终点
获取下一步的环境的实际情况 get_target	用于获取下一步的环境的实际情况
参数归零 retry	用于每步坐标和当前行走步数的归零

根据算法流程，我们建立环境文件 Env.py，具体代码如下。

```
import numpy as np
import pandas as pd
import time
class Env:
    def __init__(self, column, maze_column):
        self.column = column
        self.maze_column = maze_column - 1
        self.x = 0
        self.map = np.arange(column)
        self.count = 0
    def draw(self):
        a = []
        for j in range(self.column):
            if j == self.x:
                a.append('o')
            elif j == self.maze_column:
                a.append('m')
            else:
                a.append('_')
        interaction = ''.join(a)
        print('\r{}'.format(interaction), end='')
    def get_observation(self):
        return self.map[self.x]
    def get_terminal(self):
        if self.x == self.maze_column:
            done = True
        else:
            done = False
        return done
    def update_place(self, action):
```

```
        self.count += 1
        if action == 'right':
            if self.x < self.column - 1:
                self.x += 1
        elif action == 'left':
            if self.x > 0:
                self.x -= 1
    def get_target(self, action):
        if action == 'right':
            if self.x + 1 == self.maze_column:
                score = 1
                pre_done = True
            else:
                score = 0
                pre_done = False
            return self.map[self.x + 1], score, pre_done
        elif action == 'left':  # left
            if self.x - 1 == self.maze_column:
                score = 1
                pre_done = True
            else:
                score = 0
                pre_done = False
            return self.map[self.x - 1], score, pre_done
    def retry(self):
        self.x = 0
        self.count = 0
```

建立好环境文件后，对主程序 main.py 进行编写，进而完成整个 Q-学习算法过程，主程序代码如下。

```
from Env import Env
from QL import QL
import time
LONG = 6
MAZE_PLACE = 6
TIMES = 15
people = QL(['left', 'right'])
site = Env(LONG, MAZE_PLACE)
for episode in range(TIMES):
    state = site.get_observation()
    site.draw()
    time.sleep(0.3)
    while (1):
        done = site.get_terminal()
        if done:
            interaction = '\n 第%s 次迭代，共使用步数：%s。' % (episode + 1,
site.count)
            print(interaction)
            site.retry()
            time.sleep(2)
            break
```

```
        action = people.choose_action(state)
        state_after, score, pre_done = site.get_target(action)
        people.learn(state, action, score, state_after, pre_done)
        site.update_place(action)
        state = state_after
        site.draw()
        time.sleep(0.3)
print(people.q_table)
```

运行主程序 main.py，会得到如图 5.6 所示的 Q-学习算法结果。

	left	right
0	3.626348e-05	0.000000
5	5.305184e-08	0.000463
1	0.000000e+00	0.004612
2	2.834557e-06	0.034759
3	1.453914e-03	0.153857
4	0.000000e+00	0.536709

图 5.6　Q-学习算法结果

从图 5.6 中可以看出，通过分析 Q 学习算法得到了最佳学习路径。

5.3　蒙特卡洛算法

在实际任务中，环境知识完备性这一先决条件较难满足，也就意味着大量的强化学习任务难以直接采用动态规划算法进行求解。所幸，由于蒙特卡洛算法基于采样的经验轨迹（如状态、动作和奖励的样本序列），不需要预先获得关于环境的马尔可夫决策过程（完备的环境知识），即可直接从真实的环境或仿真环境中进行采样学习，能够较好地用来求解环境知识非完备的强化学习任务。需要注意的是，蒙特卡洛算法同样需要一个模拟环境，但无须像动态规划算法那样了解环境中所有可能的状态转换信息（对应的状态转换概率）。

本章将会全面而深入地介绍蒙特卡洛算法，并使用具体案例阐述蒙特卡洛算法如何用于求解环境知识非完备的强化学习任务。具体而言，首先会详细介绍蒙特卡洛算法的基础知识和原理。蒙特卡洛算法的基本思想是，将从马尔可夫过程中抽象出的经验轨迹集的平均奖励作为价值函数的期望。然后结合代码案例，深入介绍蒙特卡洛评估和蒙特卡洛控制。

5.3.1　概述

“蒙特卡洛”这一名字来源于摩纳哥的城市蒙特卡洛，该方法是由著名的美国计算机科学家冯·诺依曼和 S.M.乌拉姆首先提出的。

蒙特卡洛算法是一种基于采样的算法名称，依靠重复随机抽样来获得数值结果的计算方法，其核心理念是使用随机数来解决原则上为确定性的问题。通俗而言，蒙特卡洛算法采样越多，结果就越接近最优解，即可通过多次采样逼近最优解。

举个简单的例子，去果园摘苹果，规则是每次只能摘一个苹果，并且手中只能留下一个苹果，最后走出果园的时候也只能带走一个苹果，目标是使最后拿出果园的苹果最大。可以达成这样一个共识：进入果园后，每次摘一个大苹果，看到比该苹果更大的则替换原来的苹果。基于上述共识，可以保证每次摘到的苹果都至少不比上一次摘到的苹果小。摘苹果的次数越多，挑出来的苹果就越大，但无法确保最后摘到的苹果一定是最大的，除非把整个果园的苹果都摘一遍。即尽量找较大的，但不保证它是最大的。采样次数越多，结果就越近似最优解，这种方法就属于蒙特卡洛算法。

接下来介绍蒙特卡洛算法的经验轨迹及其数学原理。

5.3.2　经验轨迹

蒙特卡洛算法能够处理免模型的任务，究其原因是无须依赖环境的完备知识，只需要收集从环境中进行采样得到的经验轨迹，基于对经验轨迹集数据的计算，可求解最优策略。

1. 什么是经验轨迹

经验轨迹是智能体通过与环境交互获得的状态、动作、奖励的样本序列。

如图 5.7 所示，在初始状态 s_0，智能体遵循策略 π 执行动作 a_0，获得+1 的奖励后到达新的状态 s_1；同理，在状态 s_1，智能体继续遵循策略 π 执行动作 a_1，获得+0 的奖励后到达新的状态 s_2；不断循环上述过程，直到在有限时间内达到终止状态 s_7 为止,获得的总奖励 $R(s)$=+1+0+5+3−2+1−2+1=7。上述过程称为一个经验轨迹。

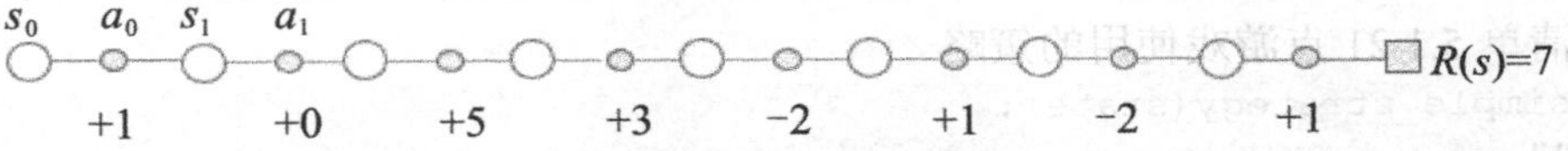

图 5.7　经验轨迹示例

图 5.8 所示为基于采样的多条经验轨迹数据，最终组成经验轨迹的集合。值得注意的是，每条经验都有一个终止状态来停止采样。后续提到的所有经验轨迹都会默认带有终止状态，即无论选择什么样的动作并到达哪个状态，总会有一个最终状态停止在时间步 T 上。

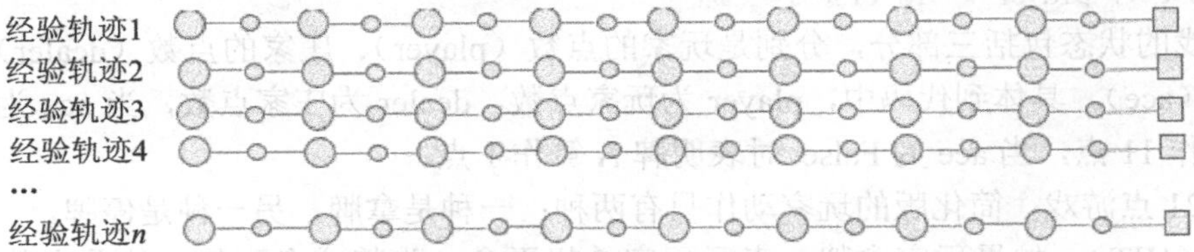

图 5.8　基于采样的多条经验轨迹数据

蒙特卡洛算法在经验轨迹的任务上，无论采取哪种策略（如 π），都要求经验轨迹在有限时间内到达终止状态并获得回报，如完全信息博弈游戏（围棋、国际象棋）和非完全信息博弈游戏。

蒙特卡洛算法首先从起始状态时间步 0 到终止状态时间步 T 进行完整的数据采样，随后从一系列完整的经验轨迹中学习最优策略，这与动态规划算法等方式不同。蒙特卡洛算法通过大量的经验轨迹数据来模拟智能体在环境中得到的反馈，进而计算出最优状态值函数 $v^*(s)$ 和最优策略。

2. 21点游戏

下面以 21 点游戏为例，概述 21 点游戏经验轨迹的收集过程。

21 点游戏使用一副或多副标准的 52 张牌，给每张牌都规定一个点值。对于 2～10 的牌，其点值按面值计算。将 J、Q 和 K 都算作 10 点，将 A 算作 1 点，也可将 A 算作 11 点。玩家的目标是所抽牌的总点数比庄家的牌更接近 21 点，但不超过 21 点。

首次发牌后，每人有 2 张牌。庄家以顺时针方向向众玩家派发一张暗牌（不被揭开的牌），随后向自己派发一张暗牌；接着庄家会以顺时针方向向众玩家派发一张明牌（被揭开的牌），之后向自己也派发一张明牌。当众人手上各拥一张暗牌和一张明牌时，庄家就以顺时针方向逐位询问玩家是否再要牌（以明牌方式派发）。在要牌的过程中，如果玩家所有的牌加起来超过 21 点，那么该玩家就输了（俗称爆煲，Bust），游戏结束，该玩家的注码归庄家。

如果玩家没有爆煲，庄家询问完所有玩家后，就必须揭开自己手上的暗牌。若庄家的总点数少于 17 点，就必须继续要牌；如果庄家爆煲，便向没有爆煲的玩家赔出该玩家所投的同等注码。如果庄家没有爆煲且点数大于或等于 17 点，那么庄家与玩家比较点数决胜负，点数大的一方为赢家。若点数相同，则双方平手。

在该 21 点游戏的例子中，收集经验轨迹时，首先需要确认该游戏基于某策略 π 下进行经验数据收集。为了便于理解，在代码清单 5.1 中使用了一个简单策略：当玩家手中牌的点数超过 18 点时，则返回 0，表示不再要牌；当玩家手中牌的点数少于 18 点时，继续要牌，并返回 1。

代码清单 5.1 21 点游戏使用的策略

```
def simple_strategy(state):
    """
    21 点游戏使用的策略
    state：输入的游戏状态
"""
#获取玩家和庄家在游戏中的状态
player, dealer, ace = state
return 0 if player >= 18 else 1
```

该游戏的状态包括三部分，分别是玩家的点数（player）、庄家的点数（dealer）及是否有 Blackjack（ace）。具体到代码中，player 为玩家点数，dealer 为庄家点数，当 ace 为 True 时表明牌 A 算作 11 点，当 ace 为 False 时表明牌 A 算作 1 点。

对于 21 点游戏，简化版的玩家动作只有两种：一种是拿牌，另一种是停牌。

拿牌（HIT）：如果玩家拿牌，表示玩家希望再拿一张牌或多张牌，使总点数更接近 21 点。如果拿牌后玩家的总点数超过 21 点，该玩家就会爆煲。

停牌（STAND）：如果玩家停牌，表示玩家选择不再抽牌，并希望当前总点数能够打败庄家。代码清单 5.2 给出了 21 点游戏的经验轨迹收集的主程序，主要有两个函数。

（1）辅助函数 show_state()，主要用于输出任务的当前状态，包括玩家点数、庄家点数及是否有牌 A。

（2）收集函数 episode()，用于收集经验轨迹数据。

其中，函数 episode()的输入为经验轨迹的收集条数 num_episodes，并限制每条经验轨迹的最大采集时间步为 10，即在 for t in range(10)中，参数“t”的迭代次数最多为 10。设置最大采集时间步的主要原因是，在实际游戏中不可能出现发牌次数超过 10 次但仍然没有一方获胜的情况。另外，在 episode()函数第二个嵌套的 for 循环中，当遇到玩家或庄家某一方输了游戏之后，停止经验轨迹采样并重新开始。

代码清单 5.2 21 点游戏的经验轨迹收集

```
#定义 gym 环境为 Blackjack 游戏
env = gym.make("Blackjack-v0")
def show_state(state):
"
辅助函数——根据状态的情况，输出 player、dealer 和是否有 A
state:输入状态
"
Player,dealer,ace = state
dealer = sum(env.dealer)
print("Player:(), ace:(), Dealer:()".format(player, ace, dealer))
def episode(num_episodes):
    "
    收集经验轨迹函数
    num_episodes:迭代的次数
"
    #经验轨迹收集列表
    episode = []
    #迭代 num_episodes 条经验轨迹
    for i_episode in range(num_episodes):
        print("\n" + "="*30)
        state = env.reset()
        #每条经验轨迹有 10 个状态
        for t in range(10):
            show_state(state)
            #基于某一策略选择动作
            action = simple_strategy(state)
            #对于玩家 player，只有 STAND 和 HIT 两种动作
            action_ = ["STAND", "HIT"][action]
            print("Player Simple strategy take action:{}".format(action_))
        #执行某一策略下的动作
        next_state, reward, done, _ = env.step(action)
        #记录经验轨迹
        episode.append((state, action, reward))
        #游戏结束，打印游戏结果
        If done:
            Show_state(state):
            #[-1(loss), -(push), 1(win)]
            Reward_=["loss", "push", "win"][int(reward+1)]
            Print("Game().(reward())".format(reward_, int(reward)))
            Print("PLAYER:()\t  DEALER:()".format(colored(env.player,  'red'),\
colored(env.dealer, 'green')))
            Break
        State = next_state
  >>> #执行 1000 次经验轨迹采样
  >>>episode(1000)
```

最后，21 点游戏的经验轨迹采样结果如代码清单 5.3 所示，分别显示玩家的牌数得分、是否有 A、庄家的牌数得分；第二行显示本局游戏的比赛结果，一局比赛可以采集一条经验轨迹；第三行是玩家的发牌情况和庄家的发牌情况。

代码清单 5.3 21 点游戏的经验轨迹采样结果

```
Player:20, ace:False, Dealer:18
Player Simple strategy take action:STAND
Player:20, ace:False, Dealer:18
Game win.(Reward 1)
PLAYER:[10, 10] DEALER:[8, 10]
Player:21, ace:True, Dealer:14
Player Simple strategy take action:STAND
Player:21, ace:True, Dealer:24
Game win.(Reward 1)
PLAYER: [1, 10] DEALER: [10, 4, 10]
```

代码清单 5.4 所示为 21 点游戏的经验轨迹采样过程，其从 1 采样到 1000，每条经验轨迹都记录每个时间步的状态、动作和奖励。其中，Episode*n* 表示经验轨迹的序号。

代码清单 5.4 21 点游戏的经验轨迹采样过程

```
Episode1:  [((20, 18, false), 1, 1)]
Episode2:  [((16, 15, false), 1, 0), (20, 18, false), 0, 1]
……
Episode1000:  [((28, 17, true), 1, 0)]
```

5.3.3 蒙特卡洛算法的数学原理

蒙特卡洛算法采用时间步有限的、完整的经验轨迹，其所产生的经验信息可推导出每个状态的平均奖励，以此来代替奖励的期望（目标状态值）。换言之，在给定的策略π下，蒙特卡洛算法从一系列完整的经验轨迹中学习该策略下的状态值函数$v_\pi(s)$。

当模型环境未知（Model-Free）时，智能体根据策略π进行采样，从起始状态s_0出发，执行该策略T步后达到终止状态s_T，从而获得一条完整的经验轨迹。

$$s_0,a_0,r_1,s_1,a_1,r_2,\cdots,s_{T-1},a_{T-1},r_T,s_T \sim \pi \tag{5-35}$$

对于T时刻的状态s_t，未来折扣累积奖励为

$$G_t = r_t + \gamma r_{t+1} + \cdots + \gamma r_T \tag{5-36}$$

蒙特卡洛算法利用经验轨迹的平均未来折扣累积奖励G作为状态值的期望

$$G = \text{average}\left(G_1 + G_2 + \cdots + G_T\right) \tag{5-37}$$

而强化学习的目标是求解最优策略，得到最优策略的一个常用方法是求解状态值函数$v_\pi(s)$的期望。如果采样的经验轨迹样本足够多，就可以准确估计出在状态s下遵循策略π的期望，即状态值函数$v_\pi(s)$

$$v_\pi(s) = E_\pi[G \mid s \in S] \tag{5-38}$$

当根据策略T收集到的经验轨迹样本趋近于无穷多时，得到的状态值$v_\pi(s)$就无限接近真实的状态值。

5.3.4 蒙特卡洛算法的特点

基于前两小节可知，基于蒙特卡洛算法求解的强化学习有如下 4 个特点。

（1）蒙特卡洛算法能够直接从环境中学习经验轨迹（采样过程）。

（2）蒙特卡洛算法基于免模型的任务，无须提前了解马尔可夫决策过程中的状态转换概率。

（3）蒙特卡洛算法使用完整的经验轨迹进行学习，属于离线学习法，与动态规划、时间差分所采用的逐步递进的在线学习法不同。

（4）蒙特卡洛算法基于状态值期望等于多次采样的平均奖励的简单假设，以更为简便的方式求解免模型的强化学习任务，即$v(s) = \text{mean return}$。

5.3.5 蒙特卡洛预测

蒙特卡洛预测基于一个给定的策略，采集多条经验轨迹数据，并计算经验轨迹数据的累积折扣奖励 G，进而获得给定策略的状态值期望$v_\pi(s)$，最终基于状态值期望评估出该策略的好坏程度。智能体所采样的经验轨迹数据越多，就越容易找到基于该策略的最优状态值$v_\pi(s)$。

假设智能体收集了大量基于某一策略π运行到状态 s 的经验轨迹，就可以直接估计在该策略下的状态值$v(s)$。然而在状态转移过程中，可能发生一个状态经过一定的转移后又一次或多次返回该状态的情况，即状态发生多次重复，这会给实际的状态值估算带来噪声。

例如，羊群在 A 地吃草为状态s_A，在 B 地吃草为状态s_B，显然羊群会根据草地的肥沃程度在不同的地方迁徙吃草，但是会出现羊群重复回到同一个地方吃草的情况，如重新回到 A 地吃草，即重复返回到初始状态。

因此，在一个经验轨迹里，需要对同一经验轨迹中重复出现的状态进行处理，主要有如下两种方法。

（1）首次访问蒙特卡洛预测

$$v(s) = \frac{G_1(s) + G_2(s) + \cdots + G_n(s)}{N(s)} \tag{5-39}$$

（2）每次访问蒙特卡洛预测

$$v(s) = \frac{G_{11}(s) + G_{12}(s) + \cdots + G_{21}(s) + G_{22}(s) + \cdots + G_{nm}(s)}{N(s)} \tag{5-40}$$

在以上两个公式中，$N(s)$为访问状态的总次数，两者的区别为经验轨迹的平均未来折扣奖励G_{ij}和G_i，下标ij表示第j次访问第i条经验轨迹的状态s，i表示第i条经验轨迹。

首次访问蒙特卡洛预测和每次访问蒙特卡洛预测的主要处理流程如下所示。两者的区别在于，首次访问蒙特卡洛预测对于每条经验轨迹，当且仅当该状态第一次出现时，加入未来折扣累积奖励中进行计算；而每次访问蒙特卡洛预测对于每条经验轨迹，无论状态s出现多少次，都将其加入未来折扣累积奖励中进行计算。

初始化：

待评估的策略，π

状态值函数，v

对任何 $s \in S$，初始化一个空列表 Returns(s)

重复：

基于策略 π 生成经验轨迹（episode）

重复 s in episode：

将状态 s 的返回赋值给 G（可以基于首次访问蒙特卡洛预测，也可以基于每次访问蒙特卡洛预测）

将 G 添加到 Returns(s)

$$v(s) \leftarrow \text{average}(\text{Return}(s))$$

5.3.6 蒙特卡洛预测算法的实现

蒙特卡洛预测算法对每个状态的估计都是独立进行的，不依赖对其他状态的估计，该特性是蒙特卡洛预测算法能够较好地评估状态值函数的基础。接下来，本节将在 21 点游戏的案例规则的基础上对首次访问蒙特卡洛预测算法和每次访问蒙特卡洛预测算法分别进行案例代码实现，以便更好地理解这两种预测算法的效果和差异。

1. 首次访问蒙特卡洛预测算法

首次访问蒙特卡洛预测算法的具体实现方式与注解如代码清单 5.5 所示，其整体框架与代码清单 5.2 类似。每采集完一条经验轨迹，就计算该经验轨迹的平均未来折扣累积奖励，并将其作为状态值的期望。其中，r_sum 为该条经验轨迹的总回报，r_count 为该条经验轨迹的统计次数，r_V 为总体的状态值。

首次访问预测算法的重点是只考虑首次访问状态后的奖励返回值，计算其平均未来折扣累积奖励，而不计算状态重复出现的返回值。

代码清单 5.5 首次访问蒙特卡洛预测算法

```
def mc_firstvisit_prediction(policy, env, num_episodes,
episode_endtime=10, discount=1.0):
#首次访问蒙特卡洛预测算法实现
    #sum 记录
r_sum = defaultdict(float)
    #count 记录
r_count = defaultdict(float)
#状态值记录
r_V = defaultdict(float)
    #采集 num_episodes 条经验轨迹
for i in range(num_episodes):
#输出经验轨迹的完成进度百分比
episode_rate = int (40 * i / num_episodes)
print ("Episode {}/{}".format (i+1, num_episodes) + "=" * episode_rate,
end="\r")
sys.stdout.flush()
#初始化经验轨迹集和环境状态
```

```
    episode =[]
    state = env.reset()
    #采集一条经验轨迹
    for j in range(episode_endtime):
    #根据给定的策略选择动作，即 a = policy (s)
    action = policy(state)
    next_state,  reward,  done,  _  =  env.step(action)  episode.append((state,
action, reward))
    if done: break
    state = next_state
    #首次访问蒙特卡洛预测的核心算法
    for k, data_k in enumerate(episode):
    #获得首次遇到该状态的索引号 k
    state_k = data_k[0]
    #计算首次访问的状态的累积奖励
    G = sum([x[2] * np.power(discount, i) for i,x in enumerate(episode[k:])])
    r_sum[state_k] += G
    r_count[state_k] += 1.0
    #计算状态值 r_V[state_k] = r_sum[state_k] / r_count[state_k]
    return r_V
    >>> #执行首次访问蒙特卡洛预测算法
    >>> v = mc_firstvisit_prediction(simple_policy, env, 100000)
```

对于首次访问蒙特卡预测算法，得到的状态值结果如代码清单 5.6 所示。其中，defaultdict 字典对象作为状态值的存储体，键值为每条经验轨迹的单个时间步内的信息（状态、动作和奖励），字典的值为该时间步状态下的状态值。

代码清单 5.6 首次访问蒙特卡洛预测算法的状态值结果

```
    # 状态值函数，存储方式为(player, dealer, ace state) : value
    V=      defaultdict(float,
            {(4,  1,  False): -0.25862068965517243,
            (4,   2,  False): -0.5853658536585366,
            (4,   3,  False): -0.2549019607843137,
            (4,   5,  False): -0.08108108108108109,
            (4,   6,  False): -0.06976744186046512,
            (4,   7,  False): 0.17647058823529413,
            (4,   8,  False): -0.23076923076923078,
    })
```

例如，字典中的某个存储数据为(4,1,False):−0.25862068965517243。其中，4 为 player 得分，1 为 dealer 得分，False 为 ace 的标识，值−0.25862068965517243 表示得到的奖励值。

首次访问蒙特卡洛预测算法的可视化结果如代码清单 5.7 所示，函数输入为具体的状态值 V。

代码清单 5.7 首次访问蒙特卡洛预测算法的可视化结果

```
    >>>plot_value_function(v,title=None)
```

图 5.9 所示为首次访问蒙特卡洛预测算法在 21 点游戏状态值的三维示意图。在图 5.9 中，颜色越深表示状态值越大，状态值越大，表示该状态值越有价值。因为下一个时间步的动作一般取使得下一个时间步中状态值最大的动作。

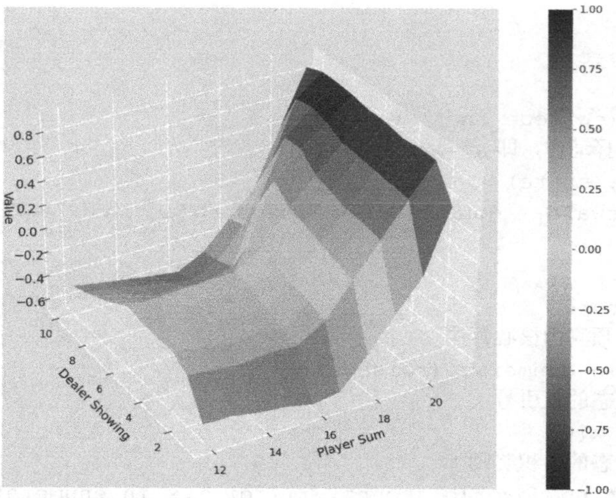

图 5.9　首次访问蒙特卡洛预测算法在 21 点游戏状态值的三维示意图

2．每次访问蒙特卡洛预测算法

每次访问蒙特卡洛预测算法的具体实现如代码清单 5.8 所示，其与首次访问蒙特卡洛预测算法（见代码清单 5.5）的区别在于对未来折扣累积奖励的计算方式不同。

在每次访问蒙特卡洛预测算法中，每采集完一条经验轨迹后，同样按照算法对该经验轨迹的平均未来折扣累积奖励进行计算，作为状态值的期望。其中，算法使用到的参数与代码清单 5.5 的相同，r_sum 表示该条经验轨迹的总回报，r_count 表示该条经验轨迹的统计次数，r_V 表示总体的状态值。

每次访问蒙特卡洛预测算法的核心在于：无论状态 s 出现多少次，每次的奖励返回值都被纳入未来折扣累积奖励的平均值计算中。

代码清单 5.8 每次访问蒙特卡洛预测算法的具体实现

```
    def mc_everyvisit_prediction(policy, env, num_episodes, \ episode_endtime=10,
discount=1.0):
    r_sum = defaultdict(float)
    r_count = defaultdict(float)
    r_V = defaultdict(float)
    #采集 num_episodes 条经验轨迹
    for i in range(num_episodes):
    #输出经验轨迹的完成进度百分比
    episode_rate = int (40 * i / num_episodes)
    print ("Episode {}/{}",format(i+1, num_episodes) +
    "="* episode_rate, end=" \r" )
    sys.stdout.flush()
    #初始化经验轨迹集和环境状态
    episode =[]
    state = env.reset()
    #采集一条经验轨迹
    for j in range(episode_endtime):
    #根据给定的策略选择动作，即 a = policy(s)
    action = policy(state)
    next_state, reward, done, _ = env.step(action)
```

```
    episode.append((state, action, reward))
    if done: break
    state = next_state
    #每次访问蒙特卡洛预测算法的核心
    for k, data_k in enumerate(episode):
    #计算每次访问的状态的累积奖励
    G=sum([x[2]*np.power(discount,i)   for   i,   x   in   enumerate(episode)])
r_sum[state_k] += G
    r_count[state_k] += 1.0
    r_V[state_k] = r_sum[state_k] / r_count[state_k]
    return r_V
    >>> #执行每次访问蒙特卡洛预测算法
    >>> v_every = mc_everyvisit_prediction(simple_policy, env, 100000)
    >>> plot_value_function(v_ every, title=None)
```

图 5.10 所示为每次访问蒙特卡洛预测算法在 21 点游戏中的状态值三维示例图。当样例数非常多时，初次访问和每次访问都能收敛到给定策略的值函数。对比图 5.9 和图 5.10 可以发现，首次访问蒙特卡洛预测算法和每次访问蒙特卡洛预测算法在 21 点游戏中的状态值的分布差异并不明显。但因首次访问蒙特卡洛预测算法的计算更为简便、快捷，所以其应用范围更为广泛。

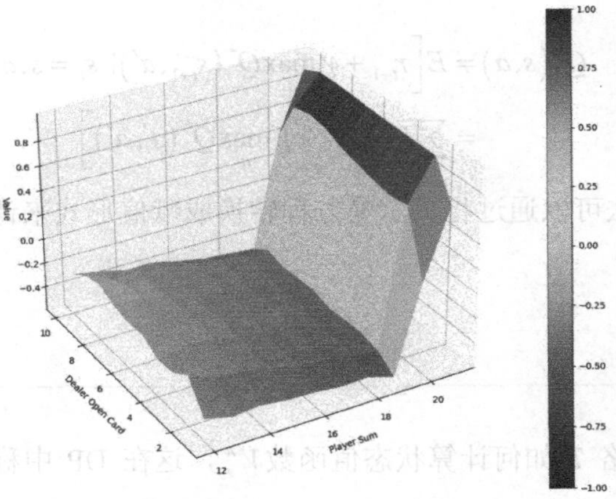

图 5.10 每次访问蒙特卡洛预测算法在 21 点游戏中的状态值三维示例图

通过以上两个案例，相信读者对于蒙特卡洛算法已经有了更深刻的了解，相对于 Q-学习算法，蒙特卡洛算法的预测搜索能力更强，因此其在强化学习算法的应用中也更加广泛。

5.4 动态规划算法

动态规划算法（Dynamic Programming，DP）是指在给出环境完整模型的条件下，计算最优策略的一类算法。通常把环境看成是马尔可夫决策过程，经典 DP 算法在强化学习中的应用有限，一方面是因为它需要给定一个完美的环境模型，另一方面是因为计算开销太大，但它在理论上仍然很重要。实际上，强化学习算法就是要在较少计算量和非完整的环境模型的条件下达到 DP 的效果。

假定环境是有限的 MDP，也就是说，假定它的状态集 S 和动作集 $A(s)$（对任意 $s \in S$）

都是有限的，那么对任意$s \in S$，$a \in A(s)$的动态特性都由转移概率

$$P_{s'}^{a} = \Pr\{s_{t+1} = s' | s_t = s, a_t = a\} \tag{5-41}$$

和期望的立即奖励

$$R_{ss'}^{a} = E\{r_{t+1} | a_t = a, s_t = s, s_{t+1} = s'\} \tag{5-42}$$

决定。

尽管 DP 思想可以应用在连续状态和动作空间中，但在特定情况下，还需要特殊的解决方法。在连续状态和动作空间的任务中，所用的方法是将连续状态和动作空间量化后采用有限状态 DP 方法。

强化学习和 DP 的关键思想是利用值函数对好策略进行搜索。需要说明如何将 DP 算法应用于计算值函数。一旦找到最优值函数V^*或Q^*，就可以很容易地得到最优策略。对任意$s \in S$，$a \in A(s)$，$s' \in S^+$，都能满足贝尔曼最优方程

$$\begin{aligned} V^*(s) &= \max_a E\{r_{t+1} + \gamma V^*(s_{t+1}) | s_t = s, a_t = a\} \\ &= \max_a \sum_{s} P_{s'}^{a}\left[R_{s'}^{a} + \gamma V^*(s')\right] \end{aligned} \tag{5-43}$$

或

$$\begin{aligned} Q^*(s,a) &= E\left[r_{t+1} + \gamma \max_{a'} Q^*(s_{t+1}, a') | s_t = s, a_t = a\right] \\ &= \sum_{s'} P_{s'}^{a}\left[R_{s'}^{a} + \gamma \max_{a'} Q^*(s', a')\right] \end{aligned} \tag{5-44}$$

可以看出，DP 算法可以通过将贝尔曼方程转换成赋值形式来计算，即转换成用于改善值函数的更新规则。

5.4.1 策略评估

现在讨论对任意策略T如何计算状态值函数V^π，这在 DP 中称为策略评估，也称为预测问题。对任意$s \in S$,有

$$\begin{aligned} V^\pi(s) &= E_\pi\{r_{t+1} + \gamma r_{t+2} + \gamma^2 r_{t+3} + \cdots | s_t = s\} \\ &= E_\pi\{r_{t+1} + \gamma V^\pi(s_{t+1}) | s_t = s\} \\ &= \sum_a \pi(s,a) \sum_{s'} P_{s'}^{a}\left[R_{s'}^{a} + \gamma V^\pi(s')\right] \end{aligned} \tag{5-45}$$

这里，$\pi(s,a)$是策略π下处于状态s时采用动作a的概率，期望的下标π表明是在执行策略π的条件下计算的。若$\gamma < 1$或在策略π下，从任意状态开始，都能达到终止状态的条件，则可以保证V^π是唯一存在的。

如果完全知道环境的动态特性，则上式是$|S|$个变量$V^\pi(s)$的联立线性方程组，可直接计算，根据我们的目标，采用迭代算法最合适。考虑一个值函数的逼近序列$V_0, V_1, V_2, \cdots$将S^+映射到R。初始逼近值V_0是任意的（除终止状态取 0 外），对所有$s \in S$，每个后续逼近值都通过使用贝尔曼方差得到

$$V_{k+1}(s) = E_\pi\left\{r_{t+1} + \gamma V_k(s_{t+1}) \mid s_t = s\right\} \\ = \sum_a \pi(s,a) \sum_{s'} P_{s'}^a \left[R_{s'}^a + \gamma V_k(s')\right] \quad (5\text{-}46)$$

显然，$V_k = V^\pi$ 是这个更新规则的一个固定点，因为 V^π 的贝尔曼方程保证了这种情况下的相等。实际上，在保证 V^π 存在的条件下，$\{V_k\}$ 序列显然在 $k \to \infty$ 时收敛于 V^π，这个算法称作迭代策略评估算法。为了从 V_k 得到每个后继值 V_{k+1}，迭代策略评估对每个状态 s 采用同一操作，即用 s 的后继状态值及奖励的期望值代替 s 的值，我们把这种操作称为完全回溯。迭代策略评估的每次迭代都将所有状态回溯，以产生新的逼近值函数 V_{k+1}。DP 算法中的回溯称为完全回溯，这是因为它们基于所有可能的后继状态，而不是只基于简单的一个后继状态。

另一个问题是关于算法的结束条件。严格地说，迭代策略评估只在某种限制条件下收敛。迭代策略评估一个典型的结束条件是在每次遍历后检验方程：$\max_{s \in S}\left|V_{k+1}(s) - V_k(s)\right|$，并在它足够小时就输出结果。下面给出了带有这种停止准则的迭代策略评估的算法步骤。

输入评估策略 π

初始化：$V(s) = 0$，对所有 $s \in S$

Repeat

　$\Delta \leftarrow 0$

　For each　$s \in S$

　　$v \leftarrow V(s)$

　　$V(s) \leftarrow \sum_a \pi(s,a) \sum_{s'} P_{ss'}^a \left[R_{ss'}^a + \gamma V(s')\right]$

　　$\Delta \leftarrow \max\left(\Delta, \left|v - V(s)\right|\right)$

until　$\Delta < \varepsilon$

输出：$V \approx V^\pi$

5.4.2　策略改进

计算策略值函数的理由是找到更好的策略。假设随意策略 π 的值函数 V^π 已确定，我们想知道对某状态 s 是否应改变策略来选择动作 $a \neq \pi(s)$，即在知道用现在的策略的效果的前提下，$V^\pi(s)$ 一旦用新策略，结果会更好还是更坏？一种办法是考虑在状态 s 下选择动作 a，再采用现存策略 π。这种改进策略的值是

$$Q^\pi(s,a) = E_\pi\left\{r_{t+1} + \gamma V^\pi(s_{t+1}) \mid s_t = s, a_t = a\right\} \\ = \sum_{s'} P_{s'}^a \left[R_s^a + \gamma V^\pi(s')\right] \quad (5\text{-}47)$$

主要评价标准是 $Q^\pi(s,a)$ 大于 $V^\pi(s)$ 还是小于 $V^\pi(s)$：若 $Q^\pi(s,a)$ 大于 $V^\pi(s)$，则可以设想每次遇见 s 都选择 a 较好，而且新策略大体上比旧的好。这实际上是策略改进定理的一个例子。设 π 和 π' 是任意一对确定性策略，对所有 $s \in S$，有

$$Q^\pi(s, \pi'(s)) \geqslant V^\pi(s) \quad (5\text{-}48)$$

这样，策略π'不次于π，也就是说，其结果与任意$s\in S$算出的值相等或更大

$$V^{\pi'}(s)\geqslant V^{\pi}(s) \tag{5-49}$$

这个结果尤其适用于上段讨论的两个策略：一个是初始确定性策略π，一个是修改策略π'，π'与π的差别是$\pi'(s)=a\neq\pi(s)$。

策略改进定理证明的思想很易于理解。由以上各式可得

$$\begin{aligned}
V^{\pi}(s)&\leqslant Q^{\pi}\left[s,\pi'(s)\right]\\
&=E_{\pi'}\left\{r_{t+1}+\gamma V^{\pi}(s_{t+1})\mid s_t=s\right\}\\
&\leqslant E_{\pi'}\left\{r_{t+1}+\gamma Q^{\pi}(s_{t+1},\pi'(s_{t+1}))\mid s_t=s\right\}\\
&=E_{\pi'}\left\{r_{t+1}+\gamma E_{\pi^{\pi}}\left[r_{t+2}+\gamma V^{\pi}(s_{t+2})\right]\mid s_t=s\right\}\\
&=E_{\pi^{\pi}}\left\{r_{t+1}+\gamma r_{t+2}+\gamma^2 V^{\pi}(s_{t+2})\mid s_t=s\right\}\\
&\leqslant E_{\pi^{\pi}}\left\{r_{t+1}+\gamma r_{t+2}+\gamma^2 r_{t+3}+\gamma^3 V^{\pi}(s_{t+3})\mid s_t=s\right\}\\
&\ \ \vdots\\
&\leqslant E_{\pi'}\left\{r_{t+1}+\gamma r_{t+2}+\gamma^2 r_{t+3}+\gamma^3 r_{t+4}+\cdots\mid s_t=s\right\}\\
&=V^{x'}(s)
\end{aligned} \tag{5-50}$$

现在已经看到，给定策略和值函数，就可以很容易地评价出某一状态对特定动作的策略改变。很自然地想到要对所有状态和所有可能动作进行改变，在每个状态下选择使$Q^{\pi}(s,a)$最好的动作，也就是说，考虑下式给出的贪心策略π'

$$\begin{aligned}
\pi'(s)&=\arg\max_a Q^{\pi}(s,a)\\
&=\arg\max_a E\left\{r_{t+1}+\gamma V^{\pi}(s_{t+1})\mid s_t=s,a_t=a\right\}\\
&=\arg\max_a \sum_{s'}P_{s'}^{a}\left[R_{s'}^{a}+\gamma V^{\pi}(s')\right]
\end{aligned} \tag{5-51}$$

这里“$\arg\max_a$”表示表达式取最大值时的a值。贪心算法根据V^{π}短期（一步）选取最好的动作。贪心算法满足策略改进定理式的条件，所以我们知道它与初始策略一样好或更好。通过使初始策略的值函数更贪心而得到改进策略的过程叫作策略改进。

假设新贪心策略π'不比π更好，则$V^{\pi}=V^{\pi'}$，对所有$s\in S$，有

$$\begin{aligned}
V^{\pi'}(s)&=\max_a E\left\{r_{t+1}+\gamma V^{\pi'}(s_{t+1})\mid s_t=s,a_t=a\right\}\\
&=\max_a \sum_{s'}P_{s'}^{a}\left[R_{ss'}^{a}+\gamma V^{\pi'}(s')\right]
\end{aligned} \tag{5-52}$$

但这与贝尔曼最优方程相同，因此V^{π}必然是V^{*}，而且π和π'必然是最优策略。策略改进必然会给出一个严格的较优策略，除非原策略已经是最优策略了。

5.4.3 策略迭代

一旦策略π用V^{π}改进得到了好的策略π'，则可计算$V^{\pi'}$并改进它，以得到更好的π'。可以通过改进策略和值函数得到这样的序列

$$\pi_0 \xrightarrow{E} V^{\pi_0} \xrightarrow{I} \pi_1 \xrightarrow{E} V^{\pi_1} \xrightarrow{I} \pi_2 \xrightarrow{E} \ldots \xrightarrow{I} \pi^* \xrightarrow{E} V^* \tag{5-53}$$

其中，$\xrightarrow{E}$表示策略评估；$\xrightarrow{I}$表示策略改进。每个策略都保证比前一个更优（除非前一个策略已经是最优策略）。由于一个有限 MDP 只有有限个策略，因此在有限次迭代后，这种方法一定可以收敛到一个最优策略和一个最优值函数。

这种寻找最优策略的办法叫作策略迭代。下面给出了完整的V^π的策略迭代计算的步骤。每次策略评估（也就是迭代计算）都是从前一策略的值函数开始的，这使得策略评估的收敛速度大大加快。对于有限的动作集合和状态集合，策略迭代在几次迭代后就可收敛。

1. 初始化

对所有$s \in S$，赋值$V(s) \in R$，$\pi(s) \in A(s)$。

2. 策略评估

Repeat

$\quad \Delta \leftarrow 0$

$\quad$ For each $s \in S$

$\quad\quad v \leftarrow V(s)$

$\quad\quad V(s) \leftarrow \sum_{s'} P_{ss'}^{\pi(s)} \left[R_{ss'}^{\pi(s)} + \gamma V^\pi(s') \right]$

$\quad\quad \Delta \leftarrow \max\left(\Delta, \left|v - V(s)\right|\right)$

Until $\Delta < \varepsilon$

3. 策略改进

policy-stable $\leftarrow$ true

$\quad$ For each $s \in S$

$\quad\quad b \leftarrow \pi(s)$

$\quad\quad \pi(s) \leftarrow \mathrm{argmax} \sum_{a} P_{ss'}^{a} \left[R_{ss'}^{a} + \gamma V(s') \right]$

$\quad\quad$ If $b \neq \pi(s)$ Then policy-stable $\leftarrow$ false

If policy-stable Then stop;Else goto 2

5.4.4 值迭代

策略迭代的一个缺陷就是每次迭代都要进行策略评估，这可能是由于多次搜索状态集而加重迭代计算的原因。若策略评估是迭代完成的，则只在趋近于极限时收敛于V^π。实际上，策略迭代的策略评估步骤可用几种方法截断，且不会影响收敛性。其中的一种方法是在进行一次策略评估后就停止一次搜索，这种算法叫值迭代，可将其看作将策略改进和截断策略评估步骤结合起来的简单回溯操作

$$\begin{aligned} V_{k+1}(s) &= \max_a E\left\{r_{t+1} + \gamma V_k(s_{t+1}) \mid s_t = s, a_t = a\right\} \\ &= \max_a \sum_s P_{ss'}^a \left[R_{ss'}^a + \gamma V_k(s')\right] \end{aligned} \tag{5-54}$$

对任意V_0，序列$\{V_k\}$在保证V^*存在的条件下必然收敛于V^*。理解值迭代的另一种方法是参照贝尔曼最优方程，值迭代仅仅将贝尔曼最优方程变成一条更新规则，它除了要求对所有动作取最大值，还要求值迭代回溯与策略评估回溯相同。理解这一关系的另一种方法是比较这两个算法的回溯图。

最后，让我们考虑值迭代终止条件。与策略评估一样，值迭代需要无限步的迭代才严格收敛于V^*。实际上，在一次遍历过程中，值函数改变较小时就可以停止。下面给出了这种终止条件的完整值迭代算法。

初始化：对所有$s \in S$，$V(s)$任意赋值

Repeat

　　$\Delta \leftarrow 0$

For each　$s \in S$

　　$v \leftarrow V(s)$

　　$V(s) \leftarrow \max_a \sum_{s'} P_{ss'}^a \left[R_{ss'}^a + \gamma V(s')\right]$

　　$\Delta \leftarrow \max\left(\Delta, \left|v - V(s)\right|\right)$

　　Until　$\Delta < \varepsilon$

输出策略π，满足

　　$\pi(s) \leftarrow \arg\max_a \sum_{s'} P_{ss'}^a \left[R_{ss'}^a + \gamma V(s')\right]$

值迭代在每次遍历过程中都有效地将策略评估遍历和策略改进遍历结合起来。在每次策略改进遍历间插入多步策略评估遍历，通常可以加快收敛。一般情况下，截断策略迭代算法可看作遍历的序列，一些使用策略评估回溯，一些使用值迭代回溯。最大化操作是这些回溯的唯一差别，这只意味着最大化操作被加入策略评估的某些遍历中。对于折扣有限的 MDP，这些算法都收敛于一个最优策略。

5.4.5　案例分析

考虑一个背包问题：给定n种物品和一个容量为c的背包，物品i的重量是$w[i]$，其价值为$v[i]$。

那么试问应该如何选择装入背包的物品，使得装入背包的物品的总价值最大？

分析：面对每个物品，我们只有选择拿取或不拿两种选择，不能选择装入某物品的一部分，也不能装入同一物品多次。

解决办法：声明一个大小为$m[n][c]$的二维数组，$m[i][j]$表示在面对第i件物品，且背包容量为j时所能获得的最大价值，那么很容易分析得出$m[i][j]$的计算方法。

（1）当 $j < w[i]$ 时，背包容量不足以放下第 i 件物品，只能选择不拿，即 $m[i][j] = m[i-1][j]$。

（2）当 $j >= w[i]$ 时，背包容量可以放下第 i 件物品，就要考虑拿这件物品是否能获取更大的价值。

如果拿取，那么 $m[i][j] = m[i-1][j-w[i]] + v[i]$。这里的 $m[i-1][j-w[i]]$ 指的就是考虑了 $i-1$ 件物品，背包容量为 $j-w[i]$ 时的最大价值，也是相当于为第 i 件物品腾出了 $w[i]$ 的空间。

如果不拿，那么 $m[i][j] = m[i-1][j]$，同（1）。

究竟是拿还是不拿？自然是比较这两种情况哪种价值最大。

由此可以得到状态转移方程：

if($j >= w[i]$)

$$m[i][j] = \max(m[i-1][j],\ m[i-1][j-w[i]] + v[i]);$$

else

$$m[i][j] = m[i-1][j]$$

那么基于此背包问题，在使用动态规划算法求解背包问题时，使用二维数组 $m[i][j]$ 表示在面对第 i 件物品且背包容量为 j 时所能获得的最大价值。可选物品为 $i, i+1, \cdots, n$ 时，0-1 背包问题的最优值。绘制

价值数组 $v = [8, 10, 6, 3, 7, 2]$，

重量数组 $w = [4, 6, 2, 2, 5, 1]$，

背包容量 $c = 12$ 时对应的 $m[i][j]$ 数组。

背包数组如表 5.3 所示。

表 5.3　背包数组

0	1	2	3	4	5	6	7	8	9	10	11	12
1	0	0	0	8	8	8	8	8	8	8	8	8
2	0	0	0	8	8	10	10	10	10	18	18	18
3	0	6	6	8	8	14	14	16	16	18	18	24
4	0	6	6	9	9	14	14	17	17	19	19	24
5	0	6	6	9	9	14	14	17	17	19	21	24
6	2	6	6	9	11	14	16	17	19	19	21	24

在表 5.3 中，第一行和第一列为序号。例如 m[2][6]，在面对第二件物品时，若背包容量为 6 时，我们可以选择不拿，那么获得的价值仅为第一件物品的价值 8；如果拿，就要把第一件物品拿出来，放第二件物品，价值为 10，那我们当然是选择拿。m[2][6]=m[1][0]+10=0+10=10；依次类推，可以得到 m[6][12]就是考虑所有物品、背包容量为 c 时的最大价值。

整个算法程序如下：

```
def bag(n,c,w,p):
    res=[[-1 for j in range(c+1)]for i in range(n+1)]
    for j in range(c+1):
        res[0][j]=0
```

```
    for i in range(1,n+1):
        for j in range(1,c+1):
            res[i][j]=res[i-1][j]
            if(j>=w[i-1]) and res[i-1][j-w[i-1]]+p[i-1]>res[i][j]:
                res[i][j]=res[i-1][j-w[i-1]]+p[i-1]
    return res
def show(n,c,w,res):
    print('最大价值为:',res[n][c])
    x=[False for i in range(n)]
    j=c
    for i in range(1,n+1):
        if res[i][j]>res[i-1][j]:
            x[i-1]=True
            j-=w[i-1]
    print('选择的物品为:')
    for i in range(n):
        if x[i]:
            print ('第',i,'个,' )
    print('')
if __name__=='__main__':
    n=5
    c=10
    w=[2,2,6,5,4]
    p=[6,3,5,4,6]
    res=bag(n,c,w,p)
    show(n,c,w,res)
```

运行程序，我们可以得到如图 5.11 所示的用动态规划算法解决 0-1 背包问题的结果。

```
最大价值为: 15
选择的物品为:
第 0 个,
第 1 个,
第 4 个,
```

图 5.11　用动态规划算法解决 0-1 背包问题的结果

由此可以看出，动态规划算法很好地解决了 0-1 背包问题。动态规划算法在解决一些简单的策略性问题中的实际价值是比较大的，且使用起来比较方便。

总结

本章通过对强化学习的相关知识和研究现状的介绍，以及对相关的强化学习算法（包括 Q-学习算法、蒙特卡洛算法和动态规划算法）的原理讲解和案例实践，使得读者对于现今一些重要的强化学习概念及强化学习算法有了更加清晰的认识。

相信通过本章的学习，读者对强化学习算法的理解和应用能更上一层楼。

习题

一、选择题

1．以下哪些是强化学习的组成元素？（　　）

A．智能体　　B．环境

C．状态　　D．动作

2．智能体通过以下哪些元素与环境进行交互？（　　）

A．状态　　B．动作

C．奖励　　D．主体

3．马尔可夫模型由以下哪些要素构成？（　　）

A．状态集　　B．动作集

C．奖励函数　　D．转移函数

4．强化学习可以分为哪两类？（　　）

A．有模型　　B．免模型

C．监督　　D．无监督

5．奖励可以分为哪两类？（　　）

A．正奖励　　B．负奖励

C．即时奖励　　D．循环奖励

6．MDP 求解包括哪两个步骤？（　　）

A．预测　　B．动作

C．分类　　D．规划

7．下列关于强化学习的说法正确的是（　　）。

A．强化学习的概念是在 AlphaGo 战胜李世石之后提出的

B．强化学习属于无监督学习的一种，不需要监督信息

C．强化学习和监督学习的过程相似，是“开环”的过程

D．在强化学习中，计算机通过不断与环境交互并通过环境反馈来逐渐适应环境

8．通过一定的榜样来强化相应的学习或学习倾向是（　　）。

A．直接强化　　B．自我强化

C．负强化　　D．替代强化

9．判断一个循环队列 Q（最多有 n 个元素）为满的条件是（　　）。

A．Q->rear==Q->front

B．Q->rear==Q->front+1

C．Q->front==(Q->rear+1) % n

D．Q->front==(Q->rear-1) % n

10．关于蒙特卡洛算法描述正确的是（　　）

A．蒙特卡洛算法计算值函数可以采用 First-visit 方法

B．蒙特卡洛算法方差很大

C．蒙特卡洛算法计算值函数可以采用 Every-visit 方法

D．蒙特卡洛算法偏差很大

二、判断题

1．强化学习是现在主流的机器学习方法之一。（　　）
2．深度学习包括强化学习。（　　）
3．通过一定的榜样来强化相应的学习或学习倾向是直接强化。（　　）
4．只凭借观察所见即产生学习的现象称为一般强化。（　　）
5．强化学习是指直接从高维原始数据学习控制策略。（　　）
6．强化学习是无监督学习的一种。（　　）
7．强化学习与监督学习和无监督学习相同。（　　）
8．强化学习是机器学习的一个小类。（　　）
9．强化学习的概念是在 AlphaGo 战胜李世石之后才提出的。（　　）
10．强化学习和监督学习的过程相似，是开环的过程。（　　）

三、简答题

1．简述强化学习的发展历程。
2．请列举一些深度学习与强化学习的区别。
3．强化学习的要素有哪些？
4．请简要叙述 Q-学习算法的基本原理。
5．请简要叙述 Q-学习算法的算法流程。
6．什么是动态规划算法？
7．什么是蒙特卡洛算法？蒙特卡洛算法的应用有哪些？
8．请简要叙述蒙特卡洛算法的算法流程。
9．请分析比较动态规划算法、Q-学习算法和蒙特卡洛算法。
10．请介绍一些动态规划算法、Q-学习算法和蒙特卡洛算法的应用。

第 6 章　迁移学习

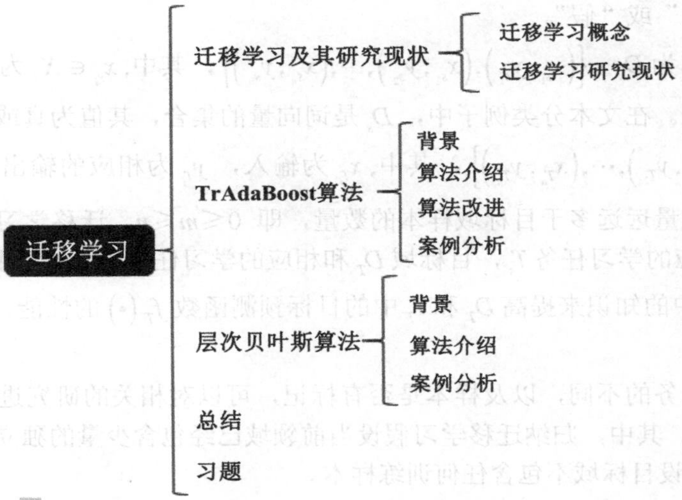

本章导读

本章主要介绍迁移学习算法的理论与案例分析，详细介绍迁移学习的一些基础知识，以及 TrAdaBoost 算法和层次贝叶斯算法的原理和实践，并就各算法的优缺点进行了分析，最后对各种算法的应用进行了编程实现。

本章要点

- 迁移学习及其研究现状。
- TrAdaBoost 算法。
- 层次贝叶斯算法。

6.1　迁移学习及其研究现状

6.1.1　迁移学习概念

迁移学习目前在学术界还没有一个统一的严格定义，本书采取目前认可度最高的定义概念。该概念认为迁移学习强调的是在不同但是相似的领域、任务和分布之间进行知识迁移。这里介绍本书中用到的一些符号和定义，首先给出“领域”和“任务”的定义。

领域 D（Domain）包含两个部分，特征空间 X 及边缘概率分布 $P(X)$。若两个领域（D_1 和 D_0）不同，则其特征空间或边缘概率分布也不同，即 $X_1 \neq X_0$ 或 $PX_1 \neq PX_2$。

对于任务T（Task），给定一个特定的领域，一个任务$T=(Y,f(\bullet))$包含两部分内容：标记空间Y及目标预测函数$f(\bullet)$，其中，目标预测函数$f(\bullet)$从训练数据集中学习而得到，而训练样本为多个(x_i,y_i)。预测函数$f(\bullet)$被用于预测新样本点x的类别标记，从概率的角度可以将$f(x)$表述为$P(y|x)$。在分类问题中，Y是已标记样本的集合，即对于一个二分类问题而言，y_i的值为“真”或“假”。

定义源域样本为$D_s=\{(x_{s_1},y_{s_1}),(x_{s_2},y_{s_2}),\cdots,(x_{s_n},y_{s_n})\}$，其中，$x_{s_i}\in X_s$为样本描述，$y_{s_i}\in Y_s$为相应的类别标记。在文本分类例子中，$D_s$是词向量的集合，其值为真或假；目标域样本为$D_T=\{(x_{T_1},y_{T_1}),(x_{T_2},y_{T_2}),\cdots,(x_{T_n},y_{T_n})\}$，其中，$x_{T_i}$为输入，$y_{T_i}$为相应的输出。并且在多数情况下，源域样本的数量远远多于目标域样本的数量，即$0\leqslant m\leqslant n$，迁移学习可以定义为，给定源域样本D_s和相应的学习任务T_s，目标域D_T和相应的学习任务T_T，以及目标预测函数$f_T(\bullet)$时，使用D_s和T_s中的知识来提高D_T和T_T中的目标预测函数$f_T(\bullet)$的性能，其中，$D_s\neq D_T$，或者$T_s\neq T_T$。

根据领域和任务的不同，以及样本是否有标记，可以对相关的研究进行分类，迁移学习分类如图6.1所示。其中，归纳迁移学习假设当前领域已经包含少量的独立分布的训练样本，而直推迁移学习假设目标域不包含任何训练样本。

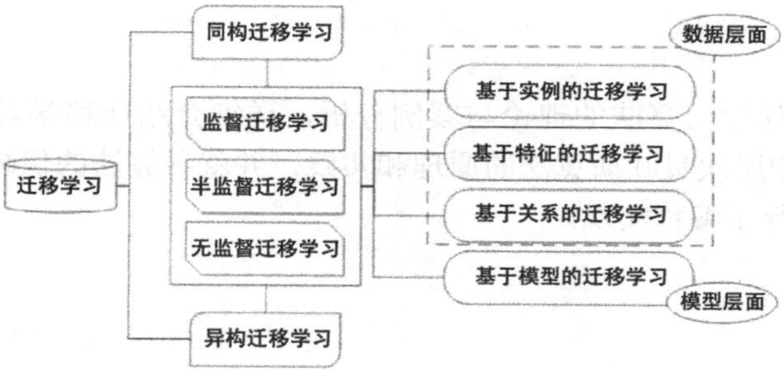

图6.1　迁移学习分类

6.1.2　迁移学习研究现状

迁移学习在二十世纪九十年代被引入机器学习领域，用于改进许多机器学习算法的缺陷，即需要依赖大量的标记数据来训练出高精度的学习器，且训练数据和测试数据必须满足同分布的条件。迁移学习方法根据不同任务间的相似性，将源域数据向目标域迁移，实现对已有知识的利用，使传统的从零开始的学习变成可积累的学习，并且提高了学习效率。

综上所述，提高机器学习能力的关键在于，要让机器像人类一样能够利用过去学到的知识来完成各种事务，其中最关键的问题就是让机器学会迁移学习。学会了迁移学习，机器就会充分利用以前学到的知识，提高其能力，从而更好地实现增量学习。

然而，正是由于迁移学习的引入，使得迁移学习比传统的机器学习复杂得多。这是由其本身存在的问题导致的，主要有三个方面，即迁移什么？怎样迁移？何时迁移？只有很好地解决这些问题，才能更好地应用迁移学习。迁移什么？主要研究哪部分知识能够在领域或任务之间迁移。有些知识可能对某些特殊的领域是重要的，也可能在不同的领域之间是共享的，它们能够提高目标域的学习效率。怎样迁移？主要是研究利用什么方法进行迁移。何时迁移？主要是研究在什么情形下进行迁移。本章主要讲述迁移学习算法。通过对一些迁移学习算法的讲解，使得读者对迁移学习有更深刻的认识。

TrAdaBoost 算法和层次贝叶斯算法既是迁移学习的基础，也是重要算法，推动迁移学习不断向前发展。因此，在本章我们将对 TrAdaBoost 算法和层次贝叶斯算法进行介绍。

6.2 TrAdaBoost 算法

6.2.1 背景

实例迁移学习方法的假设：虽然源域的数据不能直接用作目标域的训练数据，但其中的部分训练数据分布类似目标域数据，经过一定处理后可以重新利用，其中，关键的技术就是如何对这部分训练数据进行权重计算。进行权重计算的方式有很多种。例如，可以使用目标域的数据进行训练，获得一个基准模型，然后将源域的数据作为测试数据输入基准模型，利用测试精度等评价指标作为数据权重的计算依据。

实例迁移学习技术经常采用各种启发式方法来对源域的训练数据进行权重计算，在这个过程中可能需要借助少量的目标训练数据作为基准。

目前，大多数实例迁移学习研究都集中在文本分类领域。Dai 等人提出了 TrAdaBoost 算法，用于解决归纳迁移学习问题。假设源域和目标域的数据使用同样的特征集合和标记集合，但是这两个领域上的数据分布不同。此外，还假设由于两个领域上的数据分布不同，一些源域的“好”数据有益于目标域的学习效果，同时，另外一些“坏”数据可能会损害目标域的学习。TrAdaBoost 算法通过在每次迭代中适当调整权重大小的方式不断降低“坏”数据的影响，同时不断放大“好”数据对目标域的帮助。在每次迭代中，基于加权后的源域数据和目标域数据，训练一个基准分类器，并计算该分类器在目标域数据上的误差。作为 AdaBoost 的扩展，TrAdaBoost 使用与其相同的策略来更新被错误分类的目标域数据的权重，但被错误分类的源域数据的权重更新策略与 AdaBoost 不同。最后，对 TrAdaBoost 进行了理论分析。

6.2.2 算法介绍

首先介绍一些概念，定义迁移学习问题的类型。通常，领域D由特征空间X组成，边缘概率分布为$P(X)$，其中$X=\{x_1,x_2,\cdots,x_n\},x_i\in X$。将问题简化为二分类问题，任务$T$由标记的空间$Y$组成，$Y=\{+1,-1\}$，对于多分类问题，可以依此进行推广，映射关系用布尔函数表示为$f:X\to Y$。传统机器学习问题从领域D中学习任务T，从给定训练数据$D=\{(x_1,y_1),\cdots,(x_n,y_n)\,|\,x_i\in X,y_i\in Y\}$中估计分类器函数$f^{\wedge}:X\to Y$，其中最好的近似函数$f$通过确定的标准得到。定义目标域$D_T=\left(X,P_T(X)\right)$，从目标训练数据$D_b=\left\{\left(\boldsymbol{x}_1^b,y_1^b\right),\cdots,\left(\boldsymbol{x}_n^b,y_n^b\right)\right\}$中学习得到目标任务$T_b=\left(Y,f_b\right)$。同样，定义源域$D_S=\left(X,P_S(X)\right)$，从源训练数据

$D_a=\{(x_1^a,y_1^a),(x_2^a,y_2^a),\cdots,(x_n^a,y_n^a)\}$ 中学习源任务 $T_a=(Y,f_a)$。利用在源域 D_S 中学习得到的源任务 T_a 的知识来提高目标分类器函数 $f^{\wedge}:X\rightarrow Y$ 的学习性能，这称为归纳迁移学习。

与传统的机器学习不同，归纳迁移学习体现出很大的优势，当目标训练数据集 D_b 和源数据集 D_a 相比非常小时，有 $n_b\leqslant n_a$。事实上，传统的机器学习很难处理这种问题，可以考虑通过从源域迁移知识来调整学习问题，这样就可以合理地分配资源，以获得大量用于学习源任务的训练数据。

在目标域中，如果已标记样本很少，不足以训练一个较好的分类模型，但是源域样本的特征与目标域相似，这时期望源域中的某些样本的知识可指导目标域的学习。为了达到该目的，在 AdaBoost 算法训练过程中，不断调整样本的权重，用此方法可以选出样本。选出源域样本流程如图 6.2 所示。

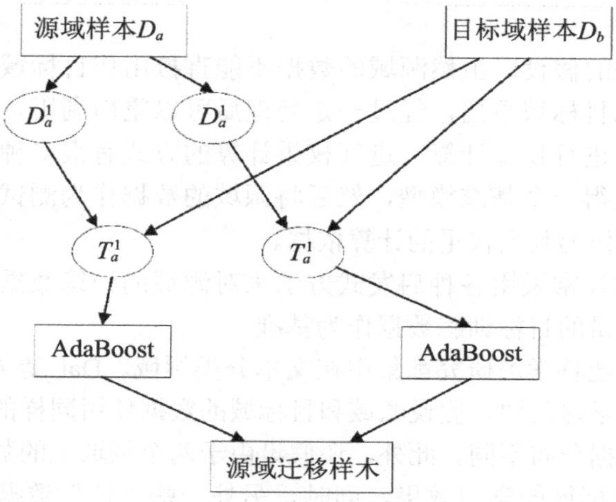

图 6.2 选出源域样本流程

TrAdaBoost 方法的关键思想是利用 Boosting 的技术过滤掉辅助数据中那些与源训练数据最不相似的数据。其中，Boosting 的作用是建立一种自动调整权重的机制，于是重要的辅助训练数据的权重将会增加，不重要的辅助训练数据的权重将会减小。调整权重之后，这些带权重的辅助训练数据将会作为额外的训练数据，与源训练数据一起来提高分类模型的可靠度。在一些研究中，AdaBoost 被用在了目标训练数据中，以保证分类模型在源数据上的准确性。与此同时，它也被应用在了源训练数据上，用以自动调节辅助训练数据的权重。于是，得到了一个新的 Boosting 算法——TrAdaBoost。TrAdaBoost 算法的直观示例如图 6.3 所示。

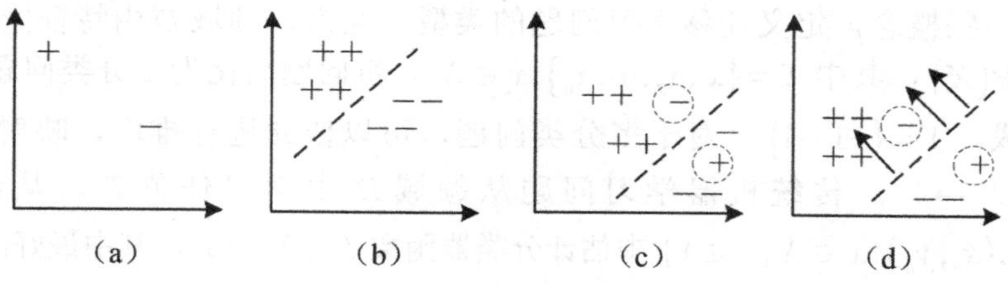

图 6.3 TrAdaBoost 算法的直观示例

图 6.3（a）表示当已标记的目标训练样本很少时，分类学习非常困难；图 6.3（b）表示

当增加大量源域数据时，可以根据源域数据估计出分类面；图 6.3（c）表示源域数据有时会产生错误分类结果，如图中带圈的“–”；图 6.3（d）表示通过增加错误分类的目标训练数据的权重，减小错误分类源训练数据的权重，使得分类面朝正确的方向移动。

由于边缘分布可能不同（$P_b \neq P_a$），布尔函数也可能不同（$f_b \neq f_a$），导致源域和目标域可能不同。TrAdaBoost 算法能自动发现哪一部分知识用于源域，哪一部分知识是源域和目标域共享的，并且提出了一种从源域到目标域迁移知识的方法。

TrAdaBoost 是第一种使用 Boosting 作为最合适的归纳迁移学习器的迁移学习算法，也是应用最广泛的。TrAdaBoost 以迭代的方式训练基分类器，对源域和目标域的数据进行加权，它的算法描述如下所示。采用不同策略对两个领域的训练样本进行权重调整：对于目标域样本，若基分类器对其分类错误，则增加其权重，以提高在下一轮迭代中被正确分类的可能性，这种策略与 AdaBoost 相同；对于源域样本，若基分类器分类错误，则认为该样本的相关性较小，减小其权重，并与在线分配相同。

算法 1 TrAdaBoost 算法描述

输入两个训练数据集 T_a 和 T_b [合并的训练数据集 $T = T_a \cup T_b$]，一个未标注的测试数据集 S，一个基本的分类算法 Learner，以及迭代次数 n。

初始化

初始权重向量 $\boldsymbol{w}^1 = \left(w_1^1, \cdots, w_{n+m}^1\right)^a$，其中，

$$w_i^1 = \begin{cases} 1/n \;, & i = 1, \cdots, n \\ 1/m \;, & i = n+1, \cdots, n+m \end{cases}$$

设置 $\beta = 1/\left(1 + \sqrt{2\ln n / N}\right)$

For t=1,…,N

设置 $\boldsymbol{p}^t$ 满足

$$\boldsymbol{p}^t = \frac{\boldsymbol{w}^t}{\sum_{i=1}^{n+m} w_i^t}$$

调用 Learner，根据合并后的训练数据 T、T 上的权重分布 $\boldsymbol{p}^t$ 和未标注数据 S 得到一个在测试数据集 S 上的分类器 $h_t : X \to Y$。

从以上分析中不难看出，TrAdaBoost 和 AdaBoost 的区别在于对源训练数据的权重调整策略。在每轮迭代中，如果一个源训练数据被误分类，那么这个数据可能和目标训练数据是矛盾的。若减小这个数据的权重，则在下一轮迭代中，被误分类的训练数据对分类模型的影响就会比上一轮小一些。于是，在若干轮迭代后，源训练数据中符合目标训练数据的那些数据就会拥有更高的权重，而那些不符合目标训练数据的数据的权重会减小。那些拥有更高权重的数据将会帮助目标训练数据训练一个更好的分类模型。

但是 TrAdaBoost 方法也有一些缺点，一些学者分别针对这些缺点采取了相应的改进方法，主要包括以下 4 个方面。

（1）权重不匹配。当源样本的规模比目标样本的规模大得多时，需要经过多次迭代，才能使目标样本的总体权重接近源样本的总体权重。但是，如果给目标样本分配较多的初始权重，那么这个问题就可以得到缓解。

（2）忽略了分类器集合的前半部分。一些研究实验结果表明，在 TrAdaBoost 算法迭代中

忽略了分类器集合的前半部分，即那些权重仍然收敛到零的不相关的源样本将会产生负迁移。为此，一些研究给出了解决方案，只保留了分类器集合中针对较难分类样本的后半部分分类器，而丢弃了适用于大多数样本的前半部分分类器。

（3）引用不平衡。一些研究指出 TrAdaBoost 方法有时得出的最终分类器总是对所有的样本给出同一个预测标记，这实质上是由没有平衡不同等级之间的权重造成的。

（4）源域权重的下降速度过快。这是 TrAdaBoost 方法存在的最严重的问题。许多研究者发现，即使源样本表达了目标概念，它们的权重也会快速减小。一些研究验证了这种快速收敛性，在 TrAdaBoost 算法的重新确定权重策略中，源样本和目标样本的权重差异性逐渐增加，并且在随后的 Boosting 迭代中，当源样本变得有利时，其权重也没有办法恢复。

TrAdaBoost 算法已经被扩展为许多迁移学习算法，包括回归迁移、多源迁移、TransferBoost，TransferBoost 在可以得到多个源任务的情况下采用推进方法，它可以提升所有源样本矢量，这些样本均来自具有正迁移性的任务。TransferBoost 计算每个源任务的整体迁移，并将其作为含源任务和不含源任务的目标任务之间的误差。TrAdaBoost 也扩展为概念漂移，利用 AdaBoost，固定代价成为源矢量更新的一部分。将可能性估计作为测量源分布和目标分布相关性的方法，这个代价能预先计算得到。由于这种更新源权重的方法利用了 AdaBoost 的更新机制，它也产生了一个冲突，即和目标任务不相关的源任务会引起负迁移，它的样本权重会以固定的或动态变化的比率在 AdaBoost 更新机制中变得越来越小。AdaBoost 只会增加错误分类样本的权重，而不会减小正确分类样本的权重。

6.2.3 算法改进

任何归纳式迁移学习算法的有效性都依赖源域以及源域和目标域的相关程度。利用它们之间的强相关性来表达迁移学习算法是合理的，当 $D_b = d_a$ 时，可以产生最有效的迁移算法，这样归纳式迁移学习就转化为传统的机器学习。图 6.4 所示为迁移学习算法，可以利用源域中的知识来提高分类器的学习效率，即在目标域中学习，以获得目标任务。另一方面，弱相关性可能会导致迁移算法无效，而且可能会降低目标任务的性能，产生负迁移。为了提高正迁移，避免负迁移发生，可以考虑从多个源域中迁移知识。在这种情况下，迁移学习可以利用多个源域中的知识，找到与目标域最为相近的一个源域加以迁移。更有甚者，可以利用多个和目标域相近的源域知识。多源迁移就是根据这个概念构成的，详细地说，它试图从多个源域中寻找到某些可以重新利用的训练样本，再和目标训练样本一起得到目标分类器。图 6.4 描述了这个情境，是一种典型的基于实例的迁移学习算法。

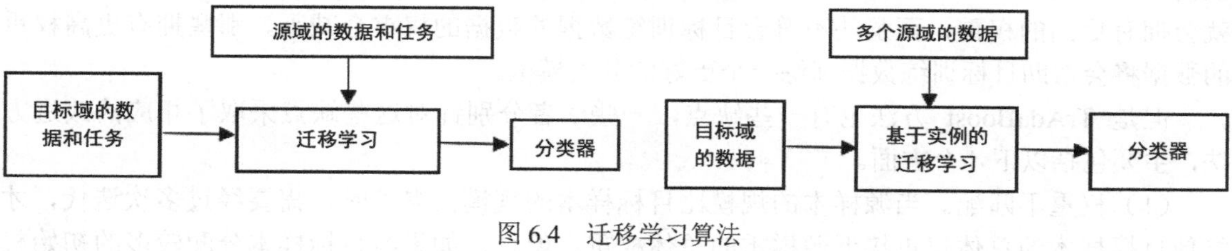

图 6.4　迁移学习算法

本节介绍一种基于 TrAdaBoost 算法的改进型算法——多源动态 TrAdaBoost 算法（MSD-

TrAdaBoost 算法)，使得与目标域相关性不大的源域样本的权重不至于收敛过快，共同学习目标任务，实现对所有源域知识的充分利用。具体做法：假设 N 个源域 $D_{s_1},\cdots,D_{s_N}$，源任务 $T_{s_1},\cdots,T_{s_N}$ 和源训练数据 $D_{s_1},\cdots,D_{s_N}$，利用它们提高目标分类器函数 $f_b^{\hat{}}:X\to Y$ 的学习性能。下面给出了所提算法的详细描述。

1：初始化权重矢量 $\left(\boldsymbol{\omega}_{a_1},\cdots,\boldsymbol{\omega}_{a_N},\boldsymbol{\omega}_b\right)$，其中 $\boldsymbol{\omega}_{a_k}=\left(\boldsymbol{\omega}_{a_k}^1,\cdots,\boldsymbol{\omega}_{a_k}^{n_{a_k}}\right)$ 为第 k 个源训练样本的权重矢量，$\boldsymbol{\omega}_b=\left(\boldsymbol{\omega}_b^1,\cdots,\boldsymbol{\omega}_b^{nt}\right)$ 为目标域训练样本的权重矢量。

2：设 $\beta_a=\dfrac{1}{1+\sqrt{2+\ln\left(n_\alpha\right)/M}}$，其中 $n_a=\sum_k n_{a_k}$ 为全部源训练样本个数，n_{a_k} 为第 k 个源训练集包含的样本数量。

3：对于 $t=1\sim m$，做如下循环。

4：清空候选弱分类器集合。

5：将矢量 $\left(\boldsymbol{\omega}_{a_1},\cdots,\boldsymbol{\omega}_{a_N},\boldsymbol{\omega}_b\right)$ 归一化。

6：对于 $k=1\sim N$，做如下循环。

7：在合并数据集 $D_{a_k}\bigcup D_b$ 上调用基分类器，得到候选弱分类器 $\left(f_b^t\right)^k$。

8：计算 $\left(f_b^t\right)^k$ 在目标域 D_b 上的误差

$$\left(\varepsilon_b^t\right)^k=\sum_{j=1}^{n_b}\frac{\boldsymbol{\omega}_b^j\sum_{k=1}^{N}\left[y_b^j\neq\left(f_b^t\right)^k\cdot x_b^j\right]}{\sum_{i=1}^{n_b}\boldsymbol{\omega}_b^i}$$

9：更新弱分类器 $\left(f_b^t\right)^k$ 的权重

$$\left(\boldsymbol{w}_b^t\right)^k=\frac{e^{1-\left(\varepsilon_b^t\right)^k}}{e^{\left(\varepsilon_b^t\right)^k}}$$

10：结束内循环。

11：得到第 t 次迭代的分类器 $f_b^t=\sum_k\dfrac{\left(\boldsymbol{\omega}_b^t\right)^k}{\sum_k\left(\boldsymbol{\omega}_b^t\right)^k}\left(f_b^t\right)^k$，计算 f_b^t 在 D_b 上的误差

$$\varepsilon_b^t=\sum_{j=1}^{n_b}\frac{\boldsymbol{\omega}_b^j\sum_{t=1}^{M}\left[y_b^j\neq f_b^t\cdot x_b^j\right]}{\sum_{i=1}^{n_b}\boldsymbol{\omega}_b^i}$$

12：设 $\beta_b^t=\varepsilon_b^t/\left(1-\varepsilon_b^t\right)$，其中 $0\leqslant\varepsilon_b^t\leqslant 1/2$。

13：设 $\mathrm{C}_t=2(1-\varepsilon_b^t)$。

14：更新源样本权重矢量 $\boldsymbol{\omega}_{a_k}^{(t+1)\cdot i}=C_t\cdot\boldsymbol{\omega}_{a_k}^{t\cdot i}\cdot\left(\beta_a\right)^{\sum_{j=1}^{M}\left[y_b^j\neq f_b^t\cdot x_b^j\right]}$，其中 $i\in D_{ak}$。

15：更新目标样本权重矢量 $\boldsymbol{\omega}_b^{(t+1)\cdot i}=\boldsymbol{\omega}_b^{t\cdot i}\cdot\left(\beta_b^t\right)^{\sum_{t=1}^{M}\left[y_b^j\neq f_b^t\cdot x_b^j\right]}$，其中 $i\in D_b$。

16：结束外循环。

其中，为了满足 $\left|\beta_b^t\leqslant 1\right|$，$\varepsilon_b^t$ 的值必须小于 0.5，但是，为了避免算法停止，当 ε_b^t 的值超

过 0.5 时，设置$\varepsilon_b^t = 0.5$，MSD-TrAdaBoost 算法在每步对源样本和目标样本的组合集进行训练的过程中都利用了 TrAdaBoost 中集成学习的概念。源样本权重矢量的更新使用加权多数算法，通过迭代降低错误分类源样本的权重，以调整源数据集的权重，并保存正确分类源样本的当前权重值。具体做法：将那些始终错误分类的源样本以$M/2$的速度收敛到 0，不用于产生最终的分类器。其中，步骤 8 中的$\left(\varepsilon_b^t\right)^k$表示第$k$个源域的候选分类器在目标域的错误率；$y_b^i \neq \left(f_b^t\right)^k \cdot x_b^j$表示候选分类器分类错误率；$\sum_{k=1}^{N}$表示对$N$个源域求和；第 11 步中的$\varepsilon_b^t$表示第$t$次迭代的分类器在目标域的误差率；第 13 步中给出了更新源样本权重矢量中动态因子的表达式，以使源样本权重在迭代的过程中不至于下降得太快。

MSD-TrAdaBoost 对分类器的权重计算公式为$\beta_b^t = \varepsilon_b^t / \left(1-\varepsilon_b^t\right)$，$\varepsilon_b^t$越小，则目标分类误差越小，表明源域与目标域的相关度越高，将多次迭代的基分类器组合成目标分类器，源域中的有用知识就会逐渐迁移到目标域中。程序第 14 步中源样本权重更新的C_t由β_b^t计算而得；第 15 步中目标样本的权重更新和 TrAdaBoost 算法相同，利用 TrAdaBoost 的更新机制β_b^t的值计算，只需要知道第 12 步中的目标误差率ε_b^t的值即可。在每个迁移学习模型中，源样本分布都是相关的，目标样本可以从合并的相关源样本中获得知识。

其中，目标训练样本对弱分类器的选择与 TrAdaBoost 算法相同。调用传统弱分类器模型在每个训练集训练都得到一个弱分类器，将所有弱分类器组成弱分类器集，分别计算每个弱分类器在目标训练集上的误差，根据测试误差给每个弱分类器加相应的权重，误差大的分类器的权重小，误差小的分类器的权重大，可以理解为正确率高的分类器对应的源域包含对目标任务有用的信息多，对目标任务的学习帮助较大，正确率低的分类器对应的源域包含对目标任务有用的信息相对少，对目标任务的学习帮助也小。将加权后的弱分类器集成，得到当前迭代的候选分类器，然后计算候选分类器在目标训练集和不同源训练集上的误差，更新源样本的权重，分类正确的源样本的权重不变，分类错误的样本权重减小，减小分类错误样本的权重表示此样本对目标任务的学习没有帮助，这样可以降低此样本对目标学习的影响。将更新权重后的样本重新训练，依次循环，直到达到最大迭代次数M为止。

由算法可以看出，所有源训练样本都参与了每次迭代训练，各源域中的训练样本在训练中的权重不同，对目标学习有帮助的样本权重大，阻碍目标学习的样本权重小，经过多次迭代，可筛选出对目标学习帮助大的源域，充分利用多个源域所有的有用知识，最大化帮助目标域的学习。

6.2.4 案例分析

本次案例以金融场景的借贷风险评估为例。首先需要下载好必要的业内开放的数据集，将金融借贷风险评估问题设计为迁移学习问题。

- 参赛选手需要依据给定的四万条业务 A 数据及四千条业务 B 数据，建立业务 B 的信用评分模型。其中，业务 A 为信用贷款，其特征是债务人无须提供抵押品，仅凭自己的信用取得贷款，并以借款人信用程度作为还款保证；业务 B 为现金贷款，即发薪日贷款，与一般的消费金融产品相比，现金贷款主要具有以下 5 个特点：额度小、周期短、无抵押、流程快、利率高，这也是与其贷款门槛低的特征相适应的。

- 由于业务 A 和业务 B 存在关联性，选手如何将业务 A 的知识迁移到业务 B，以此增强业务 B 的信用评分模型，是本案例的重点。

我们将 TrAdaBoost 算法作为本案例解决问题的关键算法。需要建立两个文件，即 TrAdaBoost.py 文件和 main.py 文件。

其中，TrAdaBoost.py 文件的完整代码如下：

```
import numpy as np
from sklearn import tree
def tradaboost(trans_S, trans_A, label_S, label_A, test, N):
    trans_data = np.concatenate((trans_A, trans_S), axis=0)
    trans_label = np.concatenate((label_A, label_S), axis=0)
    row_A = trans_A.shape[0]
    row_S = trans_S.shape[0]
    row_T = test.shape[0]
    test_data = np.concatenate((trans_data, test), axis=0)
    # 初始化权重
    weights_A = np.ones([row_A, 1]) / row_A
    weights_S = np.ones([row_S, 1]) / row_S
    weights = np.concatenate((weights_A, weights_S), axis=0)
    bata = 1 / (1 + np.sqrt(2 * np.log(row_A / N)))
    # 存储每次迭代的标签和bata值
    bata_T = np.zeros([1, N])
    result_label = np.ones([row_A + row_S + row_T, N])
    predict = np.zeros([row_T])
    print('params initial finished.')
    trans_data = np.asarray(trans_data, order='C')
    trans_label = np.asarray(trans_label, order='C')
    test_data = np.asarray(test_data, order='C')
    for i in range(N):
        P = calculate_P(weights, trans_label)
        result_label[:, i] = train_classify(trans_data, trans_label,
                                            test_data, P)
        print('result,', result_label[:, i], row_A, row_S, i, result_label.
shape)
        error_rate = calculate_error_rate(label_S, result_label[row_A:row_A
+ row_S, i],
                                          weights[row_A:row_A + row_S, :])
        print('Error rate:', error_rate)
        if error_rate > 0.5:
            error_rate = 0.5
        if error_rate == 0:
            N = i
            break
            # 防止过拟合
            # error_rate = 0.001
        bata_T[0, i] = error_rate / (1 - error_rate)
        # 调整源域样本权重
        for j in range(row_S):
```

```
            weights[row_A + j] = weights[row_A + j] * np.power(bata_T[0, i],
(-np.abs(result_label[row_A + j, i] - label_S[j])))
        # 调整辅域样本权重
        for j in range(row_A):
            weights[j] = weights[j] * np.power(bata, np.abs(result_label[j, i]
- label_A[j]))
    # print bata_T
    for i in range(row_T):
        # 跳过训练数据的标签
        left = np.sum(
            result_label[row_A + row_S + i, int(np.ceil(N / 2)):N] * np.log(1
/ bata_T[0, int(np.ceil(N / 2)):N]))
        right = 0.5 * np.sum(np.log(1 / bata_T[0, int(np.ceil(N / 2)):N]))
        if left >= right:
            predict[i] = 1
        else:
            predict[i] = 0
            # print left, right, predict[i]
    return predict
def calculate_P(weights, label):
    total = np.sum(weights)
    return np.asarray(weights / total, order='C')
def train_classify(trans_data, trans_label, test_data, P):
    clf = tree.DecisionTreeClassifier(criterion="gini", max_features="log2",
splitter="random")
    clf.fit(trans_data, trans_label, sample_weight=P[:, 0])
    return clf.predict(test_data)
def calculate_error_rate(label_R, label_H, weight):
    total = np.sum(weight)
    print(weight[:, 0] / total)
    print(np.abs(label_R - label_H))
    return np.sum(weight[:, 0] / total * np.abs(label_R - label_H))
```

main.py 文件的完整程序如下：

```
import pandas as pd
from sklearn import preprocessing
from sklearn import decomposition
import TrAdaboost as tr
from sklearn.ensemble import AdaBoostClassifier
from sklearn.tree import DecisionTreeClassifier
from sklearn import svm
from sklearn import feature_selection
from sklearn import model_selection
from sklearn import metrics
from sklearn.impute import SimpleImputer
import numpy as np
def append_feature(dataframe, istest):
    lack_num = np.asarray(dataframe.isnull().sum(axis=1))
    # lack_num = np.asarray(dataframe..sum(axis=1))
    if istest:
        X = dataframe.values
        X = X[:, 1:X.shape[1]]
```

```
        else:
            X = dataframe.values
            X = X[:, 1:X.shape[1] - 1]
        total_S = np.sum(X, axis=1)
        var_S = np.var(X, axis=1)
        X = np.c_[X, total_S]
        X = np.c_[X, var_S]
        X = np.c_[X, lack_num]
        return X
    train_df = pd.DataFrame(pd.read_csv("A_train.csv"))
    train_df.fillna(value=-999999, inplace=True)
    train_df1 = pd.DataFrame(pd.read_csv("B_train.csv"))
    train_df1.fillna(value=-999999, inplace=True)
    test_df = pd.DataFrame(pd.read_csv("B_test.csv"))
    test_df.fillna(value=-999999, inplace=True)
    train_data_T = train_df.values
    train_data_S = train_df1.values
    test_data_S = test_df.values
    print('data loaded.')
    label_T = train_data_T[:, train_data_T.shape[1] - 1]
    trans_T = append_feature(train_df, istest=False)
    label_S = train_data_S[:, train_data_S.shape[1] - 1]
    trans_S = append_feature(train_df1, istest=False)
    test_data_no = test_data_S[:, 0]
    test_data_S = append_feature(test_df, istest=True)
    print('data split end.', trans_S.shape, trans_T.shape, label_S.shape,
label_T.shape, test_data_S.shape)
    imputer_T = SimpleImputer(missing_values=np.nan, strategy='most_frequent')
    imputer_S = SimpleImputer(missing_values=np.nan, strategy='most_frequent')
    # imputer_T.fit(trans_T,label_T)
    imputer_S.fit(trans_S, label_S)
    trans_T = imputer_S.transform(trans_T)
    trans_S = imputer_S.transform(trans_S)
    test_data_S = imputer_S.transform(test_data_S)
    print('data preprocessed.', trans_S.shape, trans_T.shape, label_S.shape,
label_T.shape, test_data_S.shape)
    X_train, X_test, y_train, y_test = model_selection.train_test_split(trans_S,
label_S, test_size=0.33, random_state=42)
    pred = tr.tradaboost(X_train, trans_T, y_train, label_T, X_test, 10)
    fpr, tpr, thresholds = metrics.roc_curve(y_true=y_test, y_score=pred,
pos_label=1)
    print('auc:', metrics.auc(fpr, tpr))
```

运行 main.py 文件，可以得到 AUC 评价结果，如图 6.5 所示。

```
train AUC = 0.9848423666692686
valid AUC = 0.5880913273797221
test AUC = 0.535366377911881
```

图 6.5　AUC 评价结果

此外，在多轮迭代后，程序运行得分结果如图 6.6 所示。

```
The 0 rounds score is 0.5541662587609092
The 1 rounds score is 0.54565446546465454
The 2 rounds score is 0.5977287807424972
The 3 rounds score is 0.6278954123585462
The 4 rounds score is 0.6332474958652135
The 5 rounds score is 0.6361987515648566
The 6 rounds score is 0.6334589712354568
The 7 rounds score is 0.6271415056852634
The 8 rounds score is 0.6300167875880622
The 9 rounds score is 0.6297085921268754
The 10 rounds score is 0.624545456587624
```

图 6.6 程序运行得分结果

从上述结果中可以看出，在测试数据上，AUC 提升了近 1 个点，并且训练、验证之间的泛化误差大大降低了。

通过此次金融风险评估实验，相信读者对 TrAdaBoost 算法的理解能够更加深刻和透彻，对 TrAdaBoost 算法的应用也能有一定的了解。

6.3 层次贝叶斯算法

本节提出了一种基于层次贝叶斯的参数迁移学习算法，针对共享知识是一些模型参数或先验分布的情况，将层次贝叶斯算法引入多任务学习，用于对共享领域模型知识的表达、学习和推论，以完成知识迁移。

6.3.1 背景

早在 300 年前，学者就开始思考这样一个问题：当存在不确定性时如何进行推理？英国学者贝叶斯第一个对归纳推理给出了精确定量的表达方式，他在为解决“逆概率”问题而写的“论机会学说中一个问题的求解”中提出了一种归纳推理的理论，后被一些统计学者发展为一种系统的统计推断方法，称为贝叶斯（Bayes）算法。

近年来，机器学习和数据挖掘算法的兴起为贝叶斯理论的发展和应用提供了广阔的空间，在因果推理、不确定知识表达、模式识别和聚类分析等方面有着深入的研究。一些研究把基于贝叶斯估计的多传感器数据融合方法同农业专家系统相结合，针对农业环境和资源监测的具体情况构造了基本概率分配函数，获得了精确的测量结果。针对随时间变化而变化的对象模型，在非齐次马尔可夫链中对分等级的贝叶斯估计算法进行深入研究。朱志勇等人针对在高速动态情形下的车型识别问题，采用共轭梯法修正 BP 网络，贝叶斯对大量样本去除“噪声”，使特征样本向量更具有代表性，得到的 BP 网络具有更强的容错能力。也有研究者提出使用贝叶斯估计进行分析会得到 Weibull 模型所需求的生命参数，从而可以对癌症患者存活周期进行趋势分析预测。

贝叶斯学习理论将先验知识与样本信息相结合，将依赖关系与概率表示相结合，是数据挖掘和不确定性知识表示的理想模型。概括来说，贝叶斯学习理论具有以下优点：能够方便地处理不完全数据；能够学习变量间的因果关系；概率分布描述的贝叶斯算法能够提供基于模型解释的方差信息；能够充分利用领域的先验知识和样本数据的双重信息，尤其是在样本数据稀疏或数据较难获得时，其优势更为明显；与核方法、神经网络等相结合，能自动实现对学习模型的复杂度控制，从而有效避免了数据的过拟合；将权空间的权重视为随机变量，使用概率分布或概率密度表示所有形式的不确定性，这样可以使超参数的推断不受其数量的影响。

但是，贝叶斯学习理论也存在缺点，由于要对所有参数和数据进行建模，因此贝叶斯模型的精确计算会导致计算量很大。主要的处理方法是对数据进行 Gibbs 抽样，或使用逼近算法。

6.3.2 算法介绍

层次贝叶斯（Hierarchical Bayes，HB）的基础是采用多层先验知识，可以同时掌握结构和主观的先验信息并按步骤分阶段建立模型。同时，层次贝叶斯考虑了超参数的估计误差，比朴素贝叶斯更合理，只要稍加改进就可以把主观先验知识合并到第二阶段中。此外，层次贝叶斯容易产生更多的信息资源。为了更好地对层次贝叶斯进行学习，下面先介绍一些贝叶斯理论的基础知识。

1. 贝叶斯理论概况

贝叶斯学习的理论基石是贝叶斯定理和贝叶斯假设。贝叶斯定理将事件的先验概率与后验概率联系起来。一般情况下，设 $\boldsymbol{x}$ 是观测向量，$\boldsymbol{\theta}$ 是未知参数向量，通过观测向量获得未知参数向量的估计，贝叶斯定理记作

$$P(\boldsymbol{\theta}|\ \boldsymbol{x})=\frac{P(\boldsymbol{\theta})P(\boldsymbol{x}|\ \boldsymbol{\theta})}{P(\boldsymbol{x})}-\frac{P(\boldsymbol{\theta})P(\boldsymbol{x}|\ \boldsymbol{\theta})}{\int P(\boldsymbol{\theta})P(\boldsymbol{x}|\ \boldsymbol{\theta})\mathrm{d}\boldsymbol{\theta}} \tag{6-1}$$

其中，$P(\boldsymbol{\theta})$是 $\boldsymbol{\theta}$ 的先验分布。从上式可以看出，对未知参数向量的估计综合了它的先验信息和样本信息。贝叶斯方法对未知参数向量估计的一般过程：首先，将未知参数向量看成随机向量；其次，根据以往对参数 θ 的认知，确定先验分布 $P(\boldsymbol{\theta})$；最后，计算后验分布密度，做出对未知参数向量的推断。使用假定的先验分布 $P(\boldsymbol{\theta})$与样本信息相结合，运用贝叶斯定理获得后验密度。要获得给定测试样本的预测分布，只需要将先验与似然的乘积积分即可。

贝叶斯学习的结果表示为随机变量的概率分布，它可以理解为对不同可能性的信任程度。贝叶斯学习是从假设的先验分布出发的，而传统的参数估计方法只从样本数据获取信息，这是贝叶斯方法与传统参数估计方法的最大区别。常用的先验分布有共轭先验分布和无信息先验分布。如果没有任何以往的知识来帮助确定 $P(\boldsymbol{\theta})$，贝叶斯提出可以采用均匀分布作为其分布，即参数在它的变化范围内取各个值的机会是相同的，称这个设定为贝叶斯假设。贝叶斯假设在直觉上易于被人们接受，然而它在处理无信息先验分布，尤其是在未知参数无界的情况中遇到了困难。

贝叶斯分析方法的特点是使用概率表示所有形式的不确定性，用概率规则来实现学习和推理。由于贝叶斯定理可以综合先验信息和后验信息，既可以避免只使用先验信息可能带来的主观偏见和缺乏样本信息时的大量盲目搜索与计算，也可以避免只使用后验信息带来的噪

声影响。因此，贝叶斯分析方法适用于具有概率统计特征的数据挖掘和知识发现问题，尤其是样本难以取得或代价昂贵的领域。根据贝叶斯推断原则，后验分布是统计推断的基础，只有恰当地选取先验分布才能有准确的后验分布。因此，合理、准确地确定先验分布是采用贝叶斯分析方法进行有效学习的关键。目前，先验分布的确定依据只是一些准则，没有可操作的完整理论。对于这些问题还需要进一步深入研究。

2．贝叶斯方法

现代贝叶斯方法主要有经验贝叶斯分析、层次贝叶斯分析、稳健贝叶斯分析及贝叶斯的数值计算等。

经验贝叶斯分析是利用数据来估计先验分布的某些性质的方法之一，分为参数经验贝叶斯方法和非参数经验贝叶斯方法，两者的区别在于，前者假设θ的先验分布属于某一有未知超参数的参数类；而后者典型地只假设θ为独立同分布。

层次贝叶斯采用多层先验知识，能同时掌握结构和主观先验信息，并按步骤分阶段建立模型，能得到令人满意的效果。对于分布$P_1(x)=\int P_1(x|\theta)P_2(\theta)\mathrm{d}(\theta)$，集中研究两阶段的先验信息：第一阶段为先验$P_1(x|\theta)$，其中，$\theta$为超参数；第二阶段为先验$P_2(\theta)$。理论上，没有限制多层先验只分为两步，但在实践中，采用多于两步的情形罕见。

贝叶斯的数值计算通常有三种方法：数值积分、蒙特卡洛积分和解析逼近。运用贝叶斯方法进行分析时，总会遇到对高维概率分布进行积分的复杂问题，使得贝叶斯方法的应用受到了很大限制。计算机技术的发展和贝叶斯方法的改进，特别是马尔可夫链、蒙特卡洛MCMC 方法及 WinBUGS 软件的发展和应用，使原先异常复杂的高维计算问题迎刃而解，很大程度上方便了参数的后验推断。

3．层次贝叶斯

传统的识别模型只给出了一些模型参数的可能值，然后依据模型预测未知数据的精确程度，评价模型本身。但是，只根据预测的精确程度判断模型的好坏不能完全评价模型的优劣，因为这类模型并不能提供建立模型时的直观信息，即所谓的认知过程。层次贝叶斯是一种从认知层面上认识及评价模型的算法，它基于贝叶斯统计推理，具有其所有优势，适用于建立富有层次结构性的模型，它允许多个参数之间的复杂关系在不同层次上得到分离，从而把一个复杂估计问题分解为简单估计问题，只依赖每个参数的条件分布，有着较好的推广性和普适性。

在层次贝叶斯算法中，部分参数是由其他模型参数决定的。然而，由于计算及推理上的复杂性，层次模型一直以来未被推广。但是，随着 MCMC、拉普拉斯近似算法及变分法等近似推理方法逐渐成熟，层次模型近年来在机器学习和模式识别领域有了较快发展，成为一种处理复杂数据的重要手段。

与其他贝叶斯算法不同，层次贝叶斯算法考虑了空间关联性。概括起来，该算法有以下两个特点。

（1）概率函数$f(x,\theta)$中的未知参数θ是服从某种分布的随机变量，并且θ的先验分布函数中的参数也被看作随机变量。例如，θ服从以α和β为参数的分布，而参数α和β依然被看作随机变量，且它们都服从正态分布

$$
\begin{aligned}
x &\sim f(x,\theta) \\
\theta &\sim G(\alpha,\beta) \\
\alpha &\sim N(0,\sigma_1^2) \\
\beta &\sim N(0,\sigma_2^2)
\end{aligned}
\tag{6-2}
$$

图 6.7 很好地反映了层次贝叶斯算法的特点，即除了第一层参数 θ 为随机变量，第二层参数 α 和 β 也为随机变量，因此称为层次贝叶斯算法。

（2）模型的参数在每个子区域内是变化的，同时，该参数受邻近区域的影响。因此，考虑到对象的空间自相关性，某子区域的参数估计值都会受到邻近子区域的影响。

图 6.8 给出了层次贝叶斯算法的层次结构模型，将观测的马尔可夫决策过程集合分解成许多类别，每个类别和一个参数矢量相关联，这些参数矢量的分布在已描述的个体马尔可夫决策过程中定义，描述马尔可夫决策即对它的迁移模型和奖赏值指定参数。因此，类别的分布代表了参数值的先验不确定性。

构造这个层次结构模型很简单，具体分为如下几个步骤：首先，从类别先验分布中采样马尔可夫决策过程的一个类别；接着，从类别分布中采样一个新的马尔可夫决策过程；最后，得到在智能体执行动作时产生的与采样的马尔可夫决策过程相关的观测数据。利用迪利克雷过程（DP）来描述这个模型，无限维混合模型如图 6.8 所示。

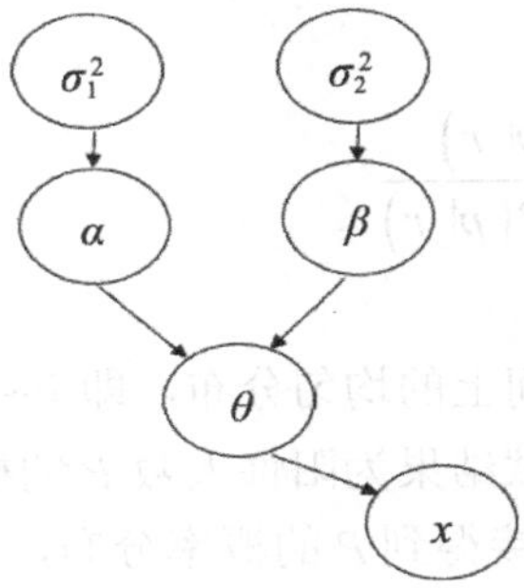

图 6.7　层次贝叶斯模型概念图

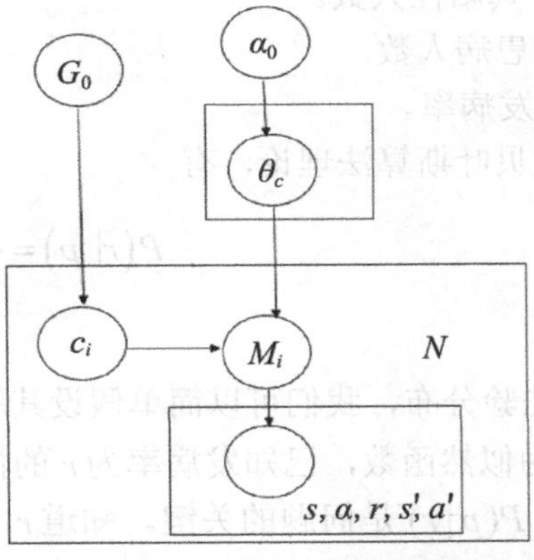

图 6.8　无限维混合模型

图 6.8 中的模型表示法也叫“盘子表示法”。其中，矩形框表示重复取样，各参数的下标表示重复取样的次数，每个节点都表示随机变量，箭头表示两个变量间的条件依赖性。若 $G \sim \mathrm{DP}(a_0, G_0)$，样本 $\theta \sim G$，则对测度空间的有限划分的后验分布也是 DP，观测数据只影响其所在划分区域的分布参数。N 表示有任务的个数，对于每个任务，智能体有 R 个观测值。DP 的每个采样本身就是一个随机过程，具有共轭性。类别的分布由参数 θ_c 得到，分布 $G_0 \sim g(\lambda)$ 是类别的超先验，λ 是分布参数，它是智能体机构的高级知识。

DP 的这个特点允许模型通过选择类别子集来适应类别的数量，而这些子集产生于可计数的无限集合中，可以很好地描述观测值。类别分布用来表示马尔可夫决策过程中集合的特定知识，类别参数 c_i 与每个马尔可夫决策过程的随机变量 M_i 相关联，组成有效的类别分布集合，表明哪个类别分布和给定的马尔可夫决策过程相关。在每个马尔可夫决策过程中，智能

体允许 R 个观测值相互作用，以产生观测数据。值得注意的是，由个体马尔可夫决策过程产生的观测数据在马尔可夫决策过程之间不共享，以确保每个任务成功地学习马尔可夫决策过程特定的模型参数。最终，DP 执行“富有的变得更富有”的策略将数据分配到不同类别。参数 a 称为集中参数，表示为了增大数据集而引入新类别的概率，数值 a 越大，表明新类别加入的可能性越大；数值 a 越小则相反。总体而言，参数的完整集合表示为 $\Psi=\left(G_0,c_i,\theta,a\right)$。下面的内容将进一步讨论 DP 模型的优势，明确给出后验推断采用的方法。

6.3.3 案例分析

本案例以疾病筛查为例，介绍如何使用层次贝叶斯算法进行疾病筛查。案例如下。

有一项医学筛查技术，测试结果为假阳性的概率为 0.15，测试结果为假阴性的概率为 0.1。在一次筛查中，随机对 1000 人进行检测，结果为阳性的有 213 人。那么该病在人群中的发病率的后验分布是什么？

根据案例，可以建立概率模型。假设如下：

（1）N=1000，参与测试人数。

（2）P=213，阳性人数。

（3）p_t，真阳性人数。

（4）d，患病人数。

（5）r，发病率。

根据层次贝叶斯算法理论，有

$$P\left(r| p\right)=\frac{P\left(r\right)\cdot P\left(p| r\right)}{\sum_{r\in R}P\left(r\right)\cdot P\left(p| r\right)} \tag{6-3}$$

其中

$P\left(r\right)$ 为先验分布，我们可以简单假设其服从(0,1)区间上的均匀分布，即 $R\sim U(0,1)$。

$P(p|r)$ 为似然函数，已知发病率为 r 的情况下，测试结果为阳性人数 P 的概率。

后验分布 $P(p|r)$ 是问题的关键。知道 r，并不能直接得到 P 的概率分布，检测结果既包括真阳性，也包括假阳性，如表 6.1 所示。

表 6.1　检测结果

	阴性	阳性
患病	–	p_t
未患病	–	$P-p_t$
合计	$N-P$	P

在患病率为 r 的情况下，计算测试结果为阳性人数为 P 的概率，还需要考虑“患有疾病且测试结果为阳性的人数”和“没有患病但测试结果为阳性的人数”这两种情况。因此，需要在 r 与 P 的因果关系链中引入中间变量 p_t、$(P-p_t)$ 作为桥梁，构建层次贝叶斯模型算法。

一般，假设 $y_1,y_2,y_3,\ldots$ 是互斥的随机事件，有如下计算随机变量边缘分布的方法

$$\begin{aligned}P\left(x\right)&=P\left(x,y_1\right)+P\left(x,y_2\right)+\cdots\\&=\sum_i P\left(x| y_i\right)\cdot P\left(y_i\right)\end{aligned} \tag{6-4}$$

有了上述公式，就可以用它来构建医学筛查的层次贝叶斯模型。根据前面的分析，引入中间变量 p_t、$(P-p_t)$后，可得到一个三维的联合概率函数

$$P(p,p_t,d\,|\,\tau,N) \tag{6-5}$$

运用随机变量边缘分布的方法，可以逐步得到 p 的边缘分布概率质量函数

$$P\left(p,p_t|\ r,N\right)=\sum_i P\left(p,p_t|\ d_i,r,N\right)\cdot P\left(d_i|\ r,N\right)$$
$$P\left(p|\ r,N\right)=\sum_i\sum_j P\left(p|\ p_{tj},r,N\right)\cdot P\left(p_{t_j}|\ d_i,r,N\right)\cdot P\left(d_i|\ r,N\right) \tag{6-6}$$

上式右边的每项都可以用二项分布来表示，其中：

右边第一项 $P\left(p|\ p_{tj},r,N\right)$ 表示在有 p_t 个真实阳性的情况下，测试结果为阳性人数为 p 的概率。即，当假阳性率为 r_{fp} 时，从没有疾病的 $N-d$ 个人中，得到$(p-p_t)$个假阳性的概率。

$$(p-p_t)\sim B(p-p_t\,|\,N-d,r_{fp}) \tag{6-7}$$

右边第二项 $P\left(p_{t_j}|\ d_i,r,N\right)$ 表示当受检人群中的患病人数为 d 时，真实阳性数量为 p_t 的概率。即当对患病人群的检测成功率为 $1-r_{fp}$ 时，在 d 个受检患病中检测出 p_t 个阳性的概率。

$$p_t\sim B(p_t\,|\,d,1-r_{fp}) \tag{6-8}$$

右边第三项 $P\left(d_i|\ r,N\right)$ 表示当疾病发生率为 r 时，N 个人中有 d 个人患病的概率。

$$D\sim B(d_i\,|\,N,r) \tag{6-9}$$

综上所述，我们使用 Python 进行贝叶斯概率编程的步骤如下。

（1）生成公式中的先验分布 $P(r)$。

（2）针对 r 的每个值，根据上述公式计算似然函数值。

（3）针对 r 的每个值，用先验分布值乘对应的似然函数值，该步的乘积与后验分布成正比。

（4）对上一步的计算结果进行归一化处理。

以下是本案例的完整代码：

```
from tools import Suite
from scipy.stats import binom
from numpy import linspace
class MedicalTest(Suite):
    def __init__(self, n=50, r_fn=0.15, r_fp=0.1,Name=None):
        self.r_fn = r_fn
        self.r_fp = r_fp
        rs = linspace(0,1,n)
        Suite.__init__(self, rs, name=None)
    def Likelihood(self, data, hypo):
        N = data[0]
        p = data[1]
        r = hypo
        d_range = range(N + 1)
        p_t_range = range(p + 1)
        total = 0
        for d in d_range:
            for p_t in p_t_range:
```

```
                p1 = binom.pmf(p - p_t, N - d, self.r_fp)
                p2 = binom.pmf(p_t, d, (1 - self.r_fn))
                p3 = binom.pmf(d, N, r)
                total += (p1 * p2 * p3)
        return total
suite=MedicalTest()
print(suite.Update((1000,213)))
from matplotlib import pyplot as plt
from scipy.interpolate import interp1d
x,y = zip(*suite.Items())
xs = linspace(0,0.3,100)
f2 = interp1d(x, y, kind='cubic')
plt.plot(x,y,'o',xs,f2(xs),'-')
plt.legend(loc='best')
plt.title('1000 人中 213 人为阳性的情况下真实发病率$r$的后验分布')
plt.xlabel('疾病发生率 r 的取值')
plt.ylabel('概率质量')
plt.xlim(0.05,0.25)
plt.show()
```

运行以上程序，首先可以得到后验分布的数值为 0.0013053635。接着，可以得到后验分布图，如图 6.9 所示。

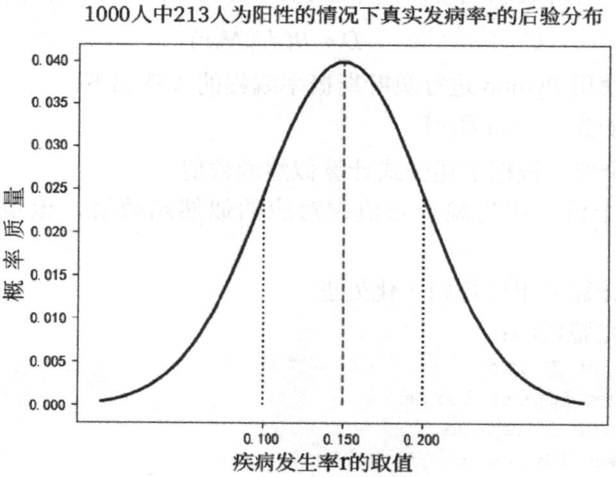

图 6.9　后验分布图

通过以上案例，相信读者对层次贝叶斯算法已经有了一定的认识，也初步掌握了层次贝叶斯算法的使用。

总结

本章通过对迁移学习相关知识的介绍，以及对相关的迁移学习算法（包括 TrAdaBoost 算法和层次贝叶斯算法）的原理讲解和案例实践，使读者对现今一些重要的迁移学习概念及迁移学习算法有了更加清晰的认识，也促使读者对迁移学习算法的掌握进一步加深。

相信通过本章的学习，读者对迁移学习算法的理解和应用能更上一层楼。

习题

一、选择题

1. 先前学习对后继学习的影响称为（　　）。

A. 正迁移　　B. 负迁移

C. 顺向迁移　　D. 纵向迁移

2. 关于迁移学习，以下说法有误的是（　　）。

A. 迁移学习就是特征迁移

B. 模拟人类具有举一反三的能力

C. 任务A与任务B具有某种相似性，利用任务A的学习经验解决任务B的问题，即迁移学习

D. 模型迁移也属于迁移学习

3. 基于目标域标签来对迁移学习算法进行划分，下列选项中描述正确的是（　　）。

A. 半监督迁移学习

B. 基于标签的迁移学习

C. 基于样本的迁移学习

D. 基于特征的迁移学习

4. 如果根据一种学习对另一种学习是起促进作用还是起阻碍作用来分类，迁移学习可以分为（　　）。

A. 正迁移与负迁移

B. 纵向迁移与横向迁移

C. 普通迁移与特殊迁移

D. 顺向迁移与逆向迁移

5. 学习原有知识对新知识的影响属于（　　）。

A. 逆向迁移

B. 负迁移

C. 顺向迁移

D. 正迁移

6. 迁移的种类有（　　）。

A. 正迁移与负迁移

B. 横向迁移与纵向迁移

C. 顺向迁移与纵向迁移

D. 一般迁移与具体迁移

7. 根据迁移内容的不同，可将迁移分为（　　）。

A. 正迁移与负迁移

B. 横向迁移与纵向迁移

C．顺向迁移与纵向迁移

D．一般迁移与具体迁移

8．风格迁移用到了（　　）算法。

A．求和　　B．卷积

C．对抗　　D．回归

9．根据迁移的性质分类，迁移有（　　）。

A．顺向迁移

B．逆向迁移

C．负迁移

D．纵向迁移

10．TrAdaBoost 算法是一种（　　）算法。

A．顺向迁移　　B．横向迁移

C．纵向迁移　　D．逆向迁移

二、判断题

1．迁移学习可以分为横向迁移和纵向迁移。（　　）

2．TrAdaBoost 算法是横向迁移算法的一种。（　　）

3．层次贝叶斯算法是纵向迁移算法的一种。（　　）

4．根据迁移的性质，可以将迁移学习分为顺向迁移和逆向迁移。（　　）

5．迁移学习实际上就是模拟人的一种行为的方式。（　　）

6．逆向迁移不属于迁移学习的一种迁移方式。（　　）

7．迁移学习也可以称为训练迁移，指的是一种学习对另一种学习的影响。（　　）

8．正迁移也叫“助长性迁移”，是指一种学习对另一种学习起积极的促进作用；负迁移是指一种学习对另一种学习起干扰或抑制作用。（　　）

9．从迁移学习的方向来分，可以将迁移学习分为顺向迁移和逆向迁移；根据迁移的性质不同，即迁移的效果不同可以将迁移学习分为正迁移与负迁移。（　　）

10．负迁移既可以是顺向迁移，也可以是逆向迁移。（　　）

三、简答题

1．请简要叙述迁移学习的概念。

2．根据性质、内容的不同，可以将迁移学习分为哪几类？

3．请简要叙述迁移学习的发展历程。

4．什么是 TrAdaBoost 算法？

5．请简要叙述 TrAdaBoost 算法的算法流程。

6．请至少叙述一种 TrAdaBoost 算法的改进型算法，并简要叙述其原理。

7．什么是层次贝叶斯算法？

8．请简要叙述层次贝叶斯算法与朴素贝叶斯算法的异同。

9．请简要叙述层次贝叶斯算法的基本原理。

10．请比较 TrAdaBoost 算法与层次贝叶斯算法的适用范围和其他异同之处。

第 7 章 联邦学习

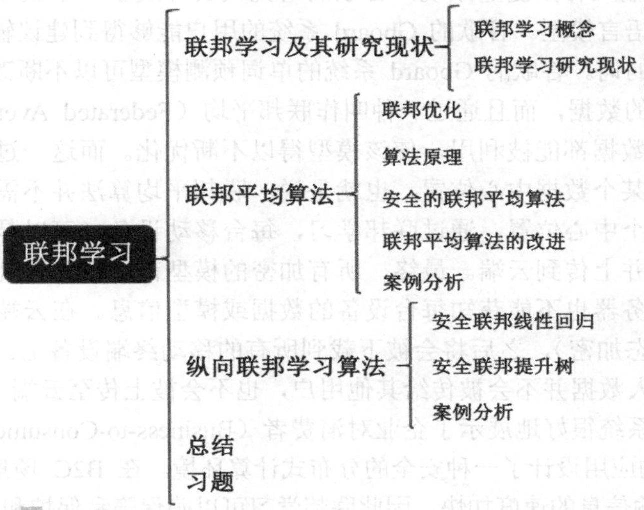

本章导读

本章主要介绍联邦学习算法的理论与案例分析，详细介绍联邦平均算法和纵向联邦学习算法，并对算法的原理、流程进行详细介绍，同时对各个算法的应用进行编程实现。

本章要点

- 联邦学习及其研究现状。
- 联邦平均算法。
- 纵向联邦学习算法。

7.1 联邦学习及其研究现状

7.1.1 联邦学习概念

虽然人工智能已经发展了很长的时间，但是对人工智能各个部分的数据很难进行联合学习使用，久而久之就形成了数据孤岛，阻碍了对训练人工智能模型所必需的大数据的使用。因此，人们开始寻求一种方法，以实现不必将所有数据集中到一个中心存储点，就能训练机器学习模型。一种可行的方法是由每个拥有数据源的组织训练一个模型，之后让各个组织在各自的模型上彼此交流沟通，最终通过模型聚合得到一个全局模型。为了确保用户隐私和数据安全，各组织间交换模型信息的过程将会被精心设计，使得没有组织能够猜测到任何其他组织的隐私数据内容。同时，当构建全局模型时，各数据源仿佛已被整合在一起，这便是联邦学习的核心思想。

谷歌的 H.Brendan McMahan 等人通过使用边缘服务器架构，将联邦学习用于智能手机的语言预测模型更新。许多智能手机都存有私人数据，为了更新谷歌的 Gboard 系统的输入预测模型，即谷歌的自动输入补全键盘系统，谷歌的研究人员开发了一个联邦学习系统，以便定期更新智能手机上的语言模型。谷歌的 Gboard 系统的用户能够得到建议输入查询，以及用户是否点击了建议输入的词。谷歌的 Gboard 系统的单词预测模型可以不断改善、优化，不仅基于单部智能手机存储的数据，而且通过一种叫作联邦平均（Federated Averaging）的技术，可以让所有智能手机的数据都能被利用，使该模型得以不断优化。而这一过程并不需要将智能手机上的数据传输到某个数据中心位置。也就是说，联邦平均算法并不需要将数据从任何边缘终端设备传输到一个中心位置。通过联邦学习，每台移动设备（可以是智能手机或平板）上的模型将会被加密并上传到云端。最终，所有加密的模型都会被聚合到一个加密的全局模型中，因此云端的服务器也不能获知每台设备的数据或模型信息。在云端聚合后的模型仍然是加密的（如使用同态加密），之后将会被下载到所有的移动终端设备上。在上述过程中，用户在每台设备上的个人数据并不会被传给其他用户，也不会被上传至云端。

谷歌的联邦学习系统很好地展示了企业对消费者（Business-to-Consumer，B2C）的一个应用案例，它为 B2C 的应用设计了一种安全的分布式计算环境。在 B2C 场景里，由于边缘设备和中央服务器之间传输信息的速度加快，因此联邦学习可以确保隐私保护和更高的模型性能。

除了 B2C 应用，联邦学习还可以支持企业对企业（Business-to-Business，B2B）的应用。在联邦学习中，算法设计方法的一个根本变化是以一种安全的方式来传输模型参数，而不是将数据从一个站点传输到另一个站点，这样其他方之间就不能互相推测数据。接下来介绍联邦学习的定义和分类。

联邦学习旨在建立一个基于分布数据集的联邦学习模型。联邦学习包括两个过程，分别是模型训练和模型推理。在模型训练过程中，模型的相关信息能够在各方之间交换（或以加密形式进行交换），但数据不能，这一交换不会泄露每个站点上数据的任何受保护的隐私部分。已训练好的联邦学习模型可以置于联邦学习系统的各参与方，也可以在多方之间共享。

当进行推理时，模型可以应用于新的数据实例。例如，在 B2B 场景中，联邦医疗图像系统可能会接收一位新患者，其诊断来自不同的医院。在这种情况下，各方将协作进行预测。最终，应该有一个公平的价值分配机制来分配协同模型所获得的收益。激励机制设计应该以这种方式进行下去，从而使联邦学习过程能够持续。

具体来讲，联邦学习是一种具有以下特征的用来建立机器学习模型的算法框架。其中，机器学习模型是指将某一方的数据实例映射到预测结果输出的函数。

（1）由两个或两个以上的联邦学习参与方协作构建一个共享的机器学习模型。每个参与方都拥有若干能够用来训练模型的训练数据。

（2）在联邦学习模型的训练过程中，每个参与方拥有的数据都不会离开该参与方，即数据不离开数据拥有者。

（3）联邦学习模型的相关信息能够以加密方式在各方之间进行传输和交换，并且需要保证任何一个参与方都不能推测出其他参与方的原始数据。

（4）联邦学习模型的性能要能够充分逼近理想模型（是指通过将所有训练数据集中在一起并训练获得的机器学习模型）的性能。

更一般地，设有 N 位参与方协作，通过使用各自的训练数据集来训练机器学习模型。传统的方法是将所有的数据收集起来并存储在一个地方，如存储在某台云端数据服务器上，从而在该服务器上使用集中后的数据集训练得到一个机器学习模型。在传统方法的训练过程中，任何一位参与方都会将自己的数据暴露给服务器甚至其他参与方。而联邦学习是一种不需要收集各参与方所有的数据便能协作训练一个模型的机器学习过程。如果使用安全的联邦学习在分布式数据源上构建机器学习模型，那么这个模型在未来数据上的性能近似于把所有数据集中到一个地方训练所得到的模型的性能。

我们允许联邦学习模型在性能上比集中训练模型稍差，因为在联邦学习中，参与方并不会将其数据暴露给服务器或任何其他参与方，所以相比准确度的损失，额外的安全性和隐私保护无疑更有价值。

7.1.2　联邦学习研究现状

根据应用场景的不同，联邦学习系统可能涉及也可能不涉及中央协调方。图 7.1 中展示了一种包括协调方的联邦学习架构示例。在此场景中，协调方是一台聚合服务器（也称为参数服务器），可以将初始模型发送给各参与方 A～C。参与方 A～C 分别使用各自的数据集训练该模型，将模型权重更新并发送给聚合服务器。之后，聚合服务器将从参与方处接收到的模型权重更新数据聚合起来（例如，使用联邦平均算法，将聚合后的模型权重更新数据发回给参与方）。这一过程将会重复进行，直至模型收敛、达到最大迭代次数或达到最长训练时间。在这种体系结构下，参与方的原始数据永远不会离开自己。这种方法不仅保护了用户的隐私和数据安全，还减少了发送原始数据所带来的通信开销。此外，聚合服务器和参与方还能使用加密方法（如同态加密）来防止模型信息泄露。

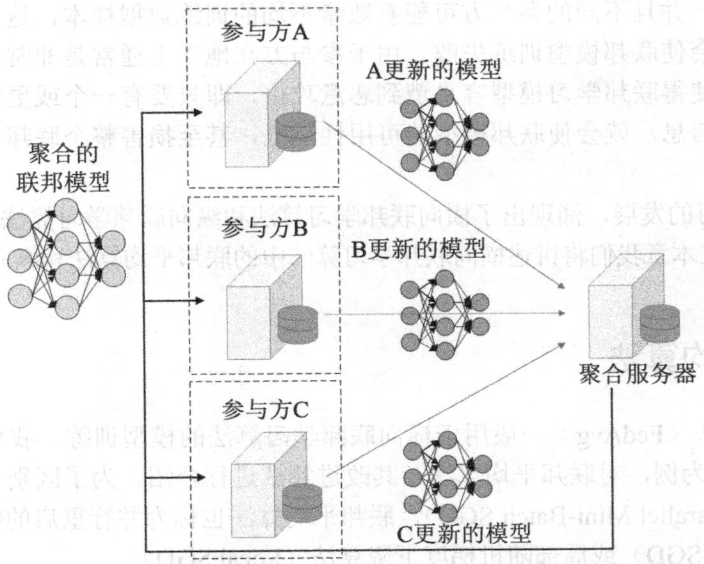

图 7.1　联邦学习系统示例：客户–服务器架构

联邦学习架构也能被设计为对等（Peer-to-Peer，P2P）网络的方式，即不需要协调方。这进一步确保了安全性，因为各方无须借助第三方便可以直接通信，如图 7.2 所示。这种体系架构的优点是提高了安全性，但可能需要更多的计算操作来对消息内容进行加密和解密。

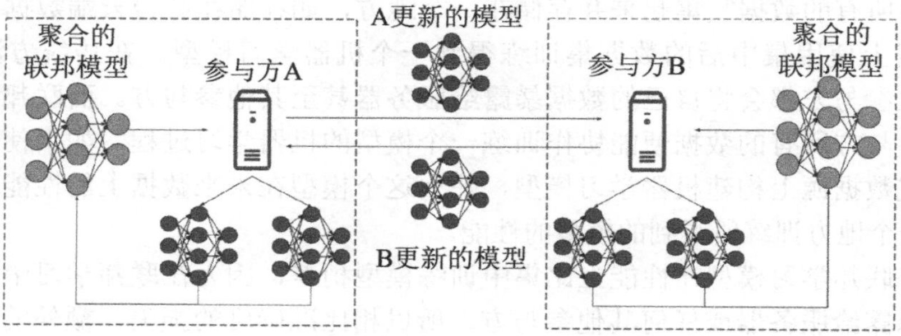

图 7.2　联邦学习系统示例：对等网络架构

联邦学习带来了许多好处，由于它被设计为不需要直接交换或收集数据的形式，因此保护了用户的隐私和数据安全。联邦学习还允许若干参与方协同训练一个机器学习模型，从而使各参与方都能得到一个比自己训练的模型更好的模型。例如，联邦学习能够用于私有商业银行，用以检测多方借贷活动，而这在银行产业，尤其是互联网金融业中，一直是一个很难解决的问题。通过使用联邦学习，我们不再需要建立一个中央数据库，并且任何参与联邦学习的金融机构都可以向联邦系统内的其他机构发起新的用户查询请求。其他机构仅仅需要回答关于本地借贷的问题，而并不需要了解用户的具体信息。这不仅保护了用户隐私和数据完整性，还实现了识别多方贷款的重要业务目标。

联邦学习有巨大的商业应用潜力，但也面临着诸多挑战。参与方（如智能手机）和中央聚合服务器之间的通信连接可能是慢速且不稳定的，因为同一时间可能有非常多的参与方在通信。理论上讲，每部智能手机都能够参与到联邦学习中，而这不可避免地将会使系统变得不稳定且不可预测。还有，在联邦学习系统中，来自不同参与方的数据可能会导致出现非独立同分布的情况。并且不同的参与方可能有数量不均的训练数据样本，这可能导致联邦模型产生偏差，甚至会使联邦模型训练失败。由于参与方在地理上通常是非常分散的，所以难以被认证身份，这使得联邦学习模型容易遭到恶意攻击，即只要有一个或更多的参与方发送破坏性的模型更新信息，就会使联邦模型的可用性降低，甚至损害整个联邦学习系统或模型的性能。

随着联邦学习的发展，涌现出了横向联邦学习算法和纵向联邦学习算法，这也是联邦学习的重点。因此，在本章我们将讲述横向联邦学习算法中的联邦平均算法和纵向联邦学习算法。

7.2　联邦平均算法

联邦平均算法（FedAvg）一般用于横向联邦学习算法的模型训练。我们将会在本节中以客户-服务器架构为例，对联邦平均算法及其改进算法进行介绍。为了区别于并行小批量随机梯度下降算法（Parallel Mini-Batch SGD），联邦平均算法也称为并行重启的随机梯度下降算法（Parallel Restarted SGD）或局部随机梯度下降算法（Local SGD）。

7.2.1 联邦优化

为了区别于分布式优化问题，联邦学习中的优化问题被称为联邦优化，联邦优化具有一些关键特性，使其与传统分布式优化问题有所区别。

1．数据集的非独立同分布

对于一个数据中心内的分布式优化，确保每台机器都有独立同分布的（Independent and Identically Distributed，IID）数据集是容易办到的，因此所有参与方的模型参数更新操作非常相似。而在联邦优化中，这一条件难以实现，因为由不同参与方拥有的数据可能有着完全不同的分布，即我们不能对分布式数据集进行 IID 假设。例如，相似的参与方可能拥有相似的本地训练数据，而两个随机选取的参与方可能拥有不同的训练数据，因此它们会产生不同的模型参数更新。

2．不平衡的数据量

对于一个数据中心内的分布式优化，可以将数据均匀地分配到各工作机器中。然而在现实环境中，联邦学习的不同参与方通常拥有不同规模的训练数据集。例如，相似的参与方可能拥有相似体量的本地训练数据集，而两个随机选取的参与方可能拥有不同大小的训练数据集。

3．数量很大的参与方

对于一个数据中心内的分布式优化，并行工作机器的数量是可以轻易控制的。然而，由于机器学习一般需要大量数据，使用联邦学习的应用可能需要涉及许多参与方，尤其是使用移动设备的参与方。每个用户都可以在理论上参与联邦学习，这使得参与方的数量和分散程度远远超过数据中心的情况。

4．慢速且不稳定的通信连接

在数据中心，人们期望计算节点彼此间能够快速通信，并且丢包率很低。然而，在联邦学习中，客户和服务器间的通信依赖现有的网络连接。例如，上行通信（从客户端到服务器）通常比下行通信（从服务器到客户端）要慢很多，尤其是在使用移动网络进行连接时。一些客户还可能在某些时候暂时断开网络连接。

为了应对联邦优化中面临的挑战，谷歌的 H.Brendan McMahan 等人提出使用联邦平均算法来求解联邦优化问题。联邦平均算法可以用于深度神经网络训练中遇到的非凸损失函数（损失函数是神经网络模型参数的非凸函数，常见于深度神经网络模型）。联邦平均算法适用于任何下列有限加和形式的损失函数

$$\min_{\boldsymbol{w}\in R^d} f(\boldsymbol{w})=\frac{1}{n}\sum_{i=1}^{n}f_i(\boldsymbol{w}) \tag{7-1}$$

其中，n 表示训练数据的数量；$\boldsymbol{w}\in R^d$ 表示 d 维的模型参数（如深度神经网络的权重值）。

对于机器学习问题，我们一般选取 $f_i(\boldsymbol{w})=L(x_i,y_i;\boldsymbol{w})$。其中，$L(x_i,y_i;\boldsymbol{w})$ 表示在给定模型参数 $\boldsymbol{w}$ 上对样本 (x_i,y_i) 进行预测所得到的损失结果，x_i 和 y_i 分别表示第 i 个训练数据点及其相关的标签。

假设有 k 个参与方（也叫作数据拥有者或客户端）在一个横向联邦学习系统中，设 D_k 表示第 k 个参与方拥有的数据集，P_k 表示位于参与方 k 的数据点的索引集。设 $n_k=|P_k|$ 表示 P_k 的

基数（集合的大小）。也就是说，假设第 k 个参与方有 n_k 个数据点。因此，当有 k 个参与方时，上式可以写为

$$f(\boldsymbol{w})=\sum_{k=1}^{K}\frac{n_k}{n}F_k(\boldsymbol{w}),\ F_k(\boldsymbol{w})=\frac{1}{n_k}\sum_{i\in\mathcal{P}_k}f_i(\boldsymbol{w}) \tag{7-2}$$

如果联邦学习的 k 个参与方拥有的数据点是独立同分布的（IID），我们可以得到 $E_{D_k}\left[F_k(\boldsymbol{w})\right]=f(\boldsymbol{w})$，其中，期望值 $E_{D_k}[\cdot]$ 表示对第 k 个参与方所拥有的数据点进行求期望。上述 IID 假设是由分布式优化算法和分布式机器学习算法引申而来的。如果该 IID 假设不成立，即考虑非 IID 的情况，则由第 k 个参与方维护的函数 $F_k(\cdot)$ 所得到的结果可能会变为目标函数 $f(\cdot)$ 的一个非常糟糕的近似。

随机梯度下降（SGD）及其一系列变形是最常用的深度学习优化算法。许多在深度学习领域的发展都能理解为模型结构的调整（因此损失函数得到减小），使其能更易于通过简单的基于梯度的方法来进行优化。鉴于深度学习的广泛应用，我们很自然地想到基于随机梯度下降来搭建联邦优化算法。

随机梯度下降可以方便地用于联邦优化中，其中，一个简单的小批量（Mini-Batch）梯度计算（以随机选取的一个参与方为例）在每一轮训练中都会被执行。在这里，"一轮"表示将本地模型更新从参与方发送至服务器和从服务器，并将聚合结果返回给参与方，即图 7.3 中所包含的步骤①～④。这种方法在计算上是非常有效的，但需要经过非常多轮次的迭代训练才能得到令人满意的模型。例如，即便使用了批标准化（Batch Normalization，BN）这样的先进方法，以在 MINST 数据集上的训练为例，当选择小批量为 60 时，仍然需要进行 50000 轮的训练。

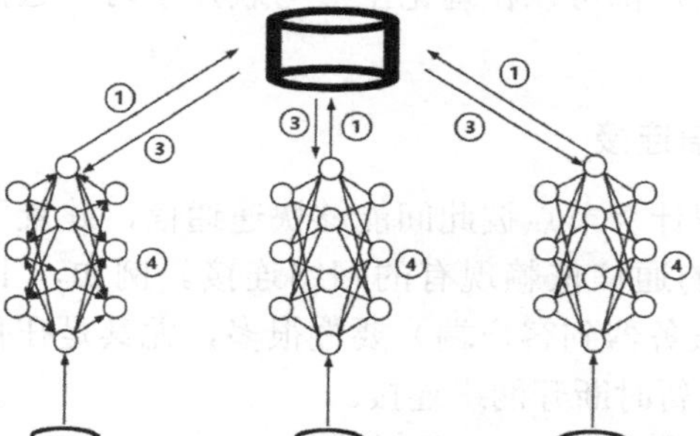

图 7.3　典型的横向联邦学习系统的客户端-服务器架构示例

对于分布式机器学习，在数据中心或计算集群中使用并行训练，因为有高速通信连接，所以通信开销相对很小。在这样的情况下，计算开销将会占主导地位。最近的研究着重于使用图形处理单元（GPU）来降低这类计算的时间开销。与此不同的是，在联邦学习的模型训练中，由于通信需要依靠互联网，甚至依靠无线网络，所以通信代价是占主导地位的。在联邦学习中，相对于整个数据集的规模来说，任何单一的在某台设备上的数据集都是相对较小的，而现代智能手机都拥有相对较快的处理器（包括 GPU）。因此，对于许多模型而言，计算代价相比通信代价是微乎其微的。我们可能需要使用额外的计算方法，以减少训练模型所需要的通信轮次。以下为两种需要使用的额外的计算方法。

（1）增加并行度。我们可以加入更多的参与方，让它们在通信轮次间各自独立地进行模型训练。

（2）增加每个参与方的计算。每个参与方可以在两个通信轮次之间进行更复杂的计算，如进行多次本地模型更新迭代，而不是仅仅进行单个批次的梯度计算这类简单的计算。

7.2.2 算法原理

正如一些研究描述的那样，联邦平均算法允许我们使用上述两种方法来增加计算。计算量由以下 3 个关键参数控制。

（1）参数ρ，指在每轮中进行计算的客户的占比。

（2）参数S，指在每轮中每个客户在本地数据集上进行训练的步骤数。

（3）参数M，指客户更新时使用的 Min-Batch 的大小。我们使用$M=\infty$来表示完整的本地数据集，它被作为一个批量（Batch）来处理。

当$M=\infty$和$S=1$时，对应的就是联邦随机梯度下降。该算法在每一迭代轮次中选取数量占比为ρ的参与方，并在由这些参与方拥有的数据上进行梯度计算和损失函数计算。因此在该算法中，ρ控制着全局批量大小，当$\rho=1$时，表示在所有参与方拥有的所有数据上使用全部训练数据（亦称全批量，Full-Batch）梯度下降（非随机选择训练数据）。我们仍然通过在选定的参与方上使用所有的数据来选择批量，我们称这种简单的基线算法为 Federated SGD。假设由不同参与方拥有的数据集符合 IID 条件，且批量的选取机制与随机选取样本的方式不同，由 FederatedSGD 算法计算得到的批量梯度g仍然满足$E[g]=\nabla f(w)$。

假设协作方或服务器拥有初始模型，且参与方了解优化器的设定。对于拥有固定学习率η的分布式梯度下降的典型实现，在第t轮更新全局模型参数时，第k个参与方将会计算$g_k=\nabla F_k(w_t)$，即它在当前模型参数的本地数据的平均梯度，协调方将会根据以下公式聚合这些梯度并使用模型参数的更新信息

$$w_{t+1} \leftarrow w_t - \eta \sum_{k=1}^{K} \frac{n_k}{n} g_k \tag{7-3}$$

其中，$\sum_{k=1}^{K} \frac{n_k}{n} g_k = \nabla f(w_t)$，假设由不同参与方拥有的数据集符合 IID 条件。协调方能够将更新后的模型参数w_{t+1}发送给各参与方。或者协调方可将平均梯度$g_t=\sum_{k=1}^{K} \frac{n_k}{n} g_k$发送给各参与方，且参与方将根据上式计算更新后的模型参数w_{t+1}，这种方法叫作梯度平均。

另有研究提出了一种等价联邦模型训练方法

$$\begin{gathered} \forall k, w_{t+1}^{(k)} \leftarrow \bar{w}_t - \eta g_k \\ \bar{w}_{t+1} \leftarrow \sum_{k=1}^{K} \frac{n_k}{n} w_{t+1}^{(k)} \end{gathered} \tag{7-4}$$

每个客户根据公式（7-4）的第一个式子在本地对现有的模型参数$\bar{w}_t$使用本地数据执行梯度下降的一个（或多个）步骤，并且将本地更新的模型参数$w_{t+1}^{(k)}$发送给服务器。之后服务器根据上述公式（7-4）的第二个式子对模型结果进行加权平均计算，并将聚合后的模型参数

$\overline{\boldsymbol{w}}_{t+1}$发送给各参与方，这种方法称为模型平均。

在下面总结了联邦平均算法的模型平均算法。当算法以这种方式表示时，人们自然会问，参与方在进入平均操作之前会更新本地模型若干次，参与方在这期间究竟有哪些计算操作？对于一个有 n_k 个本地数据点的参与方，每一轮进行的本地更新次数可以表示为 $u_k = \dfrac{n_k}{M}S$。联邦平均算法完整的伪代码及步骤如下所示。

1：在协调方执行。

2：初始化模型参数 $\boldsymbol{w}_0$，并将原始的模型参数 $\boldsymbol{w}_0$ 广播给所有的参与方。

3：for 每一全局模型更新轮次 $t = 1,2,\cdots$，执行如下步骤。

4：协调方确定 C_t，即确定随机选取的 $\max(K_\rho, 1)$个参与方的集合。

5：for 每一个参与方 $k \in C_t$，执行如下步骤。

6：本地更新模型参数：$\boldsymbol{w}_{t+1}^{(k)} \leftarrow$参与方更新$(k, \overline{\boldsymbol{w}}_t)$（见本算法第 13 行）。

7：将更新后的模型参数 $\boldsymbol{w}_{t+1}^{(k)}$ 发送给协调方。

8：end for。

9：协调方将收到的模型参数聚合，即对收到的模型参数使用加权平均：$\overline{\boldsymbol{w}}_{t+1} \leftarrow \sum_{k=1}^{K} \dfrac{n_k}{n} \boldsymbol{w}_{t+1}^{(k)}$（加权平均只考虑 $k \in C_t$ 的参与方）。

10：协调方检查模型参数是否已经收敛。若收敛，则协调方给各参与方发信号，使其全部停止模型训练。

11：协调方将聚合后的模型参数 $\overline{\boldsymbol{w}}_{t+1}$ 广播给所有参与方。

12：end for。

13：在参与方更新$(k, \overline{\boldsymbol{w}}_t)$：（由参与方 k，$\forall k = 1,2,\cdots,K$ 并行执行）。

14：从服务器获得最新的模型参数，即设 $\boldsymbol{w}_{1,1}^{(k)} = \overline{\boldsymbol{w}}_t$。

15：for 从 1 到迭代次数 S 的每次本地迭代 i，执行如下步骤。

16：批量（Batches）$\leftarrow$ 随机地将数据集 D_k 划分为批量为 M 的大小。

17：从上一次迭代获得本地模型参数，即设 $\boldsymbol{w}_{1,i}^{(k)} = \boldsymbol{w}_{B,i-1}^{(k)}$。

18：for 从 1 到批量数量 $B = \dfrac{n_k}{M}$ 的批量序号 b，执行如下步骤。

19：计算批量梯度 $g_k^{(b)}$。

20：本地更新模型参数：$\boldsymbol{w}_{b+1,i}^{(k)} \leftarrow \boldsymbol{w}_{b,i}^{(k)} - \eta g_k^{(b)}$。

21：end for。

22：end for。

23:获得本地模型参数更新 $\boldsymbol{w}_{t+1}^{(k)} = \boldsymbol{w}_{B,S}^{(k)}$，并将其发送给协调方（对于 $k \in C_t$ 的参与方）。

然而，对于一般的非凸目标函数，在模型参数空间中的模型平均可能会产生一个很差的联邦模型，甚至可能导致模型不能收敛。幸运的是，最近研究表明，充分参数化的 DNN 的损失函数表现得很好，特别是其出现不好的局部极小值的可能性比以前认为的要小。当我们使用相同的随机初始化策略来初始化模型参数，并分别在数据的不同子集上进行独立训练时，基于该方法的模型在聚合工作上表现得很好。Dropout 训练方法的成功经验为模型平均方法提供了一些直观的经验解释。可将 Dropout 训练理解为在不同的共享模型参数的架构中的平均模型，并且模型参数的推理时间缩放比例类似模型平均方法。

7.2.3 安全的联邦平均算法

7.2.2 节中描述的联邦平均算法会暴露中间结果的明文内容，如从 SGD 或 DNN 模型参数等优化算法中产生的梯度信息。它没有提供任何安全保护，如果数据结构也被泄露，模型梯度或模型参数的泄露可能会导致重要数据和模型信息的泄露。我们可以利用隐私保护技术，如使用各种常用隐私保护方法，从而保护联邦平均算法中的用户隐私和数据安全。

作为例证，我们可以使用加法同态加密（AHE）或基于带错误学习（Learning With Errors，LWE）的加密方法，来加强联邦平均算法的安全属性。

AHE 是一种半同态加密算法，支持加法和标量乘法操作（加法同态和乘法同态）。为便于参考，这里总结了 AHE 的关键特性。设$[[u]]$和$[[v]]$分别表示对u和v进行同态加密的结果。对于 AHE，有以下特点。

（1）加法动态：$\mathrm{Dec}_{sk}\left([[u]] \oplus [[v]]\right)=\mathrm{Dec}_{sk}\left([[u+v]]\right)$。其中，“$\oplus$”可以表示密文中的乘法。

（2）标量乘法动态：$\mathrm{Dec}_{sk}\left([[u]] \odot n\right)=\mathrm{Dec}_{sk}\left([[u \cdot n]]\right)$。其中，“$\odot$”可以表示密文中的$n$次方，Dec 表示解密函数；sk 表示用于解密的隐私密钥（secret key）。

由于 AHE 拥有这两个很适用的特性，因此可以直接将 AHE 方法用于联邦平均算法，以确保相对于协作方或服务器的安全性。

特别地，通过比较联邦平均算法和安全的联邦平均算法，我们可以观察到，诸如 AHE 这类方法，可以很容易地加入原始的联邦平均算法，以提供安全的联邦学习。一些研究指出，在特定条件下，安全的联邦平均算法将不会给诚实但好奇的协调方泄露任何参与方的信息，并且其中的同态加密方法能够抵御选择明文攻击（Chosen-Plaintext Attack，CPA）。换言之，安全的联邦平均算法抵御了诚实但好奇的某一方的攻击，确保了联邦学习系统的安全性。

在 AHE 方法中，数据和模型本身并不会以明文形式传输，因此几乎不可能发生原始数据层面的泄露。然而，加密操作和解密操作将会提高计算的复杂度，并且密文传输会增加额外的通信开销。AHE 的另一个缺点是，为了评估非线性函数，需要使用多项式近似（例如，使用泰勒级数展开来近似计算损失函数和模型梯度）。因此，需要在精度与隐私性之间进行权衡。仍需要进一步研究用于保护联邦平均算法的安全技术。

7.2.4 联邦平均算法的改进

1. 通信效率提升

在联邦平均算法的实现中，在每个全局模型的训练轮次中，每个参与方都需要给服务器发送完整的模型参数更新。由于现代的 DNN 模型通常有数百万个参数，给协调方发送如此多的数值将会产生巨大的通信开销，并且这样的通信开销会随着参与方数量和迭代轮次的增加而增加。当存在大量参与方时，从参与方上传模型参数到协调方将成为联邦学习的瓶颈。为了降低通信开销，研究者提出了一些改善通信效率的方法。例如，一些研究提出了以下两种发送更新模型参数的策略，以便降低通信开销。

（1）压缩的模型参数更新。

参与方正常计算模型更新，之后进行本地压缩。压缩的模型参数更新通常是真正更新的无偏估计值，这意味着它们在平均之后是相同的。一种执行模型参数更新压缩的可行方法是使用概率分层。参与方给协调方发送压缩的模型参数更新，这样可以降低通信开销。

（2）结构化的模型参数更新。

在联邦模型训练过程中，模型参数更新被限制为允许有效压缩操作的形式。例如，模型参数可能被强制要求是稀疏的或是低阶的，或者可能被要求在一个使用更少变量进行参数化的限制空间内进行模型参数更新计算。之后，优化过程将找出这种形式下最可能的更新信息，再将这个模型参数更新发送给协调方，以便降低通信开销。

有研究者于 2015 年对 DNN 模型进行了研究，并且提出了一种执行模型参数压缩的三层流水线。首先，通过去除冗余来删除 DNN 内的某些连接，只保留最重要的连接部分。其次，量化权重，从而使得多个连接共享同一个权重值，只保留有效权重。最后，使用哈夫曼编码，以利用有效权重的偏倚分布。

因为模型参数在联邦学习中是共享的，所以我们可以使用模型参数压缩来降低通信开销。类似地，因为梯度在联邦学习中也是共享的，所以我们可以使用梯度压缩来降低通信开销。一种知名的梯度压缩方法是深度梯度压缩方法（DGC），DGC 使用了四种方法：动量修正、本地梯度截断、动量因子隐藏和预热训练。一些研究将 DGC 应用于图像分类、自动语音识别及自然语言处理等任务中。这些实验的结果表明 DGC 能够在不降低模型精度的前提下，达到 270～600 倍的梯度压缩比率。因此，DGC 可以用来降低梯度共享所需要的带宽，使得移动设备上的联邦学习或大规模联邦深度学习变得更易于实现。

如果仍然可以保证训练的收敛性，客户端也可以避免将不相关的模型更新上传到服务器，以降低通信开销。例如，有研究者建议向客户端提供有关模型更新的全局模型趋势的反馈信息。每个客户端都检查其本地模型更新是否符合全局趋势，以及是否与全局模型改进足够相关。这样，每个客户端可以决定是否将其本地模型更新上传到服务器。这种方法也可以视为客户端选择的一种特殊情况。

2．参与方选择

在一些研究中，参与方选择的方法被推荐用来降低联邦学习系统的通信开销和每一轮全局联邦模型训练所需要的时间。然而，此项研究并未提出任何用于参与方选择的具体方法。有研究者介绍了一种用于参与方选择的方法，共包含两个步骤。第一步是资源检查，即向随机筛选出来的参与方发送资源查询消息，询问其本地资源及与训练任务相关的数据规模。第二步是协调方使用这些信息估计每一个参与方计算本地模型更新所需要的时间，以及上传更新所需要的时间。之后，协调方将基于这些估计决定选择哪一个参与方。在给定一个全局迭代轮次所需要的具体时间预算的情况下，协调方希望选择尽可能多的参与方。以下为安全联邦平均算法的伪代码流程。

1：协调方执行。

2：初始化模型参数 $\boldsymbol{w}_0$，并将原始的模型参数 $\boldsymbol{w}_0$ 广播给所有的参与方。

3：for 每一全局模型更新轮次 $t=1,2,\cdots$，执行如下步骤。

4：协调方确定 C_t，即确定随机选取的 $\max(K_\rho,1)$ 个参与方的集合。

5：for 每一个参与方 $k\in C_t$，并行执行如下步骤。

6：本地更新模型参数: $[\![\boldsymbol{w}_{t+1}^{(k)}]\!]\leftarrow$ 参与方更新 $(k,[\![\bar{\boldsymbol{w}}_t]\!])$（见本算法第 13 行）。

7：将更新后的模型参数 $[\![\boldsymbol{w}_{t+1}^{(k)}]\!]$ 及相关的损失函数 $\mathcal{L}_{t+1}^{(k)}$ 发送给协调方。

8：end for。

9：协调方对收到的模型参数进行聚合，即对收到的模型参数进行加权平均：$[\![\boldsymbol{w}_{t+1}^{(k)}]\!]\leftarrow\sum_{k=1}^{K}\frac{n_k}{n}[\![\boldsymbol{w}_{t+1}^{(k)}]\!]$（这些都是密文操作，为便于阅读，这里重用了加法和乘法数学符号来表示基于同态加密的计算。加权平均只考虑 $k\in C_t$ 的参与方）。

10：协调方检查损失函数 $\sum_{k\in C_t}\frac{n_k}{n}\mathcal{L}_{t+1}^{(k)}$ 是否收敛或是否达到最大训练轮次。若是，则协调方给各参与方发送信号，使其全部停止模型训练。

11：协调方将聚合后的模型参数 $[\![\bar{\boldsymbol{w}}_{t+1}]\!]$ 发送给所有参与方。

12：end for。

13：参与方更新 $(k,[\![\bar{\boldsymbol{w}}_t]\!])$（由参与方 k，$\forall k=1,2,\cdots,K$ 并行执行）。

14：解密 $[\![\bar{\boldsymbol{w}}_t]\!]$ 以获得 $\bar{\boldsymbol{w}}_t$。

15：从服务器获得最新的模型参数，即设 $\boldsymbol{w}_{1,1}^{(k)}=\bar{\boldsymbol{w}}_t$。

16：for 从 1 到迭代次数 S 的每一次本地迭代 i，执行如下步骤。

17：批量（Batches）$\leftarrow$ 随机地将数据集 D_k 划分为批量为 M 的大小。

18：从上一次迭代获得本地模型参数，即设 $\boldsymbol{w}_{1,i}^{(k)}=\boldsymbol{w}_{B,i-1}^{(k)}$。

19：for 从 1 到批量数量 $B=\frac{n_k}{M}$ 的批量序号 b do。

20：计算批梯度 $g_k^{(b)}$。

21：本地更新模型参数：$\boldsymbol{w}_{b+1,i}^{(k)}\leftarrow\boldsymbol{w}_{b,i}^{(k)}-\eta g_k^{(b)}$。

22：end for。

23：end for。

24：获得本地模型参数更新 $\boldsymbol{w}_{t+1}^{(k)}=\boldsymbol{w}_{B,S}^{(k)}$。

25：在 $\boldsymbol{w}_{t+1}^{(k)}$ 上执行加法同态加密以得到 $[\![\boldsymbol{w}_{t+1}^{(k)}]\!]$，并将 $[\![\boldsymbol{w}_{t+1}^{(k)}]\!]$ 和相关损失 $\mathcal{L}_{t+1}^{(k)}$ 发送给协调方（$k\in C_t$ 的参与方）。

7.2.5 案例分析

本次实验，我们将使用联邦平均算法对图像进行分类，此次实验选取 CIFAR10 数据集，

CIFAR 数据集共有 60000 张彩色图像，这些图像的像素是 32×32，分为 10 个类，每个类有 6000 张图像。本次实验选取 50000 张图像用于训练，剩下的 10000 张图像用于测试。网络的基本模型采用 ResNet，这是一个在分类问题上具有超高性能的网络。

1. 基本流程

本次实验的基本流程如下。

（1）服务器按照配置生成初始化模型，客户端按照顺序将数据集横向不重叠切割。

（2）服务器将全局模型发送给客户端。

（3）客户端接收全局模型（来自服务器），通过本地多次迭代计算本地参数差值并返回给服务器。

（4）服务器聚合各个客户端差值更新模型，再评估当前模型的性能。

（5）如果性能未达标，则重复过程（2），否则结束。

2. 配置文件

配置文件包含整个项目的模型、数据集、epoch 等核心训练参数。需要注意的是，一般来说，配置文件需要在所有的客户端与服务器之间保持一致。

首先创建一个配置文件：

```
{
    “model_name”: “resnet18”,
    “no_models”: 10,
    “type”: “cifar”,
    “global_epochs”: 20,
    “local_epochs”: 3,
    “k”: 6,
    “batch_size”: 32,
    “lr”: 0.001,
    “momentum”: 0.0001,
    “lambda”: 0.1
}
```

其中，各项参数的释义如下。

- model_name：模型名称。
- no_models：客户端总数量。
- type：数据集信息。
- global_epochs：全局迭代次数，即服务端与客户端间的通信迭代次数。
- local_epochs：本地模型训练迭代次数。
- k：每轮迭代服务端都会从所有客户端中挑选“k”个客户端参与训练。
- batch_size：本地训练每轮的样本数。
- lr，momentum，lambda：本地训练的超参数设置。

3. 构建训练数据集

建立 datasets.py 文件，用于获取数据集和读数据，具体代码如下：

```
import torchvision as tv
def get_dataset(dir, name):
```

```
    if name == 'mnist':
        train_dataset = tv.datasets.MNIST(dir, train=True, download=True,
transform=tv.transforms.ToTensor())
        eval_dataset = tv.datasets.MNIST(dir, train=False,
transform=tv.transforms.ToTensor())
    elif name == 'cifar':
        transform_train = tv.transforms.Compose([
  tv.transforms.RandomCrop(32,padding=4),tv.transforms.RandomHorizontalFlip(),
            tv.transforms.ToTensor(),
            tv.transforms.Normalize((0.4914, 0.4822, 0.4465), (0.2023, 0.1994,
0.2010)),])
        transform_test = tv.transforms.Compose([
            tv.transforms.ToTensor(),
            tv.transforms.Normalize((0.4914, 0.4822, 0.4465), (0.2023, 0.1994,
0.2010)),
        ])
        train_dataset = tv.datasets.CIFAR10(dir, train=True, download=True,
transform=transform_train)

eval_dataset=tv.datasets.CIFAR10(dir,train=False,transform=transform_test)
    return train_dataset, eval_dataset
```

4．服务端

服务端的主要功能是对模型进行聚合、评估，最终的模型也是在服务器上生成的，首先创建一个服务器，将所有的程序放在server.py中，定义其构造函数，具体程序如下：

```
def __init__(self, conf, eval_dataset):
  self.conf = conf
  self.global_model = models.get_model(self.conf["model_name"])
  self.eval_loader = torch.utils.data.DataLoader(
    eval_dataset,
    batch_size=self.conf["batch_size"],
    shuffle=True
  )
```

接着，定义全局联邦平均算法的聚合函数。具体程序如下：

```
def model_aggregate(self, weight_accumulator):
  for name, data in self.global_model.state_dict().items():
    update_per_layer = weight_accumulator[name] * self.conf["lambda"]
    if data.type() != update_per_layer.type():
        data.add_(update_per_layer.to(torch.int64))
      else:
        data.add_(update_per_layer)
```

接着定义评估函数，具体程序如下：

```
def model_eval(self):
    self.global_model.eval()
    total_loss = 0.0
    correct = 0
    dataset_size = 0
    for batch_id, batch in enumerate(self.eval_loader):
        data, target = batch
        dataset_size += data.size()[0]
```

```
            if torch.cuda.is_available():
                data = data.cuda()
                target = target.cuda()
            output = self.global_model(data)
            total_loss += torch.nn.functional.cross_entropy(
                output,
                target,
                reduction='sum'
            ).item()
            pred = output.data.max(1)[1]
            correct += pred.eq(target.data.view_as(pred)).cpu().sum().item()
        acc = 100.0 * (float(correct) / float(dataset_size))
        total_l = total_loss / dataset_size
        return acc, total_l
```

5. 客户端

客户端的主要功能如下。

（1）接收服务器下发的指令和全局模型。

（2）利用本地数据进行局部模型训练。

此部分的所有程序都在client.py文件中，首先构造函数，定义client类，具体程序如下：

```
    def __init__(self, conf, model, train_dataset, id = 1):
        self.conf = conf
        self.local_model = model
        self.client_id = id
        self.train_dataset = train_dataset
        all_range = list(range(len(self.train_dataset)))
        data_len = int(len(self.train_dataset) / self.conf['no_models'])
        indices = all_range[id * data_len: (id + 1) * data_len]
        self.train_loader = torch.utils.data.DataLoader(
            self.train_dataset,
            batch_size=conf["batch_size"],
            sampler=torch.utils.data.sampler.SubsetRandomSampler(indices)
        )
```

在本案例中，根据ID将数据集横向切分，每个客户端之间没有交集。

接着进行本地训练，建立本地训练函数，具体程序如下：

```
    def local_train(self, model):
        for name, param in model.state_dict().items():
            self.local_model.state_dict()[name].copy_(param.clone())
        optimizer=torch.optim.SGD(self.local_model.parameters(),
lr=self.conf['lr'], momentum=self.conf['momentum'])
        self.local_model.train()
        for e in range(self.conf["local_epochs"]):
            for batch_id, batch in enumerate(self.train_loader):
                data, target = batch
                if torch.cuda.is_available():
                    data = data.cuda()
                    target = target.cuda()
                optimizer.zero_grad()
                output = self.local_model(data)
```

```
                loss = torch.nn.functional.cross_entropy(output, target)
                loss.backward()
                optimizer.step()
            print("Epoch %d done" % e)
        diff = dict()
        for name, data in self.local_model.state_dict().items():
            diff[name] = (data - model.state_dict()[name])
        print("Client %d local train done" % self.client_id)
        return diff
```

6. 执行

接着编写主函数，建立 main.py 文件，具体程序如下：

```
import argparse
import json
import random
import datasets
from client import *
from server import *
if __name__ == '__main__':
    parser = argparse.ArgumentParser(description='Federated Learning')
    parser.add_argument('-c', '--conf', dest='conf')
    args = parser.parse_args()
    with open(args.conf, 'r') as f:
        conf = json.load(f)
    train_datasets, eval_datasets = datasets.get_dataset("./data/",
conf["type"])
    server = Server(conf, eval_datasets)
    clients = []
    for c in range(conf["no_models"]):
        clients.append(Client(conf, server.global_model, train_datasets, c))
    print("\n\n")
    for e in range(conf["global_epochs"]):
        print("Global Epoch %d" % e)
        candidates = random.sample(clients, conf["k"])
        print("select clients is: ")
        for c in candidates:
            print(c.client_id)
        weight_accumulator = {}
        for name, params in server.global_model.state_dict().items():
            weight_accumulator[name] = torch.zeros_like(params)
        for c in candidates:
            diff = c.local_train(server.global_model)
            for name, params in server.global_model.state_dict().items():
                weight_accumulator[name].add_(diff[name])
        server.model_aggregate(weight_accumulator)
        acc, loss = server.model_eval()
        print("Epoch %d, acc: %f, loss: %f\n" % (e, acc, loss))
```

7. 测试

按照以上配置运行主函数，得到如图 7.4 所示的测试准确率和损失结果。

图 7.4　测试准确率和损失结果

相应地，联邦平均算法与中心化训练的准确率对比如图 7.5 所示，联邦平均算法与中心化训练的损失值对比如图 7.6 所示。

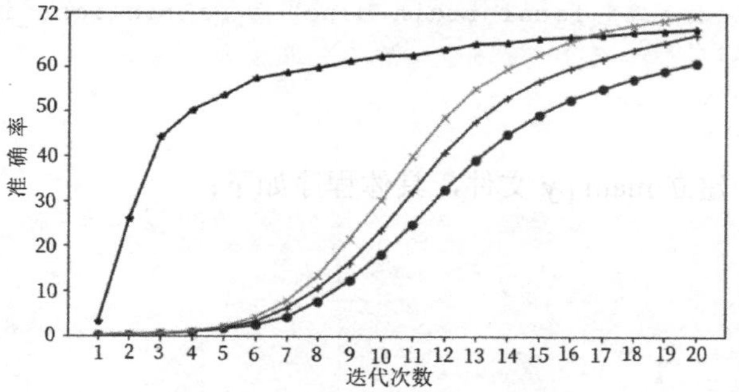

图 7.5　联邦平均算法与中心化训练的准确率对比

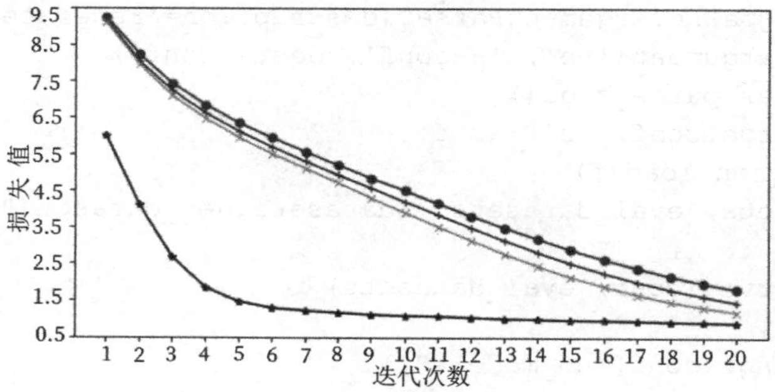

图 7.6　联邦平均算法与中心化训练的损失值对比

此外，根据联邦学习的一些研究，联邦学习在模型推断上的效果对比如图 7.7 所示。

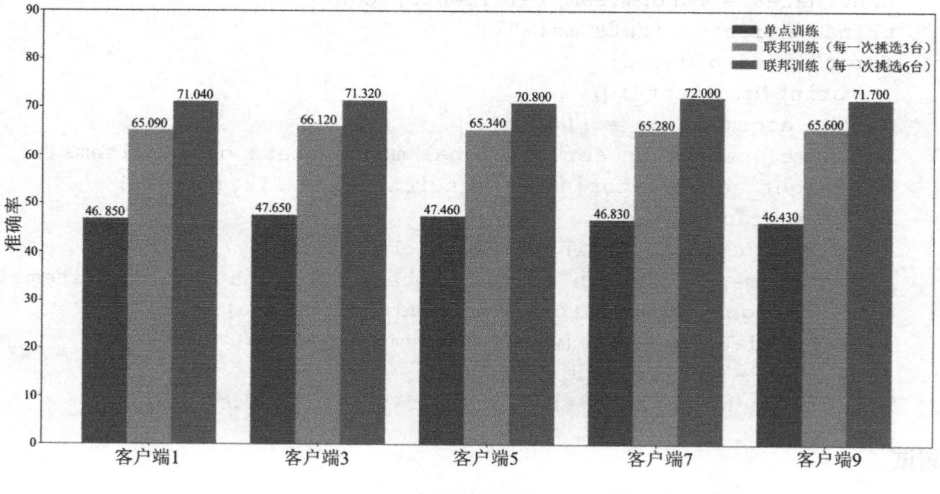

图 7.7　联邦学习在模型推断上的效果对比

从图 7.7 中可以发现，图中的单点训练只是在某个客户端下利用本地数据进行模型训练的结果。

（1）可以看到，单点训练的模型效果（三个柱形的第一个）明显比联邦训练的效果差（三个柱形中的其他两个），这也说明了仅仅通过单个客户端的数据不能够很好地学习数据的全局分布特征，模型的泛化能力较差。

（2）此外，每轮参与联邦训练的客户端数目（*k* 值）不同，其性能也会有一定的差别，*k* 值越大，每轮参与训练的客户端数目越多，其性能也越好，但每轮的完成时间也会相对较长。

7.3 纵向联邦学习算法

本节将详细描述两种纵向联邦学习算法，帮助读者更好地理解纵向联邦学习算法是如何工作的。

7.3.1 安全联邦线性回归

第一种算法是安全联邦线性回归。这种算法利用同态加密方法，在联邦线性回归模型的训练过程中保护属于每个参与方的本地数据。为便于参考，本节所使用的符号及其含义已在表 7.1 中进行了总结。

表 7.1 符号表

符号	含义
η	学习率
λ	正则化参数
y_i	B 方的标签空间
$x_i^{\mathrm{A}}, x_i^{\mathrm{B}}$	分别表示 A 方和 B 方的特征空间
$\Theta_{\mathrm{A}}, \Theta_{\mathrm{B}}$	分别表示 A 方和 B 方的本地模型参数
u_i^{A}	定义为 $u_i^{\mathrm{A}} = \Theta_{\mathrm{A}} x_i^{\mathrm{A}}$
u_i^{B}	定义为 $u_i^{\mathrm{B}} = \Theta_{\mathrm{B}} x_i^{\mathrm{B}}$
$[\![d_i]\!]$	定义为 $[\![d_i]\!] = [\![u_i^{\mathrm{A}}]\!] + [\![u_i^{\mathrm{B}} - y_i]\!]$
$\{x_i^{\mathrm{A}}\}_i \in D_{\mathrm{A}}$	A 方的本地数据集和标记
$\{x_i^{\mathrm{A}}, y_i\}_i \in D_{\mathrm{B}}$	B 方的本地数据集和标记
$[\![\cdot]\!]$	加法同态加密（AHE）
R_{A}， R_{B}	分别表示 A 方和 B 方的随机掩码

为了使用梯度下降方法训练一个线性回归模型，需要一种安全的方法来计算模型损失和梯度。给定学习率η、正则化参数λ、数据集$\{x_i^{\mathrm{A}}\}_i \in D_{\mathrm{A}}$和$\{x_i^{\mathrm{B}}, y_i\}_i \in D_{\mathrm{B}}$，以及分别与其特征空间$x_i^{\mathrm{A}}$、$x_i^{\mathrm{B}}$相关的模型参数$\theta_{\mathrm{A}}$、$\theta_{\mathrm{B}}$，则训练目标可以表示为

$$\min_{\Theta_{\mathrm{A}},\Theta_{\mathrm{B}}} \sum_i \left\| \Theta_{\mathrm{A}} x_i^{\mathrm{A}} + \Theta_{\mathrm{B}} x_i^{\mathrm{B}} - y_i{}^2 \right\| + \frac{\lambda}{2}\left(\left\|\Theta_{\mathrm{A}}\right\|^2 + \left\|\Theta_{\mathrm{B}}\right\|^2 \right) \tag{7-5}$$

设$u_i^{\mathrm{A}} = \theta_{\mathrm{A}} x_i^{\mathrm{A}}$，$u_i^{\mathrm{B}} = \theta_{\mathrm{B}} x_i^{\mathrm{B}}$，加密损失为

$$[[\mathcal{L}]] = \left[\left[\sum_i \left(\left(u_i^{\mathrm{A}} + u_i^{\mathrm{B}} - y_i\right)\right)^2 + \frac{\lambda}{2}\left(\Theta_{\mathrm{A}}{}^2 + \Theta_{\mathrm{B}}{}^2\right)\right]\right] \tag{7-6}$$

其中，加法同态加密操作表示为$[[\cdot]]$。设

$$[[\mathcal{L}_{\mathrm{A}}]] = \left[\left[\sum_i \left(u_i^{\mathrm{A}}\right)^2 + \frac{\lambda}{2}\Theta_{\mathrm{A}}{}^2\right]\right], [[\mathcal{L}_{\mathrm{B}}]] = \left[\left[\sum_i \left(u_i^{\mathrm{B}} - y_i\right)^2 + \frac{\lambda}{2}\Theta_{\mathrm{B}}{}^2\right]\right]$$

且

$$[[\mathcal{L}_{\mathrm{AB}}]] = 2\sum_i \left[\left[u_i^{\mathrm{A}}\left(u_i^{\mathrm{B}} - y_i\right)\right]\right]$$

则有

$$[[\mathcal{L}]] = [[\mathcal{L}_{\mathrm{A}}]] + [[\mathcal{L}_{\mathrm{B}}]] + [[\mathcal{L}_{\mathrm{AB}}]] \tag{7-7}$$

类似地，设$[[d_i]] = \left[\left[u_i^{\mathrm{A}}\right]\right] + \left[\left[u_i^{\mathrm{B}} - y_i\right]\right]$。之后，关于训练参数的损失函数的梯度可以表示为

$$\begin{aligned} \left[\left[\frac{\partial \mathcal{L}}{\partial \Theta_{\mathrm{A}}}\right]\right] &= 2\sum_i [[d_i]]x_i^{\mathrm{A}} + [[\lambda\Theta_{\mathrm{A}}]] \\ \left[\left[\frac{\partial \mathcal{L}}{\partial \Theta_{\mathrm{B}}}\right]\right] &= 2\sum_i [[d_i]]x_i^{\mathrm{B}} + [[\lambda\Theta_{\mathrm{B}}]] \end{aligned} \tag{7-8}$$

A 方和 B 方使用各自的本地数据来计算u_i^{A}和u_i^{B}。然而，d_i中包含u_i^{A}和$u_i^{\mathrm{B}} - y_i$，因此它不能由任何一方来单独计算。A 方和 B 方应该协同计算d_i，同时需要针对其他参与方保护u_i^{A}和$u_i^{\mathrm{B}} - y_i$的隐私安全。在同态加密设定里，为了分别防止 A 方和 B 方对u_i^{A}和$u_i^{\mathrm{B}} - y_i$进行监视，u_i^{A}和$u_i^{\mathrm{B}} - y_i$将会通过一个由第三方 C 拥有的公共密钥来加密。在这个过程中，C 方主要负责对从 A 方和 B 方收到的加密信息进行解密，并且协调训练过程和评估过程。

在实际情况中，将一个第三方加入此过程中并不总是可行的，因为第三方的合法性和可问责性难以得到保障。安全多方计算技术（如秘密共享）可以用于移除第三方和使联邦学习去中心化。读者可以通过阅读文献来获取更多信息。在这里，我们将使用存在第三方的架构。

1. 安全联邦线性回归模型的训练过程

表 7.2 所示为安全联邦线性回归模型的训练步骤。在实体对齐和模型训练期间，将 A 方和 B 方所拥有的数据存储在本地，并且模型训练中的交互不会导致隐私数据泄露。需要注意的是，由于 C 方是受信任的，因此 C 方的潜在信息泄露可能不会被认为是隐私侵犯。为了进一步防止 C 方从 A 方或 B 方学习到相关信息，A 方和 B 方可以将它们的梯度信息加上加密随机掩码。

表 7.2 安全联邦线性回归模型的训练步骤

步骤	A 方	B 方	C 方
步骤 1	初始化 Θ_{A}	初始化 Θ_{B}	创建加密密钥对，并将公共密钥发送给 A 方和 B 方
步骤 2	计算 $[[u_i^{\mathrm{A}}]]$ 和 $[[\mathcal{L}_{\mathrm{A}}]]$，并将其发送给 B 方	计算 $[[u_i^{\mathrm{A}}]]$、$[[d_i^{\mathrm{B}}]]$ 和 $[[\mathcal{L}]]$，并将 $[[d_i^{\mathrm{B}}]]$ 发送给 A 方，将 $[[\mathcal{L}]]$ 发送给 C 方	

续表

步　骤	A　方	B　方	C　方
步骤 3	初始化 $[\![R_A]\!]$，计算 $\left[\!\left[\frac{\partial\mathcal{L}}{\partial\Theta_A}\right]\!\right]+[\![R_A]\!]$，并将其发送给 C 方	初始化 $[\![R_B]\!]$，计算 $\left[\!\left[\frac{\partial\mathcal{L}}{\partial\Theta_B}\right]\!\right]+[\![R_B]\!]$，并将其发送给 C 方	解密 $[\![\mathcal{L}]\!]$、$\left[\!\left[\frac{\partial\mathcal{L}}{\partial\Theta_A}\right]\!\right]+[\![R_A]\!]$ 及 $\left[\!\left[\frac{\partial\mathcal{L}}{\partial\Theta_B}\right]\!\right]+[\![R_B]\!]$，将 $\left[\!\left[\frac{\partial\mathcal{L}}{\partial\Theta_A}\right]\!\right]+[\![R_A]\!]$ 发送给 A 方，将 $\left[\!\left[\frac{\partial\mathcal{L}}{\partial\Theta_B}\right]\!\right]+[\![R_B]\!]$ 发送给 B 方
步骤 4	更新 Θ_A	更新 Θ_B	
获得的内容	Θ_A	Θ_B	

表 7.2 中展示的训练协议不会向 C 方暴露任何信息，因为 C 方能得到的所有信息只有掩藏过（通过随机掩码处理过）的梯度，而掩码的随机性和保密性是有保证的。在上述协议中，A 方在每一步都会学习它的梯度。这对于 A 方来说并不足以学习到关于 B 方的任何信息，因为标量积协议（Scalar Product Protocol）的安全性建立在仅用 n 个方程无法解出 n 个以上的未知数的基础上。这里，我们假设样本数量 N_A 远远大于特征数量 n。类似地，B 方也不能学习到关于 A 方的任何信息。由此可以证明该协议的安全性。

需要注意的是，我们假设每一方都是半诚实的。如果某一方是恶意的并通过对系统输入作假而欺骗系统，那么 A 方只需要提交一个只具有一个非零特征的非零样本，便能得到关于该样本的该特征所对应的 u_i^B 的值。不过，A 方仍然不能获知 x_i^B 和 θ_B 的值，并且该结果将会影响下一次迭代的结果，从而警告另一方，后者可以终止学习过程作为响应。当训练结束时，每一方对其他方的数据结构依旧未知，并只能获得和自己拥有的特征相关的模型参数。

在不受隐私约束的情况下，与用集中在一个地方的数据构建模型时所计算得到的损失和梯度相比，表 7.2 的训练过程计算得到的损失和梯度完全相同（在相同的训练设定下），因此这种协作训练所得到的模型是无损的，并且其最佳性能是有保证的。

模型的效率依赖通信开销和给数据加密所需要的计算开销。在每轮迭代中，A 方和 B 方之间发送的信息量随着重叠样本数量的增长而增加。该算法的效率能够通过使用分布式并行计算技术进一步改善。

2. 安全联邦线性回归模型的预测过程

在预测期间，两方需要协作计算预测结果，表 7.3 对预测步骤进行了总结。在预测过程中，属于任何一方的数据不会被暴露给其他方。

表 7.3　安全联邦线性回归模型的预测步骤

步　骤	A　方	B　方	C　方
步骤 1			将用户 ID i 发送给 A 方和 B 方
步骤 2	计算 u_i^A 并将其发送给 C 方	计算 u_i^B 并将其发送给 C 方	计算 $u_i^A+u_i^B$ 的结果

7.3.2　安全联邦提升树

纵向联邦学习介绍的第二个算法就是安全联邦提升树（Secure Federated Tree-Boosting,

SecureBoost），一些研究率先在 VFL 的设定下对 SecureBoost 进行了研究。研究证明了 SecureBoost 与需要将数据收集于一处的非联邦梯度提升树算法具有相同的精确度。换句话说，SecureBoost 可与不具有隐私保护功能的且在非联邦设定下的相同算法提供相同的精确度。需要注意的是，SecureBoost 定义的主动方（Active Party）不仅是数据提供方，同时拥有样本特征和样本标签，还扮演着协调者的角色，可以计算每个树节点的最佳分割点。而另一些研究定义的被动方（Passive Party）只是数据提供者，只提供样本特征，没有样本标签。因此，被动方需要和主动方共同建构模型来预测标签。

1. 安全的样本对齐

类似 7.3.1 节的联邦安全线性回归，SecureBoost 包含两个主要步骤。首先，在隐私保护下对参与方之间具有不同特征的重叠用户进行样本对齐。然后，所有参与方通过隐私保护协议共同学习一个共享的梯度提升树模型。

SecureBoost 框架的第一步是实体对齐，即在所有参与方中寻找数据样本的公共集合（如共同用户），共同用户可以通过用户 ID 被识别出来。特别地，可以通过基于加密的数据库交集算法对样本进行对齐。

2. XGBoost 回顾

在完成数据对齐后，现在探讨在不违反隐私保护规定的前提下，参与方协同建立决策树集成模型（Tree Ensemble Model）的问题。为了达到这一目标，首先需要解答以下 3 个关键问题。

（1）被动方如何在不知道类标签的情况下，基于自己的本地数据计算更新的模型？

（2）主动方如何高效率地集合所有的已更新模型并获得一个新的全局模型？

（3）在推理过程中，如何在所有参与方之间共享已更新的全局模型，且不泄露任何隐私信息？

为了解答以上问题，首先对非联邦设定下的决策树集成算法 XGBoost 进行一些简单的回顾。

给定一个拥有 n 个样本和 d 个特征的数据集 $D=\{(x_i,y_i)\}$，其中，$|D|=n$，$x_i\in R^d$，$y_i\in R$。XGBoost 通过使用 K 个决策树（f_k，$k=1,2,\cdots,K$）的集成来预测输出，即

$$\hat{y}_i=\sum_{k=1}^{K}f_k(x_i),\ \forall x_i\in \mathrm{R}^d,\ i=1,2,\cdots,n \tag{7-9}$$

决策树集成模型的学习通过寻找一组最佳决策树以达到较小的分类损失，并且具有较低的模型复杂度。在梯度提升树中，这个目的是通过迭代优化真实标签和预测标签的损失（如损失的平方或损失函数的泰勒近似）来实现的。在每次迭代中，我们尝试添加一棵新的决策树，以尽可能地减小损失，同时不会引入过大的复杂度。因此，第 t 轮迭代的目标函数可以写为

$$\mathcal{L}^{(t)}\triangleq\sum_{i=1}^{n}\left[l_{\text{loss}}\left(y_i,\hat{y}_i^{(t-1)}\right)+g_i f_t(x_i)+\frac{1}{2}h_i f_t^2(x_i)\right]+\Omega(f_t) \tag{7-10}$$

其中，loss 表示损失函数；$g_i=\partial_{\hat{y}^{(t-1)}}l_{\text{loss}}\left(y_i,\hat{y}^{(t-1)}\right)$ 和 $h_i=\partial^2_{\hat{y}(t-1)}l_{\text{loss}}\left(y_i,\hat{y}^{(t-1)}\right)$ 分别表示损失函数的一阶梯度和二阶梯度；$\Omega(f_t)$ 表示新添加的树的复杂度。这里忽略了对上式求导的数学细

节，我们将详细描述在联邦训练中主动方和被动方的交互过程，希望读者能够从整体上对算法有所理解。针对算法细节，感兴趣的读者可以参考一些相关文献。

构建一棵决策树从根节点开始，然后决定每个节点的分割，直到达到最大深度为止。现在的问题是，如何在树的每一层决定某一节点的最佳分割（Optimal Split）？一个“分割”的优劣是由分割带来的增益度量的，分割分数可以通过前面提到的 g_i 和 h_i 计算得到。计算分割分数的具体公式如下

$$\mathcal{L}_{\text{split}}=\frac{1}{2}\left[\frac{\left(\sum_{i\in I_{\text{L}}}g_i\right)^2}{\sum_{i\in I_{\text{L}}}h_i+\lambda}+\frac{\left(\sum_{i\in I_{\text{R}}}g_i\right)^2}{\sum_{i\in I_{\text{R}}}h_i+\lambda}-\frac{\left(\sum_{i\in I}g_i\right)^2}{\sum_{i\in I}h_i+\lambda}\right] \tag{7-11}$$

其中，I_{L} 和 I_{R} 分别表示分割后左子节点、右子节点的样本空间；λ 表示超参数。其中，分数值最大的分割将被选为最佳分割。当得到了一个最佳决策树结构时，通过以下公式计算叶子节点 j 的最佳权值 $\boldsymbol{W}_j^*$，即

$$\boldsymbol{W}_j^*=-\frac{\sum_{i\in I_j}g_i}{\sum_{i\in I_j}h_i+\lambda} \tag{7-12}$$

其中，I_j 是叶子节点 j 的样本空间。

3. SecureBoost 的训练过程

现在讨论 SecureBoost 的训练过程。因为 g_i 和 h_i 的计算需要类标签，所以 g_i 和 h_i 必须由主动方计算得到，只有主动方拥有样本的标签信息。我们将在后面的算法描述中介绍，所有的被动方都需要对其当前节点的样本所对应的 g_i 和 h_i 进行聚合。因此，所有被动方需要知道 g_i 和 h_i。为了保证 g_i 和 h_i 的隐私性，主动方在将 g_i 和 h_i 发送给被动方之前，对梯度进行了加法同态加密操作。需要注意的是，由于算法采用加法同态加密，被动方将不能在 g_i 和 h_i 加密的情况下计算 $\mathcal{L}_{\text{split}}$，因此，对分割的评估将由主动方执行。相应的聚合梯度统计值的计算步骤如下所示。

输入：I，当前节点的样本空间；

输入：d，特征维度；

输入：$\{[\![g_i]\!],[\![h_i]\!]\}_{i\in I}$；

输出：$G\in R^{d\times l}$，$H\in R^{d\times l}$。

1：for $k=0\to d$ do

2：　通过特征 k 的百分位数，得到 $S_k=\{s_{k1},s_{k2},\cdots,s_{kl}\}$

3：end for

4：for $k=0\to d$ do

5：　$G_{k,v}=\sum_{i\in\{i|s_{k,v}\geqslant x_{i,k}\rangle s_{k,v-1}\}}[\![g_i]\!]$

6：　$H_{k,v}=\sum_{i\in\{i|s_{k,v}\geqslant x_{i,k}\rangle s_{k,v-1}\}}[\![h_i]\!]$

7：end for

由上述步骤可知，每个被动方首先要对其所有的特征进行分类，然后将每个特征的特征

值映射至每个类中。基于分类后的特征值，被动方将聚合相应的加密梯度统计信息。通过这种方法，主动方只需要从所有被动方处收集聚合的加密梯度统计信息。从而主动方可以更高效地确定全局最优分割。全局最优分割可以表示为 [参与方 id，特征 id（k_{opt}），阈值 id（v_{opt}）]。

在主动方得到全局最优分割之后，将特征 id（k_{opt}）和阈值 id（v_{opt}）返回给相应的被动方 i。被动方基于 k_{opt} 和 v_{opt} 的值决定选中特征的阈值。然后，被动方 i 根据选中特征的阈值对当前样本空间进行划分。此外，被动方会在本地建立一个查找表（Lookup Table），记录选中特征的阈值。该查找表可以表示为 [记录 id，特征，阈值]。此后，被动方 i 将记录 id 和划分后节点左侧的样本空间（I_l）发送给主动方。主动方将会根据收到的样本空间 I_l 对当前节点进行分割，并将当前节点与 [参与方 id，记录 id] 关联。算法将继续对决策树进行划分，直到达到停止条件或最大深度为止。最终主动方知道整个决策树的结构。

下面总结了 SecureBoost 算法中一棵决策树的训练过程。

输入：I，当前节点的样本空间；

输入：$\left\{ G^i, H^i \right\}_{i=1}^m$，从 m 位参与方得到的聚合加密梯度统计；

输出：根据选中特征的阈值对当前样本空间的划分。

1：主动方执行

2：$g \leftarrow \sum_{i \in I} g_i, \quad h \leftarrow \sum_{i \in I} h_i$

3：//遍历所有参与方

4：for $i = 0 \to m$ do

5：//遍历参与方 i 的所有特征

6：for $k = 0 \to d_i$ do

7：$g_l \leftarrow 0, \ h_l \leftarrow 0$

//遍历特征 k 的所有阈值

8：for $v = 0 \to l_k$ do

9：//得到解密值 $D\left(G_{k,v}^i\right)$ 和 $D\left(H_{k,v}^i\right)$

10：$g_l \leftarrow g_l + D\left(G_{k,v}^i\right), h_l \leftarrow h_l + D\left(H_{k,v}^i\right)$

11：$g_r \leftarrow g - g_l, h_r \leftarrow h - h_l$

12：$score \leftarrow \max\left(score, \dfrac{g_l^2}{h_l + \lambda} + \dfrac{g_r^2}{h_r + \lambda} - \dfrac{g^2}{h + \lambda} \right)$

13：　　end for

14：　end for

15：end for

16：当得到最大分数时，给相应的被动方 i 返回 k_{opt} 和 v_{opt}

17：被动方 i 执行

18：根据 k_{opt} 和 v_{opt} 确定选中特征的阈值，并划分当前样本空间

19：在查找表中记录选中特征的阈值并将记录 id 和 I_l 返回给主动方

20：主动方执行

21：根据 I_1 对当前节点进行分割，并将当前节点与[参与方 id ,记录 id]关联

- 步骤 1 从主动方开始，首先计算 g_i 和 h_i，$i \in \{1,\cdots,N\}$，并使用加法同态加密对其进行加密。其中，N 为样本个数。主动方将加密的 g_i 和 h_i（$i \in \{1,\cdots,N\}$）发送给所有的被动方。
- 步骤 2 对于每个被动方，根据聚合梯度统计的方法，将当前节点样本空间中样本的特征映射至类中，并以此为基础将加密梯度统计信息聚合起来，将结果发送给主动方。
- 步骤 3 主动方对各被动方聚合的梯度信息进行解密，并根据前面所述的决策树的训练过程来确定全局最优分割，并将 k_{opt} 和 v_{opt} 返回给相应的被动方。
- 步骤 4 被动方根据从主动方发送的 k_{opt} 和 v_{opt} 确定特征的阈值，并对当前的样本空间进行划分。然后，该被动方在查找表中记录选中特征的阈值，形成记录［记录 id ,特征,阈值］，并将记录 id 和 I_1 返回给主动方。
- 步骤 5 主动方将会根据收到的[记录 id , I_1]对当前节点进行划分，并将当前节点与［参与方 id ,记录 id ］关联。主动方将当前节点的划分信息与所有被动方同步，并进入对下一节点的分割。
- 步骤 6 迭代步骤 2～5，直至达到训练停止条件。

当完成对当前决策树的构建时，可以计算每个叶子节点的最佳权值，根据需求继续构建其他决策树。

4．SecureBoost 的预测过程

下面将描述怎样使用已经训练好的模型（分散于各个参与方），对新的样本或未标注的样本进行分类。新样本的特征也分散于各个参与方中，并且不能对外公开。每个参与方知道自己的特征，但是对其他参与方的特征一无所知。因此，分类过程需要在隐私保护的协议下，由各参与方协调进行。分类过程从主动方的 root 节点开始。

- 步骤 1 主动方查询与当前节点相关联的［参与方 id ,记录 id ］记录。基于该记录，主动方向相应参与方发送待标注样本的 id 和记录 id ，并询问下一步的决策树搜索方向（向左子节点或向右子节点）。
- 步骤 2 被动方接收到待标注样本的 id 和记录 id 后，将待标注样本中相应特征的值与本地查找表中的记录［记录 id ,特征,阈值］中的阈值进行比较，得出下一步的决策树搜索方向，该被动方将搜索决定发往主动方。
- 步骤 3 主动方接收到被动方传来的搜索决定，前往相应的子节点。
- 步骤 4 迭代步骤 1～3，直至到达一个叶子节点，得到分类标签及该标签的权值。

重复上述过程，遍历所有的决策树，通过对从所有决策树得到的类标签进行加权求和，得到最终的类标签。

7.3.3 案例分析

在本案例中，使用纵向联邦算法实现同态加密。下面来了解一下什么是同态加密。以下公式就是我们要实现的同态加密版本

$$Sc = wx + e,\ x = \left[\frac{Sc}{w}\right] \tag{7-13}$$

首先介绍第一种加密方式，即对称加密。如果密钥 $\boldsymbol{S}$ 是一个单位矩阵，那么 c 不过是输入 $\boldsymbol{x}$ 的一个重加权的、略带噪声的版本。当 $\boldsymbol{S}$ 为单位矩阵时，相当于没有加密。当 $\boldsymbol{S}$ 为随机矩阵时，相当于有加密。加密时使用同一密钥。

第一种加密的程序如下：

```
import numpy as np
def generate_key(w,m,n):
    S = (np.random.rand(m,n) * w / (2 ** 16))
    return S
def encrypt(x,S,m,n,w):
    assert len(x) == len(S)
    e = (np.random.rand(m))
    c = np.linalg.inv(S).dot((w * x) + e)
    return c
def decrypt(c,S,w):
    return (S.dot(c) / w).astype('int')
x = np.array([0,1,2,5])
m = len(x)
n = m
w = 16
S = generate_key(w,m,n)
c = encrypt(x, S, m, n, w)
decrypt(c, S, w)
print(x+x)
print(x*10)
print(decrypt(c+c, S, w))
print(decrypt(c*10, S, w))
print(x*x)
print(decrypt(c*c, S, w))
```

运行以上程序，可以得到如图 7.8 所示的第一种加密方式的运行结果。

```
[ 0  2  4 10]
[ 0 10 20 50]
[ 0  2  4 10]
[ 0 10 20 50]
[ 0  1  4 25]
[1028715 1935282 1528754 3548083]
```

图 7.8　第一种加密方式的运行结果

下面介绍第二种加密方式，在这种加密方式中，其提出者没有显式地分配一对独立的“公钥”和“私钥”，相反，提出了一种“钥交换”技术，将私钥 $\boldsymbol{S}$ 替换为 $\boldsymbol{S'}$。更具体地，这一私钥交换技术涉及生成一个可以进行该变换的矩阵 $\boldsymbol{M}$。由于 $\boldsymbol{M}$ 可以将消息从未加密状态（单位矩阵密钥）转换为加密状态（随机而难以猜测的密钥），这个 $\boldsymbol{M}$ 矩阵正好可以用作我们的公钥。

基于案例分析起始的公式，如果密钥是一个单位矩阵，那么消息是未加密的；如果密钥是一个随机矩阵，那么消息是加密的。

构造一个矩阵 $\boldsymbol{M}$ 将一个密钥转换为另一个私钥，当矩阵 $\boldsymbol{M}$ 将单位矩阵转换为一个随机密钥时，根据定义，它使用单向加密方式加密了消息。

由于 $\boldsymbol{M}$ 充当了“单向加密”的角色，因此称它为“公钥”，并且可以像公钥一样分发它，因为它无法用于解密。

```
import numpy as np
def generate_key(w,m,n):
    S = (np.random.rand(m,n) * w / (2 ** 16))
    return S
def encrypt(x,S,m,n,w):
    assert len(x) == len(S)
    e = (np.random.rand(m))
    c = np.linalg.inv(S).dot((w * x) + e)
    return c
def decrypt(c,S,w):
    return (S.dot(c) / w).astype('int')
def get_c_star(c,m,l):
    c_star = np.zeros(l * m,dtype='int')
    for i in range(m):
        b = np.array(list(np.binary_repr(np.abs(c[i]))),dtype='int')
        if(c[i] < 0):
            b *= -1
        c_star[(i * l) + (l-len(b)): (i+1) * l] += b
    return c_star
def switch_key(c,S,m,n,T):
    l = int(np.ceil(np.log2(np.max(np.abs(c)))))
    c_star = get_c_star(c,m,l)
    S_star = get_S_star(S,m,n,l)
    n_prime = n + 1
    S_prime = np.concatenate((np.eye(m),T.T),0).T
    A = (np.random.rand(n_prime - m, n*l) * 10).astype('int')
    E = (1 * np.random.rand(S_star.shape[0],S_star.shape[1])).astype('int')
    M = np.concatenate(((S_star - T.dot(A) + E),A),0)
    c_prime = M.dot(c_star)
    return c_prime,S_prime
def get_S_star(S,m,n,l):
    S_star = list()
    for i in range(l):
        S_star.append(S*2**(l-i-1))
    S_star = np.array(S_star).transpose(1,2,0).reshape(m,n*l)
    return S_star
def get_T(n):
    n_prime = n + 1
    T = (10 * np.random.rand(n,n_prime - n)).astype('int')
    return T
def encrypt_via_switch(x,w,m,n,T):
    c,S = switch_key(x*w,np.eye(m),m,n,T)
    return c,S
x = np.array([0,1,3,5])
m = len(x)
n = m
```

```
w = 16
S = generate_key(w,m,n)
y = np.array([3,3,3,3])
m = len(y)
n = m
w = 16
S = generate_key(w,m,n)
print(x * 10)
print(x + y)
T = get_T(n)
cx,S = encrypt_via_switch(x,w,m,n,T)
print(cx)
cy,S = encrypt_via_switch(y,w,m,n,T)
print(cy)
print(decrypt(cx,S,w))
print(decrypt(cy,S,w))
decrypt(cx * 10,S,w)
decrypt(cx + cy,S,w)
```

运行以上程序，可以得到如图 7.9 所示的第二种加密方式的运行结果。

```
[ 0 10 30 50]
[3 4 6 8]
[-261.   16.  -68.  -65.   29.]
[-159.   48.  -44.  -67.   23.]
[0 1 3 5]
[3 3 3 3]
```

图 7.9　第二种加密方式的运行结果

将第一种加密方式与第二种加密方式的运行结果对比可以发现，不同的加密方式会导致不同的结果，而这正是联邦学习数据隐私性的一个重要功能。

总结

本章通过对联邦学习相关知识的介绍，以及对相关的联邦学习算法（包括联邦平均算法和纵向联邦学习算法）的原理讲解和案例实践，使得读者对于现今一些重要的联邦学习概念及联邦学习算法有了更加清晰的认识，也促使读者对于联邦学习算法的掌握进一步加深。

相信通过本章的学习，读者对联邦学习算法的理解和应用能更上一层楼。

习题

一、选择题

1．横向联邦学习是指（　　）。

A．样本重叠较少　　B．特征重叠较少

C．样本重叠较多　　D．特征重叠较多

2. 联邦学习包括（　　）两个过程。
   A. 模型训练
   B. 模型推理
   C. 模型预测
   D. 模型优化
3. 联邦学习可以分为（　　）。
   A. 横向联邦学习
   B. 纵向联邦学习
   C. 正向联邦学习
   D. 逆向联邦学习
4. 以下（　　）是联邦学习算法。
   A. 联邦平均算法
   B. FederatedSGD 算法
   C. 安全联邦线性回归算法
   D. 安全联邦提升树
5. 以下（　　）是联邦优化的特性。
   A. 数据集的非独立同分布
   B. 不平衡的数据量
   C. 数量很大的参与方
   D. 慢速且不稳定的通信连接
6. 以下（　　）是增加计算的方法。
   A. 增加并行度
   B. 增加每一个参与方的计算
   C. 改善硬件条件
   D. 优化算法
7. 以下（　　）是联邦学习的形式。
   A. 面向隐私保护的机器学习
   B. 面向隐私保护的深度学习
   C. 协作式机器学习
   D. 协作式深度学习
8. 以下（　　）是联邦学习的开源平台。
   A. FATE
   B. TFF
   C. TensorFlow-Encrypted
   D. coMind
9. FedAI 的特色包括（　　）。
   A. 开源技术
   B. 标准和指导方针
   C. 多方共识机制
   D. 垂直行业的应用
10. 以下（　　）是纵向联邦学习算法。
   A. 安全联邦提升树
   B. 加法同态加密算法
   C. 安全联邦线性回归
   D. 联邦平均算法

二、判断题

1. 联邦学习在保证数据隐私安全的前提下，利用不同数据源合作训练模型，进一步突破数据的瓶颈。（　　）
2. 联邦学习的核心思想就是当构建全局模型时，将各数据源整合在一起。（　　）
3. 联邦学习可以确保隐私保护和更高的模型性能。（　　）
4. 联邦学习可以支持 B2C 和 B2B 的应用。（　　）
5. 联邦学习旨在建立一个基于分布数据集的联邦学习模型。（　　）
6. 可以将联邦学习架构设计为对等网络（P2P）的方式。（　　）
7. 可以将随机梯度下降算法应用于联邦优化中。（　　）
8. 加法同态加密是一种半同态加密算法。（　　）
9. 安全联邦线性回归是一种横向联邦学习算法。（　　）
10. 联邦平均算法是一种纵向联邦学习算法。（　　）

三、简答题

1．请简要叙述联邦学习的概念和核心思想。
2．请简要叙述联邦学习的发展史。
3．联邦学习可以分为哪几类？各类又有什么特点？
4．什么是横向联邦学习？什么是纵向联邦学习？
5．请简要叙述联邦平均算法的原理和流程。
6．请简要叙述安全联邦提升树算法的基本原理。
7．横向联邦学习和纵向联邦学习的异同分别是什么？
8．横向联邦学习和纵向联邦学习的应用有什么不同？
9．请简要分析联邦学习的应用思想。
10．对于联邦学习来说，未来可能的具体发展方向有哪些？

第 8 章　因果学习

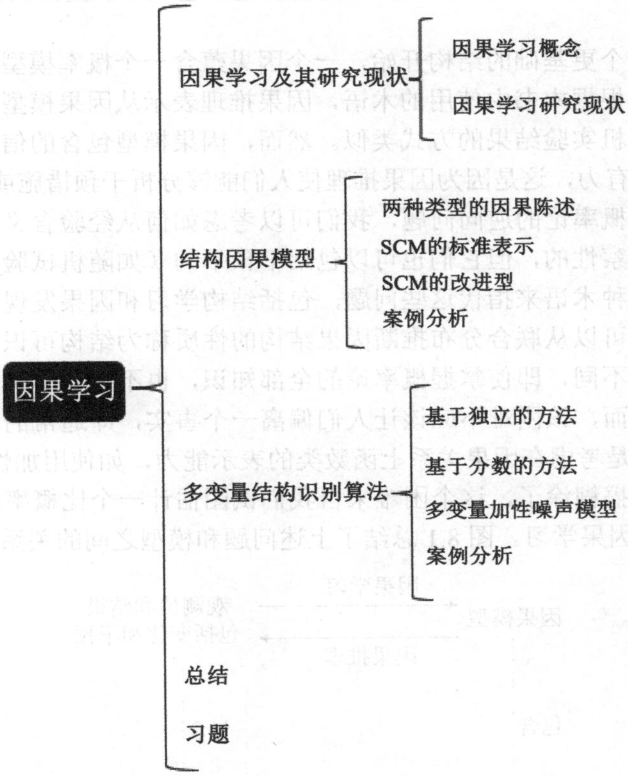

本章导读

本章主要介绍因果学习算法的理论和案例分析，首先介绍因果学习的概念，然后对因果学习的相关知识进行介绍。接着讲述了结构因果模型中的 SCM 算法，并对其原理和改进情况进行分析，同时进行编程实现。最后，讲述多变量结构识别算法，从理论讲解到编程实现对其进行分析。

本章要点

- 因果学习及其研究现状。
- 结构因果模型。
- 多变量结构识别算法。

8.1 因果学习及其研究现状

8.1.1 因果学习概念

因果模型从另一个更基础的结构开始，一个因果蕴含一个概率模型，但它包含了后者中未包含的其他信息。根据本书中使用的术语，因果推理表示从因果模型中得出结论的过程，与概率论允许推理随机实验结果的方式类似。然而，因果模型包含的信息多于概率模型，因果推理比概率推理更有力，这是因为因果推理使人们能够分析干预措施或分布变化的影响。

就像统计学习是概率论的逆向问题，我们可以考虑如何从经验含义中推断因果结构。经验含义可以是纯粹观察性的，但它们也可以包括干预下的（如随机试验）或分布变化下的数据。研究人员使用各种术语来指代这些问题，包括结构学习和因果发现。这里提到一个密切相关的问题，我们将可以从联合分布推断因果结构的性质称为结构可识别性。与上面描述的统计学习的标准问题不同，即使掌握概率论的全部知识，也不会使解决方案变得很容易，仍需要额外的假设。然而，该困难不应该让人们偏离一个事实，即通常的统计问题的病态性仍然存在（因此重要的是考虑在因果关系上函数类的表示能力，如使用加性噪声模型），只是人们被一个额外的困难搞糊涂了，这个困难来自我们试图估计一个比概率结构更丰富的结构。我们将整个问题称为因果学习。图 8.1 总结了上述问题和模型之间的关系。

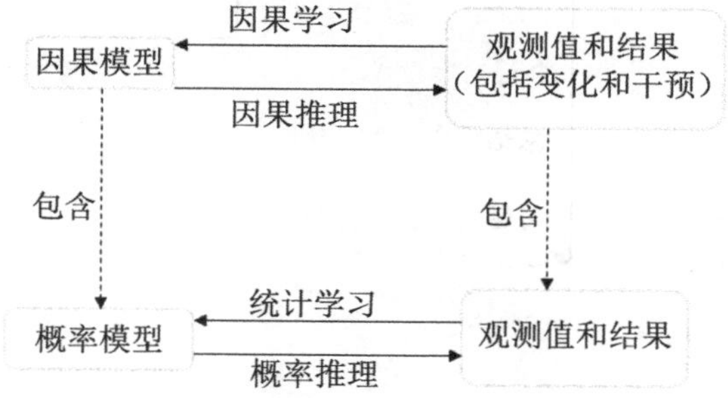

图 8.1 一些因果学习问题和模型之间的关系

为了从观测分布中学习因果结构，需要了解因果模型和统计模型是如何相互关联的。现在提供一个例子，一个众所周知的观点认为，相关并不意味着因果关系，换句话说，仅统计特性本身并不能确定因果结构。另一个不太为人所知的观点认为，人们可能会假设，尽管无法推断出具体的因果结构，但至少可以从统计依赖中推断出因果联系的存在。这是由 Reichenbach 首先提出的，Reichenbach 提出的因果见解示意图如图 8.2 所示。

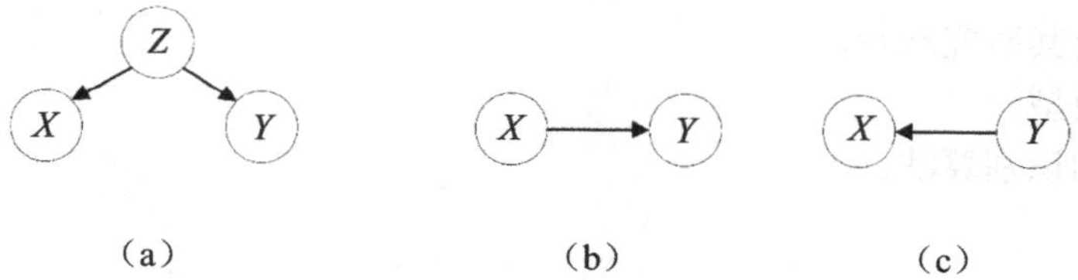

图 8.2 Reichenbach 提出的因果见解示意图

Reichenbach 的共同原则建立了统计特性与因果结构之间的联系：两个观测变量 X 和 Y 之间的统计相关性表明它们是由一个变量 Z 引起的，通常称为混淆器[见图 8.2（a）]。注意，Z 可能与 X 或 Y 重合，在这种情况下，该图可简化为图 8.2（b）或图 8.2（c）的形式。该原则还认为，以 Z 为条件，X 和 Y 在统计上是独立的。在图 8.2 中，用箭头表示直接因果关系。

Reichenbach 的共同原因原则认为，若两个随机变量 X 和 Y 统计相关，则存在第三个变量 Z 对两者都有因果影响（作为一种特殊情况，Z 可能与 X 或 Y 重合）。此外，变量 Z 可以屏蔽 X 和 Y，即在给定 Z 的情况下，X 和 Y 将变得相互独立。

实际上，Reichenbach 见解产生的原因也可能与共同原则中提到的原因不同。例如：①如果观测到的随机变量以其他变量为条件（通常含蓄地称为选择偏见），将回到产生原因与共同原因不同的这个问题上；②随机变量似乎只是相关的，如它们可能是对大量随机变量对的搜索过程结果，这些随机变量对是在没有多次测试更正的情况下运行的，在这种情况下，推断变量之间的相关性并不满足所需要的第 I 类差错控制；③类似地，两个随机变量都可以继承时间相关性并遵循简单的物理规律，如呈指数级增长，这些变量看起来好像是相互依赖的，但是因为违反了独立同分布的假设，所以没有适用标准独立性测试的理由。应特别注意，当随机变量之间“伪相关”时，应该牢记②和③。

8.1.2 因果学习研究现状

世上万事万物，有因就有果，有果必有因。事物为什么会发生，为什么会得到某种结果，都是通过论述事物的因果关系来完成的。然而，因果学习一直被视为机器学习理论中缺失的部分，除了“执果索因”的贝叶斯定理，很少有方法能对因果关系进行建模。目前，因果关系是一个极具吸引力的研究领域，其理论研究和应用试探才刚刚起步，许多概念性问题仍然存在争论。

因果学习是探讨利用数据确定因果关系、度量因果效应的方法。近年来，包括哲学、统计学、计算机科学、社会学、医学和公共卫生等领域的研究者对因果学习及其学习方法进行了广泛的探讨和研究。因果图模型提供了一种用概率图进行因果推理的框架。因为它能直观表示因果知识，有效地对因果效应进行概率推断，所以与它相关的方法成为统计学、机器学习、生物信息等领域的一个研究热点。然而，利用数据，特别是观察数据进行因果学习和推理的方法还不完善，大多基于实际数据的因果分析很难得到理想的效果。

随着因果学习的不断发展，一些因果学习算法也不断被提出，而结构因果模型和多变量结构识别算法作为因果学习发展中最重要的两个算法，对因果学习的发展至关重要。因此，在本章我们将介绍结构因果模型和多变量结构识别算法。

8.2 结构因果模型

8.2.1 两种类型的因果陈述

本小节将对只包含两个变量的因果模型中涉及的一些基本概念进行形式化。假设这两个变量是非平凡相关的，并且它们的相关性不是仅由一个共同的原因引起的，这就构成了一个原因-效果模型。这里简要介绍结构因果模型、干预和反事实。这些概念都将在多元因果模型的背景下被重新定义，这里我们先从两个变量开始，这样更容易入手。

结构因果模型（SCM）是联系因果和概率表述的重要工具。下面首先给出定义。

定义 8.1（SCM）一个 C 和一个 E 所表示的 SCM 中包含两个赋值

$$C = N_C \tag{8-1}$$

$$E = f_E\left(C, N_E\right) \tag{8-2}$$

其中，$N_E \perp N_C$，即 N_C 与 N_E 相互独立。

在上述模型中，称随机变量 C 为原因变量，E 为效果变量。此外，将 C 称为 E 的直接原因，将 $C \to E$ 称作因果图。当讨论干预时，这个表示法比较清晰并符合读者的直觉。

如果同时给定函数 f_E 和噪声分布 P_{N_C} 和 P_{N_E}，可以按照以下方式从这种模型中采样数据：对噪声 N_C 与 N_E 进行采样，依次估算 C 和 E 的值。因此，SCM 引入了一个关于 C 和 E 的联合分布 $P_{C,E}$。

1．干预

人们通常对主动干预下的系统行为感兴趣。干预系统会引起另一种不同于观测分布的分布。如果任何类型的干预都可能导致系统的任意更改，那么这两个分布就变得无关了，可以将它们看作两个独立的系统，而不是共同研究这两个系统。这就激发了一种想法，即在干预后，只有部分数据生成过程发生变化。例如，我们可能对变量 E 的值被设置为 4（不考虑 C 的值）而不改变产生 C 的机制的情况感兴趣，这称为（硬）干预，用 do(E=4)来表示。修改后的结构因果模型蕴含一个 C 的分布，后者明确表示结构因果模型 C 是出发点。但是，此操作可以更通用。例如，通过干预保持对 C 的函数依赖，但改变了噪声分布，这是一个软干预的例子，可以替换两个方程[式（8-1）和式（8-2）]中的任何一个。

下面的示例说明了“原因”和“效果”的命名。

定义 8.2（原因-效果干预）假设分布 $P_{C,E}$ 由 SCM 蕴含

$$C = N_C \tag{8-3}$$

$$E = 4C + N_E \tag{8-4}$$

其中，$N_C, N_E \sim N\left(0,1\right)$，并且因果图为 $C \to E$，则

$$\begin{aligned} P_E^C &= N\left(0,17\right) \neq N\left(8,1\right) = P_E^{C;\mathrm{do}(C=2)} = P_{E|\ C=2}^C \\ &\neq N\left(12,1\right) = P_E^{C;\mathrm{do}(C=3)} = P_{E|\ C=3}^C \end{aligned} \tag{8-5}$$

干预 C 改变了 E 的分布。但另一方面

$$P_C^{C;\mathrm{do}(E=2)} = N\left(0,1\right) = P_C^C = P_C^{C;\mathrm{do}(E=314159265)} \left(\neq P_{C|\ E=2}^C\right) \tag{8-6}$$

无论干预 E 的程度如何，C 的分布还是以前的样子。这种模式很好地对应了 C 引起 E 的改变。例如，无论某人的牙齿多么白皙，这对这个人的吸烟习惯都没有任何影响。重要的是，当给定 E=2 时，C 的条件分布不等于干预 E 将其设为 2 时 C 的条件分布。

原因与结果之间的不对称性也可以形式化为独立性表述：当用 $E=\bar{N}_E$（考虑随机化 E）替换赋值时，C 和 E 之间的相关性被打破。在下式

$$P_{C,E}^{C;\mathrm{do}\left(E=\tilde{N}_E\right)} \tag{8-7}$$

中可以发现 $C \perp E$。当随机化 C 时，这种独立性不成立。只要 var[$\tilde{N}_E$]≠0，就可以发现在下式中，$C \perp E$，C 和 E 之间的相关性保持非零

$$P_{C,E}^{C;\mathrm{do}\left(C=\tilde{N}_C\right)} \tag{8-8}$$

SCM 的具体代码如下：

```
set.seed(1)
#由 SCM 所产生的分布生成一个样本
c<- rnorm(300)
C(mean (E), var(E))
#[1] 0.1236532 16.1386767
#由于预分布 do(C= 2)产生一个样本
#这将改变 E 的分布
c<(mean(E), var(E))
#[1] .936917 1.187035
#由于预分布 do(E:=N)产生一个样本
#这将打破 C 与 E 之间的独立性
C<- rnorm(300)
E<- rnorm(300)
cor.test (C, E) $p.value
#[1] 0.2114492
```

2. 反事实

结构因果模型的修改之一就是改变了结构因果模型中的所有噪声分布。这种变化可以由观测值引起，并能够回答反事实的问题。为了说明这一点，设想以下场景。

我们举一个简单的例子，有一种相当有效的治疗眼部疾病的方法，对 99%的患者有效，患者痊愈（B=0）；如果不进行治疗，这些患者会在一天内失明（B=1）。对于剩余的 1%的患者，治疗效果相反，他们会在一天内失明（B=1）；如果不治疗，他们会恢复正常视力（B=0）。

患者属于哪一类是由一种罕见情况（$N_B=1$）控制的，而这种情况医生并不知道，因此医生决定是否给予治疗（T=1）与 N_B 无关。把它写成一个噪声变量 N_T。

假定基础的 SCM 为

$$\mathrm{SCM}: \quad \begin{aligned} T &= N_T \\ B &= T \cdot N_B + \left(1-T\right) \cdot \left(1-N_B\right) \end{aligned} \tag{8-9}$$

其中，N_B 服从伯努利分布，$N_B \sim \mathrm{Ber}\left(0.01\right)$。注意，相应的因果图为 $T \rightarrow B$。

现在想象一个视力不好的病人来到医院，在医生治疗（T=1）后失明（B=1）。现在可以问一个反事实的问题："如果医生执行治疗（T=0），会发生什么？"令人惊讶的是，这是可以回答的。B=T=1 意味着式（8-9）对于给定的患者，有 $N_B=1$，这反过来又让人们计算 do（T=0）的效果。

为此，首先在观测条件下更新噪声变量的分布。如上所述，在 B=T=1 的条件下，N_B 和 N_T 的分布在 1 上缩减为质点，即 δ_1。这将产生了一个修订版的 SCM

$$\mathrm{SCM}|\ B=1, T=1: \quad \begin{aligned} T &= 1 \\ B &= T \cdot 1 + \left(1-T\right) \cdot \left(1-1\right) = T \end{aligned} \tag{8-10}$$

注意，这里只是更新噪声分布；条件不会改变赋值式本身的结构。这个想法是物理机制是不变的（在上述例子中，表示是什么导致了治愈和失明），但是我们已经收集了关于给定患者以前未知的噪声变量的知识。

接下来，计算 do(T=0)对该患者的影响

$$\text{SCM}|\ B=1,T=1;\text{do}(T=0):\quad \begin{aligned} T &= 0 \\ B &= T \end{aligned} \tag{8-11}$$

显然，所限定的分布将所有的质量都集中在(0,0)上，因此

$$P^{\text{SCM}|\ B=1,T=1;\text{do}(T=0)}(B=0)=1 \tag{8-12}$$

这意味着，如果医生没有给他治疗，换句话说，如果 do(T=0)，那么患者将因此得到治愈（B=0）。因为

$$\begin{aligned} P^{\text{SCM};\text{do}(T=1)}(B=0) &= 0.99 \\ P^{\text{SCM};\text{do}(T=0)}(B=0) &= 0.01 \end{aligned} \tag{8-13}$$

所以仍然可以认为医生的行为是最佳的（根据现有的知识）。

有趣的是，上面的例子表明，可以使用反事实的陈述来证伪潜在因果模型：假设这种罕见的 N_B 条件可以被测试，但是测试结果需要一天以上的时间。在这种情况下，可能会观察到与 N_B 的测量结果相矛盾的反事实陈述。一些研究者持有同样的观点。由于反事实的科学内容已经被广泛讨论，应该强调的是，这里的反事实陈述是可证伪的，因为噪声变量在原则上不是不可观测的，但只有在需要医生做出决定时，反事实陈述是不可证伪的。

8.2.2 SCM 的标准表示

现在已经讨论了两种类型的因果陈述，都是由 SCM 蕴含的：第一，系统在潜在干预下的行为；第二，反事实陈述。为了进一步理解反事实陈述与干预陈述之间的区别，我们引入了以下关于 SCM 的“标准表示”。根据结构赋值

$$E=f_E(C,N_E) \tag{8-14}$$

对于噪声 N_E 的每个固定值 n_E，E 是 C 的确定性函数

$$E=f_E(C,n_E) \tag{8-15}$$

换句话说，如果 C 和 E 分别在 C 和 E 中取值，那么噪声 N_E 在从 C 到 E 的不同函数之间切换。不失一般性，因此可以假设 N_E 在从 C 到 E 的函数集合中取值，表示为 ϵ^C。使用这个约定，也可以将上式写为

$$E=n_E(C) \tag{8-16}$$

并将其称为关联 C 和 E 的结构方程的标准表示。

现在让我们解释为什么两个标准表示不同的 SCM 可以引入相同的干预概率，尽管它们的反事实陈述仍然不同。现在把注意力集中在 C 从有限集合 C=｛1,⋯,k｝中获得值的情况。然后从 C 到 E 的函数集由 k 折叠笛卡儿乘积给出

$$E^k := \underbrace{E\times\cdots\times E}_{k\text{ 次}} \tag{8-17}$$

注意，两个形式化不同的 SCM 不仅可以产生相同的干预分布，也可以产生相同的反事实陈述。给定赋值表达式

$$E = f_E(C, N_E) \tag{8-18}$$

N_E 的重新参数化显然是无关的。确切地说，对于某个定义在低取值范围上的 E，我们可以重新定义噪声变量，从而可以得到重新参数化函数，可表示为

$$E = \tilde{f}_E(C, \tilde{N}_E) = f_E\left[C, g^{-1}(\tilde{N}_E)\right] \tag{8-19}$$

使用标准表示公式，我们摆脱了这种额外的自由度，这种自由度可能会混淆上面关于反事实的讨论。

在前面的内容中，我们介绍了 SCM，其中，结果 E 是通过函数赋值从原因 C 计算出来的。人们可能会想，单看 C 和 E 的联合概率分布，这种数据生成过程（也就是说，E 是由 C 计算得到的，但反过来不成立）的不对称性是否会变得明显？也就是说，两个变量 X、Y 的联合分布 $P_{X,Y}$ 是否告诉人们它是由 SCM 从 X 到 Y 还是从 Y 到 X 产生的？换言之，该结构是否可以从联合分布中被识别出来？下面的已知结果表明，如果考虑到一般的 SCM，那么答案是“不”。

定义 8.3（图结构的唯一性）对于两个实值变量的每个联合分布 $P_{X,Y}$，有一个结构因果模型

$$Y = f_Y(X, N_Y),\ X \perp N_Y \tag{8-20}$$

其中，f_Y 是一个可测量函数；N_Y 是一个实值噪声变量。

该定义既适用于 X=C 和 Y=E 的情况，也适用于 X=E 和 Y=C 的情况，因此每个联合分布 $P_{X,Y}$ 在两个方向上都允许 SCM。正因为如此，人们通常认为仅仅从被动的观察中无法推断出两个观测变量之间的因果方向。这个论断符合一个框架，在这个框架中，因果推断只是基于（条件的）统计独立。因此，因果结构 X-Y 和 Y-X 是不可区分的。对于两个变量，唯一可能使得两者独立的条件将以空集形式出现，这不会使 X 和 Y 独立，除非因果影响是非泛型的。最近，这种观点受到了一些方法的挑战，这些方法也使用关于联合分布的信息，而不是条件独立。这些方法依赖对概率分布和因果关系之间的额外假设。

8.2.3 SCM 的改进型

1. 非高斯加性噪声的线性模型

虽然有高斯噪声的线性结构方程得到了广泛研究，但是最近人们观察到非线性高斯无环模型为因果推断提供了新的方法。特别地，从观测数据中发现是 X 引起 Y 还是 Y 引起 X 就变得可行了。假设结果 E 是原因 C 的线性函数加上加性噪声项

$$E = \alpha C + N_E,\ N_E \perp C \tag{8-21}$$

其中，$\alpha \in R$。

定义 8.4（非线性高斯模型的可识别性）假设 $P_{X,Y}$ 满足线性模型

$$Y = \alpha X + N_Y,\ N_Y \perp X \tag{8-22}$$

其中，X、Y 和 N_Y 是连续随机变量，则存在 $\beta \in R$ 和一个随机变量 N_X 满足

$$X = \beta Y + N_X,\ N_X \perp Y \tag{8-23}$$

当且仅当 N_Y 和 X 是高斯分布时，式（8-23）成立。

因此，如果 C 或 N_E 非高斯分布，就足以确定因果方向，如图 8.3 所示。

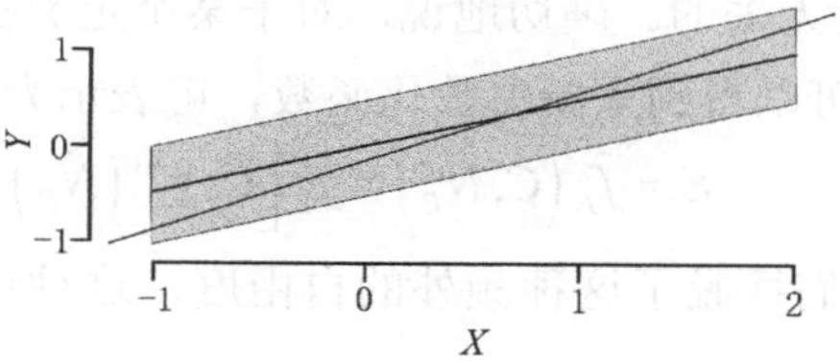

图 8.3 一个可识别示例中的 X 和 Y 的联合密度

下面更加详细地介绍这个结果是如何证明的。定义 8.5 是 Shimizu 等人引入的模型类 LiNGAM 的二元情况，他们用独立成分分析证明了定义 8.4 的多元版本。独立成分分析的证明是基于高斯分布的特性进行的，这是由 Skitovic 和 Darmois 独立证明的，内容如下。

定义 8.5（Darmois-Skitovic）令 $X_1,\cdots,X_d$ 是独立的非退化随机变量。如果存在非零系数 $a_1,\cdots,a_d$ 和 $b_1,\cdots b_d$（对所有 i，$a_i \neq 0 \neq b_i$）使得两个线性组合是独立的，那么每个 X_i 服从正态分布

$$\begin{aligned} l_1 &= a_1X_1 + \cdots + a_dX_d \\ l_2 &= b_1X_1 + \cdots + b_dX_d \end{aligned} \tag{8-24}$$

上述结果证明，定义 8.4 所述的二元版本是 Darmois-Skitovic 定理的一个简短而直接的推论。此外，还可以证明双变量 SCM 的可识别性可以推广到多变量 SCM 的可识别性上。由此，LiNGAM 的多变量可识别性从定义 8.4 开始推广。

带有非高斯加性噪声的线性模型也可以应用于一个从机器学习的角度听起来很不寻常的问题，但从理论物理学的角度来看，这是一个有趣的问题：由数据估算时间。Peters 等人表明，当噪声变量服从正态分布时，自回归模型是时间可逆的。为了探索经验时间序列的不对称，他们通过拟合两个自回归模型来推断时间方向：一个从过去到未来；另一个从未来到过去。在他们的实验中，前一个方向的噪声变量确实比反向时间方向的噪声变量更加独立。Bauer 等人将这一思想扩展到多元时间序列。Janzing 将这种观察到的不对称性与热力学的时间箭头联系起来，这表明本节中讨论的因果之间的不对称也与统计物理学的基本问题有关。

2. 非线性加性噪声模型

现在描述的是加性噪声模型（ANM），这是 SCM 类的一个不那么极端的限制，这种结构因果模型仍然强大到足以使 SCM 推断可行。

首先，给出定义。

定义 8.6（ANM）联合分布 $P_{X,Y}$ 允许一个从 X 到 Y 的 ANM，如果有一个可测量的函数 f_Y 和一个噪声变量 N_Y 满足

$$Y = f_Y(X) + N_Y,\ N_Y \perp X \tag{8-25}$$

通过重载术语，可以说如果上式成立，那么 $P_{Y|X}$ 允许 ANM。

定义 8.7 表明了“一般性”，一个分布不能同时满足两个方向上的 ANM。

定义 8.7（ANM 的可识别性）如果 N_Y 和 X 有严格的正密度 P_{N_Y} 和 P_X，并且 f_Y、P_{N_Y} 和

P_X 是三阶可微的，那么称 ANM 平滑。

假设 $P_{Y|X}$ 允许一个从 X 到 Y 的平滑 ANM，并且存在一个这样的 $y \in R$ 满足方程

$$\left(\log p_{N_Y}\right)''\left(y - f_Y(x)\right) f_Y'(x) \neq 0 \tag{8-26}$$

对多数的 x 值而言，得到的联合分布 $P_{X,Y}$ 与从 Y 到 X 的平滑 ANM 的对数密度 $\log P_X$ 的集合被认为是包含在一个三维仿射空间中的。

定义 8.7 陈述了“泛型”情况下的可识别性，其中“泛型”是以复杂的条件及三维子空间为特征的。对于 P_X 和 P_{N_Y} 为高斯分布的情况，有一个简单得多的定义语句，它表示只有线性函数 f 产生的分布允许反向加性噪声模型。

为了将定义 8.7 与因果语义联系起来，首先假设事先知道因果的联合分布 $P_{X,Y}$ 允许一个从 C 到 E 的 ANM，但不知道是否 X=C 和 Y=E，反之亦然。定义 8.7 说明一般来说，从 E 到 C 不会有 ANM，因此可以很容易地确定哪个变量是导致 C 的原因。

然而，通常情况下，条件分布 $P_{E|C}$ 在本质上并没有受到如此严格的限制，以至于它们必须允许一个 ANM。但是 P_C 和 $P_{E|C}$ 是否有可能导致一个联合分布 $P_{C,E}$ 允许 ANM 从 E 到 C（在这种情况下，会推断出错误的因果方向）？如果 P_C 和 $P_{E,C}$ 是独立选择的，那么这是不可能的。

3. 离散加性噪声模型

加性噪声不仅可以定义为实值变量，也可以定义为在环中获得值的任何变量。Peters 等人为环 Z 和 Z/mZ 引入了 ANM，也就是引入了整数集和 $m \in Z$ 模的整数集。在后一个环中，通过除以 m 来确定余数相同的数。例如，整数 132 和 4 都在除以 8 后有余数（4），写成 132＝4 mod 8。当一个域继承一个循环结构时，这种模算法可能是合适的。例如，如果考虑一年中的一天，可能希望 12 月 31 日和 1 月 1 日与 8 月 25 日和 8 月 26 日有同样的距离。

在连续情况下可以证明，在一般情况下，一个联合分布最多允许一个 ANM 在一个方向上。下面的结果考虑了环 Z 的例子。

定义 8.8（离散 ANM 的可识别性）假设一个分布 $P_{X,Y}$ 允许一个从 X 到 Y 的 ANM，$Y = f(X) + N_Y$，或者 X 或 Y 有有限的支持。当且仅当存在不相交分解时，$P_{X,Y}$ 允许一个从 Y 到 X 的 ANM，以便满足下面的条件。

（1）C_i 为彼此的移位版本

$$\forall i \exists d_i \geqslant 0 : C_i = C_0 + d_i \tag{8-27}$$

（2）对 C_i 和 s 上的概率分布进行平移和缩放，平移常数与上面相同：对于 $x \in C_i$，$P(X = x)$ 满足

$$P(X = x) = P(X = x - d_i) \cdot \frac{P(X \in C_i)}{P(X \in C_0)} \tag{8-28}$$

（3）集合 $c_i + \text{supp}N_Y := \{c_i + h : P(N_Y = h) > 0\}$ 是不相交的。

通过对称性来看，对于 Y 的支持也存在着不相交的分解，图 8.4 所示为在两个方向中允许 ANM 的示例。

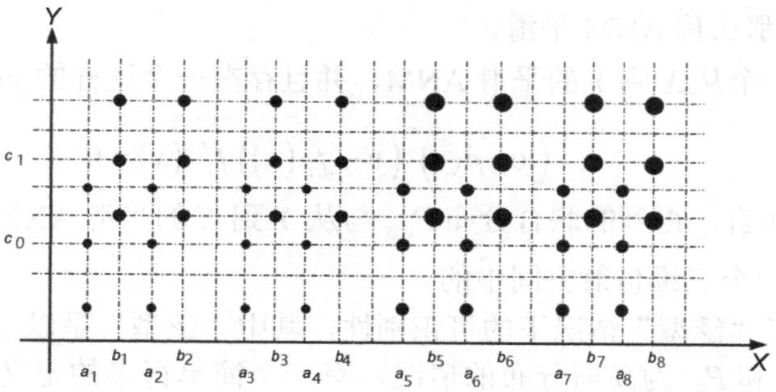

图 8.4 在两个方向中允许 ANM 的示例

对于离散的 ANM 也有相似的结果。然而，均匀噪声分布起着特殊的作用：$Y=f(X)+N_Y \bmod m$ 加上一个均匀分布在$\{0,\cdots,m-1\}$上的噪声变量会导致独立的 X 和 Y，因此也允许从 Y 到 X 的 ANM。

一个离散的 ANM 对底层处理施加了强大的假设，这些假设在实践中经常被违反。与连续情况一样，如果处理允许在一个方向上有一个离散的 ANM，那么推断这个方向为因果关系是合理的。

4．后非线性模型

首先给出后非线性模型的定义。

定义 8.9（后非线性模型）如果存在函数 f_Y、g_Y 和一个噪声变量 N_Y 满足下式，则分布 $P_{X,Y}$ 被认为是一个后非线性模型

$$Y=g_Y\left(f_Y(X)+N_Y\right),\ N_Y \perp X \tag{8-29}$$

其中，⊥ 表示独立。从本质上看，除了一些罕见的非泛型情况，后非线性模型最多只存在一个方向。

后非线性模型的可识别性：$P_{X,Y}$ 表示一个从 X 到 Y 的后非线性模型，如上式所示，p_X、f_Y 和 g_Y 是三阶可微的。只有当 p_X、f_Y 和 g_Y 相互调整，使得它们满足描述的微分方程时，$P_{X,Y}$ 才表示一个从 Y 到 X 的后非线性模型。

8.2.4 案例分析

本节介绍如何使用 SCM 对实际数据进行推断分析。

首先，我们有一些数据记录在 data.csv 文件中，这个文件中的数据如下。

（1）X1,X2,X3 为协变量（也称控制变量）。

（2）Y 为因变量。

（3）istreatment 处置变量 D，标注每条数据隶属于 treatment 或 control 组。1 表示 treatment，0 表示 control。

读取数据的程序如下：

```
import pandas as pd
df = pd.read_csv('data.csv')
```

```
print(df)
```

运行程序，可以得到如表 8.1 所示的数据描述。

表 8.1　数据描述

	Y	实际值	X1	X2	X3
0	4.636388	1	−0.355052	0.441348	0.908629
1	−1.965486	0	−0.819260	−0.712998	0.037563
2	0.581781	0	1.391339	−0.017292	−0.804188
3	−2.067287	0	−0.831021	0.497860	0.349555
4	9.546829	1	1.682321	0.608986	0.937725
…	…	…	…	…	…
4995	5.229174	1	0.177594	0.565183	0.159337
4996	2.842308	1	0.549753	−0.912549	0.046224
4997	6.659550	1	1.359027	1.181659	−1.893093
4998	1.016941	0	−2.103881	0.543803	0.962677
4999	3.323807	1	1.627608	−0.923482	0.194445

从表 8.1 中可以看出，该数据有 5000 行、5 列，即该数据是包含 5000 组、3 个自变量和 2 个因变量的数据整体。

由于因果学习集中有专门的学习包，因此我们只需要调用继承好的学习包就可以了，下面对数据进行描述性统计分析，具体程序如下：

```
from causalinference import CausalModel
Y = df['Y'].values
D = df['istreatment'].values
X = df[['X1', 'X2', 'X3']].values
causal = CausalModel(Y, D, X)
print(causal.summary_stats)
```

运行程序，会得到如图 8.5 所示的算法描述统计分析结果。

```
Summary Statistics
                      Controls (N_c=2509)        Treated (N_t=2491)
       Variable         Mean         S.d.         Mean         S.d.     Raw-diff
--------------------------------------------------------------------------------
              Y       -1.012        1.742        4.978        3.068        5.989
                      Controls (N_c=2509)        Treated (N_t=2491)
       Variable         Mean         S.d.         Mean         S.d.     Nor-diff
--------------------------------------------------------------------------------
             X0       -0.343        0.940        0.336        0.961        0.714
             X1       -0.347        0.936        0.345        0.958        0.730
             X2       -0.313        0.940        0.306        0.963        0.650
```

图 8.5　算法描述统计分析结果

接着，我们需要使用 OLS 估计处置效应，因为对于处置效应而言，OLS 是最简单的方法。OLS 方法的公式化示意为

$$Y_i = \alpha + \beta D_i + \gamma'\left(X_i - \bar{X}\right) + \delta' D_i\left(X_i - \bar{X}\right) + \varepsilon_i \tag{8-30}$$

而对于 OLS 方法而言，有一个参数 adj。

（1）adj=0，模型未使用 X（协变量）。

（2）adj=1，模型使用了 D（是否为处置组）和 X（协变量）。

（3）adj=2，模型使用了 D（是否为处置组）、X（协变量），并且 D 与 X 的交互。

（4）一般情况下，adj 默认为 2。

接着写入以下程序：

```
causal.est_via_ols(adj=2)
print(causal.estimates)
```

运行程序，会得到如图 8.6 所示的应用 OLS 方法的结果。

```
Treatment Effect Estimates: OLS
                    Est.       S.e.        z       P>|z|      [95% Conf. int.]
--------------------------------------------------------------------------------
        ATE        3.017      0.034     88.740      0.000      2.950      3.083
        ATC        2.031      0.040     51.183      0.000      1.953      2.108
        ATT        4.010      0.039    103.964      0.000      3.934      4.086
```

图 8.6　应用 OLS 方法的结果

对于图 8.6 中的参数，解读如下。

（1）ATE，平均处置效应。

（2）ATC，控制组的平均处置效应。

（3）ATT，处置组的平均处置效应。

下面，我们进行倾向得分估计。

估计处置效应时，很希望处置组和控制组类似。例如，当研究受教育水平对个人收入的影响时，其他变量（如家庭背景、年龄、地区等协变量）存在差异，我们希望控制组和处置组之间的协变量的平衡性尽可能好，这样两个组就会很像，当对这两个组的受教育水平进行操作时，可以认为这两个组的收入差异是由受教育水平导致的。

接着写入倾向得分估计的程序，具体如下所示：

```
causal.eat_propensity_s()
print(causal.propensity)
```

运行程序，会得到如图 8.7 所示的倾向得分估计结果。

```
Estimated Parameters of Propensity Score
                    Coef.       S.e.          z       P>|z|      [95% Conf. int.]
--------------------------------------------------------------------------------
     Intercept      0.005      0.035      0.145      0.885     -0.063      0.073
            X1      0.999      0.041     24.495      0.000      0.919      1.079
            X0      1.000      0.041     24.543      0.000      0.920      1.080
            X2      0.933      0.040     23.181      0.000      0.855      1.012
```

图 8.7　倾向得分估计结果

在进行倾向得分估计时，应让两个组尽量相似，但实际上相似值的范围有些大。例如，假设受教育水平对个人收入有影响，身高、体重等颜值信息（协变量）其实对收入也是有影响的，那么就应该对人群进行分层，以估计不同颜值水平（分组）下受教育水平对个人收入的影响。

分层方法估计函数为 CausalModel.stratify_s()，之后输出协变量。

接着写入以下程序：

```
causal.stratify_s()
print(causal.strata)
```

运行程序，会得到如图 8.8 所示的分层方法估计处置效应结果。

Stratification Summary

Stratum	Propensity Score Min.	Propensity Score Max.	Sample Size Controls	Sample Size Treated	Ave. Propensity Controls	Ave. Propensity Treated	Outcome Raw-diff
1	0.001	0.043	153	5	0.024	0.029	-0.049
2	0.043	0.069	148	8	0.056	0.059	0.142
3	0.070	0.118	283	29	0.093	0.092	0.953
4	0.119	0.178	268	45	0.147	0.147	1.154
5	0.178	0.240	247	65	0.208	0.210	1.728
6	0.240	0.361	451	174	0.299	0.300	2.093
7	0.361	0.427	196	117	0.393	0.395	2.406
8	0.427	0.499	153	159	0.465	0.464	2.868
9	0.499	0.532	82	75	0.515	0.515	2.973
10	0.532	0.568	65	91	0.551	0.553	3.259
11	0.568	0.630	114	198	0.600	0.601	3.456
12	0.630	0.758	180	445	0.693	0.696	3.918
13	0.758	0.818	77	236	0.787	0.789	4.503

图 8.8　分层方法估计处置效应结果

通过本案例，我们成功地估计了数据中自变量（或称协变量）与结果变量之间的因果关系，通过应用因果学习算法，能够更容易地了解数据之间的因果关系，从而得出更有利于因果推断的数据。

8.3　多变量结构识别算法

通过 8.2 节的学习，我们认识了结构因果模型。本节的目的是展示如何利用一些因果学习算法对多变量结构进行识别推理。两种识别因果结构的方法如图 8.9 所示，这里提供了方法概述，并试图将重点放在方法的具体内容上。有大量的方法，我们相信未来的研究需要证明哪些方法在实践中是最有用的。不过，这里试图强调一些方法的潜在问题和最关键的假设。虽然一些论文研究了所提出方法的一致性，但这里忽略大部分这样的结果，仅提供一些想法。

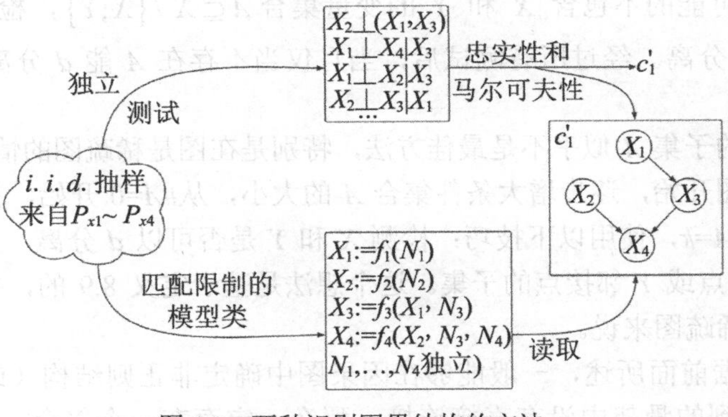

图 8.9　两种识别因果结构的方法。

如图 8.9 所示，我们展示了两种识别因果结构的方法。包括基于独立的方法测试数据中的条件独立，这些性质通过马尔可夫性和忠实性与因果图关联。通常，因果图并不是唯一可识别的，因此该方法可以输出不同的因果图。或者，可以限制模型类，直接匹配多变量 SCM。

在提供关于现有方法的更多细节之前，先增加两个注释：①虽然有几个模拟研究可以利用，一个很少受到关注的主题是损失函数的问题：给定真正潜在的因果结构，如何评价一个估计的因果图的好坏？在实践中，人们经常使用汉明距离来评价因果图的好坏，它计算错误边的数量。作为替代，Peters 和 Bii-hlmann 建议基于其预测干预分布的能力来评估图。②下面提供的一些方法假设结构赋值和相应的函数 f_j 是简单的。通常，这些方法不仅提供对因果结构的估计，也提供了对赋值的估计，这些通常也可以用来计算残差。原则上，在这个模型下，可以应用相互独立性测试的方法来测试噪声变量是否独立。

8.3.1 基于独立的方法

基于独立的方法（如归纳因果（IC）算法、SGS 算法和 PC 算法）假设分布对潜在的有向无环图（DAG）是忠实的。这使得马尔可夫等价类，也就是相应的 CPDAG（完全部分有向无环图）可识别。在图 8.9 中，d 分离和 P_X 中的条件独立之间存在一一对应关系。因此，任何对 d 分离论述的询问都可以通过检查相应的条件独立性测试来回答。假设优化了关于条件独立问题的正确答案，在“条件独立性测试”段落中讨论了一些有限的样本问题。

大多数基于独立性的方法应首先估计骨架，也就是无向边，然后尽可能多地确定边的方向。对于骨架搜索，下面的定义是非常有效的。

定义 8.9 假设以下两个陈述成立：

（1）在 DAG(X,E)中的两个节点，当且仅当它们不能被任何一个子集 $S \subseteq V\{X,Y\}$ d 分离时，它们是相邻的。

（2）若在 DAG(X,E)中的两个节点 X、Y 不相邻，则它们由 PA_X 或 PA_Y d 分离。

根据定义 8.9，如果两个变量总是相互依赖，不管它们是否以其他变量为条件，那么这两个变量必须是相邻的。IC 算法和 SGS 算法用到了这一结果。对于任意一对节点（X,Y)，这些方法搜索所有可能的不包含 X 和 Y 的变量集合 $A \subseteq X/\{X,Y\}$，检查在给定 A 的前提下，X 和 Y 是否 d 分离。经过所有测试后，当且仅当不存在 A 能 d 分离 X 和 Y 的时候，X 和 Y 是相邻的。

搜索所有可能的子集 A 似乎不是最佳方法，特别是在图是稀疏图的情况下。PC 算法从一个完全连通的无向图开始，逐步增大条件集合 A 的大小，从$\#A$=0 开始。在迭代 k 中，它考虑集合 A，其大小为$\#A$=k，使用以下技巧：检测 X 和 Y 是否可以 d 分离，只需要通过集合 A。这里 A 是 X 的邻接点或 Y 邻接点的子集。这个想法是基于定义 8.9 的，并且明显缩短了计算时间，特别是对于稀疏图来说。

边的方向。根据前面所述，一般能够在因果图中确定非正则结构（或 v 结构）的方向。如果两个节点在得到的骨架中没有直接连接，那么一定存在一个集合，可以 d 分离这些节点。假设骨架中包含 X-Z-Y 的结构，X 和 Y 之间没有直接连接的边，那么进一步可知，集合 A 能够 d 分离 X 和 Y。结构 X-Z-Y 是一个非正则结构，因此，当且仅当 $Z \notin A$ 时，其方向为 $X \to Z \leftarrow Y$。在确定非正则结构的方向后，可以为边标定方向，以避免出现环。有一套这样的标定方向的规则已经被证明是完备的，并被称为 Meek 方向规则。

可满足性方法。描述因果图的一种替代方案是将因果学习作为可满足性（SAT）问题。首先，将图关系形式化为布尔变量，如 A=“存在从 X 到 Y 的直接连接边”。然后，像 d 分离陈述的一样，非平凡部分将独立性语句转化为包含布尔变量和操作“and”与“or”的公式（仍假定它们由一个独立性先知提供）。然后，SAT 问题询问是否能为每个布尔变量赋值“true”或“false”，使整个公式为真或假。SAT 求解器不仅检查是否属于这种情况，而且向人们提供是否使整个公式都为真的赋值信息，某些变量总是被分配给相同的值。例如，d 分离陈述可以被对应不同赋值的不同图结构满足，但是如果在所有这样的赋值中，来自上面的布尔变量 A 都取值“真”，那么可以推断在潜在图中，X 必须是 Y 的一个父节点。尽管已知布尔 SAT 问题是一种非确定性问题，有启发式算法可以解决涉及数百万个变量的大问题的实例。因果学习中的 SAT 方法允许人们查询关于祖先关系的特定语句，而不是估计完整的图。它们让人们纳入不同类型的先验知识，此外，如果认为某些（统计）结果彼此矛盾，那么可以增加独立性约束。这些方法已扩展到循环、隐藏变量和重叠数据集中。

条件独立性测试。前面假设存在一个独立性先知，告诉人们分布中是否存在特定的（条件的）独立性。然而，在实践中，必须从有限的数据中推断出这一结果。这带来了两个主要挑战：①所有因果发现方法都基于条件独立性测试，从依赖性和独立性两方面得出结论。然而，在实践中，人们通常使用统计推理和显著性检验，这些检验本质上是不对称的。因此，人们通常会忘记显著性等级的原始含义，并将其视为调整参数。此外，由于样本有限，测试结果甚至可能相互矛盾，也就是说，不存在图结构包含推断条件独立的确切集合。②尽管最近有一些基于核的测试，但非参数条件独立性测试在有限数据上执行起来非常困难。因此，往往将自己限制在一个可能的依赖关系的子类中。

假设变量遵循高斯分布，可以通过求偏相关系数来确定。在忠实性的情况下，潜在 DAG 的马尔可夫等价类变得可以识别。事实上，在高斯环境中，具有偏相关检验的 PC 算法为正确的 CPDAG 提供了一致估计。

非参数条件独立性测试在理论和实践中是一个难题。注意，对于非高斯分布，消失偏相关既不是条件独立的必要条件，也不是条件独立的充分条件，正如下面这个例子所显示的那样。

定义 8.10（条件独立性和偏相关性）

（1）如果分布 $P_{X,Y,Z}$ 蕴含于多变量 SCM 中

$$Z = N_Z,\ X = Z^2 + N_X,\ Y = Z^2 + N_Y \tag{8-31}$$

其中，$N_X, N_Y, N_Z \sim N(0,1)$，满足

$$X \perp Y \mid Z,\quad \rho_{X,Y|Z} \neq 0 \tag{8-32}$$

偏相关系数 $\rho_{X,Y|Z}$ 等于 $X-aZ$ 和 $Y-\beta Z$ 的相关性。其中，a 和 β 是在 Z 上回归 X 和 Y 时的回归系数。在这个例子中，$a=\beta=0$，因为 X 和 Y 不与 Z 相关。

（2）如果分布 $P_{X,Y,Z}$ 蕴含于多变量 SCM 中

$$Z = N_Z,\ X = Z + N_X,\ Y = Z + N_Y \tag{8-33}$$

其中，$(N_X, N_Y) \perp N_Z, (N_X, N_Y)$ 是不相关的，但不是独立的，满足

$$\rho_{X,Y|Z}=0 \tag{8-34}$$

因为在这里，$\rho_{X,Y|Z}$ 是 N_X 和 N_Y 之间的相关性。

以下测试用于测试在给定 Z 的前提下，X 和 Y 是否条件无关：①（非线性）在 Z 上回归 X 并测试残差是否独立于 Y；②（非线性）在 Z 上回归 Y 并测试残差是否独立于 X；③若上述独立性中有一个满足，则可以推断 $X \perp Y|Z$。

在加性模型中，这似乎是正确的测试。例如，对于这三个变量，有以下结果。

定义 8.11 考虑由 ANM 产生的分布 $P_{X,Y,Z}$，所有变量具有严格的正密度。如果 X 和 Y 在给定 Z 的情况下是 d 分离的，那么刚刚描述的过程输出相应的在 $X\sim E[X|Z]$独立于 Y 或 $Y\sim E[Y|Z]$独立于 X 在一般意义上就具有了条件独立性。

该定义表明（在总体意义上），所描述的测试适用于具有三个变量的 ANM。考虑 4 个变量 X、Y、Z、V 时可能会出现问题。显然，图 $X\leftarrow Z\rightarrow W\rightarrow Y$ 和 $X\rightarrow Z\rightarrow W\rightarrow Y$ 是马尔可夫等价的。虽然前者的测试输出为 $X\perp Y|Z$，但是后者没有这样的保证。因此，上述对可用于构造可行的条件独立性测试的随机变量之间的相关模型的限制，导致了马尔可夫等价类图的不对称处理。许多其他类型的条件独立性测试方法具有类似的影响。这种不对称并不一定是缺点，因为正如我们所看到的那样，限制的函数类可能会导致马尔可夫等价类内的可识别性，但这肯定需要具体情况具体分析。

8.3.2 基于分数的方法

在前面的内容中，直接使用了独立性陈述来推断图的结构。或者，可以测试不同的图结构匹配数据的能力。其基本原理是，编码错误的条件独立性的图结构会产生不好的模型匹配。尽管基于分数的因果学习方法可以追溯到更早，但我们主要参考 Geiger 和 Hecker-man 等人提出的方法。最大-最小爬山算法结合了基于分数和独立性的方法。

最佳评分图。给定来自变量 X 的数据 $D=（X^1,\cdots,X^n）$，即样本包含 n 个独立同分布的观察量，这个想法是为每个图 G 分配一个分数 $S(D,G)$。然后在 DAG 空间搜索分数最高的图

$$G:=\arg\max_{X上的G_{\mathrm{DAG}}} S(D,G) \tag{8-35}$$

有几种可能性来定义评分函数 S。通常假定参数模型（如线性高斯方程或多项分布），这将引入一组参数 θ。

（惩罚）似然分数。对于每个图，可以考虑 θ 的最大似然估计量 $\theta^\wedge$，通过贝叶斯信息准则（BIC）定义分类函数

$$S(D,G)=\log p(D\,|\,\theta^\wedge,G)\frac{\#参数}{2}\log n \tag{8-36}$$

其中，$\log p(D\,|\,\theta^\wedge,G)$ 是对数似然；n 是样本数。输出最大（惩罚）似然的估计器通常是一致的，这是由 BIC 的一致性和模型类的可识别性导致的。然而，为了保证收敛速度，人们通常依赖“可识别程度”。在实践中，在所有可能的图中找到最佳评分图可能是不可行的，因此需要图空间上的搜索技术（如“贪婪搜索方法”）。与 BIC 不同的正式化也是可能的。例如，Roos 等人利用了最小描述长度原则的得分；Chickering 利用 Haughton 的工作讨论了 BIC 方法如何与接下来讨论的贝叶斯公式相关联。

贝叶斯评分函数。在 DAG 和参数上定义了先验 $p_{\mathrm{pr}}(G)$ 和 $p_{\mathrm{pr}}(\theta)$，并将对数后验作为得分函数（注意，$p(D)$ 在所有的 DAG 中是不变的）

$$S(D,G) := \log p(G|D) \propto \log p_{\mathrm{pr}}(G) + \log p(D|G) \tag{8-37}$$

其中，$p(D|G)$是边缘似然

$$p(D|G) = \int p(D|G,\theta) p_{\mathrm{pr}}(\theta|G) \mathrm{d}\theta \tag{8-38}$$

这里，估计量 G 是后验分布的模，通常称为最大后验概率（MAP）估计量。人们可能更感兴趣 DAG 上完整的后验分布，而不是 MAP 估计量。原则上，输出更多的信息是可能的。例如，可以对所有图进行平均，以获得特定边存在的后验概率。

作为一个例子，考虑只有有限多个值的随机变量。对于给定的结构 G，可以假设对于每个父节点结构，随机变量都服从多项分布。如果假定参数（及参数独立性和模块的条件）的先验为 Dirichlet 分布，那么可以得到 Dirichlet 得分。

在参数模型固定的情况下，如果对于每个参数θ_1存在对应的参数θ_2，使得从 G_1 与 θ_1 获得的分布与从 θ_2 和 G_2 获得的分布相同，那么称两个图 G_1 和 G_2 分布等价，反之亦然。可以证明在线性高斯情况下，如当且仅当两个图马尔可夫等价时，两个图分布等价。因此有人认为对于马尔可夫等价图，$p(D|G_1)$ 和 $p(D|G_2)$ 应该是相同的。贝叶斯 Dirichlet 分数适用于此属性，它通常称为贝叶斯 Dirichlet 等价（BDE）得分。Buntine 提出了这一得分具有更少超参数的特定版本。

贪婪搜索方法。所有 DAG 的搜索空间在变量数量上呈指数级增长，2、3、4 和 10 变量的 DAG 数量分别为 3、25、543 和 4175098976430598143。因此，通过搜索所有图来计算 $G^{\wedge}$ 的解通常是不可行的。相反，贪婪搜索算法可以用来求解 $G^{\wedge}$，每一步都有一个候选图和一组相邻图。对于所有这些相邻图，计算得分并将最佳评分图作为新的候选图。若没有一个相邻图获得更好的分数，则搜索过程终止（不知道是否只获得局部最优）。因此必须定义一个邻域关系。例如，从图 G 开始，能够定义所有可以通过去除、添加或倒转一个边来获得的图作为 G 的相邻图。

在线性高斯 SCM 的情况下，不能区分马尔可夫等价图。事实证明，将搜索空间更改为马尔可夫等价类而不是 DAG 是有益的。贪婪等价搜索（GES）优化了 BIC 准则，它从空图开始，由两个阶段组成：在第一个阶段，添加边，直到达到局部最大值为止；在第二个阶段，除去边，直到达到局部最大值为止，然后将其作为算法的输出。

直接方法。一般来说，找到最佳评分 DAG 是非确定性（NP）问题，但仍然有许多有趣的研究试图扩大直接方法。这里，“直接”是指给定有限的数据集，找到最佳评分图（DAG）。贪婪搜索方法通常是启发式的，通常只有在无限数据的极限情况下有保障。

一种研究动态基于动态规划。这些方法利用了实践中使用的许多分数的可分解性，由于马尔可夫因数分解，对 $D=(X^1,\cdots,X_n)$，有

$$\log p(D|\theta^{\wedge},G) = \sum_{j=1}^{d}\sum_{i=1}^{n} \log p(X_j^i | X_{PAj}^i, \theta^{\wedge}) \tag{8-39}$$

这是 d 个“局部”分数的总和。基于动态规划的方法利用了这种可分解性，尽管算法复杂性呈指数级增长，但它们可以找到大于或等于 30 个变量的最佳评分图，即使不限制父节点的个数也可以找到。考虑到变量的数量是非常多的，因此这是一个了不起的结果。

整数线性规划（ILP）框架不仅假设可分解性，而且假设评分函数对马尔可夫等价图给出相同的分数。这个想法就是将图结构表示为向量，这样评分函数在这个向量表示中变成仿射函数。一些研究者提出通过特征来进行表示。还有的研究者提出通过使用 0-1 编码来表示节点间的双亲关系，以减少搜索空间。将问题描述为 ILP 问题后，问题仍然是 NP 困难，但现在可以使用 ILP 的现成方法。限制父节点的数量会导致进一步的问题，如在“家谱学习”中，每个节点最多有两个父节点。

8.3.3 多变量加性噪声模型

与 8.2 节不同的是，本节讲述多变量下的加性噪声模型。ANM 可以通过基于分数的方法学习，并结合贪婪搜索技术，这已经被用于具有相同误差和方差的线性高斯模型或非线性高斯 ANM。例如，在非线性高斯的情况下，可以采用类似二元情况的方法，对于一个给定的图结构 G，在其父节点集上回归每个变量，得到分数

$$\log p(D|G)=\sum_{j=1}^{d}-\log \mathrm{var}\left[R_j\right] \tag{8-40}$$

其中，$\mathrm{var}\left[R_j\right]$ 是残差为 R_j 的经验方差，通过对变量 X_j 在其父节点集上回归得到。直观地说，模型匹配的数据越多，残差的方差越小，分数越高。形式上，该过程是最大似然的例子，可以证明是一致的。从计算方面讲，可以再次利用分数在不同节点上分解的属性：当计算相邻图的分数时，仅改变一个变量的父节点集，只需要更新相应的被加数。例如，如果噪声不能被假定为具有高斯分布，那么可以估计噪声分布并获得类似熵的分数。

或者，可以使用独立性测试以迭代的方式估计结构。Mooij 等人和 Peters 等人提出了随后独立性测试（RESIT）回归，该方法基于噪声变量与之前的所有变量的独立性。对于非线性高斯模型，Shimizu 等人提供了一种基于独立成分分析（1CA）的实用方法，可应用于有限的数据。后来，Shimizu 等人提出了这种方法的改进版本。

通常找到潜在因果模型的因果次序是很困难的。给定因果次序，估计图会变成“经典”的变量选择问题。例如，假设

$$X=N_X \tag{8-41}$$

$$Y=f\left(X,N_Y\right) \tag{8-42}$$

$$Z=g\left(X,Y,N_Z\right) \tag{8-43}$$

其中，f、g、N_X、N_Y、N_Z 未知。决定 f 是否依赖 X、g 是否依赖 X 或 Y 是“传统”统计学中深入研究的显著性问题，有标准方法可以使用，特别是进一步进行结构假设，如线性。之前进行了这一观察，已经提出，不是搜索有向无环图的空间，而是首先对因果次序进行搜索，然后执行变量选择，这样是有益的。

当观察不同条件（环境）下的系统时，因果结构如何变成可以识别？现在讨论如何在实践中利用这些结果，也就是说，仅给出有限的数据。因此假设对于每个环境 $e\in E$，得到一个样本，也就是说，对于每个环境，观察到 n^e 个独立同分布的数据点。

已知干预目标。在这里，每个环境对应于一个交互式实验，并且有额外的干预目标的知识。Cooper 和 Yoo 将干预效应作为一种机制，引入贝叶斯框架。为了完美干预，Hauser 和

Buhlmann 考虑线性高斯 SCM，并提出贪婪干预等价搜索（GIES）。

有时，不能在每个实验中测量所有变量（这种问题在大多数实验中都会出现），但是想要从可用数据中组合信息，这个问题已经通过基于 SAT 的方法解决了。

未知干预目标。Eaton 和 Murphy 没有假定不同的干预目标已知。相反，他们对于每个环境 $e \in E$ 引入一个干预节点 I_e。该节点不会进入边界，对于每个数据点，只有一个干预节点是活动的。然后，将标准方法应用于变量的放大模型，满足干预节点没有任何父节点的约束。

Tian 和 Pearl 提出测试边缘分布是否在不同的环境中改变，并使用这些信息来推断部分图结构。他们甚至将这种方法与基于独立性的方法相结合。

不同环境。在之前已经考虑了在集合 X 的 d 个预测器中估计目标变量 Y 的因果父节点。因此，将集合 S 定义为所有集合 $S \subseteq \{1,\cdots,d\}$ 的集合。P 满足不变的预测，也就是说，P 在所有环境 $e \in E$ 中仍然保持不变。实际上，可以测试在水平 a 上的不变预测，收集通过测试的所有集合 S，作为 S 的估计 $S^{\wedge}$，因为真正的父节点集合 $PA_Y \subseteq X$ 有较高概率 $(1-a)$ 为 $S^{\wedge}$ 中的一个元素。可以以较高概率 $(1-a)$ 得到覆盖陈述

$$\bigcap_{s \in \hat{s}} S \subseteq PA_Y \tag{8-44}$$

上式的左手边是一个称为“不变因果预测”的输出。下述步骤显示了因果系统在两个环境中的一个示例，其中，环境对应于不同干预的示例（该方法不需要）。

```
library(InvariantCausalPrediction)
#由两个环境产生数据
env <- c(rep(1,400) ,rep(2,700))
n <- length(env)
set.seed(1)
X1 <- rnorm(n)
X2 <- 1*X1 + c(rep(0.1,400), rep(1.0,700))*rnorm(n)
Y <- -0.7*X1 + 0.6*X2 + 0.1*rnorm(n)
X3 <- c(rep(-2,400), rep(-1,700))*Y + 2.5*X2 + 0.1*rnorm(n)
summary(lm(Y~-1+X1+X2+X3))
#----估计 Std.Error t.val.Pτ(>|t|) 的值
#X1 -0.396212 0.008667 -45.71 < 2e-16 ***
#X2 +1.381497 0.021377 +64.63 < 2e-16***
#X3 -0.410647 0.011152 -36.82 < 2e-16 ***
ICP(cbind(X1,X2,X3),Y,env)
#低 bd 和高 bd 情况下的 P 值
#X1 -0.71 -0.68 3.7e-06***
#X2 +0.59 +0.61 0.0092**
#X3 -0.00 +0.00 0.2972
```

上述步骤展示了因果系统在两个环境中的例子，在真正的潜在结构中，可以认为 X_1 和 X_2 是 Y 的原因。在汇集数据的线性模型中，变量 X_1、X_2 和 X_3 都是高度有效的，因为它们都很好地预测了 Y。然而，这样的模型具有不变性。在这两种环境中，从 X_1、X_2、X_3 的回归 Y 分别得到的系数为−0.15、1.09、−0.39 和−0.32、1.62、−0.54。不变因果预测的方法只输出 Y 的因果父节点，即 X_1 和 X_2。在这个例子中，$\{1,2\}$ 是唯一一个产生不变模型的集合，也就是 $S^{\wedge} = \{\{1,2\}\}$。

8.3.4 案例分析

本案例介绍如何使用多变量情况下的因果学习算法对数据进行因果推断，具体代码如下所示，为了便于理解，代码中包含了部分注释，以下程序可在 Juypter Notebook 软件中直接运行，即可得到相应的结果。具体代码如下：

```
import numpy as np
import pandas as pd
import os
os.environ['NUMEXPR_MAX_THREADS'] = '12'
alarm_path = "../datasets/with_topology/2/Alarm.csv"
topo_path = "../datasets/with_topology/2/Topology.npy"
dag_path = "../datasets/with_topology/2/DAG.npy"
# 历史告警
alarm_data = pd.read_csv(alarm_path, encoding ='utf')
# 拓扑图
topo_matrix = np.load(topo_path)
# 因果图
dag_matrix = np.load(dag_path)
# 可以添加 duration
# 告警序列非常多，但是只有少数告警类型
display(alarm_data[:5])
display(set(alarm_data["alarm_id"]))
```

运行程序，可以得到如表 8.2 所示的多变量数据对应的示意结果。

表 8.2 多变量数据对应的示意结果

	警示编号	设备编号	启动时间/s	结束时间/s
0	11	0	14	28
1	14	2	22	24
2	11	3	59	198
3	12	22	61	79
4	0	34	69	77
{0,1,2,3,4,5,6,7,8,9,10,11,12,13,14}				

继续输入如下程序，查看数据中的具体数据情况：

```
topo_matrix.nonzero()
```

运行程序，可以得到如图 8.10 所示的数据详细结果。

```
(array([ 0,  0,  1,  2,  3,  3,  3,  4,  4,  5,  5,  6,  7,  8,  8,  9,  9,
         9, 10, 11, 11, 11, 12, 12, 13, 13, 13, 13, 13, 14, 14, 15, 16, 16,
        16, 16, 17, 17, 17, 17, 17, 17, 17, 17, 18, 19, 20, 21, 22, 23, 23,
        23, 24, 24, 25, 25, 26, 26, 27, 28, 29, 30, 30, 31, 31, 31, 32, 33,
        33, 34, 35, 35, 36, 36, 36, 37, 37, 38, 38, 38, 39, 40, 40, 41, 42,
        43, 44, 44, 45, 45, 45, 46, 47, 47]),
 array([ 9, 41, 11, 35, 17, 30, 34, 19, 31,  6, 47,  5, 38, 17, 43,  0, 17,
        28, 17,  1, 26, 33, 17, 42, 23, 24, 35, 44, 46, 16, 20, 16, 14, 15,
        36, 40,  3,  8,  9, 10, 12, 25, 33, 45, 37,  4, 14, 31, 30, 13, 25,
        36, 13, 27, 17, 23, 11, 32, 24,  9, 44,  3, 22,  4, 21, 45, 26, 11,
        17,  3,  2, 13, 16, 23, 38, 18, 45,  7, 36, 47, 40, 16, 39,  0, 12,
         8, 13, 29, 17, 31, 37, 13,  5, 38]))
```

图 8.10 数据详细结果

接着输入如下程序：

```
dag_matrix.nonzero()
```

运行程序，得到如图 8.11 所示的关于数据的非零矩阵。

```
(array([ 3,  5,  6,  8,  8,  9, 10, 10, 10, 11, 11, 12, 12, 12, 12, 12, 13,
        13, 13, 14, 14, 14, 14, 14]),
 array([ 2,  4,  4,  2,  6,  6,  4,  5,  6,  0,  3,  4,  5,  8,  9, 10,  7,
         9, 10,  1,  2,  4,  7, 13]))
```

图 8.11　关于数据的非零矩阵

接着输入以下程序：

```
# baseline 方法测试
X = alarm_data.iloc[:,0:3]
X.columns=['event','node','timestamp']
X = X.reindex(columns=['event','timestamp','node'])
X
```

运行上述程序，可以完成对数据的建表，并对相关变量进行命名，数据变量命名建表如表 8.3 所示。

表 8.3　数据变量命名建表

	事　件	时　间　戳	节　点
0	11	14	0
1	14	22	2
2	11	59	3
3	12	61	22
4	0	69	34
…	…	…	…
351457	4	605160	15
351458	4	605214	16
351459	4	605225	16
351460	4	605279	16
351461	4	605334	16

从表 8.3 中可以看出，我们将数据建成 351462 行×3 列的表。

接着，可以调用因果学习算法来对数据之间的因果关系进行推断，我们可以直接从因果学习算法集成好的库调用，具体程序如下：

```
from castle.algorithms import TTPM
ttpm = TTPM(topo_matrix, max_iter=20, max_hop=2)
# 迭代时间非常长
ttpm.learn(X)
est_causal_matrix = ttpm.causal_matrix.to_numpy()
np.save('../output/est_graphs/2.npy',est_causal_matrix)
```

运行上述程序，可以得到如图 8.12 所示的算法运行结果。

```
[iter 0]: likelihood_score = -2260785.050426164
[iter 1]: likelihood_score = -2234057.2203537
[iter 2]: likelihood_score = -2219038.9166551433
[iter 3]: likelihood_score = -2204711.9161830354
[iter 4]: likelihood_score = -2191974.4353783047
[iter 5]: likelihood_score = -2180158.102233976
[iter 6]: likelihood_score = -2171857.557321808
[iter 7]: likelihood_score = -2165140.3092490425
[iter 8]: likelihood_score = -2158995.81011989
[iter 9]: likelihood_score = -2153076.5194911524
[iter 10]: likelihood_score = -2147706.029503795
[iter 11]: likelihood_score = -2142531.491291421
[iter 12]: likelihood_score = -2137838.920710671
[iter 13]: likelihood_score = -2133819.7138848403
[iter 14]: likelihood_score = -2130152.470034307
[iter 15]: likelihood_score = -2126821.161478709
[iter 16]: likelihood_score = -2123513.7691086195
[iter 17]: likelihood_score = -2120662.312986861
[iter 18]: likelihood_score = -2117888.407850176
[iter 19]: likelihood_score = -2115160.742993574
```

图 8.12 算法运行结果

通过进行多达二十次的迭代，我们得到了可能分数。接着，需要对模型进行评估。具体的评估程序如下：

```
from castle.common import GraphDAG
from castle.metrics import MetricsDAG
GraphDAG(est_causal_matrix, dag_matrix)
g_score = MetricsDAG(est_causal_matrix, dag_matrix).metrics['gscore']
print(f"g-score: {g_score}")
# iter 5: 0.2083
# iter 20: 0.6667
```

运行上述程序，可以得到如图 8.13 所示的评估结果。

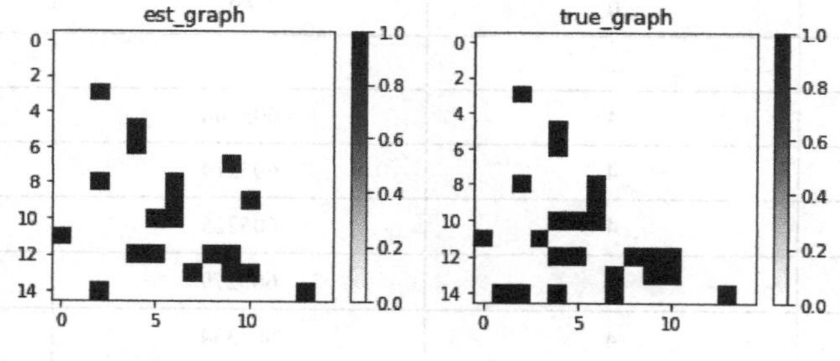

g-score: 0.6667

图 8.13 评估结果

从如图 8.13 所示的评估结果可以看出，我们使用的多变量因果学习算法成功对数据之间的因果关系进行推断，并以图的形式表明。

通过本次实验，相信读者对多变量因果学习的了解与掌握又能提升一个层次。

总结

本章介绍因果学习的相关知识和研究现状，以及相关的因果学习算法，包括结构因果模型和多变量结构识别算法的原理讲解和案例实践，使得读者对现今一些重要的因果学习概念及因果学习算法有了更加清晰的认识，也促使读者对因果学习算法的掌握进一步加深。

相信通过本章的学习，读者对因果学习算法的理解和应用能更上一层楼。

习题

一、选择题

1．因果学习涉及以下哪些领域或学科？（　　）

A．统计学　　B．计算机科学

C．医学　　D．社会学

2．下面哪一种推理属于因果推理？（　　）

A．归纳推理　　B．想象推理

C．演绎推理　　D．分析推理

3．下面哪个模型不属于用来进行因果推理的模型？（　　）

A．结构因果模型　　B．因果图

C．有向有环图　　D．贝叶斯网络

4．以下哪些属于因果陈述？（　　）

A．系统在潜在干预下的行为　　B．反事实的陈述

C．系统自发的行为　　D．关于事实的陈述

5．以下哪些属于 SCM 算法的改进型？（）

A．非高斯加性噪声的线性模型　　B．非线性加性噪声模型

C．离散加性噪声模型　　D．后非线性模型

6．以下哪些是因果学习中基于独立性的方法？（　　）

A．IC 算法　　B．SGS 算法

C．PC 算法　　D．NM 算法

7．以下哪些是因果推理的形式？（　　）

A．由原因推断出结果　　B．由结果追溯原因

C．由一种结果推论出另一种结果　　D．由结果推出原因

8．因果推理的三个层次包括（　　）。

A．关联　　B．干预

C．反事实　　D．映射

9．因果推理可以分为哪几类？（　　）

A．一果多因　　B．一因多果

C．同因异果　　D．同果异因

10．因果分析的关键是（　　）。

A．分析主要原因和次要原因　　B．分析结果形成的因果链

C．分析同因异果和异因同果　　D．分析结果和推断原因

二、判断题

1．因果学习是探讨利用数据确定因果关系、度量因果效应的方法。（　　）

2. 因果图模型提供了一种用概率图进行因果推理的框架。（　　）
3. 因果推理比概率推理更有力，因为因果推理使人们能够分析干预措施或分布变化的影响。（　　）
4. 因果推理只在科学研究中有重要作用。（　　）
5. 因果推理是指研究如何更加科学地识别变量间的因果关系。（　　）
6. 因果推理是逻辑推理的一种。（　　）
7. 因果推理主要是基于前因后果间存有的确凿关系，也就是两事物之间必有的其依存的关系来满足因果论的。（　　）
8. 因果推理就是根据客观事物之间都具有普遍的和必然的因果联系的规律性，通过揭示原因来推论结果，或者根据结果推论原因。（　　）
9. 只用一个简单、单一的原因解释事件的发生是单一因果谬误。（　　）

三、简答题

1. 什么是因果学习？
2. 请简要叙述因果学习的分类。
3. 因果学习主要应用在哪些领域？
4. 什么是 SCM 算法？
5. SCM 算法有哪些改进型？
6. 单变量 SCM 算法和多变量 SCM 算法有什么异同？
7. 请简要叙述 SCM 算法的算法流程。
8. 因果推理有哪些误区？
9. 因果推理的目的和意义分别是什么？
10. 请简要探讨因果推理在未来的发展方向和应用价值。

第 9 章　文本挖掘

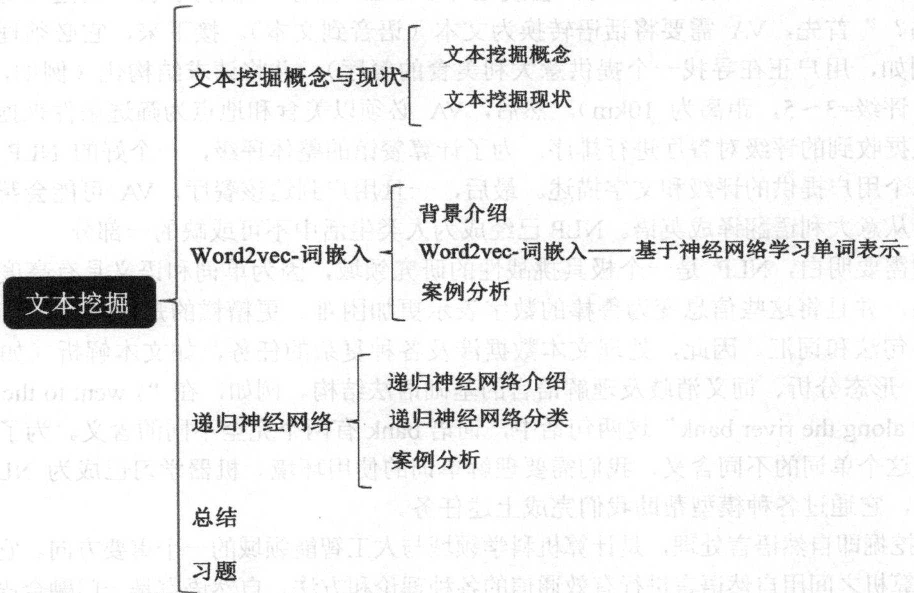

本章导读

本章主要介绍文本挖掘算法的理论并进行案例分析，分别详细介绍文本挖掘的定义与现状，以及 Word2vec-词嵌入和递归神经网络的原理、算法流程等，最后对各种算法的应用进行了编程实现。

本章要点

- 文本挖掘概念与现状。
- Word2vec-词嵌入。
- 递归神经网络。

9.1　文本挖掘概念与现状

9.1.1　文本挖掘概念

根据 IBM 的数据，2017 年，每天都会生成 2.5 艾字节（1 艾字节=1073741824 千兆字节）的数据，而且该量级还在不断增加。从这个角度来看，如果这些数据全都要被处理，我们每个人每天将要处理约 300MB 的数据。因为人们每天都会产生数量庞大的电子邮件、社交媒体内容及语音电话，而在所有这些数据中，很大一部分是非结构化的文本和语音。

这些统计数据为我们确定自然语言处理（NLP）是什么提供了良好的基础。简而言之，NLP 的目标是让机器理解我们说的话和书面语言。此外，NLP 无处不在，已经成为人类生活的重要组成部分。例如，Google 智能助理、Cortana 和 Apple Siri 这类虚拟助手（VA）主要采用 NLP 系统。当一个人询问 VA 时，会发生许多 NLP 任务，如有人问："附近有好吃的意大利餐馆吗？"首先，VA 需要将话语转换为文本（语音到文本）。接下来，它必须理解请求的语义（例如，用户正在寻找一个提供意大利美食的餐厅），并将请求结构化（例如，美食=意大利菜，评级=3～5，距离为 10km）。然后，VA 必须以美食和地点为筛选条件来搜索餐厅，之后，根据收到的评级对餐厅进行排序。为了计算餐馆的整体评级，一个好的 NLP 系统可能会查看每个用户提供的评级和文字描述。最后，一旦用户到达该餐厅，VA 可能会帮助用户将各种菜名从意大利语翻译成英语。NLP 已经成为人类生活中不可或缺的一部分。

我们需要明白，NLP 是一个极具挑战性的研究领域，因为单词和语义具有高度复杂的非线性关系，并且将这些信息变为鲁棒的数字表示更加困难。更糟糕的是，每种语言都有自己的语法、句法和词汇。因此，处理文本数据涉及各种复杂的任务，如文本解析（如分词和词干提取）、形态分析、词义消歧及理解语言的基础语法结构。例如，在"I went to the bank"和"I walked along the river bank"这两句话中，词语 bank 有两个完全不同的含义。为了区分（或弄清楚）这个单词的不同含义，我们需要理解单词的使用环境。机器学习已成为 NLP 的关键推动因素，它通过各种模型帮助我们完成上述任务。

文本挖掘即自然语言处理，是计算机科学领域与人工智能领域的一个重要方向。它研究能实现人与计算机之间用自然语言进行有效通信的各种理论和方法。自然语言是一门融合语言学、计算机科学、数学于一体的科学。因此，这一领域的研究涉及自然语言，即人们日常使用的语言，所以它与语言学的研究有着密切的联系，但又有很大的区别。自然语言处理并不是传统意义上的研究自然语言，而是指使用一些文本或语言处理算法对文本或语言问题进行处理。

9.1.2 文本挖掘现状

文本挖掘自 1995 年被提出以后，国外就开始进行了相关的研究。国内从国外引进文本挖掘这一概念，然后开展研究，因此相对较晚。目前，国内对于文本挖掘的研究主要包括阐述文本挖掘的相关技术，如文本分类、文本聚类、自动文摘、中文分词；介绍文本挖掘与数据挖掘、信息检索、信息抽取之间的联系与区别；描述文本挖掘的应用；电子邮件管理、文档管理、自动问答系统、市场研究、情报收集等，以及目前的文本挖掘工具等。当前，文本挖掘的模型或算法包括 Word2vec-词嵌入、RNN、LSTM、CNN 等经典模型或算法，本章将对 Word2vec-词嵌入和递归神经网络（RNN）算法进行介绍，这也是目前在文本挖掘领域应用最多的两种方法。

9.2 Word2vec-词嵌入

本章将讨论 Word2vec-词嵌入，这是一种学习词嵌入或单词的分布式数字特征表示（向量）的方法。学习单词表示是许多 NLP 任务的基础，因为许多 NLP 任务依赖能够保留其语义及其在语言中的上下文的单词的良好特征表示。例如，单词“forest”的特征表示应该与“oven”有较大区别，因为这些单词在类似的上下文中很少使用，而“forest”和“jungle”的表示应该非常相似。

我们将从解决学习单词表示这一问题的经典方法开始，到在寻找良好的单词表示方面能提供先进性能的基于现代神经网络的方法，逐步介绍词嵌入方法。图 9.1 所示为用 t-SNE（一种用于高维数据的可视化技术）可视化学习到的词嵌入。如果仔细观察，你会看到相似的单词互相之间的距离较近（如中间集群的数字）。

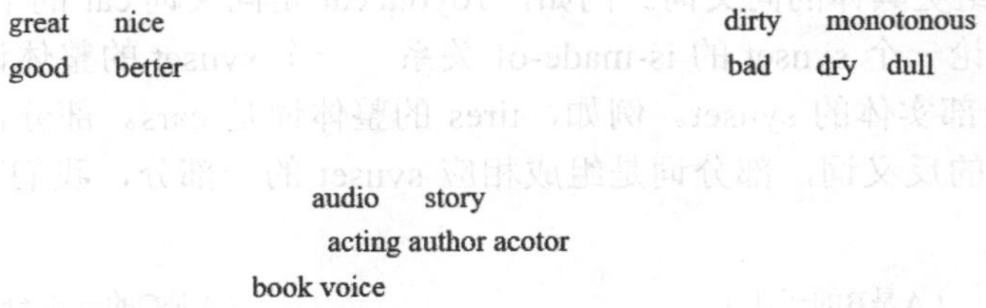

图 9.1　用 t-SNE 可视化学习到的词嵌入

9.2.1　背景介绍

“含义”本身是什么意思？这更像是一个哲学问题，而不是技术问题。因此，我们不会试图找出这个问题的最佳答案，而是接受一个折中的答案，即含义是一个单词所表达的想法或某种表示。由于 NLP 的主要目标是在语言任务中达到和人类一样的表现，因此为机器寻找表示单词的原则性方法是有用的。为了实现这一目标，我们使用可以分析给定文本语料库并给出单词的良好数字表示（词嵌入）的算法，它可以使属于类似上下文的单词（如 one 和 two、I 和 we）与不相关的单词（如 cat 和 volcano）相比有更相似的数字表示。

首先我们将讨论实现这一目标的一些经典方法，然后介绍目前采用的更复杂的方法，后者使用神经网络来学习这些特征表示，并具有最好的性能。

本节将讨论用数字表示单词的一些经典方法。这些方法主要可以分为两类：使用外部资源表示单词的方法和不使用外部资源表示单词的方法。首先，我们将讨论 WordNet：一种使用外部资源表示单词的最流行的方法。然后，我们会讨论更多的本地化方法（不使用外部资源表示单词的方法），如独热编码和词频率-逆文档频率（TF-IDF）。

WordNet 是处理单词表示的最流行的经典方法和统计 NLP 方法之一。它依赖外部词汇知识库，该知识库对给定单词的定义、同义词、祖先、派生词等信息进行编码。WordNet 允许用户推断给定单词的各种信息，如前一句中讨论的单词的各种信息和两个单词之间的相似性。

如前面所述，WordNet 是一个词汇数据库，用于对单词之间的词性标签关系（包括名词、动词、形容词和副词）进行编码。WordNet 由美国普林斯顿大学心理学系首创，目前由普林斯顿大学计算机科学系负责。WordNet 考虑单词之间的同义性来评估单词之间的关系。用于英语的 WordNet 目前拥有超过 150000 个单词和超过 100000 个同义词组（synset）。此外，WordNet 不仅限于英语，自成立以来，已经建立了许多基于不同语言的 WordNet。

为了学习使用 WordNet，需要对 WordNet 中使用的术语有坚实的基础。首先，WordNet

使用术语 synset 来表示一群或一组同义词。接下来，每个 synset 都有一个 definition，用于解释 synset 表示的内容。synset 中包含的同义词称为 lemma。

在 WordNet 中，单词表示是分层建模的，它在给定的 synset 与另一个 synset 之间进行关联，形成一个复杂的图。有两种不同类别的关联方式：is-a 关系或 is-made-of 关系。首先，我们将讨论 is-a 关系。

对于给定的 synset，存在两类关系：上位词和下位词。synset 的上位词是所考虑的 synset 的一般（更高一层）含义的同义词。例如，vehicle 是同义词 car 的上位词。接下来，下位词是比相应的同义词组更具体的同义词。例如，Toyota car 是同义词 car 的下位词。

现在让我们讨论一个 synset 的 is-made-of 关系。一个 synset 的整体词是可以表示所考虑的这个 synset 的全部实体的 synset。例如，tires 的整体词是 cars。部分词是 is-made-of 类别的关系，是整体词的反义词，部分词是组成相应 synset 的一部分，我们可以在图 9.2 中看到它们。

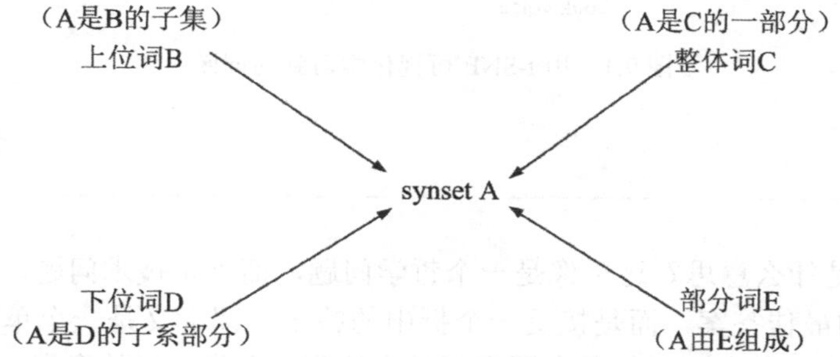

图 9.2　一个 synset 的不同关联

虽然 WordNet 是一个令人惊叹的资源，任何人都可以在 NLP 任务中用它学习单词的含义，但使用 WordNet 有很多不足之处。

（1）缺少细微差别是 WordNet 的一个关键问题。WordNet 在理论和实际应用中都有不可行的原因。从理论的角度来看，对两个实体之间微妙差异的定义进行建模并不恰当。实际上，定义细微差别是主观的。例如，单词 want 和 need 具有相似的含义，但其中一个（need）更具有主张性，这被认为是一种细微差别。

（2）接下来，WordNet 本身就是主观的，因为 WordNet 是由一个相对较小的社区设计的。根据要解决的具体问题判断 WordNet 是否合适，或者可以通过更加宽泛的方式来定义单词，以提高 WordNet 的性能。

（3）维护 WordNet 也存在问题，这是需要大量人力的。维护和添加新的 synset、definitions lemma 等的代价可能非常昂贵。这会对 WordNet 的可扩展性产生负面影响，因为人力对更新 WordNet 至关重要。

（4）为其他语言开发 WordNet 成本可能很高。有一些人努力为其他语言构建 WordNet 并将其与英语 WordNet 链接为 MultiWordNet（MWN），但尚未完成。

接下来，我们将讨论 3 种不依赖外部资源的单词表示技术。

1．独热编码方式

表示单词的更简单的方法是使用独热编码表示。这意味着，如果有一个 V 大小的词汇表，对于第 i 个词 w_i，我们将用一个长度为 V 的向量[0,0,0,0,1,0,⋯,0,0]来表示单词 w_i，其中，第 i 个元素为 1，其他元素为零。举个例子，考虑下面这句话：Bob and Mary are good friends，每个单词的独热编码表示如下。

```
Bob: [1,0,0,0,0,0]
and: [0,1,0,0,0,0]
Mary: [0,0,1,0,0,0]
are: [0,0,0,1,0,0]
good: [0,0,0,0,1,0]
friends: [0,0,0,0,0,1]
```

但是这种表示有许多缺点，该表示并没有用任何方式对单词之间的相似性进行编码，并且完全忽略了单词的上下文。让我们考虑单词向量之间的点积作为相似性度量方法，两个矢量越相似，这两个矢量的点积越高。例如，单词 car 和 cars 的单词表示的相似距离是 0，而 car 和 pencil 也有相同的值。

对于大型词汇表，此方法变得效果甚微。此外，对于典型的 NLP 任务，词汇量很容易超过 50000。因此，用 50000 单词表示矩阵将形成非常稀疏的 50000×50000 的矩阵。

然而，即使在最先进的词嵌入学习算法中，独热编码也起着重要作用。我们使用独热编码方式将单词表示为数字向量，并将其送入神经网络，以便神经网络可以学习单词的更好和更短的数字特征表示。

2．TF-IDF 方法

TF-IDF 是一种基于频率的方法，它考虑了单词在语料库中出现的频率。这是一种表示给定文档中特定单词的重要性的单词表示。直观地说，单词的频率越高，该单词在文档中就越重要。例如，在关于猫的文档中，单词 cats 会出现更多次。然而，仅仅计算频率是行不通的，因为像 this 和 is 这样的词有很多，但是它们并没有携带很多信息。TF-IDF 将此考虑在内，并把这些常用单词的值置为零。

同样，TF 表示词频率，IDF 表示逆文档频率。

$$\mathrm{TF}\left(w_i\right)=\text{单词中}w_i\text{出现的次数}$$
$$\mathrm{IDF}\left(w_i\right)=\log\left(\text{文档总数}/\text{包含}w_i\text{的文档数量}\right)$$
$$\text{TF-IDF}(w_i)=\mathrm{TF}(w_i)\times\mathrm{IDF}(w_i)$$

下面做个快速练习，考虑以下两个文件：

文件 1：This is about cats. Cats are great companions.

文件 2：This is about dogs. Dogs are very loyal.

3．共现矩阵

与独热编码表示方法不同，共现矩阵对单词的上下文信息进行编码，但是需要维持 $V\times V$ 矩阵。为了理解共现矩阵，请看以下两个例句：

Jerry and Mary are friends.

Jerry buys flowers for Mary.

共现矩阵看起来像下面的矩阵，只显示矩阵的上三角，因为矩阵是对称的，如表 9.1 所示。

表 9.1 共现矩阵示例

	Jerry	and	Mary	are	friends	buys	flowers	for
Jerry	0	1	0	0	0	1	0	0
and		0	1	0	0	0	0	0
Mary			0	1	0	0	0	1
are				0	1	0	0	0
friends					0	0	0	0
buys						0	1	0
flowers							0	1
for								0

不难看出，因为矩阵的大小随着词汇量的大小而呈多项式增长，维持这样的共现矩阵是有代价的。此外，上下文窗口的大小扩展到大于 1 并不简单。一种选择是引入加权计数，其中，上下文中的单词的权重随着与中心单词的距离增大而减小。

所有这些缺点促使我们研究更有原则、更健壮和更可扩展的推断单词含义的学习方法。

Word2vec-词嵌入是分布式单词表示学习技术，目前被用作许多 NLP 任务的特征工程技术（如机器翻译、聊天机器人和图像标题生成）。从本质上讲，Word2vec-词嵌入通过查看所使用的单词的周围单词（上下文）来学习单词表示。更具体地说，我们试图通过神经网络根据给定的一些单词来预测上下文单词（反之亦然），这使得神经网络被迫学习良好的词嵌入方法。我们将在下一节中详细讨论这种方法。Word2vec-词嵌入方法与之前描述的方法相比具有以下优点。

（1）Word2vec-词嵌入方法并不像基于 WordNet 的方法那样对于人类语言知识具有主观性。

（2）与独热编码表示和共现矩阵不同，Word2vec-词嵌入所表示的向量的大小与词汇量大小无关。

（3）Word2vec-词嵌入是一种分布式表示方法。与表示向量取决于单个元素的激活状态的（如独热编码）局部表示方法不同，分布式表示方法取决于向量中所有元素的激活状态。这为 Word2vec-词嵌入提供了比独热编码表示更强的表达能力。

在下一节中，我们将首先通过一个示例来建立对学习词嵌入的直观感受。然后我们将定义一个损失函数，以便使用机器学习方法来学习词嵌入。此外，我们将讨论两种 Word2vec-词嵌入方法，即 skip-gram 和连续词袋（CBOW）算法。

9.2.2 Word2vec-词嵌入——基于神经网络学习单词表示

Word2vec-词嵌入利用给定单词的上下文来学习它的语义。Word2vec-词嵌入是一种开创性的方法，可以在没有任何人为干预的情况下学习单词的含义。此外，Word2vec-词嵌入通过查看给定单词周围的单词来学习单词的数字表示。

我们可以想象一个真实世界中存在的场景来测试上述说法的正确性。例如，你正在参加考试，你在第一个问题中找到了这句话：“Mary is a very stubborn child. Her pervicacious ature always gets her in trouble.”除非你非常聪明，否则你可能不知道 pervicacious 是什么意思。在这种情况下，你会自动查看感兴趣的单词周围的短语。在此例子中，pervicacious 的周围是 stubborn、nature 和 trouble，这 3 个词就足以说明，pervicacious 事实上是指顽固状态。这足以证明语境对于认识一个词的含义的重要性。

下面讨论 Word2vec-词嵌入的基础知识。如前面所述，Word2vec-词嵌入通过查看单词上下文并以数字方式表示它，来学习给定单词的含义。所谓“上下文”，指的是在感兴趣的单词的前面和后面的固定数量的单词。假设我们有一个包含 N 个单词的语料库，在数学上，这可以由以 $w_0, w_1, \ldots, w_i$ 和 w_n 表示的一系列单词表示，其中，w_i 是语料库中的第 i 个单词。

接下来，如果我们想找到一个能够学习单词含义的好算法，那么在给定一个单词之后，我们的算法应该能够正确预测上下文单词。这意味着对于任何给定的单词 w_i，以下概率应该较高

$$P\left(w_{i-m}, w_{i-m-1}, \ldots, w_{i-1}, w_{i+1}, w_{i+2}, \ldots, w_{i+m} \mid w_i\right) = \prod_{j \neq i N j=i-m}^{i+m} P\left(w_j \mid w_i\right) \quad (9\text{-}1)$$

为了得到等式右边，需要假设给定目标单词（w_i）的上下文单词彼此独立（如 w_{i-2} 和 w_{i-1} 是独立的）。虽然不完全正确，但这种近似使得学习更切合实际，并且在实际中的效果良好。

1. 损失函数

即使是简单的现实世界中的任务，其词汇量也很容易超过 10000 个单词。因此，我们不能手动为大型文本语料库开发词向量，而需要设计一种方法来使用一些机器学习算法（如神经网络），自动找到好的词嵌入方法，以便有效地执行这项繁重的任务。此外，要在任何类型的任务中使用任何类型的机器学习算法，需要定义损失，这样，完成任务就转化为让损失最小化。接下来我们就开始介绍损失函数。

首先，让我们回想以下在本节中开头讨论过的等式

$$P\left(w_{i-m}, w_{i-m-1}, \ldots, w_{i-1}, w_{i+1}, w_{i+2}, \ldots, w_{i+m} \mid w_i\right) = \prod_{j \neq i N j=i-m}^{i+m} P\left(w_j \mid w_i\right) \quad (9\text{-}2)$$

有了这个等式之后，为神经网络定义成本函数

$$J(\theta) = -(1/N-2m) \sum_{i=m+1}^{N-m} \prod_{j \neq i \Lambda}^{i+m} P\left(w_j \mid w_i\right) \quad (9\text{-}3)$$

记住，$J(\theta)$ 是损失（成本），而不是奖励，另外，我们想要使 $P\left(w_j \mid w_i\right)$ 最大化。因此，我们需要在表达式前面加一个减号将其转换为损失函数。

现在，让我们将其转换对数空间，而不是使用点积运算符。将等式转换为对数空间会增加一致性和数值稳定性。

$$J(\theta) = -(1/N-2m) \sum_{i=m+1}^{N-m} \prod_{j \neq i \Lambda}^{i+m} \log\left(w_j \mid w_i\right) \quad (9\text{-}4)$$

这种形式的成本函数称为“负对数似然”。现在，因为有一个精心设计的成本函数，我们可以用神经网络来优化这个成本函数。这样做会迫使词向量或词嵌入根据单词含义很好地被组织起来。下面介绍如何使用上述成本函数来提出更好的词嵌入算法。

2．skip-gram 算法

我们将讨论的第一个算法称为 skip-gram 算法，它由 Mikolov 等人在 2013 年提出，该算法是一种利用文本单词上下文来学习好的词嵌入方法的算法。让我们一步一步地了解 skip-gram 算法。

首先，我们将讨论数据准备过程，然后介绍理解算法所需要的表示法，最后我们将讨论算法本身。

正如我们前面所讨论的那样，单词的含义可以从围绕该单词的上下文单词中得到。但是，建立一个利用这种性质来学习单词含义的模型并不是很容易。

首先，我们需要设计一种方法来提取可以送入学习模型的数据集，这样的数据集应该是格式为(输入,输出)的一类元组。而且，这需要以无监督学习的方式创建。也就是说，人们不应该手动设置数据标签。总之，数据准备过程应该执行以下操作。

（1）获取给定的那个单词周围的单词。

（2）以无监督学习的方式执行。

skip-gram 模型使用以下方法来构建这样的数据集。

（1）对于给定的单词 w_i，假设上下文窗口大小为 m。上下文窗口大小指的是单侧被视为上下文的单词数。因此，对于 w_i，上下文窗口（包括目标词 w_i）大小为 2m+1，即

$$[w_{i-m},\cdots,w_{i-1},w_i,w_{i+1},\cdots,w_{i+m}]。$$

（2）接下来，输入输出元组的格式为$[\cdots,(w_i,w_{i-m}),\cdots,(w_i,w_{i-1},(w_i,w_{i+1}),\cdots,(w_i,w_{i+m})\cdots]$这里，$m+1 \leqslant i \leqslant N-m$。$N$ 是文本中用于获得实际含义的单词数。让我们假设以下句子的上下文窗口大小 m 为 1：

```
The dog barked at the mailman.
```

对于此示例，数据集如下：

```
[(dog,The),(dog,barked),(barked,dog),(barked,at),…,(the,at),(the,mailman)]
```

下面介绍如何使用神经网络学习词嵌入。

一旦数据是(输入,输出)格式，我们就可以使用神经网络来学习词嵌入。首先，让我们确定学习词嵌入所需要的变量。为了存储词嵌入，我们需要一个$V \times D$矩阵，其中，V是词汇量大小，D是词嵌入的维度（在向量中表示单个单词的元素数量）。D是用户定义的超参数，D越大，学习到的词嵌入的表达力越强。该矩阵被称为嵌入空间或嵌入层。

接下来，有一个 softmax 层，其权重大小为$D \times V$，偏置大小为V。

每个词将被表示为大小为V的独热编码向量，其中，一个元素为 1，所有其他元素为 0。因此，输入单词和相应的输出单词各自的大小为V。让我们把第i个输入记为$\boldsymbol{x}_i$，$\boldsymbol{x}_i$的对应嵌入为$\boldsymbol{z}_i$，对应输出为$\boldsymbol{y}_i$。

此时，我们定义了所需要的变量。接下来，对于每个输入$\boldsymbol{x}_i$，我们将从对应于输入的嵌入层中查找嵌入向量。该操作向我们提供$\boldsymbol{z}_i$，它是大小为D的向量（长度为D的嵌入向量）。然后，我们做以下转换以计算$\boldsymbol{x}_i$的预测输出：

$$\begin{aligned}\text{logit}(\boldsymbol{x}_i) &= \boldsymbol{z}_i W + b \\ \hat{\boldsymbol{y}}_i &= \text{softmax}(\text{logit}(\boldsymbol{x}_i))\end{aligned} \tag{9-5}$$

其中，$\text{logit}(\boldsymbol{x})$表示非标准化分数（logit），$\hat{\boldsymbol{y}}_i$是大小为$V$的预测输出（表示输出是大小为$V$

的词汇表的单词的概率），$\boldsymbol{W}$ 是 $D \times V$ 权重矩阵，$\boldsymbol{b}$ 是 $V \times 1$ 偏置矢量，softmax 就是 softmax 激活函数。我们将可视化 skip-gram 模型的概念图（见图 9.3）和实现图（见图 9.4）。以下是对符号的总结。

V：词汇量的大小。

D：嵌入层的维度。

$\boldsymbol{x}_i$：第 i 个输入单词，表示为独热编码向量。

z_i：与 $\boldsymbol{x}_i$ 对应的嵌入（表示）向量。

$\boldsymbol{y}_i$：与 $\boldsymbol{x}_i$ 对应的输出单词的独热编码向量。

$\hat{\boldsymbol{y}}_i$：$\boldsymbol{x}_i$ 的预测输出。

$\operatorname{logit}(\boldsymbol{x}_i)$：输入 $\boldsymbol{x}_i$ 的非标准化得分。

$\prod_{w_j}$：单词 w_j 的独热编码表示。

$\boldsymbol{W}$：softmax 权重矩阵。

$\boldsymbol{b}$：softmax 的偏置。

通过使用现有单词和计算得到的实体，可以使用负对数似然损失函数来计算给定数据点 $(\boldsymbol{x}_i, \boldsymbol{y}_i)$ 的损失。如果想知道 $P(w_j|w_i)$ 是什么，它可以从已定义的实体派生出来。接下来，让我们讨论如何从 $\hat{\boldsymbol{y}}_i$ 计算 $P(w_j|w_i)$ 并得到一个正式的定义。

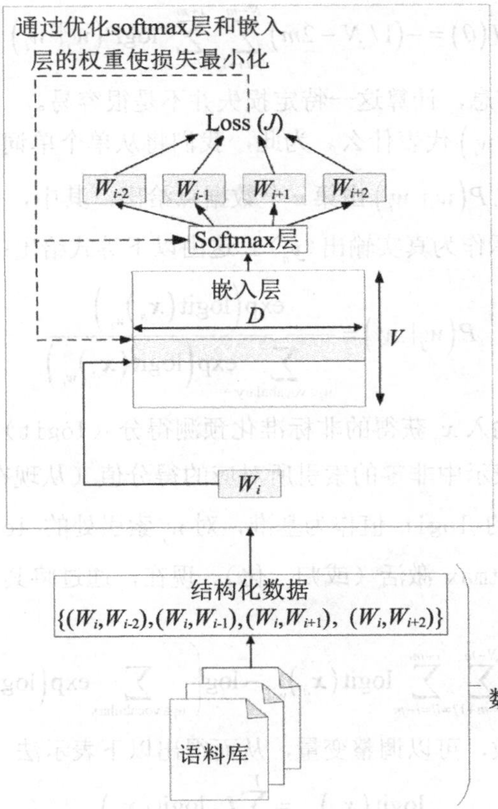

图 9.3　skip-gram 模型的概念图

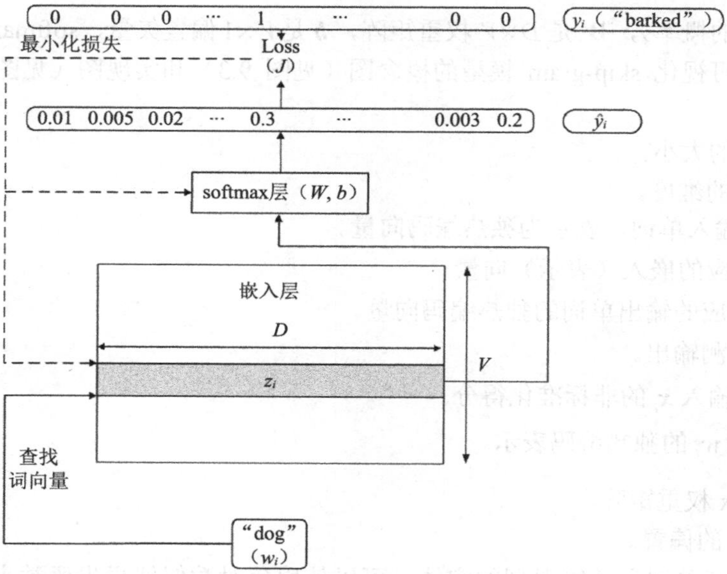

图 9.4　skip-gram 模型的实现图

（1）制定实际的损失函数。

让我们更仔细地查看损失函数，得出的损函数为

$$J(\theta)=-(1/N-2m)\sum_{i=m+1}^{N-m}\sum_{j*ij=i-m}^{i+m}\log P\left(w_j|\ w_i\right) \tag{9-6}$$

但是，根据目前掌握的信息，计算这一特定损失并不是很容易。

首先，让我们理解 $P\left(w_j|\ w_i\right)$ 代表什么。为此，我们将从单个单词表示法转为单个数据点表示法。也就是说，我们会说 $P\left(w_j|\ w_i\right)$ 由第 n 个数据点给出，其中，w_i 的独热编码向量作为输入（$\boldsymbol{x}_n$），w_j 的独热编码表示作为真实输出（$\boldsymbol{y}_n$）。这由以下等式给出：

$$P\left(w_j|\ w_i\right)=\frac{\exp\left(\text{logit}\left(\boldsymbol{x}_n\right)_{w_i}\right)}{\sum_{w_i\in\text{vocabulary}}\exp\left(\text{logit}\left(\boldsymbol{x}_n\right)_{w_i}\right)} \tag{9-7}$$

其中，$\text{logit}\left(\boldsymbol{x}_n\right)$ 项表示给定输入 $\boldsymbol{x}_n$ 获得的非标准化预测得分（logit）向量（大小为 V），而 $\text{logit}\left(\boldsymbol{x}_n\right)_{w_i}$ 是 w_j 的独热编码表示中非零的索引所对应的得分值（从现在开始，我们称之为 w_j 的索引）。以所有单词所对应的 logit 值作为基准，对 w_j 索引处的 logit 值进行标准化。这种特定类型的归一化称为 softmax 激活（或归一化）。现在，通过将其转换为对数空间，可以得到以下等式

$$J(\theta)=-(1/N-2m)\sum_{i=m+1}^{N-m}\sum_{j\neq ij=i-m}^{i+m}\text{logit}\left(\boldsymbol{x}_n\right)_{w_j}-\log\left(\sum_{w_i\in\text{vocabulary}}\exp\left(\text{logit}\left(\boldsymbol{x}_n\right)_{w_k}\right)\right) \tag{9-8}$$

为了有效地计算 logit 函数，可以调整变量，从而得出以下表示法

$$\text{logit}\left(\boldsymbol{x}_n\right)_{w_j}=\sum_{l=1}^{V}\boldsymbol{I}_{w_j}\text{logit}\left(\boldsymbol{x}_n\right) \tag{9-9}$$

其中，I_{w_j} 是 w_j 的独热编码向量。现在，logit 操作缩减为对乘积求和。由于对应单词 w_j，I_{w_j} 仅有一个非零元素，因此在计算中将仅使用向量的该索引。这比通过扫描词汇量大小的向量找到对应非零元素的索引的 logit 向量中的值的计算效率更高。

现在，通过将获得的计算结果赋给 logit，对于损失函数，可以得到

$$J(\theta) = -(1/N - 2m)\sum_{i=m+1}^{N-m}\sum_{j=i-m, i\neq j}^{i+m}\sum_{l=1}^{V} \boldsymbol{I}_{w_j}\,\text{logit}(\boldsymbol{x}_n) - \log\left(\sum_{w_k\in \text{vocabulary}}\exp\left(\sum_{l=1}^{V}\boldsymbol{I}_{w_k}\,\text{logit}(\boldsymbol{x}_n)\right)\right) \tag{9-10}$$

让我们考虑一个例子来理解这个计算：

```
I like NLP
```

创建输入输出元组：

```
(like,I)
(like,NLP)
```

现在，我们为上面的单词假定以下独热编码表示：

```
like-1,0,0
I  0,1,0
NLP  0,0,1
```

接下来，让我们考虑输入输出元组(like,I)。当我们通过 skip-gram 学习模型输入 like 时，假设按照该顺序获得了 Like、I 和 NLP 这些单词的以下 logit 值：

```
2,10,5
```

现在，词汇表中每个单词的 softmax 输出为

$$P(\text{like}|\ \text{like}) = \exp(2)/(\exp(2)+\exp(10)+\exp(5)) = 0.118$$

$$P(\text{I}|\ \text{like}) = \exp(10)/(\exp(2)+\exp(10)+\exp(5)) = 0.588$$

$$P(\text{NLP}|\ \text{like}) = \exp(5)/(\exp(2)+\exp(10)+\exp(5)) = 0.294$$

有了这个损失函数，对于减号之前的项，$\boldsymbol{y}$ 向量中只有一个非零元素对应于单词 I，因此，我们只考虑概率 $P(\text{I}|\text{like})$，这就是我们想要的。

但是，这不是理想解决方案。从实际角度来看，该损失函数的目标是使预测给定单词的上下文单词的概率最大化，同时使预测给出单词的“所有”非上下文单词的概率最小化。我们很快就会发现，有一个良好定义的损失函数并不能在实践中有效地解决我们的问题，需要设计一个更聪明的近似损失函数，以在可行的时间内学习良好的词嵌入。

（2）有效的近似损失函数。

我们很幸运有一个在数学上和感觉上都很正确的损失函数，但是，困难并没有就此结束。如果我们像前面讨论的那样尝试以封闭形式计算损失函数，将不可避免地面对算法执行得非常缓慢的问题，这种缓慢是由于词汇量大而导致的性能瓶颈。下面来看损失函数

$$J(\theta) = -\left(\frac{1}{N} - 2m\right)\sum_{i=m+1}^{N-m}\sum_{j\neq i, j=i-m}^{i+m} \text{logit}(\boldsymbol{x}_n)_{w_j} - \log\left(\sum_{w_l\in \text{vocabulary}}\exp\left(\text{logit}(\boldsymbol{x}_n)_{w_l}\right)\right) \tag{9-11}$$

可以看到计算单个示例的损失需要计算词汇表中所有单词的 logit。与通过数百个输出类别就足以解决大多数现有的真实问题的计算机视觉问题不同，skip-gram 并不具备这些特性。因此，我们需要在不失去模型效果的前提下寻找有效的损失近似方案。

下面我们将讨论两种主流的近似选择：

- 负采样。
- 分层 softmax。

（1）对 softmax 层进行负采样。

在这里，我们将讨论第一种方法：对 softmax 层进行负采样。负采样是对噪声对比估计（NCE）方法的近似。NCE 要求，一个好的模型应该通过逻辑回归来区分数据和噪声。

考虑到这个属性，让我们重新设计学习词嵌入的目标。我们不需要完全概率模型，该模型给出的是词汇表中给定单词的确定概率。我们需要的是高质量的词向量。因此，我们可以简化问题，将其变为区分实际数据（输入输出对）与噪声（K 个虚拟噪声输入输出对）。噪声指的是使用不属于给定单词的上下文的单词所创建的错误输入输出对。我们还将摆脱 softmax 激活，并将其替换为 sigmoid 激活（也称为逻辑函数）。这使得我们能够在使输出保持在[0,1]之间的同时，消除损失函数对完整词汇表的依赖。我们可以可视化如图 9.5 所示的负采样过程。

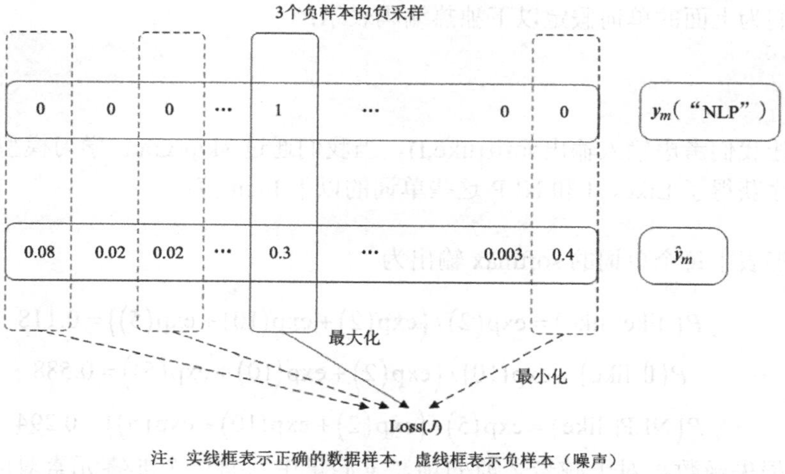

图 9.5　负采样过程

确切地说，原始损失函数为

$$J(\theta)=-(1/N-2m)\sum_{i=m+1}^{N-m}\sum_{j=ij=i-m}^{i+m}\log\left(\exp\left(\text{logit}(\boldsymbol{x}_n)_{w_j}\right)\right)-\log\left(\sum_{w_i\in\text{vocabulary}}\exp\left(\text{logit}(\boldsymbol{x}_n)_{w_i}\right)\right) \quad (9\text{-}12)$$

之前的等式变为

$$J(\theta)=-(1/N-2m)\sum_{i=m+1}^{N-m}\sum_{j=ij=i-m}^{i+m}\log\left(\sigma\left(\text{logit}(\boldsymbol{x}_n)_{w_j}\right)\right)+\sum_{q=1}^{k}E_{w_q-\text{vocabulary}-(w_i,w_j)}\log\left(1-\sigma\left(\text{logit}(\boldsymbol{x}_n)_{w_\phi}\right)\right)$$

（9-13）

其中，σ 表示 sigmoid 激活，$\sigma(\boldsymbol{x})=1/(1+\exp(-\boldsymbol{x}))$。注意，为了清楚起见，我们在原始损失函数中使用 $\log(\exp(\text{logit}(\boldsymbol{x}_n)\,w_j))$。可以看到新的损失函数仅取决于与词汇表中的 k 项相关的计算。

经过简化后，可以得到

$$J(\theta)=-(1/N-2m)\sum_{i=m+1}^{N-m}\sum_{j\neq ij=i-m}^{i+m}\log\left(\sigma\left(\text{logit}(\boldsymbol{x}_n)_{w_j}\right)\right)+\sum_{q=1}^{k}E_{w_q-\text{vocabulary}-(w_i,w_j)}\log\left(\sigma\left(-\text{logit}(\boldsymbol{x}_n)_{w_q}\right)\right)$$

（9-14）

我们花一点时间来理解这个等式所说的内容。为简化起见，我们假设 $k=1$，这样可以得到

$$J(\theta)=-(1/N-2m)\sum_{i=m+1}^{N-m}\sum_{j\neq ij=i-m}^{i+m}\log\left(\sigma\left(\operatorname{logit}(\boldsymbol{x}_n)_{w_j}\right)\right)+\log\left(\sigma\left(-\operatorname{logit}(\boldsymbol{x}_n)_{w_q}\right)\right) \tag{9-15}$$

其中，w_j 表示 w_i 的上下文单词，w_q 表示其非上下文单词。这个等式表示，为了使 $J(\theta)$ 最小化，我们应该使 $\sigma\left(\operatorname{logit}(\boldsymbol{x}_n)_{w_j}\right)\approx 1$，这意味着 $\operatorname{logit}(\boldsymbol{x}_n)_{w_j}$ 应该是一个大的正值。然后，$\sigma\left(\operatorname{logit}(\boldsymbol{x}_n)_{w_q}\right)\approx 1$ 意味着 $\operatorname{logit}(\boldsymbol{x}_n)_{w_q}$ 需要是一个大的负值。换句话说，表示真实目标单词和上下文单词的真实数据点应该获得大的正值，而表示目标单词和噪声的伪数据点应该获得大的负值。这与使用 softmax 函数获得的效果相同，但具有更高的计算效率。

这里，σ 表示 sigmoid 激活函数。直观地看，在计算损失时，进行以下两步。

- 计算 w_j 的非零列的损失（推向正值）。
- 计算 k 个噪声样本的损失（拉向负值）。

（2）分层 softmax。

分层 softmax 比负采样略复杂，但与负采样的目标相同，也就是说，其与 softmax 类似，而不必计算所有训练样本的词汇表中所有单词的激活状态。但是，与负采样不同，分层 softmax 仅使用实际数据，并且不需要噪声采样。图 9.6 所示为可视化的分层 softmax 模型。

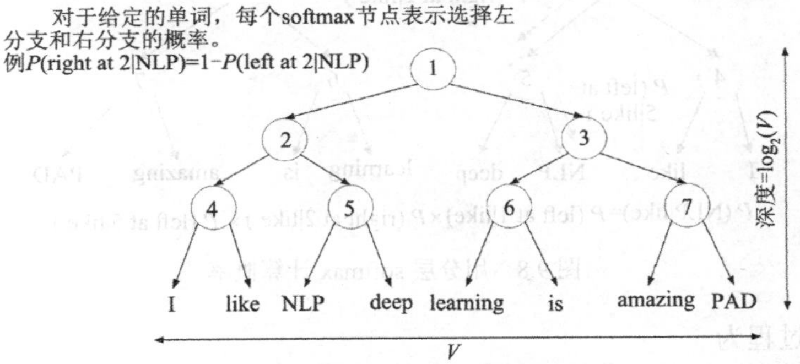

图 9.6　可视化的分层 softmax 模型

要了解分层 softmax，让我们考虑一个例子：

```
I like NLP. Deep learning is amazing.
```

其词汇表如下：

```
I, like, NLP, deep, learning, is, amazing:
```

使用上述词汇表构建一个二叉树，其中，词汇表中的所有单词都以叶子节点的形式出现。添加一个特殊的标记 PAD，以确保所有叶子节点都有两个成员。

最后一个隐藏层将完全连接到分层结构中的所有节点。注意，与经典的 softmax 模型相比，该模型具有相似的总权重，但是，对于给定的计算，它仅使用其中一部分。

分层 softmax 是如何连接到嵌入层的如图 9.7 所示。

假设需要推断 P(NLP|like)的概率，其中，like 是输入词，那么我们只需要权重的子集即可计算概率，如图 9.8 所示。

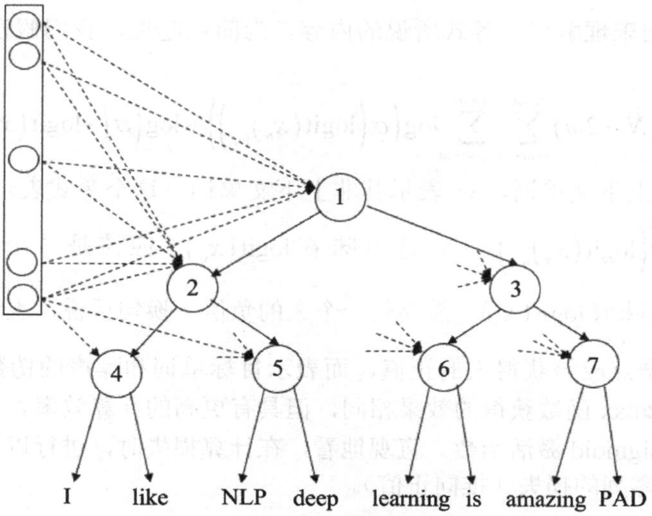

图 9.7 分层 softmax 是如何连接到嵌入层的

$$P(\text{NLP}|\text{like}) = P(\text{left at }1|\text{like}) \times P(\text{right at }2|\text{like}) \times P(\text{left at }5|\text{like})$$

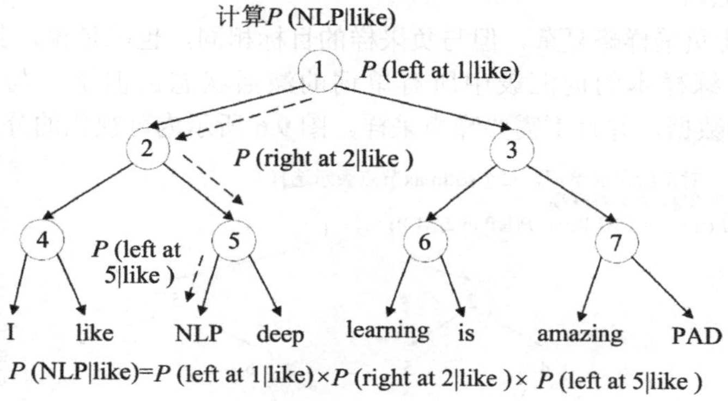

图 9.8 用分层 softmax 计算概率

计算概率的过程为

$$(\text{NLP}|\ \text{like}) = P(\text{left at1}|\ \text{like}) \times P(\text{right at2}|\ \text{like}) \times P(\text{left at5}|\ \text{like})$$

现在我们已经知道如何计算 $P\{w_j|w_i\}$，可以使用原始的损失函数。

注意，该方法仅使用连接到路径中的节点的权重进行计算，从而提高了计算效率。

（3）学习分层结构。

虽然分层 softmax 是有效的，但一个重要的问题仍然没有答案。如何确定树的分支？更准确地说，哪个词会跟随哪个分支？有下面几种方法可以解决上述问题。

- 随机初始化层次结构：此方法确实存在一些性能下降，因为随机分配无法保证特定单词在最佳分支上。
- 使用 WordNet 确定层次结构：WordNet 可用于确定树中单词的合适顺序，该方法明显比随机初始化有更好的性能。

（4）优化学习模型。

由于有了一个精心设计的损失函数，因此优化就是从深度学习库调用正确函数。要使用的优化过程是随机优化过程，这意味着我们不会一次输入完整数据集，只需要在许多步中随机提供批量数据。

9.2.3　案例分析

通过以上内容讲解，相信读者对 Word2vec-词嵌入算法已经有了一定的了解。下面，将采用 Python 中的 gensim 包实现 Word2vec-词嵌入，并介绍相关函数功能。

我们将本次案例按步骤进行介绍。

1．获取文本语料

这里采用网上的文本语料，语料大小将近 100MB。下载之后，可以查看语料内容，方便后面对语料数据进行读取，具体程序如下：

```
with open('text8', 'r', encoding='utf-8') as file:
    for line in file.readlines():
        print(line)
```

可以发现，语料已经按空格分好词，并且去除了所有的标点符号，也没有换行符，语料输出图如图 9.9 所示。

```
enerally found acceptrance though sometimes grudgingly and have been utilized in
part by other jazz performancers there were earlier precedents
```

图 9.9　语料输出图

2．载入数据、训练并保存模型

示例代码如下：

```
from gensim.models import word2vec
import logging
logging.basicConfig(format='%(asctime)s  :  %(levelname)s  :  %(message)s',
level=logging.INFO)  # 输出日志信息
sentences = word2vec.Text8Corpus('text8')  # 将语料保存在 sentence 中
model = word2vec.Word2Vec(sentences, sg=1, size=100,  window=5,  min_count=5,
negative=3, sample=0.001, hs=1, workers=4)  # 生成词向量空间模型
model.save('text8_word2vec.model')  # 保存模型
```

接下来详细讲解上述代码的意思，这对于理解整个 Word2vec 算法实现是至关重要的。

（1）输出日志信息。

```
logging.basicConfig(format='%(asctime)s : %(levelname)s : %(message)s', level=
logging.INFO)
```

这一行表示程序会输出日志信息，形式（format）为日期（asctime）：信息级别（levelname）：日志信息（message），信息级别为正常信息（logging.INFO）。当然，logging.basicConfig 函数里面可以添加各个参数，这里只添加了 format 参数，也可以根据需要增加参数，建议只添加自己想知道的东西。

logging.basicConfig 函数各参数的含义如下。

filename：指定日志文件名。

filemode：和 file 函数的意义相同，指定日志文件的打开模式，'w'或'a'。

format：指定输出的格式和内容，format 可以输出很多有用信息。

%(levelno)s：打印日志级别的数值。

%(levelname)s：打印日志级别的名称。

%(pathname)s：打印当前执行程序的路径，其实就是 sys.argv[0]。

%(filename)s：打印当前执行程序名。

%(funcName)s：打印日志的当前函数。

%(lineno)d：打印日志的当前行号。

%(asctime)s：打印日志的时间。

%(thread)d：打印线程 ID。

%(threadName)s：打印线程名称。

%(process)d：打印进程 ID。

%(message)s：打印日志信息。

datefmt：指定时间格式，同 time.strftime()。

level：设置日志级别，默认为 logging.WARNING。

stream：指定将日志的输出流输出到 sys.stderr,sys.stdout 或文件，默认输出到 sys.stderr，当 stream 和 filename 同时指定时，stream 被忽略。

logging 打印信息函数如下：

logging.debug('This is debug message');

logging.info('This is info message');

logging.warning('This is warning message')。

运行上述程序，可以得到如图 9.10 所示的日志输出结果图。

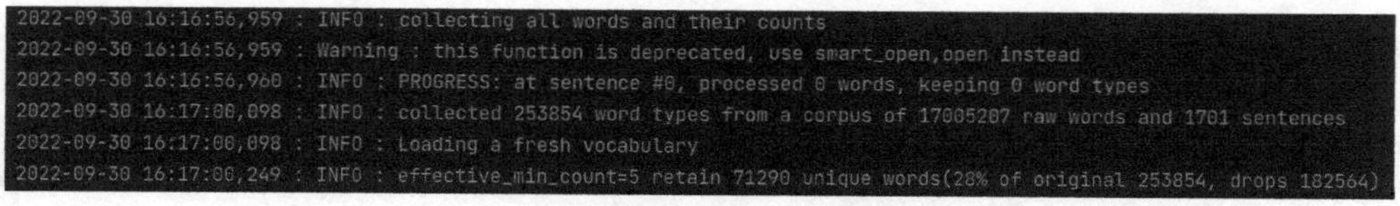
2022-09-30 16:16:56,959 : INFO : collecting all words and their counts
2022-09-30 16:16:56,959 : Warning : this function is deprecated, use smart_open,open instead
2022-09-30 16:16:56,960 : INFO : PROGRESS: at sentence #0, processed 0 words, keeping 0 word types
2022-09-30 16:17:00,098 : INFO : collected 253854 word types from a corpus of 17005207 raw words and 1701 sentences
2022-09-30 16:17:00,098 : INFO : Loading a fresh vocabulary
2022-09-30 16:17:00,249 : INFO : effective_min_count=5 retain 71290 unique words(28% of original 253854, drops 182564)

图 9.10　日志输出结果图

（2）将语料保存在 sentence 中。

输入代码如下：

```
Sentences = word2vec.TextsCorpus('texts')
```

这里采用的'texts'语料已经按空格分好词，并且去除了所有的标点符号，也没有换行符，所以不需要任何预处理。

对于大规模数据集，sentences 可以采用 word2vec.BrownCorpus()、word2vec.Text8Corpus() 或 word2vec.LineSentence()来读取；对于小规模数据集，sentences 可以是一个 List 的形式，如 sentences=[["I","love","China","very","much"]或["China","is","a","strong","country"]]。

（3）生成词向量空间模型。

```
model=word2vec.Word2Vec(sentences,sg=1,size=100,window=5,min_count=5,negati
ve=3,sample=0.001, hs=1, workers=4)
```

此行通过设置各个参数来配置 Word2vec-词嵌入模型，具体参数的含义如下。

sentences：可以是一个 List，对于大语料集，建议使用 BrownCorpus、Text8Corpus 或 lineSentence 构建。

sg：用于设置训练算法，默认为 0，对应 CBOW 算法；若 sg=1，则采用 skip-gram 算法。

size：输出的词的向量维数，默认为 100。若 size 大，则需要更多的训练数据，但是效果会更好，推荐 size 值为几十到几百。

window：训练的窗口大小，8 表示每个词考虑前 8 个词与后 8 个词（实际代码中还有一个随机选窗口的过程，窗口大小≤5)，默认值为 5。

alpha：学习速率。

seed：用于随机数发生器，与初始化词向量有关。

min_count：可以对字典做截断，词频少于 min_count 次数的单词会被丢弃掉，默认 min_count 值为 5。

max_vocab_size：设置词向量构建期间的 RAM 限制。如果所有独立单词个数超过此限制，就消除其中出现得最不频繁的一个。每一千万个单词大约需要 1GB 的 RAM。若设置成 None，则没有限制。

sample：采样阈值，一个词在训练样本中出现的频率越大，就越容易被采样。默认为 e^{-3}，范围是$(0, e^{-5})$

workers：参数控制训练的并行数。

hs：是否使用 hs 方法，0 表示不使用，1 表示使用，默认为 0。

negative：若>0，则会采用 negativesampling，用于设置有多少个 noise words。

cbow_mean：若为 0，则采用上下文词向量的和，若为 1（default），则采用均值。cbow_mean 只有在使用 CBOW 的时候才起作用。

hashfxn：hash 函数用来初始化权重。默认使用 Python 的 hash 函数。

iter：迭代次数，默认为 5。

trim_rule：用于设置词汇表的整理规则，指定哪些单词要留下，哪些单词要被删除。可以设置为 None（min_count 会被使用）或者一个接受()并返回 RULE_DISCARD、utils.RULE_KEEP 或 utils.RULE_DEFAULT 的函数。

sorted_vocab：若为 1（default），则在分配 word index 的时候会先对单词基于频率降序排序。

batch_words：每批传递给线程的单词数量，默认为 10000。

（4）保存模型。

输入代码如下：

```
model.save('text8_word2vec.model')
```

将模型保存起来，以后再使用时就不用重新训练了，直接加载训练好的模型就可以直接使用了。

下面介绍加载模型后，直接使用 Word2vec-词嵌入来实现各种功能。

3. 保存模型，实现功能

保存模型并实现相关功能，代码如下：

```
# 加载模型
model = word2vec.Word2Vec.load('text8_word2vec.model')
# 计算两个词的相似度/相关程度
print("计算两个词的相似度/相关程度")
word1 = 'man'
word2 = 'woman'
```

```
    result1 = model.similarity(word1, word2)
    print(word1 + "和" + word2 + "的相似度为：", result1)
    print("\n==================================")
    # 计算某个词的相关词列表
    print("计算某个词的相关词列表")
    word = 'bad'
    result2 = model.most_similar(word, topn=10)  # 10 个最相关的
    print("和" + word + "最相关的词有：")
    for item in result2:
        print(item[0], item[1])
    print("\n==================================")
    # 寻找对应关系
    print("寻找对应关系")
    print(' "boy" is to "father" as "girl" is to ...? ')
    result3 = model.most_similar(['girl', 'father'], ['boy'], topn=3)
    for item in result3:
        print(item[0], item[1])
    print("\n")
    more_examples = ["she her he", "small smaller bad", "going went being"]
    for example in more_examples:
        a, b, x = example.split()
        predicted = model.most_similar([x, b], [a])[0][0]
        print("'%s' is to '%s' as '%s' is to '%s'" % (a, b, x, predicted))
    print("\n==================================")
    # 寻找不合群的词
    print("寻找不合群的词")
    result4 = model.doesnt_match("flower grass pig tree".split())
    print("不合群的词：", result4)
    print("\n==================================")
    # 查看词向量（只在 model 中保留的词的词向量）
    print("查看词向量（只在 model 中保留的词的词向量）")
    word = 'girl'
    print(word, model[word])
    # for word in model.wv.vocab.keys():  # 查看所有单词
    # print(word, model[word])
```

4．增量训练

在使用词向量时，如果出现了在训练时未出现的词（未登录词），可采用增量训练的方法，训练未登录词，以得到其词向量。

程序如下：

```
    model = word2vec.Word2Vec.load('text8_word2vec.model')
    more_sentences = [['Advanced', 'users', 'can', 'load', 'a', 'model', 'and',
'continue', 'training', 'it', 'with', 'more', 'sentences']]
    model.build_vocab(more_sentences, update=True)
    model.train(more_sentences, total_examples=model.corpus_count, epochs=model.
iter)
    model.save('text8_word2vec.model')
```

以下是整个项目的完整代码：

```
    import warnings
    warnings.filterwarnings("ignore")
```

```
from gensim.models import word2vec
import logging
logging.basicConfig(format='%(asctime)s : %(levelname)s : %(message)s', level=
logging.INFO)  # 输出日志信息
sentences = word2vec.Text8Corpus('text8')  # 将语料保存在 sentence 中
model = word2vec.Word2Vec(sentences, sg=1, size=100,  window=5,  min_count=5,
negative=3, sample=0.001, hs=1, workers=4)  # 生成词向量空间模型
model.save('text8_word2vec.model')  # 保存模型
model = word2vec.Word2Vec.load('text8_word2vec.model')
# 计算两个词的相似度/相关程度
print("计算两个词的相似度/相关程度")
word1 = 'man'
word2 = 'woman'
result1 = model.similarity(word1, word2)
print(word1 + "和" + word2 + "的相似度为：", result1)
print("\n================================")
# 计算某个词的相关词列表
print("计算某个词的相关词列表")
word = 'bad'
result2 = model.most_similar(word, topn=10)  # 10 个最相关的
print("和" + word + "最相关的词有：")
for item in result2:
    print(item[0], item[1])
print("\n================================")
# 寻找对应关系
print("寻找对应关系")
print(' "boy" is to "father" as "girl" is to ...? ')
result3 = model.most_similar(['girl', 'father'], ['boy'], topn=3)
for item in result3:
    print(item[0], item[1])
print("\n")
more_examples = ["she her he", "small smaller bad", "going went being"]
for example in more_examples:
    a, b, x = example.split()
    predicted = model.most_similar([x, b], [a])[0][0]
    print("'%s' is to '%s' as '%s' is to '%s'" % (a, b, x, predicted))
print("\n================================")
# 寻找不合群的词
print("寻找不合群的词")
result4 = model.doesnt_match("flower grass pig tree".split())
print("不合群的词：", result4)
print("\n================================")
# 查看词向量（只在 model 中保留的词）
print("查看词向量（只在 model 中保留的词）")
word = 'girl'
print(word, model[word])
# for word in model.wv.vocab.keys(): # 查看所有单词
#     print(word, model[word])
model = word2vec.Word2Vec.load('text8_word2vec.model')
more_sentences = [['Advanced', 'users', 'can', 'load', 'a', 'model', 'and',
```

```
'continue', 'training', 'it', 'with', 'more', 'sentences']]
    model.build_vocab(more_sentences, update=True)
    model.train(more_sentences, total_examples=model.corpus_count, epochs=model.
iter)
    model.save('text8_word2vec.model')
```

9.3 递归神经网络

递归神经网络（RNN）是一个特殊的神经网络系列，旨在处理序列数据（时间序列数据），如一系列文本（如可变长度句子或文档）或股票市场价格。RNN 维护一个状态变量，用于捕获序列数据中存在的各种模式，因此，它们能够对序列数据建模。传统的全连接神经网络不具备这种能力，除非用捕获到的序列中重要模式的特征表示来表示数据。然而，提取这样的特征表示是非常困难的。对序列数据建模的全连接模型的另一替代方案是时间/序列中的每个位置有单独的参数集，这样，分配给某个位置的参数集就可以学习在该位置发生的模式。但是，这将大幅增加模型对内存的需求。

然而，与全连接网络在每个位置都要有单独的参数集相反，RNN 随时间共享相同的参数集。在时间跨度上进行参数共享是 RNN 的重要特点，实际上这是 RNN 能学习序列每一时刻模式的主要原因之一。对于我们在序列中观察到的每个输入，状态变量将随时间更新。在给定先前观察到的序列值的情况下，这些随时间共享的参数通过与状态向量组合，能够预测序列的下一个值。此外，由于我们一次只处理序列的一个元素（如一次处理文档中的一个单词），因此 RNN 可以处理任意长度的数据，而无须使用特殊标记填充数据。

9.3.1 递归神经网络介绍

下面仔细探讨 RNN 是什么，并为 RNN 中的计算定义数学等式。让我们先从 $\boldsymbol{x}_i$ 学习 $\boldsymbol{y}_i$ 的近似函数开始：

$$\begin{aligned}\boldsymbol{h}_t &= f_1\left(\boldsymbol{x}_t, \boldsymbol{h}_{t-1}; \boldsymbol{\theta}\right) \\ \boldsymbol{y}_t &= f_2\left(\boldsymbol{h}_t; \varphi\right)\end{aligned} \tag{9-16}$$

正如我们所看到的那样，神经网络由一组权重和偏置，以及一些非线性激活函数组成。因此，我们可以将上面的关系写成如下形式：

$$\boldsymbol{h}_t = \tanh\left(\boldsymbol{U}\boldsymbol{x}_t + \boldsymbol{W}\boldsymbol{h}_{t-1}\right) \tag{9-17}$$

其中，tanh 是激活函数，$\boldsymbol{U}$ 是大小为 $m \times d$ 的权重矩阵，m 是隐藏神经元的数量，d 是输入的维数。此外，$\boldsymbol{W}$ 是从 $\boldsymbol{h}_{t-1}$ 到循环链的权重矩阵，大小为 $m \times m$。$\boldsymbol{y}_t$ 关系由以下等式给出：

$$\boldsymbol{y}_t = \mathrm{softmax}\left(\boldsymbol{V}\boldsymbol{h}_t\right) \tag{9-18}$$

其中，$\boldsymbol{V}$ 是大小为 $c \times m$ 的权重矩阵，c 是输出的维数（可以是输出类别的数量）。图 9.11 说明了这些权重如何形成 RNN。

到目前为止，我们已经看到如何用包含计算节点的图来表示 RNN，其中，边表示相应计算。此外，我们探讨了 RNN 背后的数学原理。现在让我们看看如何优化（或训练）RNN 的权重，以学习序列数据。

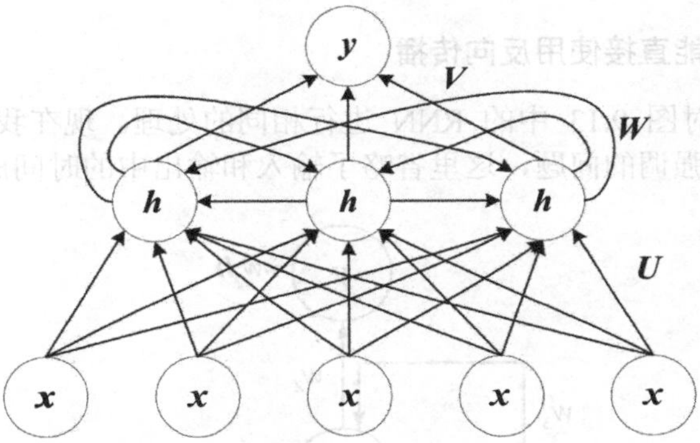

图 9.11 RNN 的结构

1. 基于时间的反向传播

训练 RNN 需要使用一种特殊的反向传播（BP），称为基于事件的反向传播（BPTT）。但是，要了解 BPTT，首先需要了解 BP 的工作原理。然后，我们将讨论为什么 BP 不能直接应用于 RNN，经过调整的 BP 如何适应 RNN，从而产生 BPTT。

反向传播是用于训练全连接神经网络的技术。在 BP 中，将执行以下操作。

（1）计算给定输入的预测结果。

（2）比较预测结果与输入的实际标签，以计算预测误差 E（如均方误差和交叉熵损失）。

（3）通过在所有 w_{ij} 的梯度 $\partial E/\partial w_{ij}$ 的相反方向上前进一小步，更新全连接网络的权重，以最小化上一步中计算的预测误差，其中，w_{ij} 是第 i 层的第 j 个权重。

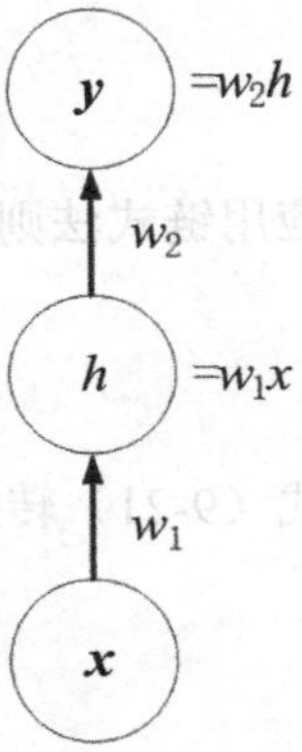

图 9.12 全连接网络的计算

为了更清楚地理解，请考虑图 9.12 中描述的全连接网络。它有两个单一权重 w_1 和 w_2，计算得到两个输出 $\boldsymbol{h}$ 和 $\boldsymbol{y}$，如图 9.12 所示。为简单起见，假设模型中没有非线性激活。

可以用以下链式法则计算 $\dfrac{\partial E}{\partial w_1}$

$$\frac{\partial E}{\partial w_1}=\frac{\partial \boldsymbol{L}}{\partial \boldsymbol{y}}\frac{\partial \boldsymbol{y}}{\partial \boldsymbol{h}}\frac{\partial \boldsymbol{h}}{\partial w_1} \tag{9-19}$$

将式（9-19）简化为

$$\frac{\partial E}{\partial w_1}=\frac{\partial(\boldsymbol{y}-l)^2}{\partial \boldsymbol{y}}\frac{\partial\left(w_2\boldsymbol{h}\right)}{\partial \boldsymbol{h}}\frac{\partial\left(w_1\boldsymbol{x}\right)}{\partial w_1} \tag{9-20}$$

其中，l 是数据点 $\boldsymbol{x}$ 的正确标签。此外，假设损失函数是均方误差，定义所有内容后，计算 $\dfrac{\partial E}{\partial w_1}$ 非常简单。

2. 为什么 RNN 不能直接使用反向传播

现在，让我们尝试对图 9.13 中的 RNN 进行相同的处理。现在我们多了额外的循环权重 w_3。为了明确我们试图强调的问题，这里省略了输入和输出中的时间成分。

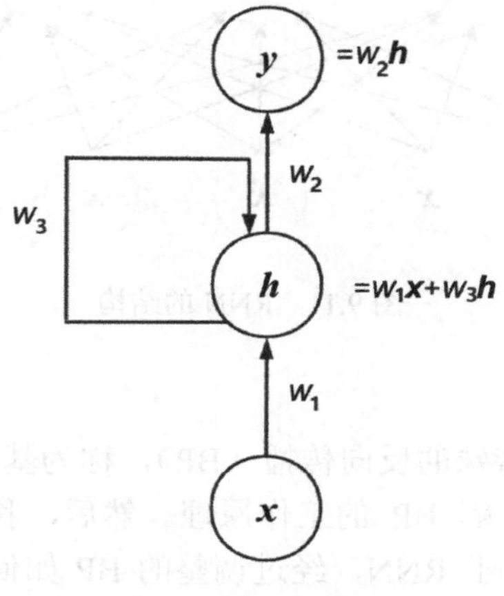

图 9.13 RNN 的计算

当应用链式法则计算 $\frac{\partial E}{\partial w_3}$ 时，则有

$$\frac{\partial E}{\partial w_3}=\frac{\partial \boldsymbol{L}}{\partial \boldsymbol{y}}\frac{\partial \boldsymbol{y}}{\partial \boldsymbol{h}}\frac{\partial \boldsymbol{h}}{\partial w_3} \tag{9-21}$$

将式（9-21）转换成如下形式

$$\frac{\partial E}{\partial w_3}=\frac{\partial(\boldsymbol{y}-l)^2}{\partial \boldsymbol{y}}\frac{\partial(w_2\boldsymbol{h})}{\partial \boldsymbol{h}}\left[\frac{\partial(w_1\boldsymbol{x})}{\partial w_3}+\frac{\partial(w_3\boldsymbol{h})}{\partial w_3}\right] \tag{9-22}$$

$\frac{\partial(w_3\boldsymbol{h})}{\partial w_3}$会产生问题，因为这是个递归的变量，最终会得到无穷多的导数项，因为 $\boldsymbol{h}$ 是递归的（也就是说，计算力包括 $\boldsymbol{h}$ 本身），而 $\boldsymbol{h}$ 不是常数并依赖 w_3。若要解决这一问题，可以将输入序列随时间展开，为每个输入 $\boldsymbol{x}_i$ 创建 RNN 的副本，分别计算每个副本的导数，并通过计算梯度的总和将它们回滚，以计算需要更新的权重大小。接下来将讨论细节。

3. 训练 RNN

计算 RNN 反向传播的技巧是不考虑单个输入，而考虑完整的输入序列。然后，如果计算第 4 个时间步的 $\frac{\partial E}{\partial w_3}$，会得到如下结果

$$\frac{\partial E}{\partial w_3}=\sum_{j=1}^{3}\frac{\partial \boldsymbol{L}}{\partial \boldsymbol{y}_4}\frac{\partial \boldsymbol{y}_4}{\partial \boldsymbol{h}_4}\frac{\partial \boldsymbol{h}_4}{\partial \boldsymbol{h}_j}\frac{\partial \boldsymbol{h}_j}{\partial w_3} \tag{9-23}$$

这意味着我们需要计算直到第 4 个时间点的所有时间步的梯度之和。换句话说，首先展开序列，以便可以对每个时间步 j 计算 $\frac{\partial \boldsymbol{h}_4}{\partial \boldsymbol{h}_j}$ 和 $\frac{\partial \boldsymbol{h}_j}{\partial w_3}$，这是通过创建 4 份 RNN 的副本完成的。

因此，为了计算$\frac{\partial \boldsymbol{h}_t}{\partial \boldsymbol{h}_j}$，我们需要$t-j+1$个 RNN 副本。将副本汇总到单个 RNN 中，求所有先前时间步长的梯度和，得到一个梯度，并用梯度$\frac{\partial E}{\partial w_3}$更新 RNN。

然而，随着时间步数的增加，这会使计算代价变得更大。为了获得更高的计算效率，我们可以使用 BPTT 的近似，即截断的基于时间的反向传播（TBPTT），来优化递归模型。

4. TBPTT：更有效地训练 RNN

在 TBPTT 中，我们仅计算固定数量的 T 个时间步长的梯度（与在 BPTT 中计算到序列的最开始不同）。更具体地说，当计算时间步长 t 的$\frac{\partial E}{\partial w_3}$时，我们只计算导数到时间步长 $t-T$（也就是说，我们不计算所有的导数）

$$\frac{\partial E}{\partial w_3}=\sum_{j=t-T}^{t-1}\frac{\partial \boldsymbol{L}}{\partial \boldsymbol{y}_t}\frac{\partial \boldsymbol{y}_t}{\partial \boldsymbol{h}_t}\frac{\partial \boldsymbol{h}_t}{\partial \boldsymbol{h}_j}\frac{\partial \boldsymbol{h}_j}{\partial w_3} \tag{9-24}$$

这比标准 BPTT 的计算效率高得多。在标准 BPTT 中，对于每个时间步长，我们计算直到序列最开始的导数。但随着序列长度变得越来越大（如逐字处理文本文档），这在计算上变得不可行。但是，在 TBPTT 中，我们仅向后计算固定数量的导数，可以得知，随着序列变长，计算成本不会改变。

5. BPTT 的限制，梯度消失和梯度爆炸

拥有计算递归权重梯度的方法和高效的近似计算算法（如 TBPTT）并没能让我们完全没有问题地训练 RNN，计算时可能会出现其他问题。要明白为什么会这样，让我们展开$\frac{\partial E}{\partial w_3}$中的单独一项，如下所示

$$\frac{\partial \boldsymbol{L}}{\partial \boldsymbol{y}_4}\frac{\partial \boldsymbol{y}_4}{\partial \boldsymbol{h}_4}\frac{\partial \boldsymbol{h}_4}{\partial \boldsymbol{h}_1}\frac{\partial \boldsymbol{h}_1}{\partial w_3}=\frac{\partial \boldsymbol{L}}{\partial \boldsymbol{y}_4}\frac{\partial \boldsymbol{y}_4}{\partial \boldsymbol{h}_4}\frac{\partial\left(w_1\boldsymbol{x}+w_3\boldsymbol{h}_3\right)}{\partial \boldsymbol{h}_1}\frac{\partial\left(w_1\boldsymbol{x}+w_3\boldsymbol{h}_0\right)}{\partial w_3} \tag{9-25}$$

由于我们知道是循环连接导致了 BP 的问题，因此我们忽略$w_1\boldsymbol{x}$，考虑

$$\frac{\partial \boldsymbol{L}}{\partial \boldsymbol{y}_4}\frac{\partial \boldsymbol{y}_4}{\partial \boldsymbol{h}_4}\frac{\partial\left(w_3\boldsymbol{h}_3\right)}{\partial \boldsymbol{h}_1}\frac{\partial\left(w_3\boldsymbol{h}_0\right)}{\partial w_3} \tag{9-26}$$

通过简单地展开$\boldsymbol{h}_3$并进行简单的算术运算，我们可以得到上式

$$=\frac{\partial \boldsymbol{L}}{\partial \boldsymbol{y}_4}\frac{\partial \boldsymbol{y}_4}{\partial \boldsymbol{h}_4}h_0 w_3^3 \tag{9-27}$$

我们看到，当只有 4 个时间步时，我们有一项w_3^3。因此，在第 n 个时间步，它将变为w_3^{n-1}。如果初始化w_3为非常小的值（如 0.00001），那么在 n=100 的时间步长，梯度将是无穷小（概率为0.1^{500}）。此外，由于计算机在表示数字方面的精度有限，因此将忽略这次更新（算术下溢），这称为梯度消失。解决梯度消失问题并不容易，没有容易的方法重新缩放梯度，来让它们能够在时间上正确传播。能够在一定程度上解决梯度消失问题的几种技术是在初始化权重的时候要格外仔细（如 Xavier 初始化），或使用基于动量的优化方法（也就是说，除了当前的梯度更新，还添加了一个额外项，它是所有过去梯度的累积，称为速度项）。然

而，对于这个问题，我们已经发现更多原则性的解决方法，如对标准 RNN 的各种结构性的改造。

另一方面，假设我们将 w_3 初始化为非常大的值（如 1000.00），那么，在 n=100 的时间步长，梯度将是巨大的（概率为10^{300}）。这会导致数值不稳定，从而在 Python 中得到诸如 Inf 或 NaN（不是数字）之类的值，这称为梯度爆炸。

损失函数的忽大忽小也可能导致发生梯度爆炸。由于输入的维数及模型中存在的大量参数（权重），复杂的非凸损失面在深度神经网络中很常见。图 9.14 显示了 RNN 的损失面，突出显示了非常高的曲率形成了墙。如图 9.14 中的深色线所示，如果优化方法碰到这样的墙，那么梯度将爆炸或过冲。这可能导致无法将损失降到最低或导致数值不稳定，或两者兼有。在这种情况下，避免梯度爆炸的简单解决方案是在梯度大于某个阈值时，将梯度剪裁为合理小的值。

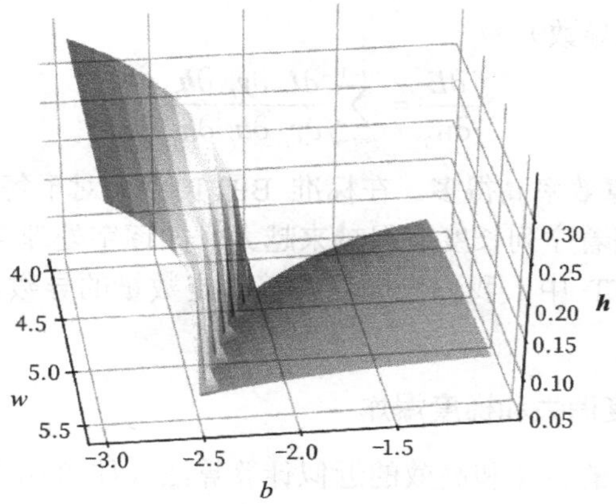

图 9.14　梯度爆炸现象

9.3.2　递归神经网络分类

到目前为止，我们所讨论的是一对一的 RNN，其中，当前输出取决于当前输入序列及先前观察到的历史输入序列。这意味着存在先前观察到的输入序列和当前输入序列产生的输出序列。然而，在实际中，可能存在这样的情况：一个输入序列只有一个输出序列、一个输入序列产生一个输出序列，以及一个输入序列产生一个与其序列大小不同的输出序列。在本节中，我们将介绍一些递归神经网络的类型。

1. 一对一 RNN

在一对一 RNN 中，当前输入取决于先前观察到的输入（见图 9.15）。这种 RNN 适用于每个输入都有输出的问题，但其输出取决于当前输入和导致当前输入的输入历史。这种任务的一个例子是股票市场预测，其中，我们根据当前输入的值得到输出，并且该输出取决于先前输入的表现。另一个例子是场景分类，我们对图像中的每个像素进行标记（如汽车、道路和人的标签）。对于某些问题，有时 $\boldsymbol{x}_{i+1}$ 与 $\boldsymbol{y}_i$ 相同。例如，在文本生成问题中，先前预测的单词变为预测下一个单词的输入。图 9.15 所示为一对一 RNN 的时间依存关系。

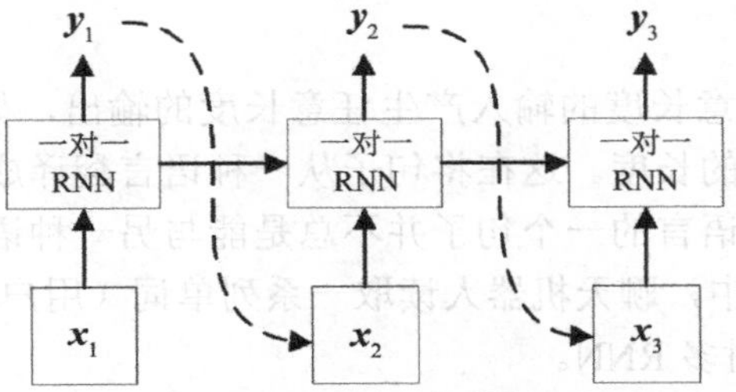

*虚线表示x_{t+1}可以和y_t一样或者x_{t+1}是独立的输入

图 9.15　一对一 RNN 的时间依存关系

2. 一对多 RNN

一对多 RNN 接受一个输入并输出一个序列，如图 9.16 所示。在这里，我们假设输入彼此独立，也就是说，不需要用先前的输入的相关信息来预测当前输入。但是，需要循环连接，因为尽管处理单个输入，但输出是依赖先前输出值的一系列值。使用这种 RNN 的一个任务是生成图像标题。例如，对于给定的输入图像，文本标题可以由 5 个或 10 个单词组成。换句话说，RNN 将持续预测单词，直到输出能描述图像的有意义的短句。图 9.16 所示为一对多 RNN。

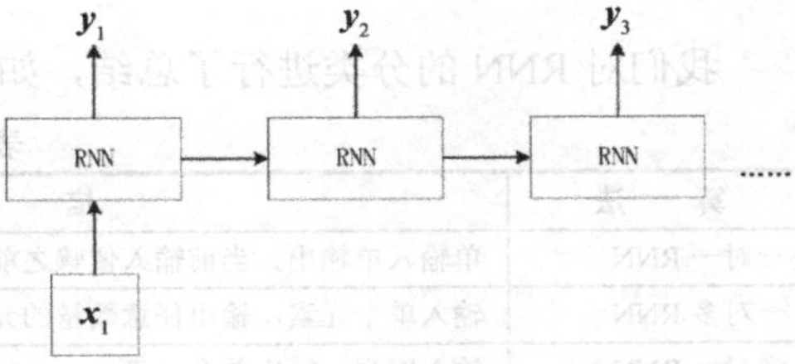

图 9.16　一对多 RNN

3. 多对一 RNN

多对一 RNN 输入任意长度的序列，产生一个输出，如图 9.17 所示。句子分类就是受益于多对一 RNN 的任务。句子是任意长度的单词序列，它被视为网络的输入，用于产生将句子分类为一组预定义类别之一的输出。句子分类的一些具体例子如下。

（1）将电影评论分类为正向或负向陈述（情感分析）。

（2）根据句子描述的内容（如人物、物体和位置）对句子进行分类。

多对一 RNN 的另一个应用是通过一次只处理图像的一块，并在整个图像上移动这个窗口，来对大尺寸图像进行分类。图 9.17 所示为多对一 RNN。

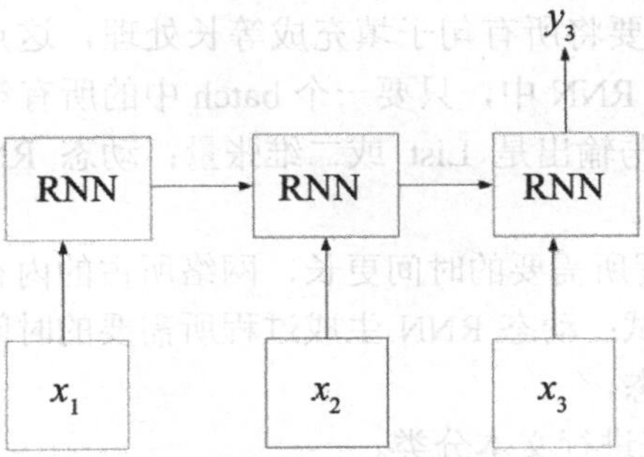

图 9.17　多对一 RNN

4．多对多 RNN

多对多 RNN 通常根据任意长度的输入产生任意长度的输出，如图 9.18 所示，换句话说，输入和输出不必具有相同的长度。这在将句子从一种语言翻译成另一种语言的机器翻译中特别有用，可以想象，某种语言的一个句子并不总是能与另一种语言的句子对齐。另一个这样的例子是聊天机器人，其中，聊天机器人读取一系列单词（用户请求），并输出一系列单词（答案）。图 9.18 所示为多对多 RNN。

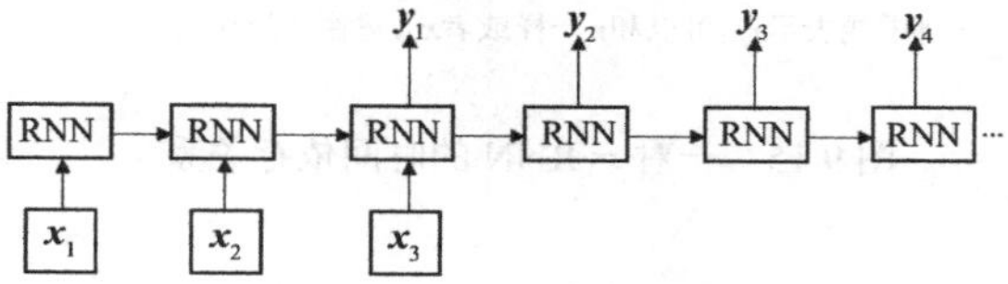

图 9.18　多对多 RNN

我们对 RNN 的分类进行了总结，如表 9.2 所示。

表 9.2　RNN 分类

算　法	描　述	应　用
一对一 RNN	单输入单输出，当前输入依赖之前观察到的输入	股票预测、场景分类和文本生成
一对多 RNN	输入单个元素，输出任意数量的元素	图像描述
多对一 RNN	输入序列，输出单个元素	句子分类（包括将单个字作为输入）
多对多 RNN	输入任意长度的序列，输出任意长度的序列	机器翻译、聊天机器人

9.3.3　案例分析

下面介绍如何使用 RNN 来对文本进行分类。

我们以词作为基本元素，将每个句子分词成若干词。x_1，x_2 等表示的是句子中的单词，我们可以将一个句子从前往后当成一个时间序列。RNN 网络的特点是在时间上参数共享，也就是说在一个时间序列中，每一步使用的参数都是相同的。

在本案例中，使用 TensorFlow 深度学习框架，关于 TensorFlow 中的 RNN，我们进行如下介绍。

RNN 在 TensorFlow 中有静态 RNN 和动态 RNN 之分。两者的差异较大，在使用 TensorFlow 进行 RNN 实践时，主要注意以下 3 点。

（1）静态 RNN 一般需要将所有句子填充成等长处理，这点与 TextCNN 一样，但动态 RNN 稍显灵活一点。在动态 RNN 中，只要一个 batch 中的所有句子等长就可以。

（2）静态 RNN 的输入与输出是 List 或二维张量；动态 RNN 中的输入与输出是三维张量，相对 TextCNN 少了一维。

（3）静态 RNN 生成过程所需要的时间更长，网络所占的内存会更大，但模型中会带有每个序列的中间信息，利于调试；动态 RNN 生成过程所需要的时间相对短，所占的内存相对更小，但模型中只有最后的状态。

本案例采用动态 RNN 来进行文本分类。

1. 数据预处理

首先去除文本中的标点符号，然后对文本分词，最后将每句的分词结果依次存入 contents 列表，将标签依次存入 labels 列表。

具体程序如下：

```
def read_file(filename):
    re_han = re.compile(u"([\u4E00-\u9FD5a-zA-Z0-9+#&\._%]+)")
    contents, labels = [], []
    with codecs.open(filename, 'r', encoding='utf-8') as f:
        for line in f:
            try:
                line = line.rstrip()
                assert len(line.split('\t')) == 2
                label, content = line.split('\t')
                labels.append(label)
                blocks = re_han.split(content)
                word = []
                for blk in blocks:
                    if re_han.match(blk):
                        word.extend(jieba.lcut(blk))
                contents.append(word)
            except:
                pass
    return labels, contents
```

接下来，建立词典，将词典中词语的词向量单独存入文件。这些词应该具有一定的重要性，我们通过词频排序，选择前 N 个词。但在这之前，应该去除停用词，去除停用词之后，取文本（这个文本指的是所有文本，包括训练、测试、验证集）中的前 N 个词，表示这 N 个词是比较重要的。首先提取文本的前 9999 个比较重要的词，并按顺序保存下来。embeddings= np.zeros([10000, 100])表示我们建立了一个有 10000 个词、维度是 100 的词向量集合。然后将 9999 个词在大词向量中的数值按 1～9999 的顺序放入新建的词向量中。而对于索引为 0 的词，我们让其词向量的列数始终为 100 的 1 维 0 向量。

具体程序如下：

```
def built_vocab_vector(filenames,voc_size = 10000):
    stopword = open('./data/stopwords.txt', 'r', encoding='utf-8')
    stop = [key.strip(' \n') for key in stopword]
    all_data = []
    j = 1
    embeddings = np.zeros([10000, 100])
    for filename in filenames:
        labels, content = read_file(filename)
        for eachline in content:
            line =[]
            for i in range(len(eachline)):
                if str(eachline[i]) not in stop:
                    line.append(eachline[i])
            all_data.extend(line)
    counter = Counter(all_data)
```

```
        count_paris = counter.most_common(voc_size-1)
        word, _ = list(zip(*count_paris))
        f = codecs.open('./data/vector_word.txt', 'r', encoding='utf-8')
        vocab_word = open('./data/vocab_word.txt', 'w', encoding='utf-8')
        for ealine in f:
            item = ealine.split(' ')
            key = item[0]
            vec = np.array(item[1:], dtype='float32')
            if key in word:
                embeddings[j] = np.array(vec)
                vocab_word.write(key.strip('\r') + '\n')
                j += 1
        np.savez_compressed('./data/vector_word.npz', embeddings=embeddings)
```

然后建立词典，目的是将中文单词换成数字序列，具体程序如下：

```
    def get_wordid(filename):
        key = open(filename, 'r', encoding='utf-8')
        wordid = {}
        wordid['<PAD>'] = 0
        j = 1
        for w in key:
            w = w.strip('\n')
            w = w.strip('\r')
            wordid[w] = j
            j += 1
        return wordid
```

下面将句子中的词及标签中的词都变成数字序列。其中，将标签中的值变成 one-hot 形式。read_category()是建立标签的词典，其作用与前面建立的词典的作用一致。

具体程序如下：

```
    def read_category():
        categories = ['体育', '财经', '房产', '家居', '教育', '科技', '时尚', '时政',
'游戏', '娱乐']
        cat_to_id = dict(zip(categories, range(len(categories))))
        return categories, cat_to_id
```

接下来，需要进行填充处理，区别于 CNN 中的处理，这里先统计一个 batch 中最长的句子，再按 batch 进行填充，这是比较标注的做法。由于单个句子非常长，若按原长度处理，则计算机运行非常吃力，因此指定了最大长度为 250。这一步实际上是对所有句子进行填充，并将中文按照词典转换为数字，y_pad = kr.utils.to_categorical(label_id)是指将标签转换为 one-hot 形式。

具体程序如下：

```
    def process(filename, word_to_id, cat_to_id, max_length=250):
        labels, contents = read_file(filename)
        data_id, label_id = [], []

        for i in range(len(contents)):
            data_id.append([word_to_id[x] for x in contents[i] if x in word_to_
id])
            label_id.append(cat_to_id[labels[i]])
```

```
        x_pad  =  kr.preprocessing.sequence.pad_sequences(data_id,  max_length,
padding='post', truncating='post')
        y_pad = kr.utils.to_categorical(label_id)

        return x_pad, y_pad
```

生成每次输入 RNN 模型的 batch。这里用了 np.random.permutation 函数将 indices 打乱，具体程序如下：

```
    def batch_iter(x, y, batch_size = 64):
        data_len = len(x)
        x = np.array(x)
        num_batch = int((data_len - 1)/batch_size) + 1
        indices = np.random.permutation(np.arange(data_len))
        '''
        np.arange(4) = [0,1,2,3]
        np.random.permutation([1, 4, 9, 12, 15]) = [15,  1,  9,  4, 12]
        '''
        x_shuff = x[indices]
        y_shuff = y[indices]
        for i in range(num_batch):
            start_id = i * batch_size
            end_id = min((i+1) * batch_size, data_len)
            yield x_shuff[start_id:end_id], y_shuff[start_id:end_id]
```

最后，根据动态 RNN 模型的特点，需要计算各句子的真实长度并存入列表。为什么要计算真实长度？因为给动态 RNN 输入真实的句子长度，它就知道超过句子真实长度的部分是无用信息了，超过真实长度的部分的值为 0。

具体程序如下：

```
    def sequence(x_batch):
        seq_len = []
        for line in x_batch:
            length = np.sum(np.sign(line))
            seq_len.append(length)
        return seq_len
```

2. RNN 网络

数据预处理完成后，就可以用 TensorFlow 写 RNN 网络结构了。RNN 网络首先要定义 Cell，有三种，分别是 RNNCell、LSTMCell、GRUCell。

然后考虑使用的 RNN 网络是单层还是多层（两层及两层以上），是单向还是双向，是使用动态还是静态。综合考虑，本案例使用的是动态双层单向 LSTM 网络，因此，输入的是三维张量。RNN 的返回值有两个，一个是结果，一个是 Cell 状态，结果也是三维张量。在使用多层 RNN 时需要注意：embedding_dim 和 hidden_dim 在数值上相等，否则会报错。

具体程序如下：

```
    class RnnModel(object):
        def __init__(self):
            self.input_x = tf.placeholder(tf.int32, shape=[None, pm.seq_length],
name='input_x')
            self.input_y = tf.placeholder(tf.float32, shape=[None, pm.
num_classes], name='input_y')
```

```
        self.seq_length = tf.placeholder(tf.int32, shape=[None], name='
sequen_length')
        self.keep_prob = tf.placeholder(tf.float32, name='keep_prob')
        self.global_step = tf.Variable(0, trainable=False, name='global_step')
        self.rnn()
    def rnn(self):
        with tf.device('/cpu:0'), tf.name_scope('embedding'):
            embedding = tf.get_variable('embedding', shape=[pm.vocab_size, pm.
embedding_dim],
initializer=tf.constant_initializer(pm.pre_trianing))
            self.embedding_input = tf.nn.embedding_lookup(embedding, self.
input_x)
        with tf.name_scope('cell'):
            cell = tf.nn.rnn_cell.LSTMCell(pm.hidden_dim)
            cell = tf.nn.rnn_cell.DropoutWrapper(cell, output_keep_
prob=self.keep_prob)
            cells = [cell for _ in range(pm.num_layers)]
            Cell = tf.nn.rnn_cell.MultiRNNCell(cells, state_is_tuple=True)
        with tf.name_scope('rnn'):
           output, _ = tf.nn.dynamic_rnn(cell=Cell, inputs=self.embedding_input,
sequence_length=self.seq_length, dtype=tf.float32)
            output = tf.reduce_sum(output, axis=1)
            #output:[batch_size, seq_length, hidden_dim]
        with tf.name_scope('dropout'):
            self.out_drop = tf.nn.dropout(output, keep_prob=self.keep_prob)
        with tf.name_scope('output'):
            w = tf.Variable(tf.truncated_normal([pm.hidden_dim, pm.num_classes],
stddev=0.1), name='w')
            b = tf.Variable(tf.constant(0.1, shape=[pm.num_classes]), name='b')
            self.logits = tf.matmul(self.out_drop, w) + b
            self.predict  =  tf.argmax(tf.nn.softmax(self.logits),  1,  name='
predict')
        with tf.name_scope('loss'):
           losses = tf.nn.softmax_cross_entropy_with_logits_v2(logits=self.
logits, labels=self.input_y)
            self.loss = tf.reduce_mean(losses)
        with tf.name_scope('optimizer'):
            optimizer = tf.train.AdamOptimizer(pm.learning_rate)
            gradients, variables = zip(*optimizer.compute_gradients(self.loss))
            gradients, _ = tf.clip_by_global_norm(gradients, pm.clip)
           self.optimizer = optimizer.apply_gradients(zip(gradients, variables),
global_step=self.global_step)
        with tf.name_scope('accuracy'):
            correct_prediction = tf.equal(self.predict, tf.argmax(self.input_y,
1))
          self.accuracy = tf.reduce_mean(tf.cast(correct_prediction, tf.float32),
name='accuracy')
```

3. 训练模型

构建好模型后，就可以开始训练了。当 global_step 为 100 的倍数时，输出当前训练结果，本次训练迭代三次，每迭代完一次，保存模型。

具体程序如下：

```
def train():
    tensorboard_dir = './tensorboard/Text_Rnn'
    save_dir = './checkpoints/Text_Rnn'
    if not os.path.exists(tensorboard_dir):
        os.makedirs(tensorboard_dir)
    if not os.path.exists(save_dir):
        os.makedirs(save_dir)
    save_path = os.path.join(save_dir, 'best_validation')
    tf.summary.scalar('loss', model.loss)
    tf.summary.scalar('accuracy', model.accuracy)
    merged_summary = tf.summary.merge_all()
    writer = tf.summary.FileWriter(tensorboard_dir)
    saver = tf.train.Saver()
    session = tf.Session()
    session.run(tf.global_variables_initializer())
    writer.add_graph(session.graph)
    x_train, y_train = process(pm.train_filename, wordid, cat_to_id,
max_length= 250)
    x_test, y_test = process(pm.test_filename, wordid, cat_to_id,
max_length=250)
    for epoch in range(pm.num_epochs):
        print('Epoch:', epoch+1)
        num_batchs = int((len(x_train) - 1) / pm.batch_size) + 1
        batch_train = batch_iter(x_train, y_train, batch_size=pm.batch_size)
        for x_batch, y_batch in batch_train:
            seq_len = sequence(x_batch)
            feed_dict = model.feed_data(x_batch, y_batch, seq_len,
pm.keep_prob)
            _, global_step, _summary, train_loss, train_accuracy =
session.run([model.optimizer, model.global_step, merged_summary,

model.loss, model.accuracy],feed_dict=feed_dict)
            if global_step % 100 == 0:
                test_loss, test_accuracy = model.evaluate(session, x_test,
y_test)
                print('global_step:', global_step, 'train_loss:', train_loss,
'train_accuracy:', train_accuracy,
                      'test_loss:', test_loss, 'test_accuracy:', test_accuracy)
            if global_step % num_batchs == 0:
                print('Saving Model...')
                saver.save(session, save_path, global_step=global_step)
        pm.learning_rate *= pm.lr_decay
```

运行上述程序，对 RNN 网络进行训练，可以得到如图 9.19 所示的训练结果图。

```
global_step: 100 train_loss: 1.8520864 train_accuracy: 0.71875 test_loss: 0.76229286 test_accuracy: 0.875
global_step: 200 train_loss: 0.2220774 train_accuracy: 0.95312 test_loss: 0.20839564 test_accuracy: 0.937
global_step: 300 train_loss: 0.4437284 train_accuracy: 0.90625 test_loss: 0.10285896 test_accuracy: 0.937
global_step: 400 train_loss: 0.4682947 train_accuracy: 0.85976 test_loss: 0.03385965 test_accuracy: 1.000
global_step: 500 train_loss: 0.4435698 train_accuracy: 0.87561 test_loss: 0.18985623 test_accuracy: 0.937
global_step: 600 train_loss: 0.1985674 train_accuracy: 0.93758 test_loss: 0.27111158 test_accuracy: 0.935
global_step: 700 train_loss: 0.3039856 train_accuracy: 0.92186 test_loss: 0.34759685 test_accuracy: 0.875
Saving Model...
```

图 9.19　训练结果图

从每次运行的结果来看，成绩较为理想。运用最后保存的模型对验证集进行预测，并计算准确率，输出前 10 条结果，进行查看。

具体程序如下：

```
def val():
    pre_label = []
    label = []
    session = tf.Session()
    session.run(tf.global_variables_initializer())
    save_path = tf.train.latest_checkpoint('./checkpoints/Text_Rnn')
    saver = tf.train.Saver()
    saver.restore(sess=session, save_path=save_path)
    val_x,    val_y    =    process(pm.val_filename,    wordid,    cat_to_id,
max_length=250)
    batch_val = batch_iter(val_x, val_y, batch_size=64)
    for x_batch, y_batch in batch_val:
        seq_len = sequence(x_batch)
        pre_lab    =    session.run(model.predict,    feed_dict={model.input_x:
x_batch,
                                                model.seq_length: seq_len,
                                                model.keep_prob: 1.0})
        pre_label.extend(pre_lab)
        label.extend(y_batch)
    return pre_label, label
```

模型测试结果如图 9.20 所示。

```
Prefix dict has been built succesfully.
accuracy: 0.9672
预测前10项: [ 6 ,  2 ,  4 ,  5 ,  2 ,  5 ,  1 ,  6 ,  2 ,  8 ]
正确前10项: [ 6  2  4  5  2  5  1  6  2  8 ]

Process finished with exit code 0
```

图 9.20　模型测试结果

由图 9.20 可以看出，该 RNN 模型在 5000 条验证集上的预测准确率达到了 0.9672，从前 10 条结果中也可以看出，结果非常理想。

通过本案例，我们成功地验证了 RNN 网络在处理文本数据时的强大能力。

总结

本章通过介绍文本挖掘的相关知识和研究现状，以及相关的文本挖掘算法，包括 Word2vec-词嵌入和递归神经网络的原理讲解和案例实践，使读者对于现今一些重要的文本挖掘概念及文本挖掘算法有了更加清晰的认识，也促使读者对文本挖掘算法的掌握进一步加深。

相信通过本章的学习，读者对文本挖掘算法的理解和应用能更上一层楼。

习题

一、选择题

1．以下哪些是自然语言处理任务？（　　）

A．命名实体识别　　B．语言生成

C．机器翻译　　D．问答系统

2．WordNet 依赖外部知识库对给定单词的（　　）进行编码。

A．定义　　B．同义词

C．祖先　　D．派生词

3．WordNet 对单词之间的（　　）进行编码。

A．名词　　B．动词

C．形容词　　D．副词

4．WordNet 存在哪些问题？（　　）

A．缺少细微差别

B．WordNet 本身是主观的

C．维护 WordNet 存在问题

D．为其他语言开发 WordNet 成本可能很高

5．共现矩阵对单词的（　　）信息进行编码。

A．语义　　B．上下文

C．内容　　D．位置

6．以下哪些是 NLP 任务？（　　）

A．机器翻译　　B．聊天机器人

C．图像标题生成　　D．语义理解

7．以下哪些是 RNN 的变体？（　　）

A．一对一　　B．一对多

C．多对一　　D．多对多

8．有关 RNN 的变种的说法正确的有哪些？（　　）

A．这些 RNN 的变种结构都有一定程度的调整，但大多都可以处理时序数据的分类或预测问题

B．RNN 的变种可以在某些方面改进 RNN 的不足，如减少梯度消失、输入句子词汇顺序、上文语义获取等

C．RNN 的变种可以处理更丰富的时序数据，包括句子、时间序列、视频区段等数据

D．RNN 的变种增加了网络的复杂性，训练过程的难度一般会更大一些

9．有关 RNN 的说法，以下哪种说法是错误的？（　　）

A．RNN 的隐藏层神经元的输入包括其历史各个时间点的输出

B．在各个时间点，RNN 的输入层与隐藏层之间、隐藏层与输出层之间及相邻时间点之间的隐藏层权重是共享的，因为不同时刻对应同一个网络

C．RNN 比较擅长处理时序数据，如对文本进行分析

D．RNN 的损失函数度量所有时刻的输入与理想输出（导师值）的差异，需要使用梯度下降法调整参数，不断降低损失函数的值

10．RNN 可应用于（　　）。

A．语音识别　　B．机器翻译

C．音乐生成　　D．以上均可以

二、判断题

1．Word2vec-词嵌入是一种学习词嵌入或单词的分布式特征表示的技术。（　　）

2．t-SNE 是一种用于高维数据的可视化技术。（　　）

3．t-SNE 是一种降维技术，它可将高维数据投影到二维空间。（　　）

4．WordNet 是处理单词表示的最流行的经典方法或统计 NLP 方法之一。（　　）

5．可以用独热编码的方式对单词进行表示。（　　）

6．TF-IDF 是一种基于频率的方法，它考虑了单词在语料库中出现的频率。（　　）

7．Word2vec-词嵌入是一种分布式单词表示学习技术。（　　）

8．skip-gram 算法是一种利用上下文来学习好的词嵌入方式的算法。（　　）

9．递归神经网络是一个特殊的神经网络，旨在处理序列数据。（　　）

10．反向传播是用于训练全连接神经网络的技术。（　　）

三、简答题

1．什么是 NLP？

2．WordNet 是什么？

3．WordNet 存在哪些问题？

4．Word2vec-词嵌入是什么？

5．简要介绍 skip-gram 算法。

6．简要叙述 t-SNE 的概念和原理。

7．什么是 RNN，它有哪些变体？

8．简要分析 RNN、CNN 和 LSTM 的区别。

9．Word2vec-词嵌入的应用包括哪些？

10．RNN 的应用包括哪些？

第 10 章　图像处理

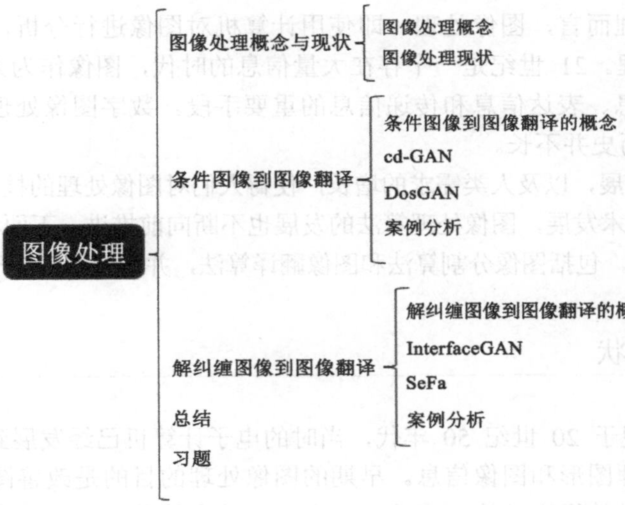

本章导读

本章主要介绍图像处理算法的理论与案例分析，首先分别详细介绍图像处理的概念与现状、图像到图像翻译算法（包括条件图像到图像翻译和解纠缠图像到图像翻译）的原理和算法流程等，最后对算法的应用进行编程实现。

本章要点

- 图像处理概念与现状。
- 条件图像到图像翻译。
- 解纠缠图像到图像翻译。

10.1　图像处理概念与现状

10.1.1　图像处理概念

通常在直观上理解图像的意义，如人类眼睛视网膜上的图像或视频摄像机抓取的图像。这可以表示为两个变量的一个连续（图像）函数 $f(x,y)$，其中，(x,y) 是平面的坐标，或者可能是三个变量的连续函数 $f(x,y,t)$，t 是时间。在绝大多数应用中，包括我们日常生活中遇到的和本书中所要介绍的，这种表示都是合理的。尽管如此，值得注意的是，一幅“图像”有多种获取方式。一般情况下，大多数图像都属于 RGB 三色图像。即便从单色图像的角度介绍算法时也是如此，但无须将自己限定在可见光谱上。工作在红外谱段的摄像机现在已经很普遍了（如用于夜间监视）。也可以使用其他电磁谱段部分，如可以广泛获得的太赫兹成像。进一步，在电磁谱段（光）之外的图像获取也已经很普遍了。在医学领域，数据集由核磁共振、计算机断层扫描摄影、超声等形成。这些方法都会产生大的数据矩阵，需要分析和理解，而这些数据矩阵大多数是三维或更高维的数据矩阵。

那么对于图像处理而言，图像处理，即使用计算机对图像进行分析，以达到所需结果的技术，也称为影像处理。21 世纪是一个存在大量信息的时代，图像作为人类感知世界的视觉基础，是人类获取信息、表达信息和传递信息的重要手段。数字图像处理，即用计算机对图像进行处理，其发展历史并不长。

随着深度学习的发展，以及人类需求的增长，使得人们对图像处理的技术革新有了越来越多的要求。伴随着各种技术发展，图像处理算法的发展也不断向前推进。下面我们将介绍目前的几个重要的图像处理算法，包括图像分割算法和图像翻译算法，并进行相关原理介绍及编程实践。

10.1.2 图像处理现状

图像处理最早出现于 20 世纪 50 年代，当时的电子计算机已经发展到一定的水平。人们开始利用计算机来处理图形和图像信息。早期的图像处理的目的是改善图像质量，它以人为对象，以改善人的视觉效果为目的。而随着深度学习技术的发展，当前的图像处理涉及的范围更广，包括图像识别、图像分割、图像翻译、图像风格转化和图像超分辨率等。

对图像进行处理的主要目的有三个方面：①提高图像的视觉质量，如进行图像的亮度调节、色彩变换、增强或抑制某些成分、对图像进行几何变换等，以改善图像的质量；②提取图像中所包含的某些特征或特殊信息，这些被提取的特征或信息往往为计算机分析图像提供便利。提取特征或信息的过程是计算机或计算机视觉的预处理。提取的特征可以包括很多方面，如频域特征、灰度或颜色特征，以及边界特征、区域特征、纹理特征、形状特征、拓扑特征和关系结构等。③图像数据的变换、编码和压缩，以便于对图像进行存储和传输。不管是何种目的的图像处理，都需要由计算机和图像专用设备组成的图形处理系统对图像数据进行输入、加工和输出。

图像到图像翻译作为计算机视觉中一个复杂的任务，具有极大的实际应用价值。例如，图像翻译可以应用于将照片转换为风格图像的应用程序，也可以应用于新兴的自动驾驶应用程序上，以对道路、汽车和行人进行分割。对于不同的问题，图像到图像翻译的训练目标不同。

一般情况下，图像到图像翻译可以分为条件图像到图像翻译和解纠缠图像到图像翻译。

10.2 条件图像到图像翻译

10.2.1 条件图像到图像翻译的概念

图像到图像翻译旨在学习一种映射，该映射可以将图像从源域转换到目标域，同时保留输入图像的主要表现形式。例如，在图像风格转换任务中，如果一个输入图像被转换为类似梵高风格的图像，它的图像内容会在转换后的图像中被保留下来。由于这一大类的任务通常很难收集到大量的成对数据，因此无监督学习算法被广泛应用于图像到图像翻译中。

条件图像到图像翻译的目标在于可以指定目标域中的域特有特征，该特征由目标域中的另一个输入图像决定，即条件图像到图像翻译包含三个域：源域、条件域和目标域。图 10.1 所示为条件图像到图像翻译示意图，其中，第一张图像为源图像，第二张图像为条件图像，第三张图像为翻译图像。翻译模型将条件图像中猫的颜色和图像背景翻译到源图像中，如图 10.1 所示。

图 10.1 条件图像到图像翻译示意图

10.2.2 cd-GAN

最早涉及条件图像到图像翻译概念的是 cd-GAN。cd-GAN 详细阐述了如何利用条件域信息，将条件域的样式特征转移到目标域中，从而完成条件图像到图像翻译任务。

本节对 cd-GAN 的工作进行总结，以详细阐述该算法是如何将条件域特征转换到目标域特征的。

1. 相关工作分析

为了更清楚地解释条件图像到图像翻译的设定，首先定义一些符号。假设有两个域 D_A 和 D_B。根据隐式假设，图像 $x_A \in D_A$ 可以表示为 $x_A = x_A^i \oplus x_A^s$，其中，x_A^i 是域独立特征，x_A^s 是域特有特征，$\oplus$ 是可以将两种特征合并为完整图像的运算符。类似地，对于图像 $x_B \in D_B$，有 $x_B = x_B^i \oplus x_B^s$。以图 10.1 中的图像为例：如果两个域是不同的猫的图像，那么域独立特征是两个猫共有的特征，如猫的眼睛、嘴巴、耳朵等特征，而域特有特征是猫头的大小、猫的颜色和图像的背景纹理等。

从域 D_A 到域 D_B 的条件图像到图像翻译的问题可以定义为：取图像 $x_A \in D_A$ 作为输入，图像 $x_B \in D_B$ 作为条件输入，在域 D_B 中输出图像 x_{AB}，该图像保留 x_A 的域独立特征并结合 x_B 中包含的域特有特征，即

$$x_{AB} = G_{A\to B}\left(x_A, x_B\right) = x_A^i \oplus x_B^s \tag{10-1}$$

其中，$G_{A\to B}$ 表示翻译函数。类似地，可以有反向的条件翻译

$$x_{BA} = G_{B\to A}\left(x_B, x_A\right) = x_B^i \oplus x_A^s \tag{10-2}$$

简单起见，我们将 $G_{A\to B}$ 称为正向翻译，将 $G_{B\to A}$ 称为反向翻译。

那么对于图像翻译来说，解决条件图像翻译问题存在三个主要挑战。第一个是如何提取给定图像的域独立特征和域特有特征。第二个是如何将来自两个不同域的特征合并生成目标

域中的自然图像。第三个是没有成对的数据来让模型学习这样的映射关系。

为了解决上述问题，研究者提出了 cd-GAN，它可以有效利用生成对抗网络和对偶学习的优势。在这样的框架下，$G_{A\to B}$ 和 $G_{B\to A}$ 可以同时学习。cd-GAN 遵循基于编码器-解码器的框架：编码器用于提取域独立特征和域特有特征，而解码器将这两种特征合并以生成图像。在 cd-GAN 中，使用了生成对抗网络和对偶学习进行网络学习：①对偶学习框架可通过最大限度减小重构误差来帮助学习提取及合并域独立特征和域特有特征。②生成对抗网络可以确保生成的图像很好地模拟目标域中的自然图像。③对偶学习和生成对抗网络都可以在无监督的环境下很好地工作。

2. 模型介绍

（1）编码器-解码器结构。

图 10.2 显示了 cd-GAN 所提出模型的总体架构，其中，左侧是基于编码器-解码器的图像翻译架构，右侧是引入了训练编码器和解码器的其他组件。

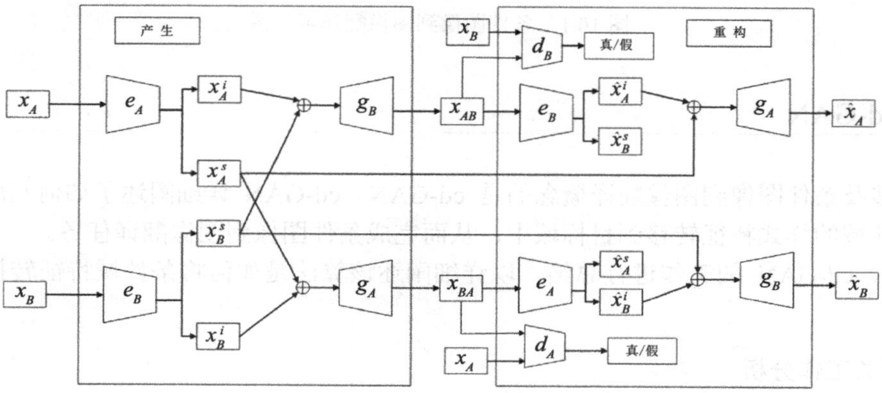

图 10.2　cd-GAN 所提出模型的总体架构

如图 10.2 所示，cd-GAN 包含两个编码器 e_A 和 e_B，以及两个解码器 g_A 和 g_B。

编码器用作特征提取器，将图像作为输入并输出两种类型的特征：域独立特征和域特有特征。需要特别注意，给定两个图像 x_A 和 x_B，有

$$\left(x_A^i, x_A^s\right)=e_A\left(x_A\right);\ \left(x_B^i, x_B^s\right)=e_B\left(x_B\right) \tag{10-3}$$

如果仅看编码器，那么这两种特征之间没有任何区别，因此这两种特征的区分性是由总体模型和训练过程决定的。

在 cd-GAN 模型中，解码器充当生成器的角色，负责将源域中图像的域独立特征和目标域图像的域特有特征作为输入，并在目标域中输出生成的图像。也就是

$$x_{AB}=g_B\left(x_A^i, x_B^s\right),\quad x_{BA}=g_A\left(x_B^i, x_A^s\right) \tag{10-4}$$

（2）训练算法。

cd-GAN 利用对偶学习和 GAN 来训练编码器和解码器。优化过程如图 10.2 右侧所示。

首先介绍 GAN 损失。为了确保生成的 x_{AB} 和 x_{BA} 在相应的目标域中，cd-GAN 使用了两个判别器 d_A 和 d_B 来区分真实图像和合成图像。d_A（或 d_B）将图像作为输入，并输出一个概

率，该概率表明输入来自 D_A（或 D_B）中的自然图像的可能性。该目标函数可以写成

$$l_{\text{GAN}}=\log\left[d_A\left(x_A\right)\right]+\log\left[1-d_A\left(x_{BA}\right)\right]+\log\left[d_B\left(x_B\right)\right]+\log\left[1-d_B\left(x_{AB}\right)\right] \quad (10\text{-}5)$$

编码器和解码器的目标是生成类似自然图像的图像，并欺骗判别器 d_A 和 d_B，即它们试图最小化 l_{GAN}。d_A 和 d_B 的目标是将生成的图像与自然图像区分开，即它们试图最大化 l_{GAN}。

（3）整体训练过程。

由于判别器仅影响 GAN 损失 l_{GAN}，因此 cd-GAN 仅使用此损失来计算梯度并更新 d_A 和 d_B。相比之下，编码器和解码器会影响所有（4 种）损失函数，cd-GAN 使用所有损失函数来计算梯度并更新参数。值得注意的是，由于这 4 种损失函数的大小不同，因此它们的梯度在大小上可能会相差很大。为了使训练过程更加流畅，cd-GAN 对梯度进行了归一化处理，以使它们大小相当。

3. 实验结果

图 10.3 所示为 cd-GAN 和其他算法在鞋子数据集上的实验结果。

图 10.3　cd-GAN 和其他算法在鞋子数据集上的实验结果

如图 10.3 所示，可以看出，cd-GAN 成功学到了条件输入图像的样式，且 cd-GAN 从条件输入图像中学到的特征更加准确。

10.2.3　DosGAN

与 cd-GAN 类似，DosGAN 是在 cd-GAN 的基础上衍生出来的条件图像到图像翻译方法。因此，两者的相关工作类似，在此就不再进行过多的阐述。DosGAN 和 cd-GAN 的不同之处主要在于以下 3 个方面。

（1）DosGAN 的算法原理。

DosGAN 使用一个模型进行条件图像到图像翻译任务，但为了提高可读性，它将在域 A（表示为 D_A）和域 B（表示为 D_B）之间引入两个域转换。假设有一个特定于域的特征提取器 $\alpha(\cdot)$ 和一个独立于域的特征提取器 $\beta(\cdot)$。给定图像 $x\in D_A$ 或 $x\in D_B$，我们可以通过应用两个特征提取器获得其特定于域的功能 x^s 和独立于域的功能 x^i

$$x^s=\alpha(x)，\quad x^i=\beta(x) \quad (10\text{-}6)$$

其中，没有上标的 x 表示图像，具有上标 i 和 s 的 x 分别指的是域特有特征（如 x^i）和域独立特征（如 x^s）。值得注意的是，在将图像从一个域转换为另一个域时，应保留图像与域无关的特征，并更改其特定于域的特征。

然后，D_A 的风格 S_A 和 D_B 的风格 S_B 是

$$S_A = \int_{x\in\mathcal{D}_A} \alpha(x) p_A(x)\mathrm{d}x,\quad S_B = \int_{x\in\mathcal{D}_B} \alpha(x) p_B(x)\mathrm{d}x \tag{10-7}$$

其中，$p_A(x)$ 和 $p_B(x)$ 表示图像 x 属于 D_A 和 D_B 的概率。根据经验，给定域 A 中的一组图像 D_A 和一组 D_B，S_A 和 S_B 可以通过以下方式估算

$$S_A \approx \frac{1}{|D_A|}\sum_{x_A\in D_A}\alpha(x_A),\quad S_B \approx \frac{1}{|D_B|}\sum_{x_B\in D_B}\alpha(x_B) \tag{10-8}$$

其中，$|D_A|$ 和 $|D_B|$ 分别表示 D_A 和 D_B 中的图像数量。$\oplus$ 表示一个生成器，该生成器将一组域特有特征 x^s 和一组域独立特征 x^i 作为输入，并在相应的域中生成图像：对于任意 $x_A \in D_A$ 和 $x_B \in D_B$

$$x_A = x_A^i \oplus x_A^s,\quad x_B = x_B^i \oplus x_B^s \tag{10-9}$$

进一步通过特征交换，有

$$x_{AB} = x_A^i \oplus x_B^s,\quad x_{BA} = x_B^i \oplus x_A^s \tag{10-10}$$

其中，x_{AB} 和 x_{BA} 分别表示由 x_B 作为条件图像和由 x_A 作为条件图像得到的翻译图像。

（2）DosGAN 的翻译架构。

DosGAN 的训练架构如图 10.4 所示。可以看出，为了将图像 x_A 从 DA 转换到 DB，DosGAN 首先对 DB 中的所有图像应用特定于域的特征提取器 $a(\cdot)$，并相应得到样式特征 S_B。然后，将独立于域的特征提取器 $\beta(\cdot)$ 应用到 x_A，并获得域独立特征 x_A^i。之后，生成器将 x_A^i 和 S_B 作为输入，并生成翻译结果 x_{AB}。在实践中，生成器是通过神经网络建模的，需要学习，因此，为了与生成器区别开来，可以使用 g 表示要学习的生成器。

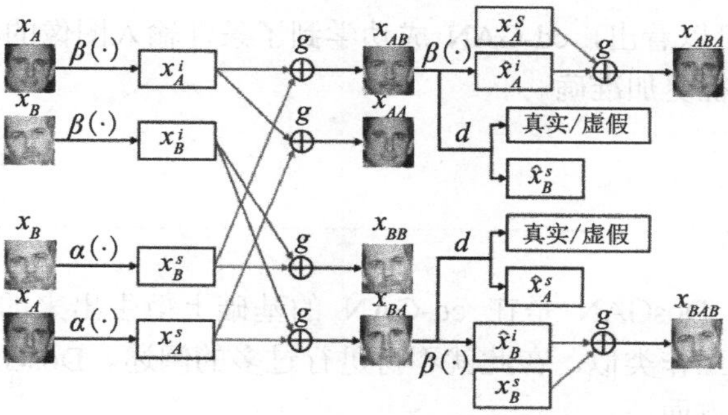

图 10.4　DosGAN 的训练架构

DosGAN 遵循了 GAN 的思想，引入了一个判别器 d，该判别器以（真实/虚假）的图像作为输入，并输出一个概率，该概率表明输入属于真实图像域的可能性。该目标函数如下

$$f_{\mathrm{GAN}} = \frac{1}{|D_A|}\sum_{x_A\in D_A}\log\left[d_{\mathrm{adv}}(x_A)\right] + \log\left[1 - d_{\mathrm{adv}}(x_{AB})\right] \tag{10-11}$$

（3）实验结果。

图 10.5 所示为 DosGAN 在人脸数据集上的实验结果。

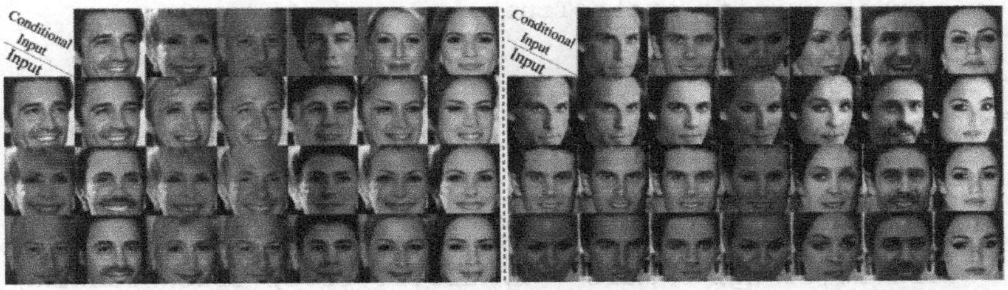

图 10.5　DosGAN 在人脸数据集上的实验结果

从图 10.5 中可以看出，DosGAN 能够成功地从条件图像中学习到域特有特征，并将域特有特征与输入图像相结合，从而得到翻译图像。

10.2.4　案例分析

本案例选用条件图像到图像翻译模型 DosGAN，数据集选用人脸数据集和季节数据集。

DosGAN 主要的模型程序如下：

```
import torch
import torch.nn as nn
import torch.nn.functional as F
import numpy as np
import torchvision.models as models
class ResidualBlock(nn.Module):
    def __init__(self, dim_in, dim_out):
        super(ResidualBlock, self).__init__()
        self.main = nn.Sequential(
            nn.Conv2d(dim_in, dim_out, kernel_size=3, stride=1, padding=1,
bias=False),
            nn.InstanceNorm2d(dim_out, affine=True, track_running_stats=True),
            nn.ReLU(inplace=True),
            nn.Conv2d(dim_out, dim_out, kernel_size=3, stride=1, padding=1,
bias=False),
            nn.InstanceNorm2d(dim_out, affine=True, track_running_stats=True))
    def forward(self, x):
        return x + self.main(x)

class ResnetEncoder(nn.Module):
    def __init__(self, input_nc=3, output_nc=3, n_blocks=3):
        assert(n_blocks >= 0)
        super(ResnetEncoder, self).__init__()
        self.input_nc = input_nc
        self.output_nc = output_nc
        ngf = 64
        padding_type ='reflect'
        norm_layer = nn.InstanceNorm2d
        use_bias = False
        model = [nn.Conv2d(input_nc, ngf, kernel_size=7, padding=3,
                    bias=use_bias),
                    norm_layer(ngf, affine=True,
```

```
                 track_running_stats=True),
                    nn.ReLU(True)]
            n_downsampling = 2
            for i in range(n_downsampling):
                mult = 2**i
                model += [nn.Conv2d(ngf * mult, ngf * mult * 2, kernel_size=4,
                stride=2, padding=1, bias=use_bias),
                norm_layer(ngf * mult * 2, affine=True, track_running_stats=
True),nn.ReLU(True)]
            mult = 2**n_downsampling
            for i in range(n_blocks):
                model += [ResidualBlock(dim_in=ngf * mult, dim_out=ngf * mult)]
            self.model = nn.Sequential(*model)
        def forward(self, input):
            return self.model(input)

    class ResnetDecoder(nn.Module):
        def __init__(self, input_nc=3, output_nc=3, n_blocks=3, ft_num=16,
image_size= 128):
            assert(n_blocks >= 0)
            super(ResnetDecoder, self).__init__()
            self.input_nc = input_nc
            self.output_nc = output_nc
            ngf = 64
            ngf_o = ngf*2
            padding_type ='reflect'
            norm_layer = nn.InstanceNorm2d
            use_bias = False
            model = [ ]
            n_downsampling = 2
            mult = 2**n_downsampling
            model_2 = [ ]
            model_2 += [nn.Linear(ft_num, ngf * mult * int(image_size /
np.power(2, n_downsampling)) * int(image_size / np.power(2, n_downsampling)))]
            model_2 += [nn.ReLU(True)]
            model += [nn.Conv2d(ngf * mult, ngf * mult, kernel_size=3,
                                stride=1, padding=1, bias=use_bias),
                        norm_layer(ngf * mult, affine=True, track_running_
stats=True ),
                        nn.ReLU(True)]
            for i in range(n_blocks):
                model += [ResidualBlock(dim_in=ngf * mult, dim_out=ngf * mult)]
            for i in range(n_downsampling):
                mult = 2**(n_downsampling - i)
                model += [nn.ConvTranspose2d(ngf * mult, int(ngf * mult / 2),
                                    kernel_size=3, stride=2,
                                    padding=1, output_padding=1,
                                    bias=use_bias),
                        norm_layer(int(ngf * mult / 2), affine=True, track_
running_stats=True),
                        nn.ReLU(True)]
```

```
        model += [nn.Conv2d(ngf, 3, kernel_size=7, stride=1, padding=3,
bias=False)]
        model += [nn.tanh()]
        self.model = nn.Sequential(*model)
        self.model_2 = nn.Sequential(*model_2)
    def forward(self, input1, input2):
        out_2 = self.model_2(input2)
        out_2 = out_2.view(input1.size(0), input1.size(1), input1.size(2),
input1.size(3))
        return self.model(input1+out_2)# self.model(torch.cat([input1, input2],
dim=1))

class Classifier(nn.Module):
    def __init__(self, image_size=128, conv_dim=64, c_dim=2, repeat_num=6,
ft_num = 16, n_blocks = 3):
        super(Classifier, self).__init__()
        layers = []
        layers.append(nn.Conv2d(3, conv_dim, kernel_size=4, stride=2,
padding=1))
        layers.append(nn.LeakyReLU(0.01))
        curr_dim = conv_dim
        for i in range(1, repeat_num):
            layers.append(nn.Conv2d(curr_dim, curr_dim*2, kernel_size=4,
stride=2, padding=1))
            layers.append(nn.LeakyReLU(0.01))
            curr_dim = curr_dim * 2
        for i in range(n_blocks):
            layers.append(ResidualBlock(dim_in=curr_dim, dim_out=curr_dim))
        kernel_size = int(image_size / np.power(2, repeat_num))
        self.main = nn.Sequential(*layers)
        self.conv1 = nn.Sequential(*[nn.Conv2d(curr_dim, ft_num, kernel_
size= kernel_size), nn.LeakyReLU(0.01)])
        self.conv2 = nn.Conv2d(ft_num, c_dim, kernel_size=1, bias=False)
    def forward(self, x):
        h = self.main(x)
        out_src = self.conv1(h)
        out_cls = self.conv2(out_src)
        return out_src.view(out_src.size(0), out_src.size(1)), out_cls.view
(out_cls.size(0), out_cls.size(1))

class Discriminator(nn.Module):
    def __init__(self, image_size=128, conv_dim=64, c_dim=5, repeat_num=6,
ft_num = 16):
        super(Discriminator, self).__init__()
        layers = []
        layers.append(nn.Conv2d(3, conv_dim, kernel_size=4, stride=2,
padding=1))
        layers.append(nn.LeakyReLU(0.01))
        curr_dim = conv_dim
        for i in range(1, repeat_num):
            layers.append(nn.Conv2d(curr_dim, curr_dim*2, kernel_size=4,
```

```
stride=2, padding=1))
                layers.append(nn.LeakyReLU(0.01))
                curr_dim = curr_dim * 2
            kernel_size = int(image_size / np.power(2, repeat_num))
            self.main = nn.Sequential(*layers)
            self.conv1 = nn.Conv2d(curr_dim, 1, kernel_size=3, stride=1,
padding=1, bias=False)
            self.conv2 = nn.Conv2d(curr_dim, ft_num, kernel_size=kernel_size,
bias=False)
        def forward(self, x):
            h = self.main(x)
            out_src = self.conv1(h)
            out_cls = self.conv2(h)
            return out_src, out_cls.view(out_cls.size(0), out_cls.size(1))
```

我们分别使用人脸数据集和季节数据集训练模型，然后使用未训练部分的数据对模型进行测试，DosGAN 在人脸数据集上的翻译结果如图 10.6 所示，DosGAN 在季节数据集上的翻译结果如图 10.7 所示。

图 10.6　DosGAN 在人脸数据集上的翻译结果

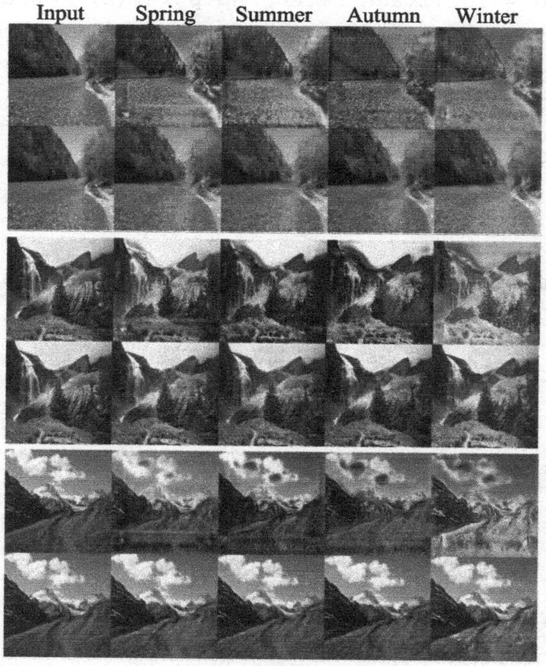

图 10.7　DosGAN 在季节数据集上的翻译结果

从图 10.6 和图 10.7 中可以看出，DosGAN 很好地完成了条件图像到图像翻译任务，且生成了质量较高的图像。

10.3 解纠缠图像到图像翻译

10.3.1 解纠缠图像到图像翻译的概念

在一些研究中，研究人员发现，很多情况下，我们知道图像来自哪个域。受此观察结果的启发，研究人员提出使用这种图像域级别的信号作为显式监督，并且通过预训练好的卷积神经网络来预测图像属于哪个域。如果这样的网络能很好地区分来自不同域的图像，那就说明在网络的倒数第二层包含着丰富的域信息，以捕捉每个域的域特有信息。因此，可以通过改变卷积神经网络的结构和参数来控制域特有信息。

我们将这种通过从潜在空间出发来改变输入图像的特有特征的图像到图像翻译方式称为解纠缠图像到图像翻译。

与条件图像到图像翻译不同的是，解纠缠图像到图像翻译无须从条件图像域学习特有特征或风格特征，而是直接探究输入图像深层次的潜在空间中的特征关系。通过对特征关系的学习和解耦来达到对输入图像的特有特征进行编辑的目的。

图 10.8 所示为解纠缠图像到图像翻译的一些示例。

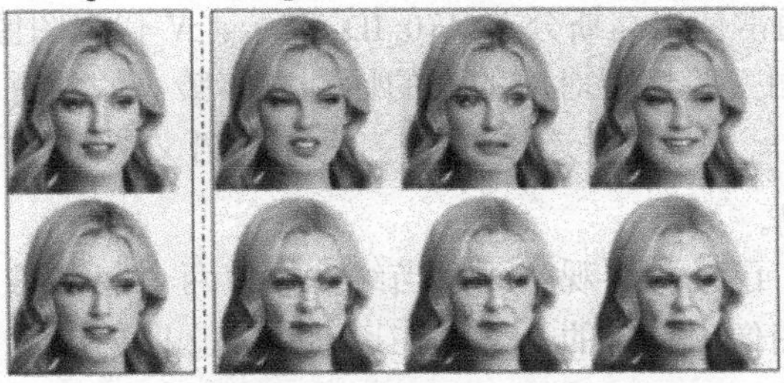

图 10.8　解纠缠图像到图像翻译的一些示例

10.3.2 InterfaceGAN

InterfaceGAN 于 2019 年被提出，它通过解释 GAN 学习的潜在语义来进行人脸图像到图像翻译。

（1）相关工作。

首先，生成对抗网络（GAN）由于其具有能够产生真实级图像的巨大潜力，近年来引起了广泛关注。它通常将采样的潜在代码作为输入，并输出图像合成。为了使 GAN 适用于真实图像处理，现有的方法提出了从潜在空间到图像空间的反向映射或学习与 GAN 训练相关联的附加编码器。尽管取得了巨大的成功，但在理解 GANs 如何学习将输入潜在空间与真实视觉世界中的语义联系起来方面，几乎没有做什么工作。

GAN 的潜在空间一般被视为黎曼流形。先前的工作集中于探索如何通过潜在空间中的插值使输出图像从一个合成平滑地变化到另一个合成，而不管图像是否是语义可控的。GLO 算法同时优化了生成器和潜在代码，以学习更好的潜在空间。然而，关于训练有素的 GAN 如何在潜在空间内编码不同语义的研究仍然缺乏。一些工作已经观察到向量算术性质。除此之外，这些工作从单个语义的属性和多个语义的解纠缠两个方面提供了对潜在空间中编码的语义的详细分析。一些并行的工作也探索了 GAN 学习的潜在语义。Jahanian 等人研究了 GAN 在相机运动和图像色调方面的可操纵性。Goetschalckx 等人提高了输出图像的可记忆性。Yang 等人探索了场景合成的深度生成表示中的层次语义。与它们不同的是，InterfaceGAN 专注于人脸合成中出现的面部属性，并将该方法扩展到真实的图像处理。

InterfaceGAN 旨在操纵给定图像的面部属性。与可以任意生成图像的无条件 GAN 相比，InterfaceGAN 期望模型只改变目标属性，而保持输入人脸的其他信息。为了实现这一目标，目前的方法需要精心设计的损失函数，引入额外的属性标签、特征或特殊的体系结构来训练新模型。然而，这些模型的合成分辨率和质量远远落后于原生 GAN，如 PGGAN 和 StyleGAN。与以往基于学习的方法不同，InterfaceGAN 探索了固定 GAN 模型潜在空间中的可解释语义，并通过改变潜在代码将无约束 GAN 转化为可控 GAN。

（2）InterfaceGAN 算法的原理。

下面我们介绍 InterFaceGAN 的框架，该框架首先对训练有素的 GAN 模型的潜在空间中出现的语义属性进行了严格的分析，然后构建了一个利用潜在代码中的语义进行面部属性编辑的操作途径。

给定一个训练有素的 GAN 模型，生成器可以被公式化为确定性函数 $g:Z\rightarrow X$，这里，Z 表示 d 维潜在空间，通常使用高斯分布 $N(0,\mathrm{ID})$ 表示。X 代表图像空间，其中，每个样本 x 拥有特定的语义信息，如人脸模型对应的人的性别和年龄。假设有一个语义评分函数来表示语义空间。因此可以用 $\boldsymbol{s}=f_s\left[g(z)\right]$ 连接潜在空间 Z 和语义空间 S，其中，$\boldsymbol{s}$ 和 z 分别表示语义得分和采样的潜在代码。

对于单个特征来说，已经广泛观察到，当线性插值两个潜在码 z_1 和 z_2 时，相应合成的外观连续变化。它意味着图像中包含的语义也在逐渐变化。根据属性 z_1 和 z_2 之间的线性插值形成 Z 方向，这进一步定义了超平面。因此，假设对于任何二元语义（如男性对女性），在潜在空间中存在一个超平面作为分离边界。当潜在代码在超平面的同一侧行走时，语义保持不变，而当潜在代码越过边界时，语义变为相反的含义。

给定一个单位法向量 $\boldsymbol{n}$，且 $\boldsymbol{n}\in R^d$ 的超平面，首先将样本 z 到这个超平面的“距离”定义为

$$d(\boldsymbol{n},z)=\boldsymbol{n}^{\mathrm{T}}z \tag{10-12}$$

其中，$d(\cdot)$ 不是严格定义的距离，因为它可以是负的。当 z 位于边界附近，向超平面移动并穿过超平面时，“距离”和语义得分都相应变化。而正是在“距离”改变其数字符号的时候，语义属性发生了逆转。因此，可以预见这两者是线性相关的。

$$f\left[g(z)\right]=\lambda d(\boldsymbol{n},z) \tag{10-13}$$

性质 1：给定 $\boldsymbol{n}\in R^d$，集合 $\left\{z\in R^d:\boldsymbol{n}^{\mathrm{T}}z=0\right\}$ 在 R^d 中定义了一个超平面，$\boldsymbol{n}$ 称为法向量。所有满足 $\boldsymbol{n}^{\mathrm{T}}z>0$ 的向量 $z\in R^d$ 都位于超平面的同一侧。

性质 2：给定定义超平面的 $\boldsymbol{n} \in R^d$（$\boldsymbol{n}^{\mathrm{T}}\boldsymbol{n}=1$）和多元随机变量 z，对于任意的 a 和 d 的取值，都有其固定的概率分布。

多重语义

当涉及 m 种不同的语义时，有

$$\boldsymbol{s}=f_s\left[g(z)\right]=\boldsymbol{\Lambda}\boldsymbol{N}^{\mathrm{T}}z \tag{10-14}$$

其中，$\boldsymbol{s}=[s_1,\cdots,s_m]$ 为描述语义得分，$\boldsymbol{\Lambda}=\mathrm{diag}(\lambda_1,\cdots,\lambda_m)$ 是包含线性系数的对角矩阵，$\boldsymbol{N}=[n_1,\cdots,n_m]$ 表示分离边界。意识到随机样本 z 的分布，即(0, ID)，可以很容易地计算语义得分 $\boldsymbol{s}$ 的均值和协方差矩阵为

$$\mu_S=E\left(\boldsymbol{\Lambda}\boldsymbol{N}^{\mathrm{T}}z\right)=\boldsymbol{\Lambda}\boldsymbol{N}^{\mathrm{T}}E(z)=0 \tag{10-15}$$

$$\Sigma_S=E\left(\boldsymbol{\Lambda}\boldsymbol{N}^{\mathrm{T}}zz^{\mathrm{T}}\boldsymbol{N}\boldsymbol{\Lambda}^{\mathrm{T}}\right)=\boldsymbol{\Lambda}\boldsymbol{N}^{\mathrm{T}}E\left(zz^{\mathrm{T}}\right)\boldsymbol{N}\boldsymbol{\Lambda}^{\mathrm{T}} \tag{10-16}$$

因此有 $s\sim N\left(0,\boldsymbol{\Sigma}_s\right)$，这是一个多元正态分布。当且仅当 $\boldsymbol{\Sigma}_s$ 是对角矩阵时，$\boldsymbol{s}$ 的不同项是分离的，这需要 $[n_1,\cdots,n_m]$ 相互正交。如果这个条件不成立，那么一些语义将相互关联，$\boldsymbol{n}_i^{\mathrm{T}}\boldsymbol{n}_j$ 可以用来衡量第 i 语义和第 j 语义之间的纠缠。

通过这样的方法就可以对多重语义进行一定程度上的解纠缠。

（3）潜在空间处理。

前面介绍了 InterfaceGAN 的算法原理，主要是语义处理。下面将会介绍如何使用得到的潜在空间的语义来进行图像到图像翻译。

对于解纠缠图像到图像翻译而言，它的处理过程可以分为单属性处理、条件处理和真实条件处理三部分。

单属性处理

为了操纵合成图像的属性，可以很容易地使用 $z_{\mathrm{edit}}=z+\alpha\boldsymbol{n}$ 编辑潜在代码 z，在 $\alpha>0$ 的时候，合成的图像向着好的方向改变，因为编辑后分数变成 $f\left[g\left(z_{\mathrm{edit}}\right)\right]=f\left[g(z)\right]+\lambda\alpha$。同样，$\alpha<0$ 会使合成看起来更消极。

条件处理

当有多个属性时，编辑一个属性可能会影响另一个属性，因为某些语义可以相互耦合。为了实现更精确的控制，研究人员建议通过在等式中手动强制 $\boldsymbol{N}^{\mathrm{T}}\boldsymbol{N}$ 来进行条件操作，特别是使用投影来正交化不同的向量。如图 10.9 所示，给定两个具有法向量 $\boldsymbol{n}_1$ 和 $\boldsymbol{n}_2$ 的超平面，可以找到一个投影方向 $\boldsymbol{n}_1-(\boldsymbol{n}_1^{\mathrm{T}}\boldsymbol{n}_2)\boldsymbol{n}_2$，这样沿着这个新方向移动的样本可以改变“属性 1”而不影响“属性 2”，称这个操作为条件操作。如果有一个以上的属性要被条件化，那么只需要将特定属性向量减去其他属性向量投影到共同平面上的法向量即可。

真实条件处理

由于 InterfaceGAN 的方法能够从固定的 GAN 模型的潜在空间进行语义编辑，因此在执行操作之前，我们首先需要将真实图像映射到潜在代码。为此，现有方法已经提出直接优化潜在代码，以最小化重建损失，或者学习额外的编码器，以将目标图像反转回潜在空间。还

有一些模型已经在 GAN 的训练过程中涉及编码器，我们可以直接用于推理。

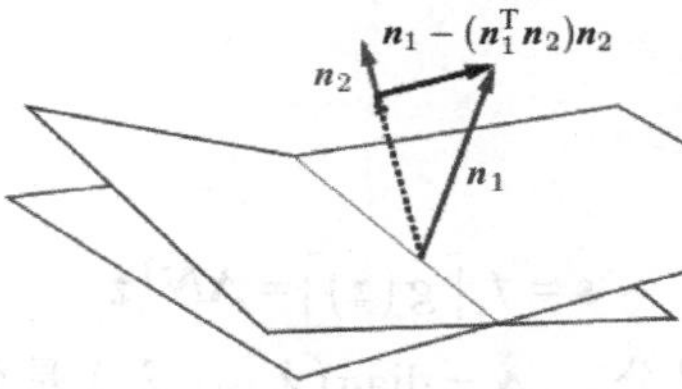

图 10.9 单一特征决策示意图

（4）实验结果。

图 10.10 所示为解纠缠图像到图像翻译算法 InterfaceGAN 在人脸数据集上的一些实验结果。

图 10.10 解纠缠图像到图像翻译算法 InterfaceGAN 在人脸数据集上的一些实验结果。

从图 10.10 中可以看出，InterfaceGAN 无须借助条件域图像，即可完成图像到图像翻译任务，并且在从各个特征的翻译结果来看，InterfaceGAN 也展现了强大的特征解耦能力。

10.3.3 SeFa

SeFa 算法于 2021 年被提出，相较于解纠缠图像到图像翻译算法，SeFa 算法有了更大的改进。

（1）算法背景。

GAN 中的生成器 G 从 d 维潜在空间 Z 学习把图像特征从低维空间映射到高维空间。假设 z 和 $G(x)$ 分别表示输入潜在代码和输出图像。最先进的 GAN 模型通常采用卷积神经网络作为生成器结构，G 由多个层组成，逐步将起始潜在空间投影到最终图像空间。每一步学习从一个空间到另一个空间的转换。而 SeFa 专注于研究第一步，它直接作用于我们想要探索的潜在空间。特别是，它可以表示为仿射变换，就像大多数 GAN 所做的那样，即

$$G_1(z)=y=Az+b \tag{10-17}$$

其中，y 是 m 维潜在代码，A 和 b 分别代表第一步转换步骤 $G_1(\cdot)$ 使用的权重和偏置。

一些研究表明，GAN 的潜在空间编码了丰富的语义知识。这些语义可以进一步应用于具有向量算术属性的图像到图像翻译任务。具体而言，一些研究建议使用某个方向 n 来表示潜

在空间中的特定语义。在识别出语义上有意义的方向后，可以通过以下公式实现操纵

$$\text{edit}(G(z)) = G(z') = G(z+\alpha n) \tag{10-18}$$

这在现有方法中经常被用到，其中，edit()表示编辑操作。换句话说，我们可以通过沿确定的方向 $\boldsymbol{n}$ 线性移动潜在代码 $\boldsymbol{z}$ 来改变目标语义。α 表示操纵强度。

（2）算法原理。

解纠缠图像到图像翻译的目标是从 GAN 的潜在空间揭示解释因素（上述公式中的方向 $\boldsymbol{n}$）。如上所述，GAN 中的生成器可以看作一个多步函数，它将潜在空间逐渐投影到图像空间。让我们仔细观察第一个投影步骤，根据仿射变换公式，上述公式中的操纵模型可简化为

$$\boldsymbol{y}' = G_1(\boldsymbol{z}') = G_1(\boldsymbol{z}+\alpha\boldsymbol{n}) = \boldsymbol{Az}+\boldsymbol{b}+\alpha\boldsymbol{An} = \boldsymbol{y}+\alpha\boldsymbol{An} \tag{10-19}$$

从上式中可以观察到，操纵过程与实例无关。换句话说，给定任何潜在代码 $\boldsymbol{z}$ 和某个潜在方向 $\boldsymbol{n}$，总是可以通过在第一步之后将术语 $\alpha\boldsymbol{An}$ 添加到投影代码上来实现编辑。从这个角度来看，权重参数 $\boldsymbol{A}$ 应该包含图像变化的基本知识。因此，我们的目标是通过分解 $\boldsymbol{A}$ 来发现重要的潜在方向。

为此，提出了一种无监督方法，它独立于数据采样和模型训练，通过解决以下优化问题来进行语义分解

$$\boldsymbol{n}^* = \mathop{\arg\max}_{\{n\in R^d:n^{\mathrm{T}}n=1\}} \|\boldsymbol{An}\|_2^2 \tag{10-20}$$

其中，$\|\cdot\|_2$ 表示 L2 范数。这个问题的目的是在 $\boldsymbol{A}$ 的投影后找到可能导致较大变化的方向。直观地说，如果某个方向 $\boldsymbol{n}'$ 投影到单位向量，即 $\boldsymbol{An}'=0$ 时，那么编辑操作变为 $\boldsymbol{y}'=\boldsymbol{y}$，这将保持输出语义不变，并可以更改其中出现的语义。

在寻找 k 个最重要方向 $\{\boldsymbol{n}_1,\cdots,\boldsymbol{n}_k\}$ 的情况下，上式可以展开为

$$\boldsymbol{N}^* = \mathop{\arg\max}_{\{N\in \mathrm{R}^{d\times k}:\boldsymbol{n}_i^{\mathrm{T}}\boldsymbol{n}_i=1\forall i=1,\cdots,k\}} \sum_{i=1}^{k}\|\boldsymbol{An}\|_{i2}^2 \tag{10-21}$$

其中，$\boldsymbol{N}=[\boldsymbol{n}_1,\boldsymbol{n}_2,\cdots,\boldsymbol{n}_k]$ 对应于最大的 k 个语义。为了解决此问题，可以将拉格朗日乘子引入上述公式，得到

$$\begin{aligned}\boldsymbol{N}^* &= \mathop{\arg\max}_{N\in \mathrm{R}^{d\times k}} \sum_{i=1}^{k}\|\boldsymbol{An}\|_{i2}^2 - \sum_{i=1}^{k}\lambda_i(\boldsymbol{n}_i^{\mathrm{T}}\boldsymbol{n}_i-1)\\ &= \mathop{\arg\max}_{N\in R^{d\times k}} \sum_{i=1}^{k}(\boldsymbol{n}_i^{\mathrm{T}}\boldsymbol{A}^{\mathrm{T}}\boldsymbol{An}_i-\lambda_i\boldsymbol{n}_i^{\mathrm{T}}\boldsymbol{n}_i+\lambda_i)\end{aligned} \tag{10-22}$$

通过对每个 $\boldsymbol{n}_i$ 取偏导数，可以得到

$$2\boldsymbol{A}^{\mathrm{T}}\boldsymbol{An}_i - 2\lambda_i\boldsymbol{n}_i = 0 \tag{10-23}$$

上述公式的可能解应为矩阵 $\boldsymbol{A}^{\mathrm{T}}\boldsymbol{A}$ 的特征向量。为了获得最大目标值并使 $\{\boldsymbol{n}_i\}_{i=1}^k$ 可相互区分，可以选择 N 个列向量作为与 k 个最大特征值相关联的 $\boldsymbol{A}^{\mathrm{T}}\boldsymbol{A}$ 的特征向量。

因此，可以通过改变特征值而改变特征向量，即改变了图像对应的特征。这也是 SeFa 解耦算法的核心思想。

（3）实验结果。

图 10.11 所示为 SeFa 在一些数据集上的实验结果。

图 10.11　SeFa 在一些数据集上的实验结果

从图 10.11 中可以看出，SeFa 在多个数据集的高分辨率图像上实现了解纠缠图像到图像翻译任务，而且 SeFa 算法生成的图像的质量更高。

10.3.4　案例分析

本案例选用解纠缠图像到图像翻译中的 InterfaceGAN，数据集为人脸数据集，其中最重要的编辑部分的代码如下：

```
import os.path
import argparse
import cv2
import numpy as np
from tqdm import tqdm
from models.model_settings import MODEL_POOL
from models.pggan_generator import PGGANGenerator
from models.stylegan_generator import StyleGANGenerator
from utils.logger import setup_logger
from utils.manipulator import linear_interpolate
def parse_args():
  parser = argparse.ArgumentParser(
      description='Edit image synthesis with given semantic boundary.')
  parser.add_argument('-m', '--model_name', type=str, required=True,
                      choices=list(MODEL_POOL),
                      help='Name of the model for generation. (required)')
  parser.add_argument('-o', '--output_dir', type=str, required=True,
                      help='Directory to save the output results. (required)')
  parser.add_argument('-b', '--boundary_path', type=str, required=True,
                      help='Path to the semantic boundary. (required)')
  parser.add_argument('-i', '--input_latent_codes_path', type=str,
default='',
                      help='If specified, will load latent codes from given '
                           'path instead of randomly sampling. (optional)')
  parser.add_argument('-n', '--num', type=int, default=1,
                      help='Number of images for editing. This field will be '
```

```
                          'ignored if `input_latent_codes_path` is specified. '
                           '(default: 1)')
    parser.add_argument('-s', '--latent_space_type', type=str, default='z',
                        choices=['z', 'Z', 'w', 'W', 'wp', 'wP', 'Wp', 'WP'],
                        help='Latent space used in Style GAN. (default: `Z`)')
    parser.add_argument('--start_distance', type=float, default=-3.0,
                        help='Start point for manipulation in latent space. '
                           '(default: -3.0)')
    parser.add_argument('--end_distance', type=float, default=3.0,
                        help='End point for manipulation in latent space. '
                           '(default: 3.0)')
    parser.add_argument('--steps', type=int, default=10,
                        help='Number of steps for image editing. (default: 10)')
    return parser.parse_args()
  def main():
    args = parse_args()
    logger = setup_logger(args.output_dir, logger_name='generate_data')
    logger.info(f'Initializing generator.')
    gan_type = MODEL_POOL[args.model_name]['gan_type']
    if gan_type == 'pggan':
      model = PGGANGenerator(args.model_name, logger)
      kwargs = {}
    elif gan_type == 'stylegan':
      model = StyleGANGenerator(args.model_name, logger)
      kwargs = {'latent_space_type': args.latent_space_type}
    else:
      raise NotImplementedError(f'Not implemented GAN type `{gan_type}`!')
    logger.info(f'Preparing boundary.')
    if not os.path.isfile(args.boundary_path):
      raise ValueError(f'Boundary `{args.boundary_path}` does not exist!')
    boundary = np.load(args.boundary_path)
    np.save(os.path.join(args.output_dir, 'boundary.npy'), boundary)
    logger.info(f'Preparing latent codes.')
    if os.path.isfile(args.input_latent_codes_path):
      logger.info(f'  Load latent codes from `{args.input_latent_
codes_path}`.')
      latent_codes = np.load(args.input_latent_codes_path)
      latent_codes = model.preprocess(latent_codes, **kwargs)
    else:
      logger.info(f'  Sample latent codes randomly.')
      latent_codes = model.easy_sample(args.num, **kwargs)
    np.save(os.path.join(args.output_dir, 'latent_codes.npy'), latent_codes)
    total_num = latent_codes.shape[0]
    logger.info(f'Editing {total_num} samples.')
    for sample_id in tqdm(range(total_num), leave=False):
      interpolations  =  linear_interpolate(latent_codes[sample_id:sample_id  +
1],
                                            boundary,
                                            start_distance=args.start_distance,
                                            end_distance=args.end_distance,
```

```
                                steps=args.steps)
    interpolation_id = 0
    for interpolations_batch in model.get_batch_inputs(interpolations):
      if gan_type == 'pggan':
        outputs = model.easy_synthesize(interpolations_batch)
      elif gan_type == 'stylegan':
        outputs = model.easy_synthesize(interpolations_batch, **kwargs)
      for image in outputs['image']:
        save_path = os.path.join(args.output_dir,
                       f'{sample_id:03d}_{interpolation_id:03d}.jpg')
        cv2.imwrite(save_path, image[:, :, ::-1])
        interpolation_id += 1
    assert interpolation_id == args.steps
    logger.debug(f'  Finished sample {sample_id:3d}.')
  logger.info(f'Successfully edited {total_num} samples.')
if __name__ == '__main__':
  main()
```

对图像的特征进行编辑后，就可以进行图像翻译操作了，具体程序如下：

```
import os.path
import argparse
from collections import defaultdict
import cv2
import numpy as np
from tqdm import tqdm
from models.model_settings import MODEL_POOL
from models.pggan_generator import PGGANGenerator
from models.stylegan_generator import StyleGANGenerator
from utils.logger import setup_logger
def parse_args():
  parser = argparse.ArgumentParser(
      description='Generate images with given model.')
  parser.add_argument('-m', '--model_name', type=str, required=True,
                      choices=list(MODEL_POOL),
                      help='Name of the model for generation. (required)')
  parser.add_argument('-o', '--output_dir', type=str, required=True,
                      help='Directory to save the output results. (required)')
  parser.add_argument('-i', '--latent_codes_path', type=str, default='',
                      help='If specified, will load latent codes from given '
                           'path instead of randomly sampling. (optional)')
  parser.add_argument('-n', '--num', type=int, default=1,
                      help='Number of images to generate. This field will be '
                           'ignored if `latent_codes_path` is specified. '
                           '(default: 1)')
  parser.add_argument('-s', '--latent_space_type', type=str, default='z',
                      choices=['z', 'Z', 'w', 'W', 'wp', 'wP', 'Wp', 'WP'],
                      help='Latent space used in Style GAN. (default: `Z`)')
  parser.add_argument('-S', '--generate_style', action='store_true',
                      help='If specified, will generate layer-wise style codes
'
                           'in Style GAN. (default: do not generate styles)')
  parser.add_argument('-I', '--generate_image', action='store_false',
```

```
                help='If specified, will skip generating images in '
                     'Style GAN. (default: generate images)')
    return parser.parse_args()
def main():
    args = parse_args()
    logger = setup_logger(args.output_dir, logger_name='generate_data')
    logger.info(f'Initializing generator.')
    gan_type = MODEL_POOL[args.model_name]['gan_type']
    if gan_type == 'pggan':
      model = PGGANGenerator(args.model_name, logger)
      kwargs = {}
    elif gan_type == 'stylegan':
      model = StyleGANGenerator(args.model_name, logger)
      kwargs = {'latent_space_type': args.latent_space_type}
    else:
      raise NotImplementedError(f'Not implemented GAN type `{gan_type}`!')
    logger.info(f'Preparing latent codes.')
    if os.path.isfile(args.latent_codes_path):
      logger.info(f'  Load latent codes from `{args.latent_codes_path}`.')
      latent_codes = np.load(args.latent_codes_path)
      latent_codes = model.preprocess(latent_codes, **kwargs)
    else:
      logger.info(f'  Sample latent codes randomly.')
      latent_codes = model.easy_sample(args.num, **kwargs)
    total_num = latent_codes.shape[0]
    logger.info(f'Generating {total_num} samples.')
    results = defaultdict(list)
    pbar = tqdm(total=total_num, leave=False)
    for latent_codes_batch in model.get_batch_inputs(latent_codes):
      if gan_type == 'pggan':
        outputs = model.easy_synthesize(latent_codes_batch)
      elif gan_type == 'stylegan':
        outputs = model.easy_synthesize(latent_codes_batch,
                                        **kwargs,
                                        generate_style=args.generate_style,
                                        generate_image=args.generate_image)
      for key, val in outputs.items():
        if key == 'image':
          for image in val:
            save_path = os.path.join(args.output_dir, f'{pbar.n:06d}.jpg')
            cv2.imwrite(save_path, image[:, :, ::-1])
            pbar.update(1)
        else:
          results[key].append(val)
      if 'image' not in outputs:
        pbar.update(latent_codes_batch.shape[0])
      if pbar.n % 1000 == 0 or pbar.n == total_num:
        logger.debug(f'  Finish {pbar.n:6d} samples.')
    pbar.close()
    logger.info(f'Saving results.')
    for key, val in results.items():
```

```
        save_path = os.path.join(args.output_dir, f'{key}.npy')
        np.save(save_path, np.concatenate(val, axis=0))
if __name__ == '__main__':
  main()
```

运用人脸数据集训练 InterfaceGAN，可以得到如图 10.12 所示的 InterfaceGAN 在人脸数据集上的部分翻译结果。

图 10.12　InterfaceGAN 在人脸数据集上的部分翻译结果

从图 10.12 中可以看出，InterfaceGAN 无须条件域图像的样式特征参考，也可以出色地完成图像翻译任务。

总结

本章通过介绍图像处理的相关知识和研究现状，以及相关的图像到图像翻译算法，包括条件图像到图像翻译算法和解纠缠图像到图像翻译算法的原理讲解和案例实践，使读者对现今一些重要的图像处理概念及图像翻译算法有了更加清晰的认识，也促使读者对图像翻译算法的掌握进一步加深。

相信通过本章的学习，读者对图像处理算法的理解和应用能更上一层楼。

习题

一、选择题

1．图像处理一般包括下列哪些部分？（　　）

A．图像翻译　　B．图像增强

C．图像恢复　　D．图像识别

2. 常用的图像处理方法有（ ）。
A. 图像增强
B. 图像恢复
C. 图像翻译
D. 图像重建
3. 图像翻译包括（ ）问题。
A. 计算机视觉
B. 计算机图形学
C. 图像处理
D. 风格迁移
4. 图像翻译包括（ ）。
A. 条件图像到图像翻译
B. 解纠缠图像到图像翻译
C. 小样本图像到图像翻译
D. 多特征图像到图像翻译
5. 按照监督方式来分，图像到图像翻译可以分为（ ）。
A. 无监督图像到图像翻译
B. 监督图像到图像翻译
C. 自监督图像到图像翻译
D. 弱监督图像到图像翻译
6. 以下哪些是条件图像到图像翻译方法？（ ）
A. cd-GAN
B. DosGAN
C. InterfaceGAN
D. SeFa
7. 以下哪些是解纠缠图像到图像翻译方法？（ ）
A. cd-GAN
B. DosGAN
C. InterfaceGAN
D. SeFa
8. 图像到图像翻译的图像域一般包括（ ）。
A. 源域
B. 条件域
C. 目标域
D. 中间域
9. 对于图像到图像翻译来说，图像的特征可以分为（ ）。
A. 独立特征
B. 特有特征
C. 中间特征
D. 自适应特征
10. 图像到图像翻译模型的架构可以是（ ）。
A. 生成对抗网络
B. 卷积神经网络
C. 全连接神经网络
D. 循环神经网络

二、判断题

1. 图像到图像翻译是从图像到图像的过程。（ ）
2. 图像到图像翻译可以分为无监督图像到图像翻译和监督图像到图像翻译。（ ）
3. 图像到图像翻译可以分为条件图像到图像翻译和解纠缠图像到图像翻译。（ ）
4. 图像处理包括图像增强、图像识别和图像到图像翻译等内容。（ ）
5. Cd-GAN 和 DosGAN 是条件图像到图像翻译方法。（ ）
6. InterfaceGAN 和 SeFa 是解纠缠图像到图像翻译方法。（ ）
7. 对于条件图像到图像翻译来说，重点是从条件域图像学习特有特征并转换。（ ）
8. 对于解纠缠图像到图像翻译来说，重点是从图像的潜在空间学习分离和操纵图像。（ ）
9. 图像到图像翻译使用的数据集包含人脸数据集和季节数据集等。（ ）
10. 图像到图像翻译可以对图像中的多个特征进行操纵。（ ）

三、简答题

1．什么是图像处理？图像处理包含哪些内容？
2．什么是图像到图像翻译？
3．简要叙述条件图像到图像翻译及其相关方法。
4．简要叙述解纠缠图像到图像翻译及其相关方法。
5．简要叙述 cd-GAN 的原理。
6．简要叙述 DosGAN 的原理。
7．简要叙述 InterfaceGAN 的原理。
8．简要叙述 SeFa 的原理。
9．图像到图像翻译的优点和缺点有哪些？
10．图像到图像翻译的基础架构有哪些？

第 11 章 人工智能大模型

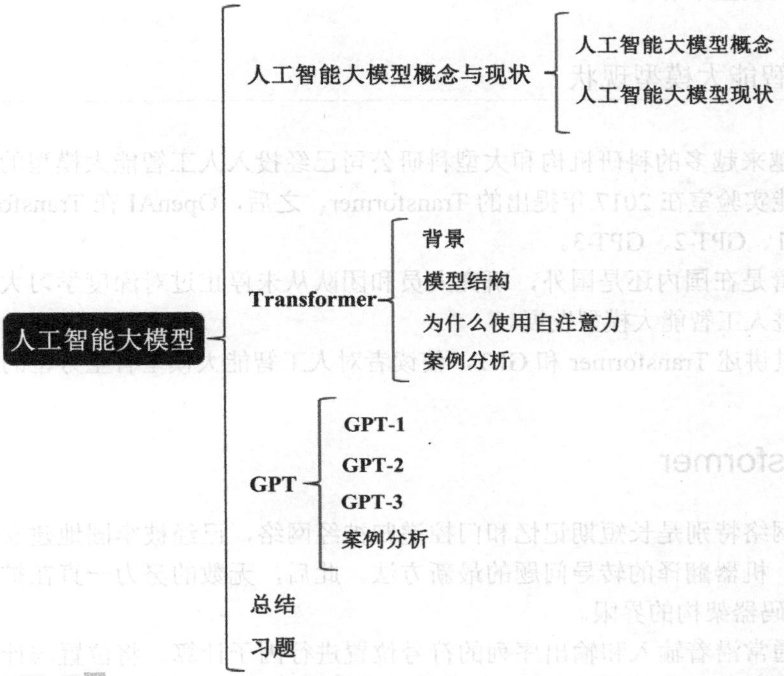

本章导读

本章主要介绍人工智能大模型的理论与案例分析，分别详细介绍 Transformer 及 GPT-1、GPT-2 和 GPT-3 模型的原理和设计等相关知识，并对各个模型的应用进行了编程实现。

本章要点

- 人工智能大模型概念与现状。
- Transformer。
- GPT。

11.1 人工智能大模型概念与现状

11.1.1 人工智能大模型概念

人工智能作为新一代产业变革的核心驱动力之一，其发展已经从“大炼模型”逐步迈向“炼大模型”的阶段。通过设计先进的算法，整合尽可能多的数据，汇聚大量算力，集约化地训练大模型，从而服务更多的企业，成为当下人工智能发展的趋势。

人工智能大模型指的就是那些模型参数上亿的模型，对于人工智能算法或模型来说，不同大小和类型的模型的参数不相同，所具有的能力也不尽相同。大模型相较于小模型具有参数多、网络规模大、功能强等优点。因此，一些小模型解决不了的问题或小模型很难解决的问题可以使用大模型来解决。

11.1.2 人工智能大模型现状

近年来，越来越多的科研机构和大型科研公司已经投入人工智能大模型的研究浪潮中，如谷歌人工智能实验室在 2017 年提出的 Transformer，之后，OpenAI 在 Transformer 的基础上又提出了 GPT-1、GPT-2、GPT-3。

因此，不管是在国内还是国外，研究人员和团队从未停止过对深度学习大模型的开发，而这也不断促进人工智能大模型发展。

本章将通过讲述 Transformer 和 GPT，使读者对人工智能大模型有全方位的认识。

11.2 Transformer

递归神经网络特别是长短期记忆和门控递归神经网络，已经被牢固地建立为序列建模和诸如语言建模、机器翻译的转导问题的最新方法。此后，无数的努力一直在扩大递归语言模型和编码器-解码器架构的界限。

递归模型通常沿着输入和输出序列的符号位置进行因子计算。将位置与计算时间中的步骤对齐，它们会生成一系列隐藏状态 h_τ，作为先前隐藏状态 $h_{\tau-1}$ 和位置 t 输入的函数。这种固有的顺序性排除了训练示例中的并行化，这在较长的序列长度下变得至关重要，因为内存限制会限制示例之间的批处理。最近的工作通过因子分解技巧和条件计算实现了计算效率的显著提高，同时提高了门控递归神经网络的模型性能。然而，顺序计算的基本限制仍然存在。

注意力机制已经成为各种任务中令人信服的序列建模和转导模型的一个组成部分，允许对依赖关系进行建模，而不考虑它们在输入序列或输出序列中的距离。然而，除在少数情况下外，这种注意力机制与循环网络一起使用。

本章介绍 Transformer，这是一种模型架构，它避免了递归，完全依赖一种注意力机制来得出输入和输出之间的全局依赖关系。并在多个人工智能问题上达到了不错的效果，证实了 Transformer 的强大能力。

11.2.1 背景

减少顺序计算的目标是研究扩展神经 GPU，所有这些都使用卷积神经网络作为基本构建模块，同时计算所有输入位置和输出位置的隐藏表示。在这些模型中，来自两个任意输入位置或输出位置的信号相关联所需要的操作数量随着位置之间的距离的增加而增加，对于序列卷积是线性的，对于字节网络是对数的。这使得学习远处位置之间的依赖关系变得更加困难。在 Transformer 中，这被减少到恒定的操作次数，尽管代价是由于平均注意力加权位置而降低了有效分辨率，但是多头注意力机制可以抵消这种影响。

11.2.2　模型结构

大多数竞争性神经序列转换模型都有一个编码器-解码器结构。这里，编码器将符号表示为$(x_1,\cdots,x_n)$的输入序列映射到连续表示序列$z=(z_1,\cdots,z_n)$。给定z，解码器一次一个元素地生成输出序列$(y_1,\cdots,y_m)$。在每一步中，模型都是自回归的，在生成下一个符号时，使用先前生成的符号作为附加输入。

Transformer 遵循这一整体架构，编码器和解码器采用堆叠式自注意层和点状全连接层，如图 11.1 所示。

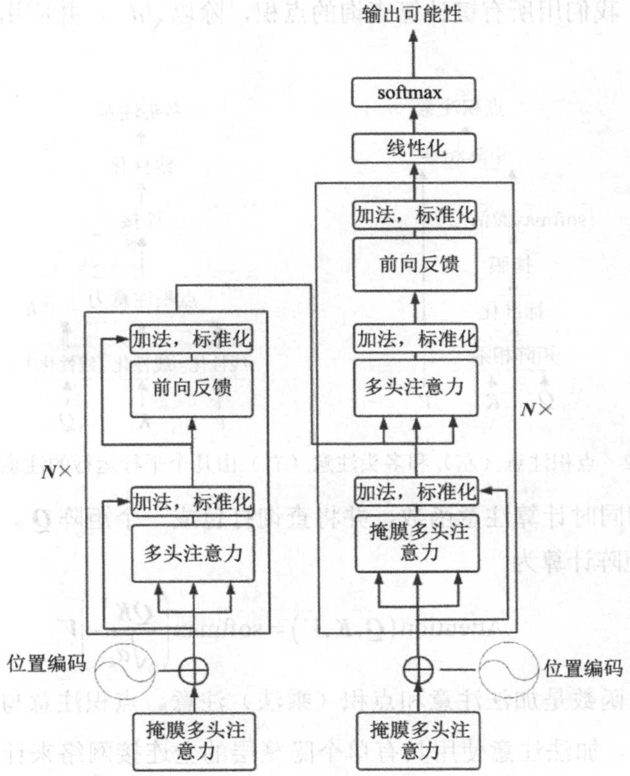

图 11.1　Transformer 模型结构

1．编码器和解码器堆叠

编码器由 N=6 个相同层堆叠组成，每层有两个子层。第一种是多头自注意力机制，第二种是简单的全连接网络。我们在两个子层的每个子层周围都使用了剩余连接，接着进行标准化。也就是说，对每个子层的输出都进行了标准化。为了促进这些剩余连接，模型中的所有子层及嵌入层都产生维度为 512 的输出。

解码器也由 N=6 个相同层堆叠组成。除了每个编码器层中的两个子层，解码器还插入第三个子层，对编码器堆栈的输出执行多头注意力机制。与编码器类似，我们在每个子层周围使用剩余连接，然后进行标准化。我们还修改了解码器堆栈中的自注意力子层，以防止位置关注后续位置。这种掩蔽加上输出嵌入偏移一个位置的事实，确保了位置 i 的预测只能依赖小于 i 的位置处的已知输出。

2. 自注意力机制

注意力函数可以描述为将查询和一组键值对映射到输出的一种函数，其中，查询、键、值和输出都是向量。输出被计算为值的加权和，其中，分配给每个值的权重由查询与相应键的兼容性函数来计算。

（1）点积注意。

我们称我们的特别关注为“点积注意”，如图 11.2 所示。输入由维度 d_k 的查询和键，以及维度 d_v 的值组成。我们用所有键计算查询的点积，除以 $\sqrt{d_k}$，并应用 softmax 函数来获得值的权重。

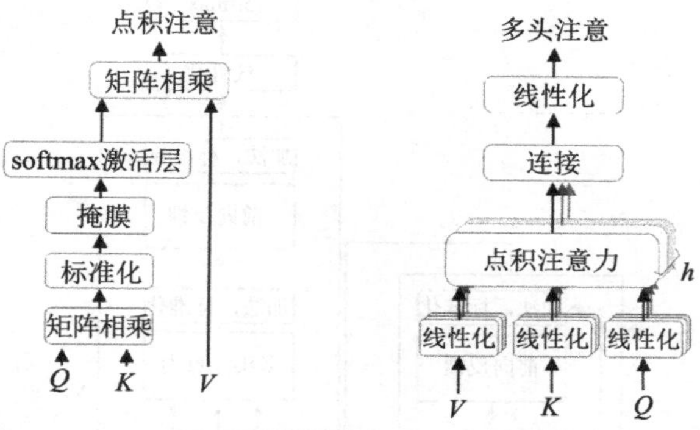

图 11.2 点积注意（左）和多头注意（右）由几个平行运行的注意层组成

在实验中，我们同时计算注意函数，并将查询打包成一个矩阵 $\boldsymbol{Q}$。将键和值也打包成矩阵 $\boldsymbol{K}$ 和 $\boldsymbol{V}$。将输出矩阵计算为

$$\text{Attention}(\boldsymbol{Q},\boldsymbol{K},\boldsymbol{V}) = \text{softmax}\left(\frac{\boldsymbol{Q}\boldsymbol{K}^{\mathrm{T}}}{\sqrt{d_k}}\right)\boldsymbol{V} \tag{11-1}$$

常用的两个注意函数是加法注意和点积（乘法）注意。点积注意与我们的算法相同（除了比例因子为 $\frac{1}{\sqrt{d_k}}$）。加法注意使用具有单个隐藏层的全连接网络来计算兼容性函数。虽然两者在理论复杂性上相似，但在实践中，点积注意要快得多，空间效率也更高，因为它可以使用高度优化的矩阵乘法代码来实现。

对于较小的 d_k 值，这两种机制的表现相似，而对于较大的 d_k 值，加法注意优于点积注意。我们怀疑，对于较大的 d_k 值，点积的大小会变大，从而将 softmax 函数推到梯度极小的区域。为了抵消这种影响，我们将点积缩放 $\frac{1}{\sqrt{d_k}}$。

（2）多头注意力。

我们发现，用不同的、学习过的线性投影将查询、键和值分别投影到 d_q、d_k 和 d_v 维 h 次是有益的，而不是用 d_{model} 维的键、值和查询执行单一的注意力功能。在每个查询、键和值的投影版本上，我们并行执行注意力功能，产生 d_v 维输出值。将这些连接在一起，再次投影，产生最终的值，如图 11.2 所示。

多头注意力允许模型共同关注来自不同位置的不同表征子空间的信息。用一个单一的注意力头平均抑制特定的注意力点。

$$\begin{gathered}\text{MultiHead}(\boldsymbol{Q},\boldsymbol{K},\boldsymbol{V})=\text{Concat}(\text{head}_1,\cdots,\text{head}_h)\boldsymbol{W}^{\boldsymbol{O}}\\ \text{where head}_i=\text{Attention}(\boldsymbol{Q}\boldsymbol{W}_i^{\boldsymbol{Q}},\boldsymbol{K}\boldsymbol{W}_i^{\boldsymbol{K}},\boldsymbol{V}\boldsymbol{W}_i^{\boldsymbol{V}})\end{gathered} \tag{11-2}$$

其中，投影是参数矩阵 $\boldsymbol{W}_i^{\boldsymbol{Q}}\in R^{d_{\text{model}}\times d_k}$、$\boldsymbol{W}_i^{\boldsymbol{K}}\in R^{d_{\text{model}}\times d_k}$、$\boldsymbol{W}_i^{\boldsymbol{V}}\in R^{d_{\text{model}}\times d_v}$ 和 $\boldsymbol{W}^{\boldsymbol{O}}\in R^{hd_v\times d_{\text{model}}}$。

在这项工作中，我们使用 h=8 个平行的注意层，或称头部。对于其中的每一个头部，我们使用 $d_k=d_v=\frac{d_{\text{model}}}{\boldsymbol{h}}=64$。由于每个头部的维数降低，因此总的计算成本与全维数的单头注意力相似。

（3）Transformer 中注意力的应用。

Transformer 以以下三种不同方式使用多头注意力。

① 在“编码器-解码器注意”层中，查询来自前一个解码器层，键和值来自编码器的输出。这使得解码器中的每个位置能够覆盖输入序列中的所有位置。这模仿了序列到序列模型中典型的编码器-解码器注意机制。

② 编码器包含自注意力层。在自注意层中，所有的键、值和查询都来自同一个地方，在这种情况下，它们是编码器中前一层的输出。编码器中的每个位置可以关注编码器的前一层的所有位置。

③ 类似地，解码器中的自注意层允许解码器中的每个位置关注解码器中的所有位置。我们需要防止解码器中向左的信息流，以保持自回归特性。通过屏蔽（设置为 $-\infty$）softmax 输入中对应于非法连接的所有值，在缩放的点积注意中实现这一点（见图 11.2）。

3．全连接网络

除了注意子层，我们的编码器和解码器中的每个层都包含一个全连接网络，该网络单独且相同地应用于每个位置。这包括两个线性转换，中间有一个 ReLU 激活

$$\text{FFN}(\boldsymbol{x})=\max(0,\boldsymbol{x}\boldsymbol{W}_1+b_1)\boldsymbol{W}_2+b_2 \tag{11-3}$$

虽然线性变换在不同的位置上是相同的，但是它们在不同的层之间使用不同的参数。另一种描述方式是内核大小为 1 的两个卷积。输入输出维度为 $d_{\text{model}}=512$，内层维度为 $d_{ff}=2048$。

4．嵌入和 softmax

类似其他序列转导模型，我们使用学习嵌入将输入标记和输出标记转换为维度为 d_{model} 的向量。我们还使用通常学习的线性变换和 softmax 函数将解码器输出转换为预测的下一个表示概率。在我们的模型中，在两个嵌入层和 softmax 前的最大线性变换之间共享相同的权重矩

阵。在嵌入层，我们将这些权重乘以 $\sqrt{d_{\text{model}}}$ 。

5．位置嵌入

由于我们的模型不包含递归和卷积，为了让模型利用序列的顺序，必须注入一些关于序列中表示相关位置和绝对位置的信息。因此，我们在编码器和解码器堆栈底部的输入嵌入中添加了“位置编码”。位置编码与输入嵌入具有相同的维度 d_{model} ，因此两者可以相加。位置编码有许多选择，有学习型和固定型等。

在这项工作中，我们使用不同频率的正弦和余弦函数

$$\begin{aligned}\text{PE}_{(\text{pos},2i)} &= \sin\left(\text{pos}/10000^{2i/d_{\text{model}}}\right)\\ \text{PE}_{(\text{pos},2i+1)} &= \cos\left(\text{pos}/10000^{2i/d_{\text{model}}}\right)\end{aligned} \tag{11-4}$$

其中， pos 是位置，i 是深度。也就是说，位置编码的每个维度对应一个正弦波。波长形成从 2π 到 $10000\cdot 2\pi$ 的几何级数。我们选择这个函数是因为我们假设它可以让模型很容易地通过相对位置来学习，因为对于任何固定的偏移 k ， $\text{PE}_{\text{pos}+k}$ 可以表示为 PE_{pos} 的线性函数。

我们也尝试了使用学习得到的位置嵌入，然而发现两个版本产生了几乎相同的结果。我们选择正弦版本，因为它可能允许模型外推序列长度，比训练期间遇到的序列长度更长。

11.2.3 为什么使用自注意力

下面，我们将自注意层的各个方面与通常用于将一个可变长度的符号表示序列 $(x_1,\cdots,x_n)$ 映射到另一等长序列 $(z_1,\cdots,z_n)$ 的递归和卷积层进行比较，其中 $x_i,z_i \in R_d$ ，如典型的序列转导编码器或解码器中的隐藏层。为了激发对自注意力的使用，我们认为有以下三个迫切需要。

第一个是每层的总计算复杂度。第二个是可以并行化计算量，以所需要的最小顺序操作数来衡量。第三个是网络中长距离依赖之间的路径长度。在许多序列转换任务中，学习长距离相关性是一个关键的挑战。影响学习这种依赖性的能力的一个关键因素是网络中前向和后向信号必须经过的路径长度。输入序列和输出序列中的任何位置组合之间的路径越短，就越容易学习长程相关性。因此，我们还比较了由不同层类型组成的网络中任意两个输入位置和输出位置之间的最大路径长度。

通常，自注意层通过固定数量的顺序执行操作连接所有位置，而循环层需要 $O(n)$ 个顺序操作。就计算复杂度而言，当序列长度 n 小于表示维数 d 时，自注意层比循环层更快，这是机器翻译中最先进的模型所使用的句子表示的常见情况，如词块和字节对表示。为了提高涉及长序列的任务的计算性能，自注意可以被限制为仅考虑以相应输出位置为中心的输入序列中大小为 r 的邻域。这将把最大路径长度增加到 $O(n/r)$。我们计划在未来的工作中进一步研究这种方法。

核宽度 $k<n$ 的单个卷积层不连接所有输入位置和输出位置对。这样做在连续核的情况下需要一堆 $O(n/k)$ 卷积层，或者在扩展卷积的情况下需要 $O(\log k(n))$ ，增加了网络中任意两个位置之间最长路径的长度。卷积层的算力消耗通常比循环层的算力消耗大一倍。然而，可

分离卷积将复杂性大大降低到 $O\left(k \cdot n \cdot d + n \cdot d^2\right)$。然而，即使在 $k=n$ 的情况下，可分离卷积的复杂度也等于自注意层和点状全连接层复杂度的组合，这是我们在模型中采用的方法。

自注意的副作用是可以产生更多可解释的模型。我们检查模型中的注意力分布，不仅单个的注意力头清楚地学会执行不同的任务，许多注意力头还表现出与句子的句法和语义结构相关的行为。

11.2.4 案例分析

下面我们讲述如何使用 Transformer 模型来进行文本分类，这也是当前在自然语言处理分类领域的最佳模型。

本案例基于 Keras 框架，因此我们需要首先安装 Keras 深度学习框架，然后就可以进行编程实践了。

首先建立 Attention_keras.py 文件，具体程序如下：

```
from __future__ import print_function
from keras import backend as K
from keras.engine.topology import Layer
class Position_Embedding(Layer):
    def __init__(self, size=None, mode='sum', **kwargs):
        self.size = size #必须为偶数
        self.mode = mode
        super(Position_Embedding, self).__init__(**kwargs)
    def call(self, x):
        if (self.size == None) or (self.mode == 'sum'):
            self.size = int(x.shape[-1])
        batch_size,seq_len = K.shape(x)[0],K.shape(x)[1]
        position_j = 1. / K.pow(10000., \
        2 * K.arange(self.size / 2, dtype='float32' \ ) / self.size)
        position_j = K.expand_dims(position_j, 0)
        position_i = K.cumsum(K.ones_like(x[:,:,0]), 1)-1 #K.arange 不支持变
长，只好用这种方法生成
        position_i = K.expand_dims(position_i, 2)
        position_ij = K.dot(position_i, position_j)
        position_ij= K.concatenate([K.cos(position_ij), K.sin(position_ij)],
2)
        if self.mode == 'sum':
            return position_ij + x
        elif self.mode == 'concat':
            return K.concatenate([position_ij, x], 2)
    def compute_output_shape(self, input_shape):
        if self.mode == 'sum':
            return input_shape
        elif self.mode == 'concat':
            return (input_shape[0], input_shape[1], input_shape[2]+self.size)
class Attention(Layer):
    def __init__(self, nb_head, size_per_head, **kwargs):
        self.nb_head = nb_head
```

```
        self.size_per_head = size_per_head
        self.output_dim = nb_head*size_per_head
        super(Attention, self).__init__(**kwargs)
    def build(self, input_shape):
        self.WQ = self.add_weight(name='WQ',
                                  shape=(input_shape[0][-1], self.output_dim),
                                  initializer='glorot_uniform',
                                  trainable=True)
        self.WK = self.add_weight(name='WK',
                                  shape=(input_shape[1][-1], self.output_dim),
                                  initializer='glorot_uniform',
                                  trainable=True)
        self.WV = self.add_weight(name='WV',
                                  shape=(input_shape[2][-1], self.output_dim),
                                  initializer='glorot_uniform',
                                  trainable=True)
        super(Attention, self).build(input_shape)
    def Mask(self, inputs, seq_len, mode='mul'):
        if seq_len == None:
            return inputs
        else:
            mask = K.one_hot(seq_len[:,0], K.shape(inputs)[1])
            mask = 1 - K.cumsum(mask, 1)
            for _ in range(len(inputs.shape)-2):
                mask = K.expand_dims(mask, 2)
            if mode == 'mul':
                return inputs * mask
            if mode == 'add':
                return inputs - (1 - mask) * 1e12
    def call(self, x):
        #如果只传入Q_seq、K_seq、V_seq，那么就不进行掩膜操作
        #如果同时传入Q_seq、K_seq、V_seq、Q_len、V_len，那么对多余部分做掩膜
        if len(x) == 3:
            Q_seq,K_seq,V_seq = x
            Q_len,V_len = None,None
        elif len(x) == 5:
            Q_seq,K_seq,V_seq,Q_len,V_len = x
        #对Q、K、V进行线性变换
        Q_seq = K.dot(Q_seq, self.WQ)
        Q_seq  =  K.reshape(Q_seq,   (-1,   K.shape(Q_seq)[1],   self.nb_head,
self.size_per_head))
        Q_seq = K.permute_dimensions(Q_seq, (0,2,1,3))
        K_seq = K.dot(K_seq, self.WK)
        K_seq  =  K.reshape(K_seq,   (-1,   K.shape(K_seq)[1],   self.nb_head,
self.size_per_head))
        K_seq = K.permute_dimensions(K_seq, (0,2,1,3))
        V_seq = K.dot(V_seq, self.WV)
        V_seq  =  K.reshape(V_seq,   (-1,   K.shape(V_seq)[1],   self.nb_head,
self.size_per_head))
        V_seq = K.permute_dimensions(V_seq, (0,2,1,3))
        #计算内积，然后进行掩膜操作，并使用softmax函数
```

```
        A = K.batch_dot(Q_seq, K_seq, axes=[3,3]) / self.size_per_head**0.5
        A = K.permute_dimensions(A, (0,3,2,1))
        A = self.Mask(A, V_len, 'add')
        A = K.permute_dimensions(A, (0,3,2,1))
        A = K.softmax(A)
        #输出并进行掩膜操作
        O_seq = K.batch_dot(A, V_seq, axes=[3,2])
        O_seq = K.permute_dimensions(O_seq, (0,2,1,3))
        O_seq = K.reshape(O_seq, (-1, K.shape(O_seq)[1], self.output_dim))
        O_seq = self.Mask(O_seq, Q_len, 'mul')
        return O_seq
    def compute_output_shape(self, input_shape):
        return (input_shape[0][0], input_shape[0][1], self.output_dim)
```

写好 Attention_keras.py 文件后，就可以对模型进行训练了。首先，我们引入包，记载文本数据，具体程序如下：

```
from keras.preprocessing import sequence
from keras.datasets import imdb
from matplotlib import pyplot as plt
import pandas as pd
max_features = 20000
print('Loading data...')
(x_train, y_train), (x_test, y_test) =
imdb.load_data(num_words=max_features)
#将标签转换为独热码
y_train, y_test = pd.get_dummies(y_train),pd.get_dummies(y_test)
print(len(x_train), 'train sequences')
print(len(x_test), 'test sequences')
```

第一次运行此程序时，系统会自行下载文件，在下载过后就可以直接加载了，程序运行结果如图 11.3 所示。

```
Using TensorFlow backend.
Loading data...
25000 train sequences
25000 test sequences
```

图 11.3　程序运行结果

接着，我们需要对程序的运行结果进行数据归一化处理，这个操作是很有必要的，可以有效避免由可能存在的巨大数据差造成的误差。

数据归一化处理的具体程序如下：

```
maxlen = 64
print('Pad sequences (samples x time)')
x_train = sequence.pad_sequences(x_train, maxlen=maxlen)
x_test = sequence.pad_sequences(x_test, maxlen=maxlen)
print('x_train shape:', x_train.shape)
print('x_test shape:', x_test.shape)
```

运行程序，可以得到如图 11.4 所示的数据归一化程序运行结果。

```
Pad sequences (samples x time)
x_train shape: (25000, 64)
x_test shape: (25000, 64)
```

图 11.4　数据归一化程序运行结果

接着，定义好模型组件并预处理完数据后，就可以搭建一个简单的 Transformer 模型来进行训练了。

定义一个 Transformer.py 文件，具体程序如下：

```
batch_size = 5
from keras.models import Model
from keras.optimizers import SGD,Adam
from keras.layers import *
S_inputs = Input(shape=(None,), dtype='int32')
embeddings = Embedding(max_features, 128)(S_inputs)
embeddings = Position_Embedding()(embeddings) #增大 Position_Embedding 能略微提高准确率
O_seq = Attention(8,16)([embeddings,embeddings,embeddings])
O_seq = GlobalAveragePooling1D()(O_seq)
O_seq = Dropout(0.5)(O_seq)
outputs = Dense(2, activation='softmax')(O_seq)
model = Model(inputs=S_inputs, outputs=outputs)
# try using different optimizers and different optimizer configs
opt = Adam(lr=0.0005)
loss = 'categorical_crossentropy'
model.compile(loss=loss,
              optimizer=opt,
              metrics=['accuracy'])
print(model.summary())
```

然后，运行程序，可以得到模型的结构参数，如图 11.5 所示。

```
==========================================================================================
input_1 (InputLayer)           (None, None)         0
__________________________________________________________________________________________
embedding_1 (Embedding)        (None, None, 128)    2560000     input_1[0][0]
__________________________________________________________________________________________
position__embedding_1 (Position (None, None, 128)   0           embedding_1[0][0]
__________________________________________________________________________________________
attention_1 (Attention)        (None, None, 128)    49152       position__embedding_1[0][0]
                                                                position__embedding_1[0][0]
                                                                position__embedding_1[0][0]
__________________________________________________________________________________________
global_average_pooling1d_1 (Glo (None, 128)         0           attention_1[0][0]
__________________________________________________________________________________________
dropout_1 (Dropout)            (None, 128)          0           global_average_pooling1d_1[0][
__________________________________________________________________________________________
dense_1 (Dense)                (None, 2)            258         dropout_1[0][0]
==========================================================================================
Total params: 2,609,410
Trainable params: 2,609,410
Non-trainable params: 0
__________________________________________________________________________________________
```

图 11.5　Transformer 模型的结构参数

从图 11.5 中可以看到我们定义的 Transformer 模型的结构参数。在建立好 Transformer 模型后，就可以进行训练并保存模型了。具体程序如下：

```
print('Train...')
model.fit(x_train, y_train,
          batch_size=batch_size,
          epochs=2,
          validation_data=(x_test, y_test))
model.save("imdb.h5")
```

运行程序，可以得到分类任务结果，如图 11.6 所示。

```
on 25000 samples

===========] - 95s 4ms/step - loss: 0.4826 - acc: 0.7499 - val_loss: 0.3663 - val_acc: 0.8353

===========] - 93s 4ms/step - loss: 0.3084 - acc: 0.8680 - val_loss: 0.3983 - val_acc: 0.8163
```

图 11.6　分类任务结果

从图 11.6 中可以看出，我们设定的 Transformer 模型在进行文本分类任务时，得到了 80%以上的准确率，强于其他文本分类方法。

11.3　GPT

2020 年 5 月，占据海外科技新闻头条主导地位的、人工智能领域最令人兴奋的新事物之一是 GPT-3，这是一个由 OpenAI 所提出的新的文本生成程序，是一种由神经网络驱动的语言模型，是一个根据人类用户的提示自动生成文本的人工智能模型。

短短数年，GPT 模型已经从 GPT-1 发展到 GPT-3，其速度不可谓不快，而这也得益于人工智能硬件和算法的突飞猛进。

根据 The Verge 报告，"从表面上看，世界上最令人兴奋的人工智能产品看上去非常简单。它不是什么微妙的游戏程序，可以超越最好的人类玩家，也不是一种机械先进的机器人，像奥运选手一样可以后空翻。它只是一个自动完成程序，就像 Google 搜索栏中的程序一样，你开始输入，它将预测接下来的情况。这听起来很简单，但这项发明可能最终将定义未来十年的人工智能发展方向。"

11.3.1　GPT-1

1. 概述

有效地从原始文本中学习的能力对于减轻自然语言处理（NLP）中对监督学习的依赖至关重要。大多数深度学习方法需要大量手动标记的数据，这限制了它们在许多缺乏注释资源的领域中的适用性。在这种情况下，那些可以利用未标记数据中的语言信息的模型提供了收集更多注释的宝贵替代方案，这既耗时又昂贵。此外，在可以考虑监督学习的那些情况中，以无监督方式学习良好的表示也可以显著提高性能。迄今为止，最令人信服的证据是大量使用预先训练过的单词嵌入来提高一系列 NLP 任务的性能。

然而，利用来自未标记文本的单词级信息仍旧是一个挑战，这有两个主要原因。第一，不清楚哪种类型的优化目标在学习对传输有用的文本表示方面最有效。最近的研究着眼于各种目标，如语言建模、机器翻译和语篇连贯性，每种方法在不同任务中各具优势。第二，对于将这些学习的表示转移到目标任务上的最有效方法还没有达成共识。现有技术包括对模型体系结构进行特定于任务的更改、使用复杂的学习方案并添加辅助学习目标。这些不确定性使得开发有效的语言处理半监督学习方法变得困难。

本节介绍了一种结合无监督预训练和监督微调的半监督语言理解任务方法。我们的目标是学习一种通用的表示，这种表示经过很小的微调后可以适应各种任务。假设通过手动注释的训练示例（目标任务）访问大量未标记文本和多个数据集。我们的设置不要求这些目标任务与未标记的文集在同一个域中。采用两阶段训练程序。首先，使用未标记数据上的语言模型对象学习神经网络模型的初始参数。随后，我们使用相应的监督目标对这些参数进行调整，以适应目标任务。

对于我们的模型结构，我们使用了 Transformer，它在机器翻译、文档生成和句法分析等任务中都表现得很好。这个模型选项为我们提供了一个更加结构化的记忆方式来处理文本中的长期依赖关系，而不是像循环网络这样的替代方案，从而在不同的任务之间产生强大的迁移性能。在迁移过程中，我们使用从风格转换方法派生的特定于任务的输入自适应方法，该方法将结构化文本输入处理为单个连续序列。正如我们在实验中所证明的那样，这些调整使我们能够有效地进行微调，对预先训练的模型的体系结构进行最少的更改。

我们评估了四种类型的语言理解任务——自然语言推理、问答、语义相似性和文本分类。我们的通用未知任务模型优于经过歧视性训练的模型，这些模型采用专门为每项任务设计的体系结构，在所研究的 12 项任务中有 9 项任务大大改进了最新技术。例如，我们在常识推理（故事完形测试）上取得了 8.9%的绝对改善，在回答问题（种族）上取得了 5.7%的绝对改善，在文本继承上取得了 1.5%的绝对改善，在最近引入的黏合多任务基准上取得了 5.5%的绝对改善。我们还分析了预训练模型在四种不同环境下的零触发行为，并证明它为下游任务获得了有用的语义信息。

2．相关工作

（1）NLP 的半监督学习。

我们的工作大体上属于自然语言半监督学习范畴。这种模式已经引起了人们的极大兴趣，已经应用于序列标记或文本分类等任务。最早的方法使用未标记的数据来计算单词级别或短语级别的统计信息，将这些统计信息用作受监督模型中的特征。在过去的几年里，研究人员已经证明了使用单词嵌入的好处，这些单词被嵌入未标记的语料库上进行训练，以提高在各种任务中的表现。然而，这些方法主要传递单词级别的信息，而我们的目标是捕获更高级别的语义。

最近的方法研究如何从未标记的数据中学习和使用多个词级语义。短语级或句子级嵌入（可以使用未标记的语料库进行训练）已被用于将文本编码为适合各种目标任务的向量表示。

（2）无监督的预训练。

无监督的预训练是半监督学习的一种特殊情况，其目标是找到一个好的初始点，而不是修改监督学习目标。早期的研究探索了该技术在图像分类和回归任务中的应用。随后的研究表明，预训练作为一种正则化方案，能够在深层神经网络中实现更好的泛化。在最近的工作中，该方法被用来帮助训练深度神经网络的各种任务，如图像分类、语音识别、实体消歧和机器翻译。

最接近我们的工作是使用语言建模目标对神经网络进行预训练，然后在有监督的情况下对其进行微调。Dai、Howard 和 Ruder 遵循此方法改进文本分类。然而，尽管预训练阶段有助于获取一些语言信息，但他们使用的 LSTM 模型限制了他们的预测能力，使其范围较小。相比之下，我们选择的 Transformer 网络允许我们捕获更大范围的语言结构，如我们的实验所示。此外，我们还展示了我们的模型在更广泛的任务上的有效性，包括自然语言推理、释义检测和故事完成。其他方法使用预先训练的语言或机器翻译模型中的隐藏表示作为辅助功能，同时针对目标任务训练受监督模型。这涉及每个单独目标任务的大量新参数，而在传输过程中，我们需要对模型体系结构进行最少的更改。

（3）辅助训练目标。

使用增加的无监督训练的目标来替代半监督学习。collobert 和 weston 的早期工作使用了各种各样的辅助 NLP 任务，如 POS 标记、分块、命名实体识别和语言建模，以改进语义角色标记。最近，REI 在辅助任务的目标中添加了一个辅助语言建模目标，并演示了序列标记任务的性能提升。我们的实验也使用了一个辅助目标，但正如我们所展示的，无监督的预训练已经学习了与目标任务相关的几种语言。

3．架构

我们的训练过程分为两个阶段。第一阶段是在大语料库上学习大容量语言模型。第二阶段是微调阶段，在这个阶段，我们将使模型适应带有标签数据的特定任务。

（1）无监督预训练。

给定无监督表示集合 $\boldsymbol{u}=\{\boldsymbol{u}_1,\cdots,\boldsymbol{u}_n\}$，我们使用标准语言模型目标来最大化以下似然函数

$$L_1(\boldsymbol{u})=\sum_i \log P(\boldsymbol{u}_i|\ \boldsymbol{u}_{i-k},\cdots,\boldsymbol{u}_{i-1};\boldsymbol{\theta}) \tag{11-5}$$

其中，k 是文本窗尺寸，条件概率 P 采用参数为 $\boldsymbol{\theta}$ 的神经网络建模。这些参数用 SGD 训练。

在实验中，我们使用多层 Transformer decoder 作为语言模型，这是 Transformer 的变体。该模型在输入上下文表征上应用一个多头自注意操作，随后采用位置全连接层，通过这样的操作，就可以在目标表征上生成一个输出分布

$$\begin{gathered}\boldsymbol{h}_0=U\boldsymbol{W}_e+\boldsymbol{W}_p\\ \boldsymbol{h}_l\ \text{transformer block}\left(\boldsymbol{h}_{l-1}\right)\forall i\in[1,n]\\ P(\boldsymbol{u})=\text{softmax}_n\left(\boldsymbol{h}_n\boldsymbol{W}_e^{\mathrm{T}}\right)\end{gathered} \tag{11-6}$$

其中，$\boldsymbol{U}=\{\boldsymbol{u}_{-k},\cdots,\boldsymbol{u}_{-1}\}$ 是表征的文本向量，n 是网络层数，$\boldsymbol{W}_e$ 是 token 嵌入矩阵，$\boldsymbol{W}_p$ 是位置嵌入矩阵。

（2）监督微调。

用等式中的目标对模型进行训练后，针对被监督目标任务调整这些参数。假设一个带标签的数据集 C，其中，每个实例由一系列输入标记 $x^1,\cdots,x^m$ 组成，这里面还包含一个标签 y。将这些输入量输入预训练得到的模型来获得最终 Transformer 块的激活参数，然后将其输入一个附加的线性输出层，参数 $\boldsymbol{W}_y$ 预测 y

$$P\left(y|\ x^1,\cdots x^m\right)=\text{softmax}\left(h_l^m\boldsymbol{W}_y\right) \tag{11-7}$$

最大化以下函数

$$L_2 = \sum_{x,y} \log P\left(y| x^1,\cdots,x^m\right) \tag{11-8}$$

此外，研究发现，将语言建模作为微调的辅助目标有助于学习改进监督模型的泛化，以及加速收敛。这与先前的工作是一致的，他们也观察到了这种辅助目标的改进性能。具体来说，优化了以下目标（权重为λ）

$$L_3(C) = L_2(C) + \lambda \times L_1(C) \tag{11-9}$$

总体而言，我们在微调过程中需要的唯一额外参数是$\boldsymbol{W}_y$及分隔符标记的嵌入。

（3）特定于任务的输入转换。

对于一些任务，如文本分类，我们可以直接按照上面的描述方式对模型的输入进行微调。而对于某些其他任务，如问答或文本继承，以及具有结构化的输入，如有序的句子对，或文档、问题和答案的三元组而言，由于我们的预训练模型是针对连续的文本序列进行训练的，因此我们需要进行一些修改，以便将其应用于这些任务。先前的工作提出了学习任务特定的体系结构，这些体系结构是基于所传输的数据表示建立的。这种方法重新引入了大量特定于任务的定制，并且不将转移学习用于这些额外的体系结构组件。相反，我们使用遍历式方法，在这里，我们将结构化输入转换成一个有序的序列，我们预先训练的模型可以处理它。这些输入转换允许我们避免跨任务对体系结构进行广泛更改。

文字蕴含：我们将前提P和假设H标记序列连接起来，中间用一个分隔符标记。

相似度：对于相似度任务来说，两个被比较的句子没有固定的顺序。为了反映这一点，我们将输入序列修改成两个句子序列（中间有一个分隔符），并分别处理每个序列，以生成两个序列表示$\boldsymbol{h}_l^m$，在送入线性输出层之前按元素宽度添加。

问答和常识性推理：我们得到一个上下文文档Z，一个问题Q和一组可能的答案$\{a_k\}$。我们将上下文文档和问题与每个可能的答案连接起来，在每两者之间添加一个分隔符标记。这些序列中的每一个都是用模型来独立处理的，然后通过一个 softmax 层进行规范化，以在可能的答案上产生一个输出分布。

11.3.2 GPT-2

1. 概述

机器学习系统现在通过将大型数据集、高容量模型和监督学习结合在一起训练，而在具体任务中表现优异。然而，这些系统是脆弱的，并且对数据分布的微小变化和具体任务较敏感。目前的系统被更好地描述为狭隘的专家而不是称职的通才。我们将转向更通用的系统，它可以执行许多任务，最终无须为每个任务手动创建和标记训练数据集。

创建 ML 系统的主要方法是收集训练的样本数据集，演示所需要任务的正确行为，训练系统模仿这些行为，然后在独立同分布的示例上测试其性能。这有助于在狭隘的专家方面取得进展。但是，输入的多样性往往会加剧字幕模型、阅读理解系统和图像分类器行为的不稳定性。

我们怀疑单一领域数据集的单一任务训练的普遍性是当前系统缺乏一般化的主要原因。在具有当前架构的鲁棒系统方面的进步可能需要在更广泛的领域及任务上进行训练和性能测试。最近，已经有几个基准被用于研究此问题。

多任务学习是一个提高通用性的有前途的框架。然而，NLP 的多任务训练仍处于初期阶段。最近的工作显示了适度的性能改进，迄今为止，最雄心勃勃的两项努力分别培训了 10 对和 17 对(数据集,目标)。从元学习的角度来看，每对(数据集,目标)是从数据集和目标的分布中抽样的单个训练样本。当前的 ML 系统需要数百到数千个样本来诱导函数的通用性。这表明多任务训练很多都需要与现有方法一样多的有效训练对来实现其承诺。很难继续扩大数据集的创建和目标的设计，以达到使用现有技术来强制达到我们的方式所需要的程度。这有助于探索执行多任务学习的其他设置。

当前表现最佳的语言任务系统结合了预训练和监督微调。这种方法历史悠久，趋向于更灵活的迁移形式。首先学习单词向量并将其用作特定任务体系结构的输入，然后转移循环网络的语境表示。最近的工作表明，不再需要特定任务的架构，只需要迁移带有许多自我关注的块就够了。

这些方法仍然需要监督训练才能执行任务。当只有极少监督数据或没有监督数据时，另一项工作证明了语言模型执行特定任务的前景，如常识推理和情感分析。

在本书中，我们将这两个工作线连接起来，并继续采用更一般的转移方法。我们演示语言模型可以在 zero-shot 设置中执行下游任务——无须修改任何参数或体系结构。我们通过强调语言模型在 zero-shot 设置中执行各种任务的能力来证明这种方法具有的潜力。根据任务获得有前途、有竞争力和先进的结果。

2．方法

GPT-2 方法的核心是语言建模。语言建模通常被构造为来自一组示例 $(x_1, x_2, \cdots, x_n)$ 的无监督分布估计，每个示例由可变长度的符号序列 $(s_1, s_2, \cdots, s_n)$ 组成。由于语言具有自然的顺序排序，因此通常将符号上的联合概率分解为条件概率的乘积

$$p(x) = \prod_{i=1}^{n} (s_n \mid s_1, \cdots, s_{n-1}) \tag{11-10}$$

该方法允许从 $p(x)$ 及形式 $p(s_{n-k}, \cdots, s_n | s_1, \cdots, s_{n-k-1})$ 的任何条件中进行易处理的采样和估计。近年来，那些可以计算这种条件概率的模型的表现力取得了显著的成就，如像 Transformer 这样的自注意架构。

学习执行单个任务可以在概率框架中表示为估计条件分布 $p(\text{output} \mid \text{input})$。由于一般系统能够执行许多不同的任务，即使输入相同，它不仅要考虑输入，还要考虑待执行的任务。也就是说，它应该对 $p(\text{output} \mid \text{input}, \text{task})$ 建模。在多任务和元学习设置中，它已经被各种形式化。任务调节通常在架构级别实施，如在一些研究中，任务使用特定的编码器和解码器，或者其在算法级别（如 MAML 的内部和外部循环）优化框架。但正如 McCann 等人所举例说明的那样，语言提供了一种灵活的方式来将任务、输入和输出全部指定为一系列符号。例如，翻译训练样本可以写为序列（翻译为英语文本、法语文本）。同样，阅读理解训练的例子可以写成符号（回答问题、文档、问题、答案）。McCann 等人证明了可以训练单个模型 MQAN，用这种类型的格式推断和执行许多不同的任务。

原则上，语言建模也能够学习 McCann 等人的任务，而无须确定哪些符号是待预测输出的明确的监督。由于监督目标与无监督目标相同，但仅在序列的子集上进行评估，因此无监

督目标的全局最小值也是监督目标的全局最小值。在这种情况下，密度估计将作为训练目标的基本原则。相反，问题在于我们是否能够在实践中优化无监督的目标，以进行收敛。初步实验证实，足够大的语言模型能够在这种环境中执行多任务学习，但学习速度比明确监督的方法慢得多。

虽然从上述适当的设置到“其他语言”的混合是一大步，但 Weston 在对话的背景下认为需要开发能够直接从自然语言中学习的系统，并能够通过使用输出来预测学习没有奖励信号的问答任务。虽然对话是一种有吸引力的方法，但我们担心它过于严格。互联网包含大量可被动获取的信息，无须交互式通信。我们的推测是，具有足够能力的语言模型将开始学习推断和执行自然语言序列中演示的任务，以便更好地预测它们，而无论其获得的方式如何。如果语言模型能够做到这一点，那么它实际上将执行无监督的多任务学习。我们通过在各种任务的 zero-shot 设置中分析语言模型的性能来测试是否是这种情况。

（1）输入表示。

通用语言模型（LM）应该能够计算（并生成）任何字符串的长度概率。当前的大规模 LM 包含像小写字母转化、标记化和词典外标记之类的预处理步骤，这限制了可模型化字符串的空间。将 Unicode 字符串作为一系列 UTF-8 字节处理的方式很好地满足了这一要求，如一些工作中所例证的那样。当前的字节级 LM 在十亿字基准等大规模数据集上比起字级 LM 来说不具备竞争力。我们在 WebText 上训练标准字节级 LM 的尝试中观察到了类似的性能差距。

字节对编码（BPE）是字符和字级语言建模之间的可行的中间点，其在频繁符号序列的字级输入和不频繁符号序列的字符级输入之间进行的插值很有效。与其名称相反，现在涉及的 BPE 通常在 Unicode 代码点而不是在字节序列上实现和运行。这些实现需要包括 Unicode 符号的完整空间，以便为所有 Unicode 字符串建模。在添加一些多符号的标记之前，这种建模操作将使基本词汇的容量超过 130000 个字，与通常一起使用的 32000～64000 个表示词汇表相比，这是非常大的。相反，BPE 的字节级版本仅需要容量大小为 256 字的基本词汇表。然而，直接将 BPE 应用于字节序列会导致次优合并，这是因为 BPE 使用基于贪婪频率的启发方式来构建表示词汇表。我们观察到 BPE 包括许多版本的常见词汇，如 dog，因为它们出现在许多变种中，这将导致有限词汇时隙和模型容量的次优分配。为避免这种情况，我们会阻止 BPE 跨任何字节序列的字符类别的合并。空格是一个例外，它显著提高了压缩效率，在多个词汇标记中仅添加了最少的单词碎片。

这种输入表示允许我们将字级 LM 的经验益处与字节级方法的通用性结合起来。由于我们的方法可以为任何 Unicode 字符串分配概率，因此我们可以在任何数据集上评估我们的 LM，而不管预处理、标记化或词汇大小。

（2）模型。

我们使用基于 Transformer 的 LM 架构，该模型的细节基本遵循 OpenAI GPT-1 模型，仅进行了少量修改。层标准化被移动到每个子锁的输入，类似预激活残差网络，并且在最终自注意块之后添加了额外的层标准化。使用修改的初始化方案，该方案考虑了具有模型深度的残差路径上的累积。我们在初始化时将残差层的权重缩放 $\frac{1}{\sqrt{N}}$，其中 N 是残差层的数量。将词汇量扩大到 50257。将上下文数量大小从 512 个增加到 1024 个，并将批量尺寸设置为 512。

11.3.3　GPT-3

1．概述

在本小节中，通过训练 1750 亿个参数的自回归语言模型（将该模型称为 GPT-3）并评估其在上下文中的学习能力来检验该假设。具体来说，在多个自然语言处理数据集及几个设计的新颖任务中对 GPT-3 模型进行了测试和评估。旨在快速测试 GPT-3 对非训练集任务的适应能力。对于每项任务，都在 3 种条件下评估 GPT-3：①少样本学习或情境学习（In-context Learning），允许存在尽可能多的演示填充模型的上下文窗口（典型数量为 10～100）；②“单样本学习”，只允许一个演示；③“零样本学习”，不允许演示，并且仅向模型提供自然语言的指令。原则上，GPT-3 也可以在传统的微调设定中进行评估。

图 11.7 说明了研究的一些条件，并显示了对简单任务的少样本学习，该任务要求模型从单词中删除多余的符号。通过添加自然语言任务描述及模型上下文中的示例数量，模型性能得以改善，少样本学习的性能也随模型增大而急剧提升。尽管在多参数、多任务条件下取得了不错的结果，但是对于研究的大多数任务，模型大小和上下文中案例的数量趋势仍然存在。我们强调，这些“学习”曲线不涉及梯度更新或微调，只是增加了作为条件的演示数量。

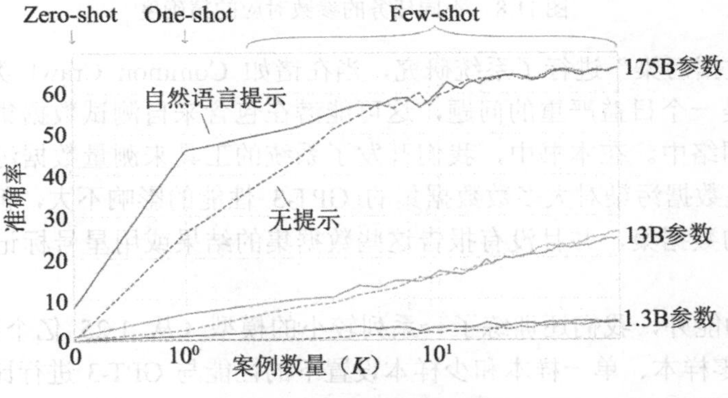

图 11.7　大模型的样本学习情况

广义上讲，在 NLP 任务上，GPT-3 在零样本学习和单一样本学习设置中取得了可喜的结果，而在少样本学习中，有时它可以与最先进的 SOTA 竞争，甚至超越（尽管 SOTA 是由微调模型取得的）SOTA。例如，GPT-3 在零样本设置下，在 CoQA 数据集上的 F1 值达到了 81.5；在单一样本学习下，在 CoQA 数据集上的 F1 值达到 84.0；在少样本设置下，在 CoQA 数据集上的 F1 值达到 85.0。同样，GPT-3 在零样本设置下的 TriviaQA 数据集上达到 64.3%的准确度，在单一样本设置下的 TriviaQA 数据集上达到 68.0%的准确度，在少样本设置的 TriviaQA 数据集上达到 71.2%的准确度，最后一个是最好的结果，相对于同样设置下的微调模型。

GPT-3 在旨在测试快速适应性或即时推理的任务上也能显示出单样本或少样本学习能力，包括解读单词、执行算术运算及在句子中使用仅看到一次定义的新颖单词。在少样本学习设置下，GPT-3 可以生成人工合成的新闻文章，人类评估人员很难将其与人工写作的文章区分开。

同时，即使在 GPT-3 的规模上，我们也发现了其在一些任务上性能较差的现象。这包括自然语言推理任务（如 ANLI 数据集）和一些阅读理解数据集（如 RACE）。通过展示 GPT-3 的优点和缺点的广泛特征，包括这些局限性，我们希望能激发对语言模型的少样本学习的研究。

可以从图 11.8 中看出启发性的整体结果，它汇总了各种任务（尽管它本身不应被视为严格或有意义的基准）。

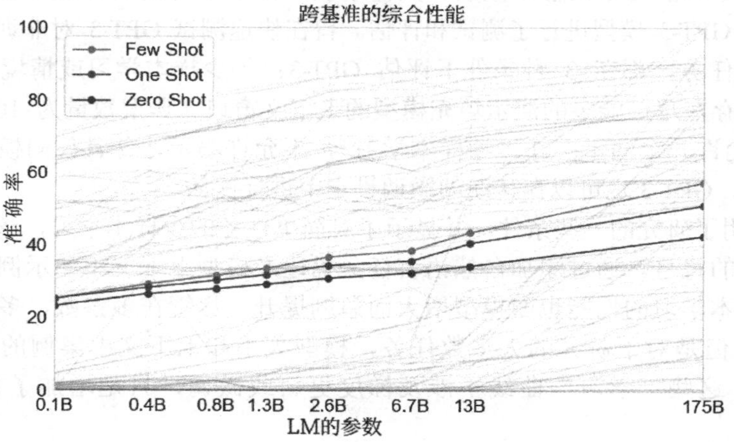

图 11.8　不同任务的参数对应的精确度

我们还对“数据污染”进行了系统研究，当在诸如 Common Crawl 类的数据集上训练高容量模型时，这是一个日益严重的问题，这可能潜在包含来自测试数据集的内容，因为这些内容通常存在于网络中。在本书中，我们开发了系统的工具来测量数据污染并量化其失真影响。尽管我们发现数据污染对大多数数据集的 GPT-3 性能的影响不大，但我们确实确定了一些可能夸大结果的数据集，并且没有报告这些数据集的结果或用星号标记它们，而是根据严重程度而定。

除上述所有功能外，我们还训练了一系列较小的模型（从 1.25 亿个参数到 130 亿个参数），以便将其在零样本、单一样本和少样本设置下的性能与 GPT-3 进行比较。概括地说，对于大多数任务，我们发现在三种设置（零样本、单一样本、少样本）下，模型容量都可以相对平滑地缩放。一个值得注意的模式是零样本，单一样本和少样本性能之间的差距通常随模型容量增大而增大，这可能表明较大的模型是更熟练的元学习者。

最后，鉴于 GPT-3 显示的广泛功能，我们讨论了有关对偏见、公平和更广泛的社会影响的担忧，并尝试就此方面对 GPT-3 的特征进行初步分析。

2. 方法

GPT-3 的基本预训练方法（包括模型、数据和训练）与 GPT-2 中描述的过程相似，只是相对直接地扩大了模型、数据集、多样性及训练时间。我们在上下文学习中的使用也是类似的，但是在这项工作中，我们系统地探索了在上下文中进行学习的不同设置。因此，我们从明确定义和对比不同设置展开评估 GPT-3 模型，或者在原则上评估 GPT-3 模型。这些设置可以看作倾向于依赖多少特定于任务的数据范围。

对于 GPT-3 来说，它相较于 GPT-2 的变化如下。

（1）微调：是近年来最常用的方法，包括通过在特定于所需任务的监督数据集上进行训练来更新预训练模型的权重，通常使用成千上万的标签样本。微调的主要优点是在许多基准上均具有出色的性能；其主要缺点是需要为每个任务使用新的大型数据集，而且泛化能力很差，分布不均，且利用训练数据的虚假特征的潜力不够。通常情况下，无须微调 GPT-3，因为我们聚焦与任务无关的性能，但是 GPT-3 原则上可以微调，这是未来工作的方向。

（2）少样本：是我们在这项工作中使用的术语，是指模型设置条件，在推理时只给模型少量的示例任务样本，但不允许权重更新。对于一个典型的数据集，一个示例具有一个上下文和一段待补全的文本，并给出 K 个示例的上下文和待补全文本的例子，据此进行少样本学习，最后给出一个上下文，让模型对其进行补全。通常将 K 设置在 10～100 的范围内，因为这是模型的上下文窗口可以容纳的示例数量。少样本的主要优点是大大减少了对特定于任务的数据的需求，并减少了从庞大但狭窄的微调数据集中学习过窄分布的可能性；其主要缺点是，到目前为止，这种方法的结果要比 SOTA 微调模型差很多。同样，仍然需要少量的任务特定数据。顾名思义，此处针对语言模型描述的少样本学习与其他上下文中使用的少样本学习（ML）都涉及基于广泛任务分配的学习（在这种情况下，会隐含在预训练数据中），并迅速适应新任务。

（3）单样本：与少样本相同，除了对任务的自然语言描述，仅允许有一个示例样本，区分单样本、少样本和零样本的原因是，它与某些任务传达给人类的方式最接近。例如，当要求人员生成有关人员服务的数据集时，通常会对此任务进行一次示例。相反，若没有给出示例，则有时很难传达任务的内容或格式。

（4）零样本：与单样本相似，不同之处在于不允许示例样本，并且仅向模型提供了描述任务的自然语言指令。这种方法提供了最大的便利性、潜在鲁棒性，避免了虚假相关（除非它们广泛分布在预训练数据中），但这也是最具挑战性的设置。在某些情况下，如果没有先前的示例样本，对于人类来说甚至可能很难理解任务的格式，因此在某些情况下，这种设置是“不公平的”。例如，若有人要求“为 200m 短跑创建一个世界纪录表”，则此请求可能会模棱两可，因为可能不清楚该表应采用何种格式或应包含什么格式（即使进行了仔细说明，也很难准确地了解所需要的内容）。但是，对于某些设置，零样本最接近人类执行任务的方式。

下面，我们将重点放在零样本、单一样本和少量样本上，目的是进行比较，不是将它们作为竞争替代品，而是将它们作为不同的问题设置进行比较，这些问题提供了特定基准性能与样本效率之间的不同权衡。这里特别强调一下少样本学习结果，因为其许多结果仅稍微落后于 SOTA 微调模型。然而，最终，单一样本，甚至有时是零样本，似乎是对人类绩效的最公平的比较，并且是未来工作的重要目标。

3．模型和架构

GPT-3 使用与 GPT-2 相同的模型和架构，包括其中修改的初始化、预归一化和其中描述的可逆分词，不同之处是我们在 Transformer 的各层中交替使用稠密和局部带状稀疏注意力模式，类似稀疏 Transformer。为了研究 ML 性能对模型大小的依赖性，我们训练了 8 种不同大小的模型，范围为 1.25 亿个参数到 1750 亿个参数，跨度为三个数量级，最后一个模型称为 GPT-3。先前的工作建议，在有足够的训练数据的情况下，验证损失的缩放比例应近似随着模型大小进行幂次增长；许多不同规模的训练模型使我们能够针对验证损失和下游语言任务测试假设。

通过以上方法可以方便地构建出 GPT-3 大模型。

11.3.4 案例分析

本小节选择对 GPT-2 模型进行复现，GPT-2 采用 12 层的仅有解码器的 Transformer 架构。

首先，回顾一下有关 GPT-2 的知识，这对于搭建 GPT-2 模型是有极大帮助的。

自然语言处理任务，如问答、机器翻译、阅读理解等，通常在特定任务的数据集上进行有监督的学习。可以证明，当语言模型在一个名为 WebText 的包含数百万网页的新数据集上训练时，它开始学习这些任务，而不需要任何明确的监督。GPT-2 是一个有 15 亿参数的 Transformer，它可以获得最先进的语言建模成果，但仍然不适合 WebText 数据集。模型中的示例反映了这些改进，并包含连贯的文本段落。这些发现为构建语言处理系统提供了一条有希望的途径，该系统可以从自然发生的演示中学习执行任务。

Zero-shot 设置是不微调语言模型并直接在目标数据集上运行推理的设置。例如，在 WebText 数据集上预览一个 LM，并直接尝试预测 Amazon 影评数据集的下一个单词。

LM 使用基于 Transformer 的架构。该模型主要遵循 OpenAI GPT 模型的细节，并进行了一些修改。层规范化被移动到每个子块的输入，类似预激活剩余网络，并且在最终的自关注块之后添加了额外的层规范化。我们在初始化时将剩余层的权重按 $\frac{1}{\sqrt{N}}$ 的因子进行缩放，其中，N 是剩余层的数量。将词汇量扩大到 50257 个单词。我们还将上下文大小从 512 个增加到 1024 个，并将批量大小设置为——512。

我们的模型基本上遵循了最初 Transformer 的工作原理。我们训练了一个 12 层的只解码的 Transformer，它有隐藏的自注意力头（768 维状态和 12 个注意力头）。对于位置全连接网络，我们使用了 3072 维的内部状态。我们使用 Adam 优化方案，最大学习率为 0.00025。学习率在前 2000 次更新中从零开始线性增加，并随后使用余弦调度将其衰减为 0。我们在 64 个随机抽样的小批量、512 个令牌的连续序列上训练了 100 个阶段。由于 LayerNorm 在整个模型中被广泛使用，因此使用简单的权重初始化策略即可。我们使用了一个字节对编码词汇表，还采用了 L2 正则化的改进版本，在所有非偏倚或增益权重上 $w = 0.01$。对于激活函数，我们使用高斯误差线性单位（GELU）。

首先，需要导入一些如下的库函数和包：

```
import torch
import copy
import torch.nn as nn
import torch.nn.functional as F
from torch.nn.modules import ModuleList
from torch.nn.modules.normalization import LayerNorm
import numpy as np
import os
from tqdm import tqdm_notebook, trange
import logging
logging.basicConfig(level = logging.INFO)
logger = logging.getLogger()
```

要注意用于描述 Transformer 的术语，注意力函数是一个查询（Q）及一组键（K）值（V）对的函数。为了处理更长的序列，我们修改了 Transformer 的多头自注意机制，通过限制 Q 和 K 之间的点积来减少内存使用。

因此，修改后的卷积程序如下：

```
class Conv1D(nn.Module):
def __init__(self, nx, nf):        super().__init__()
self.nf = nf
        w = torch.empty(nx, nf)
       nn.init.normal_(w, std=0.02)
       self.weight = nn.Parameter(w)
       self.bias = nn.Parameter(torch.zeros(nf))
    def forward(self, x):
       size_out = x.size()[:-1] + (self.nf,)
       x = torch.addmm(self.bias, x.view(-1, x.size(-1)), self.weight)
       x = x.view(*size_out)
       return x
```

Conv1D 层本身可以看作一个线性层。“x”的最终尺寸为 self.nf。

下面是相同的输出示例：

```
d_model = 768
conv1d  = Conv1D(d_model, d_model*3)
x  =  torch.rand(1,4,d_model)  #represents  a  sequence  of  batch_size=1,
seq_len=4 and embedding_sz=768, something like "Hello how are you"
x = conv1d(x)
x.shape
```

运行程序，我们得到了 x 的维度为[1,4,2304]。如上所示，Conv1D 返回的张量的最终维数是初始大小的 3 倍。我们这样做是为了将输入转换为查询、键和值矩阵。

随后可以检索查询、键和值矩阵，具体程序如下：

```
query, key, value = x.split(d_model, dim=-1)
query.shape, key.shape, value.shape
    可以得到如下结果：
(torch.Size([1,4,768]), torch.Size([1,4,768]), torch.Size([1,4,768]))
```

GPT-2 的前向层解释程序如下：

```
class FeedForward(nn.Module):
    def __init__(self, dropout, d_model=768, nx=768*4):
        super().__init__()
        self.c_fc = Conv1D(d_model, nx)
        self.c_proj = Conv1D(nx, d_model)
        self.act = F.gelu
        self.dropout = nn.Dropout(dropout)
    def forward(self, x):
        return self.dropout(self.c_proj(self.act(self.c_fc(x))))
```

接着是注意层的解释，具体程序如下：

```
class Attention(nn.Module):
    def __init__(self, d_model=768, n_head=12, n_ctx=1024, d_head=64,
bias=True, scale=False):
        super().__init__()
        self.n_head  = n_head
```

```
        self.d_model = d_model
        self.c_attn  = Conv1D(d_model, d_model*3)
        self.scale   = scale
        self.softmax = nn.Softmax(dim=-1)
        self.register_buffer("bias", torch.tril(torch.ones(n_ctx, n_ctx)).view
(1, 1, n_ctx, n_ctx))
        self.dropout = nn.Dropout(0.1)
        self.c_proj  = Conv1D(d_model, d_model)
    def split_heads(self, x):
        "return shape ['batch', 'head', 'sequence', 'features']"
        new_shape = x.size()[:-1] + (self.n_head, x.size(-1)//self.n_head)
        x = x.view(*new_shape)
        return x.permute(0, 2, 1, 3)
    def _attn(self, q, k, v, attn_mask=None):
        scores  = torch.matmul(q, k.transpose(-2, -1))
        if self.scale: scores = scores/math.sqrt(v.size(-1))
        nd, ns  = scores.size(-2), scores.size(-1)
        if attn_mask is not None: scores = scores + attn_mask
        scores  = self.softmax(scores)
        scores  = self.dropout(scores)
        outputs = torch.matmul(scores, v)
        return outputs
    def merge_heads(self, x):
        x = x.permute(0, 2, 1, 3).contiguous()
        new_shape = x.size()[:-2] + (x.size(-2)*x.size(-1),)
        return x.view(*new_shape)

    def forward(self, x):
        x = self.c_attn(x) #new 'x' shape - '[1,3,2304]'
        q, k, v  = x.split(self.d_model, dim=2)
        q, k,v = self.split_heads(q), self.split_heads(k), self.split_heads(v)
        out = self._attn(q, k, v)
        out = self.merge_heads(out)
        out = self.c_proj(out)
        return out
```

然后是 Transformer 解码器块说明程序，如下所示：

```
class TransformerBlock(nn.Module):
    def __init__(self, d_model=768, n_head=12, dropout=0.1):
        super(TransformerBlock, self).__init__()
        self.attn = Attention(d_model=768, n_head=12, d_head=64, n_ctx=1024,
bias=True, scale=False)
        self.feedforward = FeedForward(dropout=0.1, d_model=768, nx=768*4)
        self.ln_1 = LayerNorm(d_model)
        self.ln_2 = LayerNorm(d_model)
    def forward(self, x):
        x = x + self.attn(self.ln_1(x))
        x = x + self.feedforward(self.ln_2(x))
        return x
```

Transformer 组由注意力层和全连接层组成，如 GPT-2 架构模型规范所述：层规范化被移动到每个子块的输入，这里的子块是注意力层和全连接层的组合。

因此，在 Transformer 解码器块中，我们首先将输入传递给一个层规范化，然后传递给第一个子注意力块。接下来，我们将这个子块的输出再次传递给层规范化，最后传递给全连接层。

下面是完整的 GPT-2 程序：

```
def _get_clones(module, n):
    return ModuleList([copy.deepcopy(module) for i in range(n)])
class GPT2(nn.Module):
    def __init__(self, nlayers=12, n_ctx=1024, d_model=768, vcb_sz=50257):
        super(GPT2, self).__init__()
        self.nlayers = nlayers
        block = TransformerBlock(d_model=768, n_head=12, dropout=0.1)
        self.h = _get_clones(block, 12)
        self.wte = nn.Embedding(vcb_sz, d_model)
        self.wpe = nn.Embedding(n_ctx, d_model)
        self.drop = nn.Dropout(0.1)
        self.ln_f = LayerNorm(d_model)
        self.out = nn.Linear(d_model, vcb_sz, bias=False)
        self.loss_fn = nn.CrossEntropyLoss()
        self.init_weights()
    def init_weights(self):
        self.out.weight = self.wte.weight
        self.apply(self._init_weights)
    def _init_weights(self, module):
        if isinstance(module, (nn.Linear, nn.Embedding, Conv1D)):
            module.weight.data.normal_(mean=0.0, std=0.02)
            if isinstance(module, (nn.Linear, Conv1D)) and module.bias is not
None:
                module.bias.data.zero_()
        elif isinstance(module, nn.LayerNorm):
            module.bias.data.zero_()
            module.weight.data.fill_(1.0)
    def forward(self, src, labels=None, pos_ids=None):
        if pos_ids is None: pos_ids = torch.arange(0, src.size(-1)).
unsqueeze(0)
        inp = self.drop((self.wte(src)+self.wpe(pos_ids)))
        for i in range(self.nlayers): inp = self.h[i](inp)
        inp = self.ln_f(inp)
        logits  = self.out(inp)
        outputs = (logits,) + (inp,)
        if labels is not None:
            shift_logits = logits[..., :-1, :].contiguous()
            shift_labels = labels[..., 1:].contiguous()
            loss = self.loss_fn(shift_logits.view(-1, shift_logits.size(-1)),
shift_labels.view(-1))
            outputs = (loss,) + outputs
            return outputs
        return logits
```

这样，我们就搭建好了一个简易的 GPT-2 模型。

当使用 GPT-2 作为语言模型时，将输入传递到最终层，并通过最终大小为[768,vocab_sz]

（50257）的线性层，得到大小为[1,4,50257]的输出。这个输出表示下一个词汇输入，我们现在可以很容易地通过一个 softmax 层，并使用 argmax，以最大的概率获得单词在词汇表中的位置。

对于分类任务，我们可以通过大小为[768,*n*]的线性层来传递从 GPT-2 架构接收到的输出，以获得每个类别的概率（其中，*n* 表示类别的数量），然后通过 softmax 传递，得到最高的预测类别，并使用交叉熵损失来训练架构并进行分类。

这就是 GPT-2 背后的全部"魔法"。它是一种基于解码器的 Transformer 式结构，与 RNN 不同，它采用与位置编码并行的输入，通过 12 个 Transformer 解码器层（由多头注意力和全连接网络组成）中的每一层来返回最终输出。

下面我们在语言模型任务中看看 GPT-2 模型的实际应用。

首先，使用 Hugging Face 提供的预训练权值初始化模型。具体程序如下：

```
    model = GPT2()
    model_dict = model.state_dict() #currently with random initialization
    state_dict = torch.load("./gpt2-pytorch_model.bin") #pretrained weights
    old_keys = []
    new_keys = []
    for key in state_dict.keys():
        if "mlp" in key: #The hugging face state dict references the
feedforward network as mlp, need to replace to 'feedforward' be able to reuse
these weights
            new_key = key.replace("mlp", "feedforward")
            new_keys.append(new_key)
            old_keys.append(key)
    for old_key, new_key in zip(old_keys, new_keys):
        state_dict[new_key]=state_dict.pop(old_key)
    pretrained_dict = {k: v for k, v in state_dict.items() if k in model_dict}
    model_dict.update(pretrained_dict)
    model.load_state_dict(model_dict)
    model.eval()  #model in inference mode as it s now initialized with
pretrained weights
```

现在我们可以生成文本，使用 Hugging Face 的预训练标记器将单词转换为输入嵌入向量，具体程序如下：

```
    from transformers import GPT2Tokenizer
    tokenizer = GPT2Tokenizer.from_pretrained("gpt2")
    context   = torch.tensor([tokenizer.encode("The planet earth")])
    def generate(context, ntok=20):
        for _ in range(ntok):
            out = model(context)
            logits = out[:, -1, :]
            indices_to_remove = logits < torch.topk(logits, 10)[0][..., -1, None]
            logits[indices_to_remove] = np.NINF
            next_tok=torch.multinomial(F.softmax(logits,dim=-1),
num_samples=1).squeeze(1)
            context = torch.cat([context, next_tok.unsqueeze(-1)], dim=-1)
        return context
    out = generate(context, ntok=20)
    tokenizer.decode(out[0])
```

运行程序，可以得到输出：The planet earth is the source of all the light,“says the study that the government”。

因此，我们通过 Hugging Face 库中内置的 GPT-2 模型实现了语言建模，并完成了对 GPT-2 模型的搭建。

总结

本章通过介绍人工智能大模型的相关知识和研究现状，以及相关的人工智能大模型算法，包括 Transformer 模型和 GPT 模型的原理讲解和案例实践，使读者对现今一些重要的人工智能大模型概念及人工智能大模型方法有了更加清晰的认识，也促使读者对人工智能大模型方法的掌握进一步加深。

相信通过本章的学习，读者对人工智能大模型的理解和应用能更上一层楼。

习题

一、选择题

1．人工智能大模型指的是模型参数为（　　）的模型。

A．上千　　B．上万

C．上千万　　D．上亿

2．大模型相较于小模型，具有（　　）特点。

A．参数多　　B．网络大

C．功能强　　D．应用广

3．以下哪些是大模型？（　　）

A．Transformer　　B．GPT-2

C．GPT-3　　D．BERT

4．以下哪些属于递归神经网络？（　　）

A．长短期记忆网络　　B．递归神经网络

C．卷积神经网络　　D．全连接神经网络

5．Transformer 的编码器和解码器采用（　　）。

A．堆叠式自注意层　　B．点状全连接层

C．线性自注意层　　D．线性全连接层

6．Transformer 的编码器由（　　）组成。

A．多头自关注　　B．全连接网络

C．深度生成网络　　D．递归神经网络

7．自注意机制包括（　　）。

A．查询　　B．键

C．值　　D．输出

8. GPT 模型目前有（　）。

A. GPT-1　　B. GPT-2
C. GPT-3　　D. GPT-4

9. GPT-3 面向的任务一般包括（　　）。

A. Zero-shot　　B. One-shot
C. Few-shot　　D. Multipy-shot

10. GPT-3 相较于 GPT-2 的变化有（　　）。

A. 微调　　B. 少样本
C. 单样本　　D. 零样本

二、判断题

1. 递归模型典型地沿着输入和输出序列的符号位置进行因子计算。（　　）
2. 注意力机制已经成为各种任务中令人信服的序列建模和转导模型的一个组成部分。（　　）
3. 注意力机制允许对依赖关系进行建模，而不考虑它们在输入序列或输出序列中的距离。（　　）
4. Transformer 完全依赖一种注意力机制来得出输入和输出之间的全局依赖关系。（　　）
5. 序列卷积是非线性的。（　　）
6. 最常用的两个注意函数是加法注意和点积（乘法）注意。（　　）
7. Transformer 的编码器和解码器的每个层都包含一个全连接网络。（　　）
8. GPT 是由 OpenAI 提出的一种自然语言处理大模型。（　　）
9. GPT 模型是基于 Transformer 的。（　　）
10. GPT-2 在最终自注意块之后添加了额外的层标准化。（　　）

三、简答题

1. Transformer 中注意力的应用包括哪些？
2. 为什么要在 Transformer 中使用自注意力？
3. GPT-1 特定于任务的输入转换包括哪些？
4. 简要介绍 GPT-1。
5. 简要介绍 GPT-2。
6. 简要介绍 GPT-3。
7. GPT-3 相较于 GPT-2 的变化有哪些？
8. 简要介绍 GPT-3 的架构。
9. 什么是点积注意？
10. 什么是多头注意？

反侵权盗版声明

举报电话：（010）88254396；（010）88258888

传　　真：（010）88254397

E-mail：dbqq@phei.com.cn

通信地址：北京市万寿路 173 信箱

电子工业出版社总编办公室

邮　　编：100036